U0185560

中国杨属植物志

主编　赵天榜　宋良红　杨志恒　李小康
　　　田国行　陈志秀　任志锋

黄河水利出版社
·郑州·

内 容 提 要

本书是一部全面系统地介绍中国杨属植物资源的专著。其内容丰富、论点明确、资料翔实、文图并茂,是作者长期以来从事中国杨属植物资源研究的成果和劳动结晶。其中,最突出的是:创建杨属新分类系统。该新系统是:有17亚属(7新亚属、4新改隶组合亚属、2新组合亚属)、18组(12新组合杂种组、1新组合组)、23系(7新组合杂种系、1新无性杂交种系、1新组合系)、149种(1新种、7新杂交种、1新组合种、2新组合杂种、1新组合杂种)、115变种(12新变种、2杂交变种、1新改隶组合变种)、38变型(4新变型、4新组合变型)、4类型、7优良单株、17品种群(8新品种群)、296新品种、2新杂交品种、4新组合品种、1无性系、不知起源的5种。全书按上述杨属新系统顺序分别介绍属、亚属、组、系、种、亚种、变种、变型、类型、品种等。每种记述其名称(俗名)、学名、异学名、形态特征、产地,或分布,主要生长特性及主要用途,以及参考文献。书中,收录中国杨属植物主要种、亚种、变种、品种和无性系图119幅,以及21表。本书是我国从事杨属植物研究、生产,以及园林植物工作人员的一部重要的工具书和参考书。

图书在版编目(CIP)数据

中国杨属植物志/赵天榜等主编. —郑州:黄河水利出版社,2020.6

ISBN 978-7-5509-2695-0

Ⅰ.①中… Ⅱ.①赵… Ⅲ.①杨属-植物志-中国

Ⅳ.①Q949.733.08

中国版本图书馆 CIP 数据核字(2020)第 103890 号

出版社:黄河水利出版社   网址:www.yrcp.com

地址:河南省郑州市顺河路黄委会综合楼14层   邮编:450003

发行单位:黄河水利出版社

发行部电话:0371 - 66026940、66020550、66028024、66022620(传真)

E-mail:hhslcbs@126.com

承印单位:河南瑞之光印刷股份有限公司

开本:787 mm×1 092 mm   1/16

印张:21.25

字数:490 千字   印数:1—1 000

版次:2020 年 6 月第 1 版   印次:2020 年 6 月第 1 次印刷

定价:110.00 元

前 言

杨属 Populus Linn. 属杨柳科 Salicaceae 植物,约 280 余种,适应性很强,广布于北半球亚热带至暖温带,是一类生长迅速、材质优良、用途极广的优良树种,是世界上公认的重要速生用材树种,并在我国北方荒山造林、林业生产和华北平原绿化及人工林营造中占据重要地位、发挥巨大的作用。因此,杨属的分类、优良品种选育、集约栽培及木材加工利用等多学科研究,引起了世界各国植物分类学家、林木育种学、森林培育学家,以及森林利用学家的高度重视,并进行了多学科理论和栽培、利用研究,获得了极大的成绩,并促进了杨树育种、栽培和利用事业的迅速发展。杨树(杨属植物的总称)是中国北方地区十分常见的一类速生、用材树种,在东北、西北、华北、华中及西南地区的山区有很多野生树种分布,是绿化山荒、沙荒,营造水土保持林、防风固沙林和水源涵养林的主要树类之一;是我国平原地区"四旁"绿化、农田林网、速生用材林营造的主要树种,并在河南豫东平原人工林区的建设中起着很重要的作用。随着我国经济建设的发展,杨树栽培也获得巨大的发展,特别是杨树的良种选育、引种驯化、集约栽培和加工利用等理论研究和技术水平提高到一个新的阶段,尤其黑杨亚属 Subgen. Aigeiros(Duby)T. B. Zhao et Z. X. Chen,Subgen. comb. nov. 与青杨亚属 Subgen. Tacamahaca(Spach)T. B. Zhao et Z. X. Chen,Subgen. comb. nov.,以及欧美杨 Populus × euramericana(Dode)Guinier 等杂种杨树的大面积引种栽培和推广,是我国林业生产建设事业,特别是杨树引种驯化、良种选育和栽培历史上一个伟大创举,把我国杨树栽培范围向南推广到广西柳州、云南昆明一带,向北推广到黑龙江、内蒙古、宁夏、陕西的延安,直至甘肃、新疆石河子及喀什地区,它在我国引种栽培范围之广、面积之大、栽植株数之多、生长速度之快,这在我国乃至世界林木良种引种、栽培史上实属罕见。它打破了长期以来早已形成的我国南方不能栽培杨树的传统习惯和观点,极大地丰富了林木引种驯化和栽培理论,扩大了杨树栽培范围。目前,我国杨树栽培在平原地区已建成了一个以农为主、农林牧副工全面发展、综合开发利用的崭新的特殊自然景观,即独具特色的我国平原人工林区。在改善生态环境的同时,另一个很重要的作用就是作为用材林,在我国林业生产中占有重要地位、发挥重要作用。

我国杨属资源非常丰富。据初步统计,我国有 17 亚属(7 新亚属、4 新改隶组合亚属、2 新组合亚属)、18 组(12 新组合杂种组、1 新组合组)、23 系(7 新组合杂种系、1 新无性杂交种系、1 新组合系)、149 种(1 新种、7 新杂交种、1 新组合种、2 新组合杂种、1 新组合杂交种)、115 变种(12 新变种、2 杂交变种、1 新改隶组合变种)、38 变型(4 新变型、4 组合变型)、4 类型、7 优良单株、17 品种群(8 新品种群)、296 新品种、2 新杂交品种、4 新组合品种、1 无性系、不知起源的 5 种,不包括无形态特征记载的有国产杨属植物 74 种、变种与品种。我国杨属种占世界杨属树种的 56.38% 以上(国外杨属有 93 种、杂种中国无引种栽培)。因此说,我国杨属树种是我国乃至世界杨属树种资源中极为宝贵的财富。根据我国杨属植物资源,作者提出,杨属新分类系统是:属→亚属→组→系→种→亚种→

变种→变型→品种群(栽培品种群)→品种(无性系)。同时,杨属种类多、生长迅速、适应性强、繁殖容易,既可成片造林,又可"四旁"栽植,木材质软、纤维优良等,是农民用材、胶合板用材、造纸用材等的优质原料。尤其是选用生长迅速、适应性强的优良品种,在我国平原地区发展和推广超短期杨树集约的胶合板、造纸用材专用林,以及扩大彩叶杨在绿化、美化祖国大地具有特殊的意义和广阔的发展前景。

为进一步深入开展杨树资源学、杨树育种学、杨树栽培学和杨树生态学等多学科理论研究提供重要的基础材料和依据。多年来,作者在进行我国杨属资源研究的基础上,收集了大量杨属资源研究的文献,特编写《中国杨属植物志》一书,供参考。书中不妥之处,敬请批评、指正。

赵天榜

2019 年 12 月

凡　例

1. 本书收录的中国杨属属名、亚属、组、亚组、系、种、亚种、变种、变型和品种(无性系)名称(学名及拼音名称),采用正体排版,而异学名采用斜体排版。

2. 本书收录的中国杨属新分类系统的顺序,按赵天榜和陈志秀 2019 年提出的杨属新分类系统,按亚属、组、亚组、系、种、亚种、变种、变型和品种群、品种(无性系)名称(学名及拼音名称)的名称顺序排列。

3. 本书收录的中国杨属的各分类群各等级的记载顺序为:名称、俗名、学名、异学名、参考文献、形态特征、形态特征图、产地。模式标本采集日期、采集人、号码,存放单位等。少数主要种增加生长进程表内容。

4. 本书收录的中国杨属的各新分类群的形态特征,均采用拉丁语与形态特征同时记载的方式进行。

5. 本书收录的中国杨属的形态特征,一律不采用错误的形态特征术语,如树冠不采用"球形""卵圆形""椭圆形"等,而采用"球状""卵球状""椭圆体状"等。

6. 本书不收录中国不产或无引种栽培,也无形态特征记载的杨属亚属、组、亚组、系、种、亚种、变种、品种(无性系)等,仅记其名称、学名,一律作附录处理。

7. 本书收录的杨属的分类系统,作者赵天榜等遵照《国际植物命名法规》中关于属间杂种间的规定,即属间杂种应成立新属、新种的规定,创建的杨属新分类系统:属→亚属→组→系→种→亚种→变种→变型→品种群(栽培品种群)→品种(无性系)。

8. 本书收录的杨属的杂交类群,均遵照《国际植物命名法规》及《国际栽培植物命名法规》中关于属间杂种、品种间的规定,创建新的杂种亚属、杂种系、杂交种、杂品种等,如:青黑杂种杨亚属 Populus Subgen. × cathayani-nigrae T. B. Zhao et Z. X. Chen,Subgen. hybr. nov.、银山毛杂种杨组 Populus Sect. × Albi-davidiai-tomemtosae T. B. Zhao et C. X. Chen,Sect. hybr. nov.,以及云霄杨系 Populus Ser. Yunxiaoae T. B. Zhao et Z. X. Chen,Ser. nov. 和响银山杨新杂种 Populus × adenopodi-aibi-davidianae T. B. Zhao et Z. X. Chen,sp. hybr. nov. 等。

9. 本书收录的杨属的不同的多种分类等级系统,如属、亚属、组、系等,一律不收录各系统分类检索表。

10. 本书收录的加杨(加拿大杨)*Populus × canadensis* Möench. 及其品种名称、学名,一律改为:欧美杨 Populus × euramericana(Dode)Guinier 及其品种名称。

目　录

第一章　杨属分类简史

　　杨属 Populus Linn. 隶属杨柳科 Salicaceae,是由瑞典植物学家林奈 Carolus Linnaeus 于 1753 年以银白杨 Populus alba Linn. 为模式建立的。

　　1828 年,瑞士植物学家 J. E. Duby 将杨属 Populus Linn. 分成 2 组(Botan Gallicum Duby I :427. 1828),即白杨组 Populus Sect. Populus(Sect. *Leuce* Duby)(包括银白杨 Populus alba Linn.、欧洲山杨 Populus tremula Linn.、银灰杨 Populus canescens(Ait.) Smith)(根据《国际植物命名法规》有关规定,由于杨属模式银白杨 Populus alba Linn. 在白杨组内,白杨组名称为 Populus Sect. Populus)和黑杨组 Populus Sect. Aigeiros Duby (包括黑杨 Populus nigra Linn.、钻天杨 Populus nigra Linn. var. italica(Möench.)Koehne)、欧美杨(加拿大杨、加杨)、Populus × euramericana(Dode)Guinier (*Populus × canadensis* Möench.)。

　　1830 年,L. Reichenbacha 在《Fl. Germ. excurs. 》(1830,73~174)中,将杨属分为 2 类,即白杨类 *Leuce*,Aspe〔包括银白杨 Populus alba Linn.、欧洲山杨 Populus tremula Linn.、银灰杨 Populus canescens(Ait.)Smith、柔毛杨 Populus villosa Lang.〕和黑杨类 *Aigeiros* Pappel(包括黑杨 Populus nigra Linn.、美洲黑杨 Populus dilatata Ait.)。

　　1841 年,E. Spach 在《Rev. Populorum》(in:Ann. d. Sci. Nat. X V. 28~33. 1841) 中,将杨属分为 4 组:

　　(1) 白杨组 Populus Sect. *Leuce* Reichebach〔包括银白杨 Populus alba Linn.、欧洲山杨 Populus tremula Linn.、银灰杨 Populus canescens(Ait.)Smith.、大齿杨 Populus grandidentata Michx.、美洲山杨 Populus tremuloidea Michx.〕。

　　(2) 大叶杨组 Populus Sect. Leucoides Spach(包括异叶杨 Populus heterophylla Linn.)。

　　(3) 黑杨组 Populus Sect. Aigeiros Duby〔包括黑杨 Populus nigra Linn.、钻天杨 Populus nigra Linn. var. italica(Möench.)Koehne.、胡迪苏尼卡杨(新拟) Populus hudsonica Michx.、毛尼里非拉杨(新拟) Populus monilifera Ait.、欧美杨 Populus × euramericana (Dode)Guinier、狭叶杨 Populus angulata Linn.〕。

　　(4) 青杨组 Populus Sect. Tacamahaca Spach(包括欧洲大叶杨 Populus candicans Ait.、香脂杨 Populus balsamifera Linn.、苦杨 Populus laurifolia Ledeb.)。

　　1848 年,A. Bunge 在《Beitr. Kennt. Fl. Russ. 》(498. 1848)中,建立了胡杨组 Populus Sect. Turang Bunge。

　　1851 年,Th. Hartig 在《Vollständige Naturgesch. d. forstl. Culturpflanzen Deutschl.》 中,将杨属归类为:

　　(1) 白杨类 Tomentosae:银白杨 Populus alba Linn.、银灰杨 Populus canescens(Ait.) Smith。

　　(2) 山杨类 Trepidae:欧洲山杨 Populus tremula Linn.、美洲山杨 Populus tremuloides

Michx.、大齿杨 Populus grandidendata Michx.。

（3）黑杨类 Marginatae：黑杨 Populus nigra Linn.、美洲黑杨 Populus dilatata Marsh.（*Populus monififera* Ait.）、加拿大杨（欧美杨）Populus × euramericana（Dode）Guinier、狭叶杨 Populus angustifolia James、迟叶杨 Populus serotina Hartig。

（4）香脂杨类 Balsamitae：欧洲大叶杨 Populus candicans Ait.、香脂杨 Populus balsamifer Linn.、苦杨 Populus laurifolia Ledeb.、异叶杨 Populus heterophylla Linn.、桦木叶杨（新拟）Populus betulifolia。

1892 年，L. Dippel 在《Laubholzkunde》（Ⅱ. 190～211. 1892）中，将杨属分为 3 组：1. 白杨组 Populus Sect. Leuce Duby、2. 黑杨组 Populus Sect. Aigeros Duby、3. 青杨组 Populus Sect. Tacamahaca Spach。

1905 年，L. D. Dode 在《Extralis d'ude monographie inedite du genre Populus》（1905）中，建立了杨属分类系统。该系统是：

杨属 Genre Populus

1. 胡杨亚属 Populus Sous-genre *Turanga*（Populus Subgen. Turanga Bunge）

    （1）胡杨群 Groupe *Euphratica*（*Populus* Ser. *Euphratica* Dode）

    （2）粉叶胡杨群 Groupe *Pruinosa*（*Populus* Ser. *Pruinosa* Dode）

2. 白杨亚属 Populus Sous-genre *Leuce*（Populus Subgen. *Leuce* Dode、Populus Subgen. Populus）

    （1）白杨组 Populus Sect. *Albidae*（Populus Sect. Populus）

    （2）山杨组 Populus Sect. Tripidae Dode

3. 真杨亚属 *Populus* Subgen. *Eupopulus* Dode

    （1）黑杨组 Populus Sect. Aegiri（*Aegiros* Asch.）

       1）美洲黑杨系 Populus Ser. Americanae Bugala

          ① 卡罗林杨类（Forma Ser.）*Carolinensis* Dode

          ② 费利蒙特杨类（Forma Ser.）*Frimeontii* Dode

          ③ 维尔吉尼亚杨类（Forma Ser.）*Virginiana* Dode

       2）欧亚黑杨系 Populus Ser. Nigra Dode（=*Populus* Ser. *Eurousiaticae* Bugala）

       3）欧美杂种杨系 Populus Ser. Hybridarum Dode vel *Verissimilium* Dode（=*Populus* Ser. *Cevatarum* Dode）

    （2）青杨组 Populus Sect. Tacamahacae Dode

       1）苦杨系 Populus Ser. Laurifilia Ledeb.

       2）西伯利亚杨系 Populus Ser. Suaveolens Dode

       3）香脂杨系 Populus Ser. Balsamifera Dode

       4）拟香脂杨系 Populus Ser. Pseudabalsamifera Dode

       5）纯白杨系 Populus Ser. *Candicans* Dode

       6）缘毛杨系 Populus Ser. Ciliata Dode

    （3）大叶杨组 Populus Sect. Leucoides Spach。

1906 年，O. K. Schneider 在《Ⅲ. Handb. Laubrolzk.》（Ⅰ.2～23. 1906）中，同意将杨

属分为 4 组:

(1) 胡杨组 Populus Sect. Turanga Bunge;

(2) 黑杨组 Populus Sect. Aigeiros Doby;

(3) 青杨组 Populus Sect. Tacamahaca Spach;

(4) 白杨组 Populus Sect. Leuce Duby。

1908 年,P. F. Ascherson 和 P. Gombocz 在《Synopsis der Mitteleu-ropaischen Flora》(Vol. Ⅳ. Leipzig.)中,在承认 Dode 的杨属分类基础上,将杨属归并为 3 亚属:

1. 胡杨亚属 Populus Subgen. Turaga Burge;

2. 白杨亚属 Populus Subgen. Leuce Dudy;

3. 真杨亚属 Populus Subgen. Eupopulus Dode。

1908 年,E. Gombocz 在《Monographia Generis Populi》(1908)中,将杨属分为 6 组:

(1) 胡杨组 Populus Sect. Turanga Bunge;

(2) 黑杨组 Populus Sect. Aigeiros Duby;

(3) 青杨组 Populus Sect. Tacamahaca Spach;

(4) 大叶杨组 Populus Sect. Leucoides Spach;

(5) 山杨组 Populus Sect. Trepidae Dode;

(6) 白杨组 Populus Sect. Leuce Duby。

1913 年,A. Henry 在《Trees of Great Britain》(Ⅶ. 1771~1776. 1913)中,将杨属分为 5 组:

(1) 胡杨组 Populus Sect. Turanga Bunge;

(2) 白杨组 Populus Sect. Leuce Duby;

(3) 大叶杨组 Populus Sect. Leucoides Spach;

(4) 青杨组 Populus Sect. Tacamahaca Spach;

(5) 黑杨组 Populus Sect. Aigeiros Duby。

1935 年,郝景盛发表《Synopsis Chinese Populus》专著,发表在 Cantr. Inst. OF Bot. Acand. Peiping 丛刊上。

1936 年,W. L. Komarow 在《Flora of the URSS.》(Vol. Ⅴ:171~180)中,提出杨属修正分类系统为:

Genus Populus Linn. :

1. 胡杨亚属 Populus Subgen. Turaga Burge

2. 白杨亚属 Populus Subgen. Leuce Dudy

　　1) 白杨系 Populus Ser. Albidae Dode

　　2) 山杨系 Populus Ser. Trepidae Dode

3. 真杨亚属 Populus Subgen. *Eupopulus* Dode

　　1) 青杨系 Populus Ser. Aigeirus Asch.

　　2) 黑杨系 Populus Ser. Tacamahaca Spach.

1941 年,Houtzagers 在《Die Gattung Populus.》(21~49. 1941)中,同意杨属分为 5 组的意见,即

（1）胡杨组 Populus Sect. Turanga Bunge；

（2）白杨组 Populus Sect. Leuce Duby；

（3）大叶杨组 Populus Sect. Leucoides Spach；

（4）青杨组 Populus Sect. Tacamahaca Spach；

（5）黑杨组 Populus Sect. Aigeiros Doby。

1949 年，A. W. Jarmolenka 在《Natalae Syst.》(Vol. XI. 70) 中，以冬青叶杨 Populus ilicifolia Rouleau 为模式，建立冬青叶杨属 Gen. Tsavoilicifolia(Engl.) Jarm.

1949 年，A. W. Jarmolenka 曾建议，将塔拿杨(新拟) Populus denhardtiorum 升为塔拿杨属 Genus Tsavo A. W. Jarmolenka。

1950 年，国际杨树委员会决定，将杨属 Populus 分为 5 组：

1）胡杨组 Populus Sect. Turanga Bunge；

2）白杨组 Populus Sect. Populus(=Populus Sect. *Leuce* Duby)；

3）大叶杨组 Populus Sect. Leucoides Spach；

4）青杨组 Populus Sect. Tacamahaca Spach；

5）黑杨组 Populus Sect. Aigeiros Daby。

另外，多数学者如 C. K. Schneider(1917)、A. Rehder(1951)、K. S. Hao(1935)、Komarow(1936)、Sokolow(1951)、Houtzagers(1941) 等，同意国际杨树委员会决定杨属分为 5 组。还有一些学者同意 Dode 将白杨组 Populus Sect. Populus 分为两个亚组：1. 白杨亚组 Populus Subsect. Albidae Dode 和 2. 山杨亚组 Populus Subsect. Trepidae Dode。

1962 年，В. д. ФИЛИМОНОВА 将杨属 Populus Linn. 分为 5 组、5 亚组：

（1）胡杨组 Populus Sect. Turanga Bunge

（2）白杨组 Populus Sect. Populus(=Populus Subgen. *Leace*)

　　1）白杨亚组 Populus Subsect. Albidae Dode 银白杨 Populus alba Linn.、银灰杨 Populus canescens(Ati.) Smith. 。

　　2）山杨亚组 Populus Subsect. Trepidae Harting. 欧洲山杨 Populus tremula Linn.、美洲山杨 Populus tremuloides Michx.、大齿杨 Populus grandidentata Michx.

（3）黑杨组 Populus Sect. Aigeiros Duby

　　1）欧洲黑杨亚组 Populus Subsect. Aigeiros Duby 欧洲黑杨

　　2）美洲黑杨亚组 Populus Subsect. Americanae Bugala 美洲黑杨

　　3）欧美杂种黑杨亚组 Populus Subsect. Hybridaerum Duby 欧美杨

（4）青杨组 Populus Sect. Tacamahaca Spach

（5）大叶杨组 Populus Sect. Leucoides Spach

1964 年，J. A. Franco 将杨属分为 4 组：

（1）Sekcja I Populus(dawn. Sekcja *Leuce* Duby)；

（2）Sekcja II Tacamahaca Spach；

（3）Sekcja III Aigeiros Duby；

（4）Sekcja IV Turaga Bunge。

1965 年，J. Chardenon 和 M. A. Semizoflus 以矮灌胡杨 *Euphratodenron olexieri* Chard.

etSemiz. 为模式建立一新属,即矮灌胡杨属 *Euphratodenron* J. Chardenon et M. A. Semizoglu。

1965 年,П. Л. 洛格丹诺夫提出杨属一个分类系统:

1. 胡杨亚属 Populus Subgen. Turanga Bunge: *Populus* Subgen. *Balsamiflua*（Griff.）Browicz

　　1）胡杨系 Populus Ser. Euphrasticae Kom. 胡杨 *Populus dilersifolis* Schrenk（Populus euphratica Oliv.）阿里胡杨 Populus ariana Dode、里特维诺胡杨 Populus litwinowiana Dode、异叶胡杨 Populus diversifolia Schrenk。

　　2）粉叶胡杨系 Populus Ser. Pruinosae Kom. 粉叶胡杨（灰胡杨）Populus pruinosa Schrenk。

2. 白杨亚属 Populus Subgen. Populus（=*Populus* Subgen. *Leace* Duby）

　　1）白杨系 Populus Ser. Albidae Dode 银白杨 Populus alba Linn.、新疆杨 Populus bolleana Lauche（*Populus alba* Linn. var. *pyramidalis* Bunge）、巴氏杨 Populus bachofeni Wierzb.、雪白杨 Populus nivea Willd.、银灰杨 Populus canescens Smith、纳棱杨 Populus hybrida。

　　2）山杨系 Populus Ser. Trepidae Dode 欧洲山杨 Populus tremula Linn.、山杨 Populus davidiana Dode、日本山杨 Populus sieboldii Miquel、美洲山杨 Populus tremuloides Michx.、大齿杨 Populus grandidentata Michx.。

3. 秀杨亚属 *Populus* Subgen. *Eupopulus* Dode

　　（1）黑杨组 Populus Sect. Aigeiros Duby 黑杨 Populus nigra Linn.、钻天杨 Populus *pyramidalis* Borkh.［Populus nigra Linn. var. italica（Möench.）Koehne］、阿富汗杨 Populus afganica Ait. et Hemsl.、乌兹别克杨 Populus usbekistanica Kom.、卡塔拉克梯杨 Populus cataracti Kom.、塔吉克杨 Populus tadskikistanica Kom.、欧美杨（加拿大杨）Populus × euramericana（Dode）Guinier。

　　（2）青杨组 Populus Sect. Tacamahaca Dode

　　　　1）苦杨系 Populus Ser. Laurifoliae Kom. 苦杨 Populus laurifolia Ledeb.、小叶杨 Populus simonii Carr.、帕米尔杨 Populus pamirica Kom.、密叶杨 Populus densa Kom.、塔拉斯杨 Populus talassica Kom.。

　　　　2）西伯利亚杨系 Populus Ser. Suavoelens Dode. 西伯利亚杨 Populus suaveolens Fisch.、暗叶杨 Populus tristis Fisch.、贝加尔白杨 Populus baicalensis Kom.、远东白杨 Populus amurensis Kom.、香杨（朝鲜杨）Populus koreana A. Rehd.。

　　　　3）香脂杨系 Populus Ser. Balsamiferae Dode 辽杨（马氏杨）Populus maximowiczii A. Henry、乌苏里杨 Populus ussuriensis Kom.、香脂杨 Populus balsamifera Duroi、欧洲大叶杨 Populus candicans Ait.、毛果杨 Populus trichocarpaw. Torr. et S. F. Gray.。

　　（3）大叶杨组 Populus Sect. Leucoidaea 大叶杨 Populus lasiocarpa Oliv.、异形叶杨 Populus heterophylla Linn.。

1965 年,П. Л. 科马罗夫将杨属分为 3 亚属、5 派的类系统,即白杨亚属:银白杨派、山杨派;秀杨亚属:香脂杨派、黑杨派;胡杨亚属。

1966 年,K. Browicz 在《Populus ilicifolia(Engler)Ruleau and its Taxonomic Position》(Acta Soc. Bot. Pol.,XXXV/2,325. 1966)中,对杨属进行了重组,结果如下:

    1. 胡杨亚属 Populus Subgen. Balsamiflua(Griff.)K. Browicz

        (1)特萨沃杨组 Populus Sect. Tsovo(Jarm.)Browicz Populus ilicifolia Rouleau

        (2)胡杨组 Populus Sect. Turanga Bunge

    2. 白杨亚属 Populus Subgen. Populus(= *Populus* Subgen. *Eupopulus* Dode 和 *Populus* Subgen. *Leuce* Dode)

        (1)白杨组 Populus Sect. Populus(= *Populus* Sect. *Albidae* Dode)

        (2)山杨组 Populus Sect. Trepidae Dode

    3. 香脂杨亚属 *Populus* Subgen. *Balsamifera* Bugala(= Eapopalus Dode)

        (1)大叶杨组 Populus Sect. Leucoides Spach

        (2)青杨组 Populus Sect. Tacamahaca Spach

        (3)黑杨组 Populus Sect. Aigeiros Duby

            1)美洲黑杨亚组 Populus Subsect. Americanae Bugala

            2)欧亚黑杨亚组 Populus Subsect. Euroasiaticae Bugala

1967 年,W. Bugala 提出了杨属 1 个新系统,将杨属分为了 3 亚属:

    1. 胡杨亚属 Populus Subgen. Balsamiflua(Griff.)K. Browicz

        (1)特萨沃杨组 Populus Sect. Tsavo(Jarm.)K. Browicz

        (2)胡杨组 Populus Sect. Turanga Bunge

    2. 白杨亚属 Populus Subgen. Populus(= *Populus* Subgen. *Leuce* Dudy)

        (1)银白杨组 Populus Sect. Populus(= *Populus* Sect. *Albidae* Dode)

        (2)山杨组 Populus Sect. Trepidae Dode

    3. 香脂杨亚属 *Populus* Subgen. *Balsamifera* Bugala(= *Eupopulus* Dode)

        (1)大叶杨组 Populus Sect. Leucoides Spach

        (2)青杨组 Populus Sect. Tacamahaca Spach

        (3)黑杨组 Populus Sect. Aigeiros Duby

            1)美洲黑杨亚组 Populus Subsect. Americanae Bugala

            2)欧洲黑杨亚组 Populus Subsect. Aigeriros Duby(= *Eupopulus* Dode)

1977 年,J. E. Eckenwalder 在《North American cottonwoods(Populus,Salicaceae)of Sections *abaso* and *Aigeiros*.》(Journ. of the Arn. Arb. Vol. 58,3:193~208. 1977)中,将墨西哥特有种——墨西哥黑杨 Populus mexicana Wesmael 从杨属黑杨组中分出,并以该种为模式,建立了墨西哥杨组 Populus Sect. Abaso J. E. Ecknwalder,承认杨属有 6 组:

    (1)胡杨组 Populus Sect. Turanga Bunge;

    (2)墨西哥杨组 Populus Sect. Abaso J. E. Eckenwalder;

    (3)大叶杨组 Populus Sect. Leucoides Spach;

    (4)白杨组 Populus Sect. Populus(= Sect. *Leuce* Dody);

（5）青杨组 Populus Sect. Tacamahaca Spsch；

（6）黑杨组 Populus Sect. Aigeiros Duby。

1982 年,Khola 和 Khurana 又以生长在喜马拉雅山地区的缘毛杨 Popuilus ciliata Wall. 为模式建立缘毛杨组 Populus Sect. Ciliata Khola et Khuran。

1988 年,洪涛等根据在河南伏牛山区采集的标本,将白杨组分成了 3 亚组,将山杨组分为 3 个新系。白杨组 Populus Sect. Populus Linn.（ = *Populus* Sect. *Leuce* Dody）分类系统：

（1）银白杨亚组 Populus Subsect. Albidae Dode

（2）山杨亚组 Populus Subsect. Trepidae Harting

　　1）山杨系 Populus Ser. Davidianae T. Hong et J. Zhang

　　2）齿叶山杨系 Populus Ser. Serrata T. Hong et J. Zhang

　　3）响叶杨系 Populus Ser. Adenopodae T. Hong et J. Zhang

（3）毛白杨亚组 Populus Subsect. Tomentosae T. Hong et J. Zhang

2019 年,作者(赵天榜和陈志秀)根据收集的文献与材料,遵照《国际植物命名法规》中关于属间杂种间的规定,即属间杂种应成立新属的规定,经过认真研究,依据其种的形态特征和起源(杂交亲本)确认杨属新分类系统如下：

杨属 Populus Linn.

1. 白杨亚属 Populus Subgen. Populus

　　（1）白杨组 Populus Sect. Populus

　　　　1）雪白杨系 Populus Ser. Nivea Dode 雪白杨 Populus nivea Willd.

　　　　2）银白杨系 Populus Ser. Albidae 银白杨、新疆杨、巴氏杨、灰杨、纳棱杨、乌克兰杨、银灰杨、苏维埃塔形杨等。

　　　　3）银新杂种杨系 Populus Ser. Albi-bolleana T. B. Zhao et Z. X. Chen,ser. hybr. nov. 银新杨、乌克兰杨。

　　（2）银毛杂种杨组 Populus Sect. Albi-tomentosae T. B. Zhao et Z. X. Chen sect. nov. 银毛杨等

　　（3）银山杂种杨组 Populus Sect. × Albi-davidianae T. B. Zhao et Z. X. Chen, sect. hybr. nov. 银灰杨

　　（4）银河北山杂种杨组 Populus Sect. Albi-hopeiensi-davidianae T. B. Zhao et Z. X. Chen sect. nov. 银河北山杨等

　　（5）银山毛杂种杨组 Populus Sect. Albi-davidiani-tomentosae T. B. Zhao et Z. X. Chen sect. nov. 银山毛杨等

　　（6）山杨组 Populus Sect. Trepida Dode

　　　　1）山杨系 Populus Ser. Davidianae T. Hong et J. Zhang 山杨、欧洲山杨等

　　　　2）波叶山杨系 Populus Ser. undulata T. B. Zhao et Z. X. Chen,ser. nov. 波叶山杨

　　　　3）齿叶山杨系 Populus Ser. Serrata T. Hong et J. Zhang 河南杨、朴叶杨等

　　　　4）云霄杨系 Populus Ser. yunsiaoyungae T. B. Zhao et Z. X. Chen 云霄杨

5）河北山杨系 Populus Ser. × Hopei-davidiana T. B. Zhao et Z. X. Chen 河北山杨

（7）南林杂种杨组 Populus Sect. × nanlinhybrida T. B. Zhao 南林杨

（8）河北杨×毛白杨组 Populus Sect. × Hopei-tomentosa T. B. Zhao et Z. X. Chen 河北杨×毛白杨

（9）响叶杨组 Populus Sect. Adenopodae（T. Hong et J. Zhang）T. B. Zhao et Z. X. Chen 响叶杨、伏牛杨、松河杨、琼岛杨

（10）响山杨组 Populus Sect. Adenopodi-davidianae T. B. Zhao et Z. X. Chen sect. nov. 响山杨

2. 毛白杨亚属 Populua Subgen. Tomentosae T. B. Zhao et Z. X. Chen

（1）响毛杨组 Populus Sect. Adenopodi-tomentosae T. B. Zhao et Z. X. Chen sect. nov. 响毛杨

（2）毛白杨组 Populus Subsect. Tomentosae T. Hong et J. Zhang）T. B. Zhao et Z. X. Chen 毛白杨、新乡杨等

（3）毛白杨三倍体杨组 Populus Sect. Tomentosa T. B. Zhao et Z. X. Chen 毛白杨三倍体杨

（4）毛新山杨组 Populus Sect. Tomentosi-bolleani-davodianaea T. B. Zhao et Z. X. Chen 毛新山杨

3. 银青黑杨亚属 Populus Subgen. Albi-tacamahaci-nigra T. B. Zhao et Z. X. Chen subgen. nov. 银青黑杨

4. 大叶杨亚属 Populus Subgen. Leucoides（Spach）T. B. Zhao et Z. X. Chen subgen. comb. nov. 大叶杨、椅杨、堇柄杨等

5. 青杨亚属 Populus Subgen. Tacamahaca（Spach）T. B. Zhao et Z. X. Chen

1）苦杨系 Populus Ser. Laurifoliae Dode 苦杨、小叶杨、青杨、河南青杨等

2）西伯利亚杨系 Populus Ser. Suareolens Dode 西伯利亚杨、香杨、暗叶杨、贝加尔白杨、远东白杨

3）香脂杨系 Populus Ser. Balsamiferae Dode 马氏杨、乌苏里杨、香脂杨、欧洲大叶杨、毛果杨

4）云霄杨系 Populus Ser. Yunsiaoae T. B. Zhao et Z. X. Chen ser. nov. 云霄杨

5）青杨杂种杨系 Populus Ser. × Qingyang-hybridae T. B. Zhao

6. 青大杂种杨亚属 Populus Subgen. Tacamahacae（Spach）T. B. Zhao et Z. X. Chen 青大杂种杨

7. 青毛杂种杨亚属 Populus Subgen. cathayani-tomentosae T. B. Zhao et Z. X. Chen 青毛杨、阿拉善杨

8. 青黑杨亚属 Populus Subgen. × cathayani-negrae T. B. Zhao et Z. X. Chen 北京杨、小黑杨等

9. 辽胡亚属 Populus Subgen. cathayani-nigri-turangiae T. B. Zhao et Z. X. Chen subsect. nov. 辽胡杨

10. 健 + 毛杂种杨亚属 Populus Subgen. Robusta + P. tomemtosa Carr. 健杨 + 毛白杨

11. 黑杨亚属 Populus Subgen. Eurcasiaticae(Bugala)T. B. Zhao et Z. X. Chen

    1）欧洲黑杨系 Populus Ser. Eurcasiaticae Bugala

    2）美洲黑杨系 Populus Ser. Americanae Bugala

    3）欧美杂种杨系 Populus Ser. Hybridaerum Dode

12. 美黑辽杂种杨亚属 Populus Sungen. × Deltoid-maximowiczii T. B. Zhao et Z. X. Chen,Subgen. hybrid. nov. 美黑辽杂种杨

13. 箭胡毛杨亚属间杂种亚属 Populus Subgen. × Nigri-turangi-tomentosae T. B. Zhao et Z. X. Chen,Subgen. hybrid. nov. 箭胡毛杨杂种

14. 银青黑胡亚属间杂种亚属 Populus Subgen. × Albi-cathayani-nigri-turangae T. B. Zhao et Z. X. Chen,Subgen. hybrid. nov.

本新亚属系杨属 Populus Linn. 内亚属之间种与种、种与杂交种、杂交种与杂交种之间的新杂交种(包括晚花杨品种 Populus × euramericana(Dode)Guinier cv.'Serotina')。其杂交新分类等级,均具有杂交亲本的形态特征,即形态特征多样性、生态特性多型性。

15. 胡杨亚属 Populus Subgen. Balsamiflua(Griff.)K. Browicz;*Populus* Subgen. *Turanga* Bunge

（1）胡杨组 Populus Sect. Turanga Bunge

    1）胡杨系 Populus Ser. Eupharatcica K. Browicz 胡杨 Populus euphratica Oliv.、异叶胡杨 Populus divesifolia Schrenk、维里特诺夫胡杨 Populus litwiowiana Dode、阿里胡杨 Populus ariana Dode

    2）粉叶胡杨系 Populus Ser. Pruinosae K. Browicz 灰胡杨 Populus pruinosa Schrenk.

（2）特萨沃胡杨组 Populus Sect. Tsova(Jarm.)K. Browicz

    1）特萨沃胡杨系 Populus Ser. Tsova Jarm. 特萨沃胡杨 Populus ilicifolia Jarm.

总结以上所述,为杨属分类系统研究的历史概况。

第二章　中国杨属分类简史

　　中国是个具有着悠久历史的文明古国,历史上有很多古文献记载了杨属植物。最早记载始于《诗经》(公元前 7 世纪),其中的《秦风》中有 "阪有栗,涯有杨""南山采桑,北山有杨"等记载;西晋时期崔豹的《古今注》(公元 4 世纪)中写道:"白杨叶圆,青杨叶长……(白杨)弱蒂,微风则大摇。"北魏贾思勰的《齐民要术》对白杨的栽培进行了详细记载;王象善撰《群芳谱》(1621)中有:"杨有二种。一种白杨,叶芽有时白毛裹之,及尽展似梨叶,而稍厚大,浅青色,背白茸毛,两面相对,过风则簌簌有声,人多种植坟墓间,树耸直圆整,微白色;高者十余丈,大者径三四尺,堪栋梁之任。"后来,明代李时珍《本草纲目》也记载了多种杨树。

　　近代,我国植物分类学研究处于落后状态。外国植物分类学者发表了我国杨属一些新种和新变种,如:

　　1753 年,Carli Linnaei 发表的银白杨 Populus alba Linn.、欧洲山杨 Populus termula Linn.、黑杨 Populus nigra Linn.。

　　1789 年,W. Aiton 发表的银灰杨 Populus alba Linn. var. a. canescens Ait.〔Populus canescens(Ait.)W. W. Sith〕。

　　1807 年,G. A. Oliv. 发表的胡杨 Populus euphratica Oliv.。

　　1838 年,Wierzb 发表的光皮银白杨 P. bachofenii Wierzb. ex Rochrl.。

　　1839 年,N. Wallich 发表的缘毛杨 Populus ciliata Wall.。

　　1854 年,Bunge 发表的新疆杨 Populus alba Linn. var pyramidalis Bunge。

　　1867 年,E. A. Carriere 发表的我国特有树种毛白杨 Populus tomemtosa Carr.。

　　1879 年,K. J. maximowiczii 发表的我国特有树种响叶杨 Populus adenopoda Maxim.。

　　1880 年,W. Aiton et W. B. Hemsley 发表的阿富汗杨 Populus nigra Linn. var. *afghanica* Ait. et Hemsl.〔Populus afghonica Ait. et Hemsl.〕。

　　1882 年,K. J. Maximowiczii 发表的青甘杨 Populus przewalskii Maxim.。

　　1883 年,K. F. Ledébour 发表的苦杨 Populus laurifolia Ledéb.。

　　1884 年,F. E. L. Fischer 发表的甜杨 Populus suaveolens Fisch。

　　1892 年,L. Dippel 发表的中东杨 Populus × berolinensis Dippel。

　　1905 年,L. A. Dode 发表的山杨 Populus davidiana Dode、清溪杨 *Populus duclouxiana* Dode〔Populus rutundifolia Griff. var. duclouxiana(Dode)Gomb.〕。

　　1906 年,H. H. Haines 发表的灰背杨 Populus gluca Haines。

　　1914 年,L. A. Dode 发表的箭杆杨 *Populus thevestina* Dode〔Populus nigra Linn. var. thevestina(Dode)Sean〕。

　　1916 年,C. K. Schneider 发表的椅杨 Populus wilsonii Schneid.、茸毛山杨 Populus tremula Linn. var. davisiana Scheneid. f. tomentella Scheneid.、塔形小叶杨 Populus simonii

Carr. f. fastigiata Schneid. 、川杨 Populus szechuanica Schneid. 。

1921 年,L. A. Dode 发表的堇柄杨 Populus violascens Dode。

1922 年,A. Rehdee 发表的香杨 Populus koreana A. Rehd. 。

1927 年,A. Rehdee 发表的柔毛杨 Populus pilosa Rehd. 。

1929 年, B. V. Skvortzov 发表的垂枝山杨 Populus davidiana Dode var. pendula Skvortzov、东北杨 Populus girinensis Sk . 、玉泉杨 Populus nakaii Skvortzov。

1929 年,Marq. 发表的金色缘毛杨 Populus ciliata Wall. var. aurea Marq. et Shaw。

1929 年,B. V. Ksvortzov 发表的大叶山杨 Populus davidiana Dode f. fradifolia Skv. 和小叶山杨 Populus davidiana Dode f. microphylla Skv. 。

1931 年,A. Rehder 发表的青杨 Populus cathayana Rehd. 、云南青杨 Populus cathayana Rehd. var. schneideri Rehd. 。

1932 年,A. Rehder 发表的光皮川杨 Populus szechuanica Rehd. var. rockii Rehd。

随着西方先进科学技术的传入,我国植物分类学及杨属植物的分类研究也有了很大进步,并发表了一些新分类群,外国学者也发表了一些新种和新变种,如:

1934 年,我国植物分类学家胡先骕与周汉藩首次发表了我国杨属第一个新种——河北杨 Populus hopeiensis Hu et Chow。

1934 年,V. L. Komarow 发表了大青杨 Populus ussuriensis Kom. 、黑龙江杨 Populus amurensis Kom. 、密叶杨 Populus talassica Kom. 及帕米尔杨 Populus pamirica Kom. 。

1934 年,乐天宇(愚)教授发表了《河南太行山山杨一新变种》一文。

1935 年,郝景盛发表《Synopsis Chinese Populus》专著,发表在 Cantr. Inst. OF Bot. Acand. Peiping 丛刊上。发表我国杨属植物有银白杨、毛白杨、响叶杨、苦杨、小叶杨等。

1936 年,T. Nakai 发表了热河杨 Populus manshurica Nakai。

1937 年,陈嵘在《中国树木分类学》中记载中国杨属植物 16 种和 4 变种:1. 银白杨 Populus alba Linn. ,2. 毛白杨 Populus tomentosa Carr. ,3. 椴杨(河北杨)Populus hopeiensis Hu & Chow,4. 响叶杨 Populus adenopoda Maxim. ,5. 大叶杨 Populus lasiocarpa Oliv. ,6. 椅杨 Populus wilsonll Schneid. ,7. 川杨 Populus szechuanica Schneid. ,8. 苦杨 Populus laurifolia Ledeb. ,9. 滇杨 Populus yunnanensis Dode,10. 南京白杨(小叶杨)Populus simonii Carr. ,11. 西伯利亚白杨 Populus suaveolens Fisch. ,12. 辽杨 Populus maximewiczii A. Henry. ,13. 青杨 Populus cathayana Rehd. ,14. 胡杨 Populus euphratica Oliv. ,15. 新疆杨 *Populus alba* Linn. *var. pyramidalis* Bunge,16. 加拿大白杨(加拿大杨)(欧美杨)Populus × euramericana(Dode)Guinier。变种:1. 清溪杨 Populus rotundifolia Griff. var. ducloxiana Gomb. ,2. 高山杨 Populus szechuanica Schneid. var. tibetica Schneid. ,3. 塔杨(塔形小叶杨)Populus simonii Carr. var. fastigiata Schneid. ,4. 垂杨(垂枝小叶杨)Populus simonii Carr. var. pendula Schneid. 。

1939 年,Kigtag. 发表了小青杨 Populus pseudo-simonii Kitag. 、菱叶小叶杨 Populus simonii Carr. var. rhombifolia Kitag。

1941 年,Drob. 发表了伊犁杨 Populus iliensis Drob. 。

1955 年,王战等发表了我国杨属一些新种、新变种,如:辽东杨 Populus liaotungensi C.

Wang et Skv.、哈青杨 Populus charbinensis C. Wang et Skv.、兴安杨 Populus hsinganica C. Wang et Skv.，并与 B. V. Ksvortzov 发表了桦叶东北杨 Populus girinensis Skv. var. ivaschkevitchii Skv.。

1965 年，П. Л. БОГДОНОВ.《ТОПОЯ И ИХ КУЛЬТУРА》(1965)[《杨树及其栽培》(第二次修订本)，薛崇伯、张廷桢译，1974] 一书中记录分布于中国的杨树有：胡杨 Populus diversifolia Schrenk、银白杨 Populus alba Linn.、新疆杨 Populus alba Linn. var. pyramidalis(Bunge) Dippel、巴氏杨 Populus bachofeni Wirzb.、银灰杨 Populus canescens (Ait.) Smith.、欧洲山杨 Populus tremula Linn.、山杨 Populus davidiana Dode、欧洲黑杨 Populus nigra Linn.、钻天杨 Populus pyramidalis Borkh、加拿大杨 *Populus canadensis* Möench、苦杨 Populus laurifolia Ledeb.、小叶杨 Populus simonii、Carr.、辽杨(马氏杨)Populus maximowiczii Henry、香脂杨 Populus balsamifera Linn.、欧洲大叶杨 Populus candicans Ait.、大叶杨 Populus lasiocarpa Oliv. 等 15 种与 1 变种。

1974 年，王战等先后发表了长序杨 P. speudoflauca C. Wang et P. Y. Fu、秦岭小叶杨 P. simonii Carr. var. tsinlingensis C. Wang et C. Y. Yu、宽叶青杨 P. cathayana Rehd. f. latifolia C. Wang et P. Y. Fu，以及亚东杨 P. yunanensis Dode var. yatungensis C. Wang et P. Y. Fu。

1975 年，符毓秦等发表了截叶毛白杨 Populus tomemtosa Carr. var. truncata Y. C. Fu et C. H. Wang。

1978 年，赵天榜等在《河南杨属新种和新变种》《毛白杨起源与分类研究》中发表了河南杨属 5 新种及 14 新变种，即 5 种：1. 河南杨 Populus honanensis T. B. Zhao et C. W. Chiuan，2. 伏牛杨 Populus funiushanensis T. B. Zhao，3. 朴叶杨 Populus celtidifolia T. B. Zhao，4. 新乡杨 Populus xinxingensis T. B. Zhao，5. 松河杨 Populus sunghensis T. B. Zhao et C. W. Chiuan。14 个变种：1. 黄皮河北杨 Populus hopeiensis Hu et Chow var. flava T. B. Zhao et C. W. Chiuan，2. 垂枝河北杨 Populus hopeiensis Hu et Chow var. pendula T. B. Zhao，3. 卵叶河北杨 Populus hopeiensis Hu et Chow var. ovatifolia T. B. Zhao，4. 卢氏山杨 Populus davidiana Dode var. lyshehensis T. B. Zhao et G. X. Liou，5. 南召响叶杨 Populus adenopoda Maxim. var. nanchaoensis T. B. Zhao et C. W. Chiuan，6. 圆叶响叶杨 Populus adenopoda Maxim. var. rotundifolia T. B. Zhao，7. 箭杆毛白杨 Populus tomentosa Carr. var. borecolo-sinensis Yü Nung，8. 河南毛白杨 Populus tomentosa Carr. var. honannica Yü Nung，9. 小叶毛白杨 Populus tomentosa Carr. var. micriphylla Yü Nung，10. 河北毛白杨 Populus tomentosa Carr. var. hopeinica Yü Nung，11. 密孔毛白杨 Populus tomentosa Carr. var. multilenticella Yü Nung，12. 圆叶毛白杨 Populus tomentosa Carr. var. rotundifolia Yü Nung，13. 密枝毛白杨 Populus tomentosa Carr. var. ramosissima Yü Nung，14. 塔形毛白杨 Populus tomentosa Carr. var. pyramidalis Shanling。

1978 年，赵天榜在《毛白杨自然类型研究》中，发表了毛白杨 10 个类型：① 毛白杨，② 箭杆毛白杨，③ 河南毛白杨，④ 小叶毛白杨，⑤ 河北毛白杨，⑥ 密孔毛白杨，⑦ 圆叶毛白杨，⑧ 密枝毛白杨，⑨ 截叶毛白杨，⑩ 塔形毛白杨。

1979 年，王战等又发表了我国杨属一大批新种、新变种，如：康定杨 Populus kangdingensis C. Wang et Tung、三脉青杨 Populus trinervis C. Wang et Tung、梧桐杨 Populus pseudo-maximawiczii C. Wang et Tung、光果梧桐杨 Populus pseudo-maximawiczii C. Wang et Tung var. glabrata C. Wang et Tung、昌都杨 Populus qamdoensis C. Wang et Tung、米林杨 Populus mainlingensis C. Wang et C. Y. Yu、德钦杨 Populus haoana C. Wang et Tung 及大果德钦杨 Populus haoana C. Wanget Tung var. microcarpa C. Wang et P. Y. Fu、乡城杨 Populusxiangchengensis C. Wang et P. Y. Fu、吉隆缘毛杨 Populus ciliata Wall. var. gyirongensis C. Wang et Tung、维西缘毛杨 Populus ciliata Wall. var. weixi C. Wang et Tung、长叶杨 Populus wuana C. Wang et Tung、五瓣杨 Populus yuana C. Wang et Tung、毛轴亚东杨 Populus yatungensis(C. Wang et Tung)C. Wang et Tung var. trichorachia C. Wang et Tung。

1980 年,王战等发表响毛杨 Populus pseudo-tomentosa C. Wang et Tung、汉白杨 Populus ningshanica C. Wang et Tung。

1980 年,赵天榜等在《河南新植物》中发表了云霄杨 Populus yunxiaomenshanensis T. B. Zhao et C. W. Chiuan 新种。新变种有:长柄山杨 Populus davidiana Dode var. longipetiolata T. B. Zhao、心叶河南杨 Populus honanensis T. B. Zhao、小叶响叶杨 Populus adennopoda Maxim. var. microphylla T. B. Zhao、垂枝青杨 Populus cathayana Rehd. var. pendula T. B. Zhao。

1980 年,王遂义发表了楸皮杨 *Populus cupi* S. Y. Wang。

1982 年,王战等发表了卵叶山杨 Populus davidiana Dode var. ovata C. Wang et Tung、小果响叶杨 Populus adenopoda Maxim. f. microcarpa C. Wang et Tung、楔叶响叶杨 Populus adenopoda Maxim. f. cuneata C. Wang et Tung、大叶响叶杨 Populus adenopoda Maxim. var. platyphylla C. Wang et Tung、短柄椅杨 Populus wilsonii Schneid. f. pedicellata C. Wang et Tung、长果柄椅杨 Populus wilsonii Schneid. f. brevipetiolata C. Wang et Tung、扎鲁小叶杨 Populus simonii Carr. f. robusta C. Wang et Tung、宽叶小叶杨 Populus simonii Carr. var. latifolia C. Wang et C. Y. Yu、圆叶小叶杨 Populus simonii Carr. var. rotundifolian C. Wang et P. Y. Fu、厚皮哈青杨 Populus charbinensis C. Wang et P. Y. Fu var. pachydermis C. Wang et Tung、长果柄青杨 Populus cathayana Rehd. var. pedicellata C. Wang et Tung、二白杨 Populus gansuensis C. Wang et Tung、光果柔毛杨 Populus pilosa Rehd. var. leiocarpa C. Wang et Tung、青毛杨 Populus shanxiensis C. Wang et Tung、长果柄滇杨 Populus yunanensis Dode var. pedicellata C. Wang et Tung、小叶滇杨 Populus yunanensis Dode var. micriphylla C. Wang et Tung、大叶德钦杨 Populus haoana C. Wang et Tung var. magephylla C. Wang et Tung、圆齿亚东杨 Populus yatungensis(C. Wang et P. Y. Fu)C. Wang et Tung var. crenata、小钻杨 Populus × xiaozuanica C. Wang et Tung、小黑杨 Populus × xiaohei T. S. Hwang et Liang。

1982 年,赵天榜发表了心叶河南杨 Populus honanensis T. B. Zhao et C. W. Chiuan var. cordatifolia T. B. Zhao。

1982 年,徐纬英发表了北京杨 Populus × beijingensis W. Y. Hsü。

1982 年,王永孝发表了抱头毛白杨 Populustomentota Carr. f. fastigiata Y. X. Wang

（塔形毛白杨 Populus tomentosa Carr. var. pyramidalis Shanling）。

1984 年,杨昌友发表了额河杨 Populus × jrtyschensis Ch. Y. Yang。

1984 年,方振富等发表了短毛小叶杨 Populus simonii Carr. f. brachychaeta P. Yu et C. F. Fang。

1984 年,王战等将发表的辽东杨 Populus liaotungensus C. Wang et P. Y. Fu 新改级为辽东小叶杨 Populus simonii Car.. var. liaotungensus(C. Wang et P. Y. Fu)C. Wang et Tung,将发表的亚东杨新改级为种——Populus yatungensis(C. Wang et P. Y. Fu)C. Wang et Tung,将发表的宽叶青杨变型 Populus cathayana Rehd. f. latifolia C. Wang et P. Y. Fu 新改级为变种——宽叶青杨 Populus cathayana Rehd. var. latifolia(C. Wang et P. Y. Fu)C. Wang et Tung。

1985 年,孙岱杨发表了科尔沁杨 Populus koesqinensis D. Y. Sun、阔叶青杨 Populus platyphylla D. Y. Sun。

1985 年,赵能发表了瘦叶杨 Populus lancifolia N. Chao、石棉杨 Populus trinervis C. Wang et Tung var. shinianica C. Wang et Tung。

1986 年,毛品一等发表了长序大叶杨 Populus lasiocarpa Oliv. var. longiamenta Mao et P. X. He。

1986 年,梁书宾等发表了五莲杨 *Populus wulianensis* S. B. Liang et T. W. Li。

1987 年,洪涛等发表了琼岛杨 Populus qiongdaoensis T. Hong et P. Luo。

1987 年,杨生福等发表了民和杨 Populus minhoensis S. F. Yang et H. F. Wu、弯曲小叶杨 Populus simonii Carr. f. nutans S. F. Wang et C. Y. Yang、倒卵叶小叶杨 Populus simonii Carr. f. obovata S. F. Wang et C. Y. Yang。

1988 年,洪涛等在《杨属白杨组新分类群》中发表了波叶山杨 Populus undulata J. Zhang、宽叶波叶山杨 Populus undulata J. Zhang f. latifolia J. Zhang、圆叶波叶山杨 Populus undulata J. Zhang f. rotunda J. Zhang、齿叶山杨 Populus serrata T. B. Zhao et J. S. Chen 及变种:尖芽齿叶山杨 Populus serrata T. B. Zhao et J. S. Chen f. acuminati-gemmata T. Hong et J. Zhang、心叶齿叶山杨 Populus serrata f. cordata T. Hong et J. Zhang、粗齿山杨 Populus serrata T. B. Zhao et J. S. Chen f. grosseserrata T. Hong et J. Zhang、长序响叶杨 Populus adenopoda Maxim. f. longiamentifera J. Zhang、菱叶响叶杨 Populus adenopoda Maixim. f. rhombifolia T. Hong et J. Zhang、褐枝银白杨 Populus alba Linn. f. brunneo-ramulosa T. Hong et J. Zhang、粗枝银白杨 Populus alba Linn. f. robusta T. Hong et J. Zhang、蛮汉山杨 Populus davidiana Dode f. manhashanensis T. Hong et J. Zhang、小叶河北杨 Populus hopeiensis Hu et Chow f. parvifolia T. Hong et J. Zhng、菱叶河北杨 Populus hopeiensis Hu et Chow f. rhombifoia T. Hong et J. Zhang。同时,通过对杨属的研究,建立了毛白杨亚组 Populus Subsect. Tomentosae T. Hong et J. Zhang、山杨系 Populus Ser. Serratae T. Hong et J. Zhang、响叶杨系 Populus Ser. Adenopodae T. Hong et J. Zhang 和齿叶山杨系 Populus Ser. Serratae T. Hong et J. Zhang。

1988 年,张廷桢等发表了毛白杨 5 新变种:掌苞毛白杨 Populus tomemtosa Carr. var. palmatibracteata Z. Y. Yu et T. Z. Zhang、长苞毛白杨 Populus tomemtosa Carr. var. longibracteata Z. Y. Yu et T. Z. Zhang、卵苞毛白杨 Populus tomemtosa Carr. var. ovatibraeteata Z. Y. Yu et T. Z. Zhang、星苞毛白杨 Populus tomemtosa Carr. var. stellibracteata Z. Y. Yu et T. Z. Zhang、圆苞毛白杨 Populus tomemtosa Carr. var. orbiculata Z. Y. Yu et T. Z. Zhang。

　　1988 年,赵天榜、陈志秀在《第十八届国际杨树会议论文集》(中国部分)上发表了《毛白杨优良类型研究(摘要)》。其中介绍了箭杆毛白杨、河南毛白杨、塔形毛白杨、光皮毛白杨 4 个优良类型。

　　1989 年,姜惠明等发表了易县毛白杨 Populus tomentosa Carr. f. yixanensis H. M. Jiang et J. X. Huang(=河北毛白杨 Populus tomentosa Carr. var. hopeinica Yü Nung)。

　　1990 年,在《CATALOGUE IUTERNATIONAL DES CULTINARS DE PEUPLIERS》(世界杨树栽培品种名录)中,首次公布了赵天榜等选育的 6 个毛白杨品种:大皮孔箭杆毛白杨 Populus tomentosa Carr. cv. 'Dapikong'、小皮孔箭杆毛白杨 Populus tomentosa Carr. cv. 'Xiaopikong'、圆叶河南毛白杨 Populus tomentosa Carr. cv. 'Yuanyehenan'、细枝小叶毛白杨 Populus tomentosa Carr. cv. 'Xizhixiaoye'、粗密枝毛白杨 Populus tomentosa Carr. cv. 'Cumizhi'、Populus tomentosa Carr 京西毛白杨 cv. 'Jinxi'。

　　1991 年,赵天榜等在《毛白杨四个新变型》一文中,发表了长柄毛白杨 Populus tomentosa Carr. f. longipetiola T. B. Zhao et J. W. Liu、三角叶毛白杨 Populus tomentosa Carr. f. deltatifolia T. B. Zhao et Z. X. Chen、光皮毛白杨 Populus tomentosa Carr. f. lerigata T. B. Zhao et Z. X. Chen、心楔叶毛白杨 Populus tomentosa Carr. f. cordiconeifolia T. B. Zhao et J. W. Liu。

　　1991 年,赵天榜等在《毛白杨优良类型的研究》中介绍了 8 个毛白杨优良类型:箭杆毛白杨、河南毛白杨、塔形毛白杨、光皮毛白杨、小叶毛白杨、截叶毛白杨、河北毛白杨、京西毛白杨。

　　1991 年,在国际杨树委员会第 31 届会议上,由国际杨树委员会副主席王世绩研究员代赵天榜宣读了三篇毛白杨论文:① Study on the Exllent Clone of Populus Tomentosa Carr. ;② Study on Systemic Classification of Populus Todmentosa;③ Summa of Exellent of Popularizing Carr. Exellent Clone's。

　　1991 年,张杰等发表了关中杨 Populus × shensiensis J. M. Jiang et J. Zhang。

　　1995 年,赵天榜等发现河南杨属两新种:臭白杨 Populus choubeiyang T. B. Zhao et Z. X. Chen,sp. nov. 及河南青杨 Populus pseudo-cathayana T. B. Zhao et Z. X. Chen, sp. nov. 。

　　总之,以上为我国植物学者及外国植物学者进行中国杨属植物资源研究概况。

第三章　杨属植物的地理分布与栽培范围

一、世界杨属植物的地理分布

　　杨属植物种类达 130 余种,在世界范围内分布非常广泛,除了顿哈杨(新拟)Populus denhardtiorum Dode 外,其余种类分布于北半球各种不同气候条件的地带区域。如北半球的西部杨属树种的银白杨、欧亚黑杨几乎遍及整个欧洲。杨属树种分布的北界平行于北纬 65°线,即从北欧的斯德那维亚半岛,向东至乌拉尔中部,经西伯利亚,越过白令海峡,延伸至北美洲的阿拉斯加、加拿大的南半部,以及整个北美洲;其分布南界约平行于北纬30°一线,从西欧西班牙向东,沿地中海的北非、中东,进入伊朗、阿富汗、印度北部,延伸至中国的海南、中部、北部及朝鲜半岛和日本,如图 1 所示。

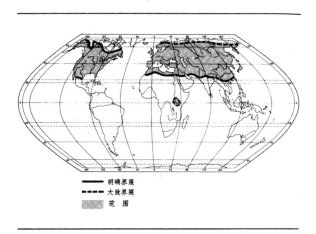

　　　　　　　　—— 明确界限
　　　　　　　　---- 大致界限
　　　　　　　　▒ 范　围

图 1　世界杨属树种的地理分布(引自:《杨树与柳树》)

　　从图 1 可看出,世界杨属树种的地理分布明显,且树种分布也有显著差异。其中,以白杨组 Populus Sect. Populus 树种分布最广。因为该组杨树对大陆性气候、海洋性气候、热带及寒带气候均有很强的适应性,具有耐湿热、耐干瘠薄、耐寒冷的特性,从平原到高山(海拔 3 000 m 以上)的地区和山地,都有该组杨树的天然种群分布和大面积的人工林栽培。如该组中山杨亚组 Populus Subsect. Trepidae Harting 中欧洲山杨 Populus tremula Linn. 在整个欧洲大陆至西亚及北非均有分布,在与地中海邻近的比利牛斯山和阿尔卑斯山及意大利、巴尔干半岛等地区和国家的山区都有发现,甚至在中国新疆阿尔泰山的西南坡至南延到准噶尔西部巴尔留克山及天山北坡海拔 1 500~2 500 m 的地带都有欧洲山杨分布,常形成块状的天然纯林和混交林。山杨 Populus davidiana Dode 系东亚种群,广泛分布在北纬 25°~53°、东经 100°~130°的山地,是中国杨属树种中分布最广的一种;日本山杨 Populus sieboldii F. A. Miq. 在日本的本州等地均有天然分布;美洲山场 Populus tremuloides Michx. 主要分布在北美洲的广大地区,如美国、加拿大,特别是美国沿湖的几个州,甚至从阿拉斯加至芬兰,至大草原东部的大湖南部,西至沿海地区和落基山脉,远至墨西哥;大齿杨 Populus grandidentata Michx. 分布仅限于加拿大东南部和美国东北部、圣劳伦斯河河谷,以及从该河至沿海之间的广大范围内。该组中银白杨亚组 Populus Subsect. Aibae Duby 中的银白杨 Populus alba Linn. 为古地中海植物成分,也是欧洲大陆河谷地带的种群成分,广泛分布于地中海地区的法国、摩洛哥、西班牙,以及中欧、东欧和中亚的巴尔干半岛、土耳其,至亚洲西部和北部的小亚细亚、西伯利亚西部、蒙古和中国新疆的额尔齐斯河流域;西部种群的银灰场 Populus × canoscens(W. Ait.) W. W. Smith 多分布于欧洲的隆河、多瑙河、波河和莱茵河等流域,主要分布于西班牙至巴尔干半岛,延伸至亚洲西部的高加索、土耳其,至中国新疆的额尔齐斯河流域。此外,特别是瑞典等国家还广泛栽培着生长迅速的欧洲山杨与美洲山杨的杂种类群。该组中毛白杨亚组 Populus Subsect. Tomentosae T. Hong et J. Zhang 中的毛白杨为我国特有树种,广泛栽培于黄河流域各省区,甚至引种在新疆的石河子地区生长良好。

　　大叶杨组 Populus Sect. Laucoides Spach 杨树中除分布于北美洲的异叶杨 Populus heterophylla Linn. 外,其余种类均为我国特有种,如大叶杨 Populus lasiocarpa D. Oliv.、椅杨 Populus wilsonii Schneid.、菫柄杨 Populus violascens Dode 等,均广泛分布在中国中部和西部海拔 1 000 m 以上的山地。

　　青杨组 Populus Sect. Tacamahae Spach 杨树种类最多,约占杨属种类的 2/3,主要分布在北纬 35°~45°的范围内,主产东亚和北美洲,欧洲没有青杨组的原产种类。其中,不少种类为中国的特有种,如青杨 Populus cathauana Rehd.、太白杨 Populus purdomii Rehd.、滇杨 Populus yunnanensis Dode 等;香杨 Populus koreana Rehd. 自然分布在中国北纬 42°~48°、东经 126°~132°,集中分布在小兴安岭至长白山林区,朝鲜、俄罗斯远东地区有分布;甜杨 Populus susveolenws Fiseh 主要分布于大兴安岭河谷沿岸、俄罗斯的西伯利亚;辽杨 Populus maximowiczii A. Henry 分布于日本、朝鲜、俄罗斯远东地区和中国东北地区,河北、内蒙古、甘肃等地也有分布;只有毛果杨 Populus trichocarpa W. Torr. et S. F. Grag.、香脂杨 Populus balsamifera Linn.、披针叶杨 Populus acuminata P. A. Rydb.、狭叶杨 Populus angustifolia Linn.、欧洲大叶杨 Populus candians W. Ait. 分布于北美洲。

　　黑杨组 Populus Sect. Aigeiros J. E. Duby 杨树主要分布在北纬 60°以南的范围内。美洲黑杨 Populus deltoidea Marsh. 主要分布于北美洲东部,从大西洋东岸起,至大平原,又从大湖区起,直至墨西哥湾。欧洲黑杨 Populus nigra Linn. 主要分布在欧洲、亚洲大陆,即从多瑙河至地中海,以及小亚细亚,最远达中亚细亚,向北至隆河、易北河、奥得河和高加索、西伯利亚西部、巴尔干半岛等主要河流流域;非洲的阿尔及利亚、摩洛哥山区,以及中国新疆的额尔齐斯河和乌伦古河流域也有分布。其中,欧洲黑杨及其相似类群主要集中栽培面积占欧洲面积的 1/3。美洲黑杨与欧洲黑杨杂种类群广泛栽培于北半球各地。

　　胡杨组 Populus Sect. Euphraticae Bunge 杨树种类主要分布于中亚、西亚、地中海南部及西部边缘地区,如肯尼亚、西班牙、摩洛哥、伊朗、伊拉克、叙利亚。此外,土耳其、埃及、巴勒斯坦、利比亚、阿尔及利亚等地区也有分布。中国内蒙古的河套地区、新疆的准噶尔盆地、柴达木河两岸也有分布。

总结以上所述,可以将世界杨属树种的分布北界平行于北纬 65°一线,从北欧的斯堪的纳维亚半岛,向东至乌拉尔中部、西伯利亚,越过白令海峡,延至北美洲的阿拉斯加、加拿大的南半部,以及整个美国、墨西哥等。南界平行于北纬 30°一线,从西欧的西班牙向东,沿着地中海岸的北非、中东,然后进入伊朗、阿富汗、印度北部、中国的西南部、中部、北部及朝鲜和日本等。其中,明显分为 4 个自然分布区:

(1) 欧洲分布区,包括欧洲、地中海沿岸的北非和中东地区。该地区有白杨组、黑杨组、胡杨组杨树的分布,尤其是黑杨组树种、杂种、品种尤多,栽培极为广泛,对欧洲各国林业生产和发展具有重要意义。

(2) 亚洲分布区,包括中国、印度、日本、朝鲜、西伯利亚地区,除中国新疆额尔齐斯河流域有额河杨天然分布外,无黑杨组树种的天然分布,而白杨组、青杨组、胡杨组杨树的天然分布,尤其是 3 组杨树种种类约占世界杨属树种种类的 2/3 以上,其中有些种类为中国特有种,如毛白杨 Populus tomentosa Carr.、滇杨 Populus yunnanensis Dode 等,栽培极为广泛,对亚洲各国林业生产和发展具有重意义。

(3) 北美洲分布区。该地区有白杨组山杨亚组、青杨组、黑杨组杨树的天然分布,无胡杨组杨树的天然分布。其中,有些种类为该地区特有种,如大齿杨 Populus grandidentata Miex.、异叶杨 Populus heterphylla Linn.、毛果杨 Populus trichocarpa J. Torr. & S. F. Grag. 等,栽培极为广泛,对北美洲各国林业生产和发展具有重意义。

(4) 非洲分布区。该地区只有胡杨组异叶胡杨 Populus diversifolia Schrenk 的分布。

二、中国杨属植物的地理分布与栽培区域

中国处于杨属的中心分布区和原产中心区内,其种类多、分布广,是任何其他国家无可比拟的。从北部黑龙江流域(约北纬 53°40′)至新疆阿尔泰的布尔津河及额尔齐斯河流域(约北纬 49°)到海南(约北纬 19°25′),东起黑龙江乌苏里江(东经约 135°),西到东经新疆的叶城(约东经 77°)之间,均有天然杨树的分布及杨树的栽培。中国杨属树种是我国乃至世界森林资源中极为宝贵的财富,据统计有 100 种,占世界杨属树种的 61.34%。

中国杨属树种,受气候、土壤、地形,以及人类活动的影响,形成了一定的自然分布区、栽培范围和独特的生物学特性。据报道,我国杨属树种集中分布以下区域。

(一) 东北、内蒙古杨属植物的分布与栽培区

该区包括黑龙江、吉林、辽宁、内蒙古东部及宁夏,北纬 38°43′~53°40′、东经 119°10′~135°20′的范围内。该区除黑龙江漠河地区属寒温带外,其他地区均属温带季风气候区。该区范围大,气候变化也大。从北到南,年平均气温-30~6 ℃,漠河地区达-52.3 ℃,平原地区在-40 ℃以上,南部沿海地区在-20~28 ℃。年平均降水量变化也很大,如辽西山区 400 mm,东北平原地区 400~600 mm,辽东至沿海地区 600~1 000 mm,长白山区可达 1 000~1 300 mm。该区自然分布的杨树有甜杨 Populus suavedens Fisch.、大青杨 Populus ussurensis Kom.、黑龙江杨 Populus amuvensis Kom.、香杨 Populus korean A. Rehd.、山杨 Populus davidiana Dode 等 25 种,平原地区大面积栽培的有小黑杨 Populus × xi-aohei T. H. Hwang et Ling、小钻杨 Populus × xiaozuanica W. Y. Hsü et Liang 等。

(二) 华北杨属植物的分布与栽培区

该区位于青海以东、阴山(宁夏)以南,伏牛山、秦岭、淮河一线以北,包括北纬 32°~42°、东经 104°~124°的青海、陕西、甘肃南部、河南、河北、北京、天津等地。该区气候特点是冬冷夏热,春旱秋爽,四季分明,年平均气温 10~14 ℃,年平均降水量 300~1 000 mm,多达 1 000 mm 以上。该区是我国南北气候、植物交汇地带,分布的杨树种类较多,据作者统计,该区杨属种类有 24 种、21 变种、20 变型,占全国杨属种类(包括变种、变型)的 84% 以上。其中冬瓜杨 Populus purdomii Rehd.、河南杨 Populus honanensis T. B. Zhao et C. W. Chiuan、伏牛杨 Populus Populus funiushanensis T. B. Zhao、响叶杨 Populus adenopoda Mxim.、河北杨 Populus hopeiensis Hu et Chow、青杨 Populus cathayana Rehd.、苦杨 Populus laurifolia Ledeb. 等是我国特有杨树资源。平原地区广泛栽培有毛白杨、I-69 杨、沙兰杨等品种。

(三) 华南、华东杨属植物的分布与栽培区

该区北起秦岭与武夷一线,西与云贵高原接壤,南达南海,位于北纬 25°以南至北纬 19°25′之间,包括福建、台湾、广东、广西和海南。该区属南亚热带、热带的温热季风气候,年平均气温达 20~22 ℃,台湾南部的恒春及海南南部的崖县及南海诸岛可达 24 ℃ 以上,年均降水量多在 1 500~2 000 mm;有些地区(台湾基隆南侧的火烧寮)多达 6 557.8 mm,最高达 8 409.0 mm(1912 年),而福建沿海及海南两侧多在 1 000 mm 以下。该区植物类型复杂,天然分布的杨树有琼岛杨 Populus qiongdaoensis T. Hong et P. Luo、响叶杨 Populus adenopoda Mxim.、小叶杨 Populus simonii Carr. 等,平原地区栽培的杨树主要为 I-72 杨、I-69 杨等。

(四) 西南杨属植物的分布与栽培区

该区位于北纬 21°~30°范围内,包括西藏、云南、四川、贵州。本区内地形复杂,有著名的横断山脉,海拔多在 3 000 m 以上。气候变化较大,从热带至寒带气候均有。年平均气温变化在 3~24 ℃,年平均降水量多在 600~2 000 mm,多时可达 3 200 mm,最少 581.4 mm(金沙江谷地)。其中,多数杨树为我国特有种,如长叶杨 Populus wuana C. Wang et Tung、滇杨 Populus yunnanensis Dode、昌都杨 Populus qamdoensis C. Wang et Tung,是我国青杨组杨树的中心分布区和原产中心区。据王战等记载,该区有 23 种、13 变种、4 变型,其中青杨组杨树占中国青杨组杨树 34 种的 47.06%。

(五) 青藏高原杨属植物的分布区

该区包括青海北部及西藏北部,面积约 200 万 km²,平均海拔约 4 500 m,是世界上海拔最高、地形最复杂的地区。该区年均气温在 -4~-8 ℃ 以下,西藏东南部则为 10~20 ℃,常年如春。高原南部年降水量达 5 000 mm 左右,高原北部、西北部年降水量在 50 mm

以下。该区分布的杨树有滇杨 Populus yunnanensis Dode、青甘杨 Populus przewalskii Maxim. 等。

(六) 西北杨属植物的分布与栽培区

该区位于北纬 21°~30°范围内,包括内蒙古中西部、甘肃西北部、宁夏北部、青海西部和新疆。本区面积辽阔,地形复杂,气候多变,具有极强的大陆性气候,终年西风、西北风不断,是我国沙尘暴的发源地。其年平均气温变化悬殊,一般在 3~24 ℃,最高气温 33 ℃(吐鲁蕃),最低气温-23.5 ℃(青河);年平均降水量多在 200~600 mm,多时可达 1 000 mm(扎木尔峰),最少<100 mm(南疆盆地 25~50 mm、准葛尔盆地、阿拉善高原)。其中杨树有胡杨 Populus euphratica Oliv.、额尔河杨 Populus × jrtyschensis Ch. Y. Yang、新疆杨 Populus bolleana Lauche、欧洲山杨 Populus termula Linn.、二白杨 Populus gansuensis C. Wang et H. L. Yang 等。

特别指出的是,通过研究,作者发现:研究河南伏牛山区的杨属山杨组资源分布有十分重要的意义。河南伏牛山区为河南杨属天然种群的集中分布地带,该山区杨属种类,特别是白杨组山杨亚组树种占全国杨属山杨树种的 84.14%,且有河南杨 Populus honanensis T. B. Zhao et C. W. Chiuan、云霄杨 Populus yunxiaomanshanensis T. B. Zhao et C. W. Chiuan 等多胚珠原始树种分布,因此该地区被认为是我国杨属白杨组山杨亚组的起源中心、现代分布中心和多样性中心。

第四章　杨属植物资源与分类

杨属 Populus Linn. Sp. Pl. 1034. 1753 et Gen. Pl. 456. no. 996. 1754；Wesmaelim De Candolle，Prodr. 16，2：323～331. 1868；in Mém. Soc. Sci. Hainaut，Sér. 3，3：183～253. 23. t. (Monog. Populus，73. pp. 23. t.) 1869；Dode in Bull. Soc. Hist. Nat. Autun，18：161 ～231. t. 11. 12. (Extr. Monog. Populus，73. p. p. 2. t). 1905；Gombci in Math. Termesz. Közl. 30，1：238. p. p(Monog. Populi). 1908；W. B. R. Laidlaw et al. GUIDE TO BRITISH HARDWOODS. 189～190. 1960；H. F. Chow，The familiar Tree of Hopei：48. 1934；陈嵘著. 中国树木分类学：110～111. 1937；秦岭植物志. 1(2)：15～16. 1974；丁宝章等主编. 河南植物志：1：164. 1978；中国植物志：20(2)：2. 1984；孙立元等主编. 河北树木志：1：61～ 62. 1997；刘慎谔主编. 东北木本植物图志：110. 1955；徐纬英主编. 杨树：27. 1988；中国科学院植物研究所主编. 中国高等植物图鉴 补编 第一册：14～28. 图版8376～8390，1972；黑龙江树木志：85. 1986；《四川植物志》编辑委员会. 四川植物志：3：39. 1985；新疆植物志. 1：21～124. 1992；西藏植物志：1：412～413. 1983；中国植物志 第二十卷 第二分册：2. 1984；牛春山主编. 陕西杨树. 10. 1980；山西省林业科学研究院编著. 山西树木志：62. 2001；湖北省植物科学研究所编著. 山西树木志：59. 1976；西藏植物志 第一卷：412～413. 1983；辽宁植物志(上册)：185. 1988；北京植物志 上册：75. 1984；河北植物志 第一卷：226. 1986；山东植物志 上卷：865～868. 1990。

落叶乔木。树干通常端直；树皮光滑，或纵裂，多为灰白色、灰青色、灰褐色。枝有长枝(萌枝)和短枝之分。芽具数个鳞片，多数有黏液，有叶芽和花芽之分，绝大多数种具顶芽(胡杨组 Populus Sect. Turanga Bunge 无顶芽)。叶(如长枝、短枝)互生，形状多变，卵圆形、卵圆-披针形、三角-卵圆形，在不同枝上常有不同的形状，还有圆形、三角形、椭圆形等，边缘具有锯齿、牙齿、腺齿，有些浅凹缺，或全缘；叶柄长，侧扁或圆柱状，先端有腺体，或无腺体，有些物种(欧美杂种杨)具鳍叶。大叶杨组 Populus Sect. Leucoides Spach 杨树短枝和长枝上叶形不同。托叶形状多变，早落。花单性，雌雄异株，稀同株(云霄杨 Populus yunxiaomanshanensis T. B. Zhao et C. W. Chiuan)；柔荑花序下垂，常先叶开放；雄花序较雌花序稍早开放；花盘斜杯状、漏斗状，边缘波状、条裂，稀全缘，有梗；雄花有雄蕊4～多数，最多达80枚，着生于花盘内，花药颜色多种；雌花雌蕊着生于花盘基部；苞片膜质，多样，边缘尖裂或条裂(稀不裂)，具缘毛，早落；子房球球状，或卵球-长椭圆体状，花柱短，柱头2～4裂，颜色多种。蒴果成熟后2～4(～5)瓣裂；种子小，多数，卵球状，或倒卵球状，基部具丛生长绢毛；子叶2片。

属模式种：银白杨 Populus alba Linn.。

本属树种有149余种(包括杂交种)，除了坦合尔的吊鲁姆杨(新拟)Populus denhard-tiorum Dode 一种分布于热带非洲外，均产于北温带的欧洲、亚洲和北美洲。一般分布在北纬30°～72°的广大泛围内，多数种的垂直分布多在海拔1 500 m 以下的山区。中国杨属树种,其中本书记载,杨属植物有:17 亚属(7 新亚属、4 新改隶组合亚属、2 新组合亚属)、18 组(12 新组合杂种组、1 新组合组)、23 系(7 新组合杂种系、1 新无性杂交种系、1 新组合系)、149 种(1 新种、7 新杂交种、1 新组合种、2 新组合杂种、1 新组合杂交种)、115 变种(12 新变种、2 杂交变种、1 新改隶组合变种)、38 变型(4 新变型、4 新组合变型)、4 类型、7 优良单株、17 品种群(8 新品种群)、296 新品种、2 新杂交品种、4 新组合品种、1 无性系、不知起源的 5 种。

杨属树种在我国分布范围为北纬 19°10′~53°41′,而集中分布和栽培在北纬 25°~53°34′、东经 80°134′ 的范围内。

杨属树种性较耐寒、喜光、速生,适应性强;沿河两岸、高山、坡地及平原地区等都能生长。如我国杨属自然种主要分布于山区,栽培种和品种主要栽培于平原地区。杨属树种木材白色、淡黄白色,质轻而软,纹理细致,容重 0.4~0.5 g/cm³,易干燥、易加工、油漆和胶合性能良好,可供建筑、板料、火柴杆、造纸及民用材等用。叶可作为饲料。芽脂、花序、树皮可供药用。杨树为营造速生用材林、防护林、水土保持林、造纸专用林,或"四旁"绿化的优良树种;许多平原地区将杨树作为大力发展的速生树种之一,在绿化环境、改造生态小气候、提供用材等方面,都有非常重要的意义。

一、白杨亚属(新疆植物志)

Populus Linn. Subgen. Populus, *Populus* Linn. Subgen. *Albidae* Dode in Mén. Soc. Hist. Nat. Autum. 18:176(Extr. Monog. , Populus, 18.) 1905;新疆植物志 1:127. 129. 1992;П. Л. БОГДОНОВ. ,ТОПОЯ И ИХ КУЛЬТУРА 1965 [杨树及其栽培(第二次修订本)(苏)П. Л. 波格丹诺夫著. 杨属白杨亚属 *Populus* Sungen. *Leuce.* 薛崇伯、张廷桢译. 1974]。

本亚属植物叶形状多变,边缘具有锯齿、牙齿、圆腺齿、微凹、波状,或全缘,背面被茸毛,稀无毛;叶柄通常被茸毛,稀无毛,先端有腺体,或无腺体。

本亚属模式:白杨组 Populus Linn. Sect. Populus。

本亚属:12 组(7 新组、1 杂交组、3 新组合组)、8 系(3 新系、1 新杂交)、23 种(1 新种、8 杂种、1 新杂交种、2 新组合种)、26 变种(6 新变种)、25 变型(4 新变型、4 新组合变型)、14 类型、7 优良单株、14 品种。

(一) 白杨组(中国植物志)　　银白杨亚组(林业科学研究)　　白杨亚组(陕西杨树)　　白杨亚派(中国杨树集约栽培)

Populus Linn. Sect. Populus,中国植物志. 20(2):2. 7. 1984;*Populus* Linn. Sect. *Leuce* Duby in DC. Gall. ed. 2,1:427. 1828;*Populus* Linn. Subgen. *Leuce* Sect. *Albidae* Dode in Mén. Soc. Hist. Nat. Autum. 18:176(Extr. Monog. Populus, 183. 1905);L. Dode,species novae ex"Extraits dune monographie inedited du Genre Populus"a. L.;A. Dode descriptae. I. II. III. IV. V,Repertorium novarum spipecierum regni vegetabilis, Fasciculus III(1906/7),BERLIN-WILMERSDORF;W. L. Komarow, Flora of the URSS. Vol. V :171~

180. 1936;H. B. 斯塔罗娃著. 马常耕译. 杨柳科的育种:1~27. 1984;孙立元等主编. 河北树木志. 1:62. 1997;林业科学研究,1(1):66. 1988;牛春山主编. 陕西杨树. 13. 1980;徐纬英主编. 杨树:29. 1988;*Populus* Linn. Subsect. *Albidae* Dode 及 *Populus* Linn. Sect. *Leuce* Duby,赵天锡,陈章水主编. 中国杨树集约栽培:41. 13. 1994;杨树遗传改良:255. 1991;赵天锡,陈章水主编. 中国杨树集约栽培:41. 1994。

本组植物落叶乔木。树干通常端直;树皮光滑,或纵裂,多为灰白色、灰青色、灰褐色、黑褐色;皮孔菱形、圆点状,显著。芽具数个鳞片,被茸毛,稀无毛,无黏液,或有黏液,有叶芽和花芽之分。长枝、短枝叶互生,形状多变,在不同枝上常有不同的形状:卵圆形、圆形、卵圆-披针形、三角-卵圆形、三角形、椭圆形等,边缘具有锯齿、牙齿、腺齿、浅凹缺、波状,或全缘,背面被茸毛,稀无毛;叶柄长,侧扁,或圆柱状,通常被茸毛,稀无毛,先端有腺体,或无腺体。有些种长枝上叶掌状浅裂,或深裂,被茸毛。托叶形状多变,早落。花单性,雌雄异株(云霄杨 Populus yunxiaomanshanensis T. B. Zhao et C. W. Chiuan);柔荑花序下垂,常先叶开放,花序轴被茸毛;雄花序较雌花序稍早开放;花盘斜杯状、漏斗状,边缘波状、不规则条裂,稀全缘,有柄;雄花通常具雄蕊 5~20 枚,最多达 80 枚,着生于花盘内,花药顶端无细尖,颜色多种;雌花雌蕊着生于花盘基部;苞片膜质,多样,边缘尖裂,或条裂,稀不裂,具缘毛,早落;子房球状,或卵圆-长椭圆体状,具胚珠 2~20 枚,花柱短,柱头 2~4 裂,颜色多种。蒴果成熟后 2 瓣裂;种子小,多数,卵球状、长椭圆体状,或倒卵球状,基部具丛生长柔毛;子叶 2 片。

本组模式:银白杨 Populus alba Linn.。

本组植物计 3 系(1 新杂种杨系)、7 种(5 杂交种、中国不产 2 种)、4 变种(2 新变种)、2 变型、4 类型、5 杂交品种、7 优良单株。

本组树种在我国主要分布于新疆、内蒙古。栽培于黑龙江、辽宁、吉林、河南、河北、陕西、山东、湖北、四川、重庆、云南、贵州等地。

本组植物分 3 系。

I. 雪白杨系

Populus Ser. Nivea Dode

本系杨树长、萌枝叶掌状 3~5 深裂,背面密被白色茸毛;叶柄圆柱状,被茸毛。短枝叶较小,卵圆形、椭圆形、近圆形,边缘具锯齿,背面被白色茸毛,中部以上每侧具 2 枚小裂片;叶柄圆柱状,被茸毛。

本系模式:雪白杨 Populua nivea Willd.。

本系杨树有:赫克拉娜杨(新拟)Populus hickeliana Dode、雪白杨,主要分布于地中海西部各国、西班牙、摩洛哥及阿尔及利亚。中国没有本系杨树分布。

II. 银白杨系 白杨系

Populus Ser. Alba Dode in Bull. Soc. Nat. Antun. 18:221. T. 12. 103a. (Extr. Lend. Populus 63):1905.

本系杨树长、萌枝叶掌状、3~7 深裂,背面密被白色茸毛;叶柄圆柱状。

本系模式:银白杨 Populua alba Linn. 。

本系植物在我国有 2 种、4 变种(2 新变种)、2 变型、4 类型。

1. 银白杨(中国树木分类学)　图 2

Populus alba Linn. Sp. Pl. 1034. 1753;Schneid. in Sarg. Pl. Wils. Ⅲ:37. 1916;Hao in Const. Inst. Bot. Nat. Acad. Peiping 3:227. 1935;Kom. Fl. URSS,5;226. 1935;Rehd. Man. Cult. Trees & Shrubs 84. 1927;H. F. Chow,The familiar trees of hopei,50~52. Fig. 13. 1934;中国高等植物图鉴 I:350. 图 700. 1972;秦岭植物志. 1(2):16~17. 1974;中国主要树种造林技术:330~333. 图 42. 1978;中国植物志. 20(2):7~8. 图版 1:1~4. 1984;牛春山主编. 陕西杨树:14~16. 图 1. 1980;丁宝章等主编. 河南植物志. 1:166~167. 图 194. 1981;陈嵘著. 中国树木分类学:112~113. 图 83. 1937;刘慎谔主编. 东北木本植物图志:112. 图版 XI:1~2. 图版 X Ⅱ:32. 1953;徐纬英主编. 杨树:29. 31. 图 2-2-2:1~4. 1988;南京林学院树木学教研组主编. 树木学 上册:322~324. 图 228:1~2. 1961;山西省林学会杨树委员会. 山西省杨树图谱:17~18. 图 3~4. 照片 2. 1985;黑龙江树木志:88~90. 图版 17:1~3. 1986;内蒙古植物志 第一卷:13. 图版 39:图 4~5. 1985;青海木本植物志:62. 图 37. 1987;Poljak. in Fl. Kazakhst. 3:40. 1960;Asherson & Graebner,Syn. Mitteleus. Fl. 4:17. 1908;Dode Monogr. Populus 25. t. 11. f. 19. 1905;中国科学院植物研究所主编. 中国高等植物图鉴 补编 第一册:15. 1982;李淑玲,戴丰瑞主编. 林木良种繁育学:1996,272~273. 图 3-1-15;赵天锡,陈章水主编. 中国杨树集约栽培:13~14. 图 1-3-1. 703. 1994;黑龙江树木志:88. 90. 图版 17:1~3. 1986;《四川植物志》编辑委员会. 四川植物志. 3:41~42. 1985;新疆植物志. 1:129. 131. 图版 34. 1992;中国植物志 第二十卷 第二分册:8.1984;王胜东,杨志岩主编. 辽宁杨树:25~26. 2006;孙立元等主编. 河北树木志. 1:62~63. 图 41. 1997;山西省林业科学研究院编著. 山西树木志:64~65. 图 22. 2001;西藏植物志 第一卷:414~416. 图 124:1~3. 1983;辽宁植物志(上册):187. 图版 71:1~4. 1988;北京植物志 上册:76. 1984;河北植物志 第一卷:228. 图 169. 1986;山东植物志 上卷:867. 869. 图 567. 1990。

落叶乔木,高达 15.0~30.0 m,胸径 2.0 m。树冠宽大,近圆球状;侧枝开展。雌株主干弯曲,雄株主干通直。树皮幼龄时灰白色、白色,平滑;皮孔菱形,明显,纵裂,突起,多散生,稀 2~3 个连生,老龄时基部深褐色,常粗糙、开裂。芽鳞、1 年生枝密被白色短茸毛。长、萌枝叶大,菱-宽卵圆形、近圆形,长 10.0~13.5 cm,宽 9.0~12.0 cm,掌状 3~5 裂,裂片三角形,边缘具不规则大齿牙,先端急尖,基部宽楔形,或圆形,表面暗绿色,背面密被白色茸毛,叶柄上部略扁,下部圆柱状,密被白色茸毛。短枝叶较小,卵圆形、椭圆形、菱-卵圆形,长 3.0~10.0 cm,宽 2.0~7.0 cm,先端钝圆、钝尖,基部心形、宽楔形,或圆形,表面暗绿色,具金属光泽,边缘具不规则波状钝齿,近基部全缘,背面密被灰白色茸毛;叶柄圆柱状,长 2.0~6.0 cm,被白色茸毛,先端无腺体,或具 1~2 枚腺体。花雌雄异株！雄花序长 3.0~7.0 cm,花序轴被丝毛;苞片膜质,长 3~5.5 mm,匙-卵圆形、匙-椭圆形,中部以上淡褐色,中部以下具褐色横条,边缘具黑褐色条裂和白色长缘毛;雄蕊 6~10 枚,花药细长、紫红色,后淡黄色;雌花序长 5.0~10.0 cm,花序轴被丝状毛;子房卵球状,具胚珠 4~7 枚,花柱短,柱头红色,2 裂,每裂又 2 叉,裂片淡黄白色。果序长 8.0~12.0 cm;蒴果细圆锥状,长约 5 mm,基部花盘宿存,无毛,成熟后 2 瓣裂。花期 3 月;果成熟期 4 月上、中旬。模式标本,采自欧洲。

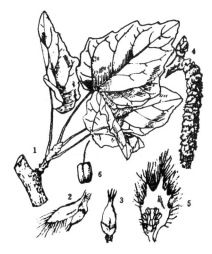

图 2　银白杨 Populus alba Linn. (引自《树木良种繁殖学》)

1. 枝条,2. 雌花,3. 雌蕊,4. 雄花枝,5. 雄花,6. 雄蕊

　　银白杨分布很广,主要分布于欧洲中部及西部、中亚、西亚和巴尔干等地,亚洲西部和北部也有分布;在中国银白杨天然分布于新疆的额尔齐斯河及其支流范围内(北屯至布尔津河以西),海拔 400~750 m,最高 1 700 m 的广大地区;山东、河北、陕西、甘肃、青海、黑龙江、吉林、内蒙古等省区均有栽培。

　　银白杨具有喜光、耐旱、耐大气干旱、耐高温等特性,在气温-44.8 ℃条件下,无冻害发生;在气温 48.1 ℃条件下,生长良好;在高温、多湿条件下,易受天牛、叶斑病等危害。喜光,不耐遮阴,在天然林中林木分化严重,生长较差;在盐碱地 pH<8.5 盐碱地上可以生长,土壤含盐率>1.4%,银白杨不能生长。此外,银白杨还具适应性强、根系发达、萌蘖力强,能形成大面积的天然次生林。还具有扦插成活率高、抗病、抗风、抗污染力强等特性,是营造防风固沙林、水土保持林的优良树种之一。

　　银白杨寿命很长,有达 200 年以上的大树。在土壤肥沃的条件下,生长很快。据调查,20 年生的银白杨平均树高 15.7 m,平均胸径 45.7 cm,单株材积 1.287 64 m³。银白杨生长进程,如表 1 所示。

表 1　银白杨生长进程

龄阶(a)	5	10	15	20	25	30	35	40	45	50	52
树高生长(m)	2.80	6.30	9.10	10.80	12.60	14.40	15.60	16.80	18.00	18.80	19.10
胸径生长(cm)	1.10	4.20	8.90	13.00	18.00	22.90	27.80	32.00	35.40	38.80	39.70
材积生长(m³)	0.00026	0.00515	0.02703	0.07174	0.15565	0.27163	0.40844	0.56343	0.70803	0.89154	0.95242
材积生长率(%)		36.15	27.19	18.11	14.76	10.86	8.05	6.37	4.55	4.50	3.31

　　注:摘自《第十八届国际杨树会议论文集》。

　　银白杨木材质松软、柔韧,纹理匀细,可做建筑、家具、造纸、火柴杆等用。此外,抗叶斑病强,可做抗病育种的优良亲本。

变种：

1.1　银白杨　原变种

Populus alba Linn. var. alba

1.2　光皮银白杨（中国植物志）　白皮杨（山西省杨树图谱）　变种

Populus alba Linn. var. bachofenii (Wierzb.) Wesm. in De Candolle, Prodr. 16 (2)：324. 1868；Gerd Krussmann, Handbuch Laubgeholze Band 2：229. 1962；山西省杨树图谱：26~28. 图10. 照片6. 1985；中国植物志 第二十卷 第二分册：8~9. 1984；李淑玲，戴丰瑞主编. 林木良种繁育学：273，1996；赵天锡，陈章水主编. 中国杨树集约栽培：14. 703. 1994；新疆植物志. 1：131. 1992；*Populus bachofenii* Wierzb. ex Roch. Banatt. Reise，77. 1838；Rchb. Icon. Fl. Germ. 11：29. 1849；Φ. Л. Ka3ax. 3：40. 1960；Rehd. Bibliogr. Cult. Trees & Shrubs，66. 1949，pro. syn. Populus camescens (Ait.) Smith；Φ. Л. CCCP.，5：224. 1956，pro. syn. Populus bolleana Lauche。

落叶乔木。树冠宽大，宽椭圆体状；侧枝开展。树干通直；树皮灰白色至灰绿色，光滑，被白色粉状物；皮孔菱形，明显，边缘突起，散生，老龄时灰褐色，纵裂。1 年小枝淡黄色，密被白色茸毛。长、萌枝叶三角-卵圆形，或三角-近圆形，掌状 3~5 深裂，中裂片多 2~3 浅裂，先端尖，侧裂片多呈锐角开展，表面鲜绿色，具光泽，背面密被白色茸毛，边缘波状缺刻、不整齐疏锯齿及长而密的白缘毛，先端钝尖，或急尖，基部截形；叶柄圆柱状，密被白色茸毛，近顶端具 1~2 枚腺体。短枝叶卵圆形，基部平截，边缘齿牙常具 2~5 个对称齿牙，背面初密被白色茸毛，后几无毛。雄株！雄花序长 5.0~10.0 cm；苞片褐色，边缘具不规则条裂，具白色长缘毛；雄蕊 8~10 枚，花药红色，花盘杯状，基部具细长毛。

光皮银白杨主要分布于欧洲西南部、中亚、西亚和巴尔干等地。中国新疆广泛栽培，山西有栽培。其生长快，10~15 年生树高 17.0~25.0 m，胸径 16.0~25.0 cm，单株材积 0.22~0.45 m³。

1.3　小果银白杨　新变种

Populus alba Linn. var. pravicarpa T. B. Zhao et Z. X. Chen，var. nov.

A typo recedit capsulis parvis ovoideis，3~4 mm longis.

Henan：Zhengzhou. 1998-04-05. T. B. Zhao. No. 199804052(folia et capsulis inflorescentiis，holotypus hic disignatus，HEAC).

本新变种与银白杨原变种 Populus alba Linn. var. alba 区别：蒴果小，卵球状，长 3~4 mm。

产地：河南。1998 年 4 月 5 日。赵天榜，No. 199804052（叶及果序枝）。模式标本，采自郑州，存河南农业大学。

1.4　卵果银白杨　新变种

Populus alba Linn. var. ovaticarpa T. B. Zhao et Z. X. Chen，var. nov.

A typo recedit foliis ovatis vel triangusti-ovatis supra atro-viridibus sparse breviter tomentosis subtus dense albi-tomemtosis apice obtusis basi truncatis margine dentatis；petiolis 2.0~4.5 cm longis dense albo-tomentosis. Amentis femineis 1.0~3.0 cm，breviter capsuli-amentis 4.0~6.0 cm longis axibus densioribus albo-tomentisis. Carpis denissimis，complane ovatis 1.5~2.0 mm longios apice obtusis.

Henan:Zhengzhou. 10. 04. 1987. T. B. Zhao et. ,No. 8704102. Typus in Herb. HNAC.

本新变种与银白杨原变种 Populus alba Linn. var. alba 区别:叶卵圆形,或三角-卵圆形、近圆形,表面深绿色,疏被短茸毛;背面密被白色茸毛,先端钝尖,基截形,边缘具牙齿状缺刻;叶柄长 2.0~4.5 cm,密被白茸毛。雌株! 果序短,长 4.0~6.0 cm,果序轴密被白茸毛。蒴果扁卵球状,长 1.5~2.0 mm,先端钝圆。

河南:郑州市有栽培。1987 年 4 月 10 日。赵天榜等,No. 8704102。模式标本,存河南农业大学。

变型:

1.1　粗枝银白杨(林业科学研究)　变型　图 3:5~7

Populus alba Linn. f. robusta T. Hong et J. Zhang,张杰等. 杨属白杨组新分类群. 林业科学研究,1(1):66~67. 图版 1:5~7. 1988;李淑玲,戴丰瑞主编. 林木良种繁育学:273,1996;杨树遗传改良:255. 图 1:5~7. 1991;赵天锡,陈章水主编. 中国杨树集约栽培:703. 1994。

本变型小枝径 5~6.2 mm。短枝叶叶柄近顶端具 2 枚椭圆体状腺体,腺体密被毛,或无腺体。苞片长 4~7 mm,暗褐色,或褐色。

产地:甘肃兰州。1986 年 9 月 5 日。主模式标本,张杰. 869051,存中国林业科学研究院。

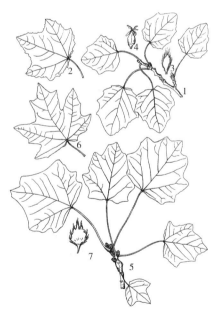

图 3　1~4. 褐枝银白杨 Populus alba Linn. f. brunneo-ramulosa T. Hong et J. Zhang:
1. 短枝、叶,2. 长枝、叶,3. 苞片,4. 雄花;

5~7. 粗枝银白杨 P. alba L. f. robusta T. Hong et J . Zhang:
5. 短枝、叶, 6. 长枝、叶, 7. 苞片(引自《林业科学研究》)

1.2　褐枝银白杨(林业科学研究)　变型　图 3:1~4

Populus alba Linn. f. brunneo-ramulosa T. Hong et J. Zhang,张杰等. 杨属白杨组新

分类群. 林业科学研究, 1(1):66. 图版 1:1~4. 1988;李淑玲,戴丰瑞主编. 林木良种繁育学:273,1996;杨树遗传改良:255. 图 1:1~4. 1991;赵天锡,陈章水主编. 中国杨树集约栽培:703. 1994。

本变型小枝褐色。短枝叶背面灰绿色,近无毛,基部稍心形;萌枝叶掌状浅裂,边缘具腺齿,基部心形。花苞片覆盖柱头;子房具胚珠(2~)4 枚。

产地:北京。1985 年 10 月 8 日。主模式标本,张杰等. 851008,存中国林业科学研究院。

2. 新疆杨(中国树木分类学)　图 4

Populus bolleana Lauche, Deuts. Mag. Gart. & Blumenk, 296. 1878; Man. Cult. Trees & Shrubs ed 2:73. 1940; *Populus alba* Linn. var. *pyramidalis* Bunge in Mém. Div. Sav. Acad. Sci. St. Petersb. 7:498. 1854;丁宝章等主编. 河南植物志. 1:167. 图 195. 1981; *Populus alba* Linn. f. *pyramidalis* (Bunge) Dipp. Handb. Laubh. 2:191. 1892; Rehd. Man. Cult. Trees & Shrubs ed. 2, 73. 1940; Bibliogr. Cult. Trees & Shrubs, 66. 1949; Ф. Л. CCCP. ,5:224. 1936;Ф. Л. Каза. 3:40. 1960 pro. syn. *Populus bachofenii* Wierzb. ; Kom. Fl. URRS,5:224. 1936. P. P. ;Popjak. in Fl. Kazakhst. 3:40. 1960; *Populus alba* Linn. var. *blumeana* (Lauche) Otto in Hamburg. Gart. et Blumezeit. 35:3. 1879;中国植物志 第二十卷 第二分册:9. 图版 1:5~6. 1984;南京林学院树木学教研组主编. 树木学 上册:324. 1961;Populus blumeana Lauche. 山西省林学会杨树委员会. 山西省杨树图谱:24~25. 图 9. 照片 5. 1985;黑龙江树木志:90~91. 图版 18:5. 1986;徐纬英主编. 杨树:31. 图 2-2-2(5~6). 1988;中国主要树种造林技术:334~337. 图 43. 1978;牛春山主编. 陕西杨树:16~17. 图 2. 1980;李淑玲,戴丰瑞主编. 林木良种繁育学:272,1996;内蒙古植物志. 1:163. 1985;赵天锡,陈章水主编. 中国杨树集约栽培:13. 703. 1994;黑龙江树木志:88、90~91. 图版 18:5. 1986;新疆植物志. 1:131~132. 1992;中国高等植物图鉴补编 第一册:图 8377. 1982;青海木本植物志:62~63. 图 38. 1987;王胜东,杨志岩主编. 辽宁杨树:26. 2006;孙立元等主编. 河北树木志. 1:63. 1997;山西省林业科学研究院编著. 山西树木志:65~66. 图 23. 2001;辽宁植物志(上册):187~188. 图版 71:5-6. 1988;北京植物志 上册:76~77. 1984;河北植物志 第一卷:228~229. 图 170. 1986;山东植物志 上卷:869. 图 567. 1990。

图 4　新疆杨
Populus bolleana Lauche
(引自《山东植物精要》)
1. 长枝,2. 雄花枝,3. 雄花,
4. 苞片,5. 雄花序

落叶乔木,高达 15.0 m。树冠塔形、窄圆柱状;侧枝细,呈 20°~30°角着生。树主干通直,尖削度大,具棱角。幼龄树皮灰绿色、灰白色、平滑;皮孔菱形,明显,较小,突起,散生,或 2~4 个横向连生,老龄时灰褐色,常粗糙。1 年小枝灰褐色,密被白色短茸毛,呈 20°~30°角着生。芽鳞密被白色茸毛,边缘具缘毛。长、萌枝叶大,菱-卵圆形、三角-卵圆形、近圆形,长 8.5~15.0 cm,宽 3.0~8.0 cm,掌状 3~7 裂,裂片三角形,大而深,边缘具不规则大齿牙,先端急尖,基部宽楔形、截形,或圆形,表面深绿色,具光泽,背面密被白色茸毛;叶柄上部略扁,下部圆柱状,密被白色茸毛,近顶端无腺体,或具 2 枚腺体。短枝叶较小,卵圆形、椭圆形、菱-卵圆形,长 3.0~10.0 cm,宽 2.0~6.0 cm,先端钝圆、尖,基部心形,或楔形,表面深绿色,具金属光泽,边缘具波状粗锯齿,掌状 3~5 深裂,裂片边缘具粗锯齿,背面淡绿色,初密被灰白色茸毛,后渐无毛,有时被灰白色茸毛;叶柄圆柱状,被茸毛。雄株! 雄花序长 5.0~10.0 cm;苞片膜质,长 3~5.5 mm,匙-卵圆形、匙-椭圆形,黑褐色,边缘具不规则条裂,或细缺刻,具白色长缘毛;雄蕊 5~13 枚,花药紫红色,花盘绿色。花期 3 月。

类型:

据赵天锡 1994 年报道,新疆杨有 4 个类型:

(1)青皮新疆杨(青皮类型)。本类型树皮青白色;皮孔菱形,较大、纵向开裂;树冠较大、开张;侧枝与主干呈 15°角左右。生长快,10~15 年生树高 19.0~25.0 m,胸径 19.0~25.0 cm,单株材积 0.25~0.55 m³。

(2)白皮新疆杨(白皮类型)。本类型树皮灰白色;皮孔小;侧枝角度小,几与主干平行上升。

(3)曲干新疆杨(弯曲类型)。本类型树干呈多频度多方向弯曲,通常可出现 4~6 个弯曲,且弯曲方向不定,弯曲度达 10%~15%以上。

(4)疙瘩新疆杨(疙瘩类型)。本类型树干上呈现多种形状的疙瘩,且排列较密,剥去树皮,木材无异样。生长较慢。

分布与特性:

新疆杨主要栽培于欧洲、中亚、西亚和巴尔干等地。中国新疆广泛栽培;黄河沿岸及以北方地区,如河南、河北、山东、北京等地有栽培,生长良好。

本变种喜光、喜温,抗大气干旱、抗风,在年平均气温 11.3~11.7 ℃,极端最高气温 39.5~42.7 ℃,极端最低气温-22.0~-24.0 ℃,年平均降水量 36~62 mm,蒸发量 2 167~2 695 mm,空气相对湿度 49.0%~57.0%的条件下,生长较好。在极端最低气温-30℃以下时,苗木冻梢严重;在极端最低气温-41.5℃时,新疆杨树干普遍冻裂,发生树干腐烂病。抗烟尘,抗柳毒蛾,较耐盐碱;但在未经改良的盐碱地、沼泽地、黏土地、戈壁滩等均生长不良。插条繁殖易活。木材供建筑、家具等用。为优良的“四旁”绿化、防护林种。在立地条件好的情况下,新疆杨生长很快。据陈章水研究员研究测定,20 年生的新疆杨人工林生产模式为(第 1、2 群落组):

防护林　$H=-6.411791365+9.807395885\ln A$　$r=0.93519$　$S=1.72249$

　　　　$D=-10.47910985+10.44544711\ln A$　$r=0.94951$　$S=1.50624$

人工林　$H=0.454025237+7.621798086\ln A$　$r=0.9905$

　　　　$D=-3.26527425+8.342715912\ln A$　$r=0.9934$

即 20 年生的新疆杨人工林(1 425 株/km²)平均树高 23.29 m,胸径 21.76 cm,单株材积 0.348 56 m³。16 年生新疆杨生长进程如表 2 所示。

表2　新疆杨生长进程

龄阶(a)		3	6	9	12	15	16	带皮
树高 (m)	总生长量	5.60	11.60	17.60	21.60	24.60	26.10	26.10
	平均生长量	1.90	1.90	1.90	1.30	1.00	0.501	
	连年生长量		1.90	2.00	2.00	1.30	1.00	0.50
胸径 (cm)	总生长量	1.10	5.90	12.30	17.70	21.70	25.20	26.10
	平均生长量	0.40	1.00	1.40	1.50	1.50	1.40	
	连年生长量		0.40	1.60	2.10	1.80	1.50	1.20
材积 (m³)	总生长量	0.0003	0.0090	0.0645	0.1977	0.3537	0.5326	0.5636
	平均生长量	0.0001	0.0015	0.0072	0.0165	0.0236	0.0296	
	连年生长量		0.0001	0.0029	0.0185	0.0444	0.0520	0.0596

注:摘自《中国杨树集约栽培》。

Ⅲ. 银新杂种杨系　新杂种杨系

Populus Ser. × Albi-bolleanae T. B. Zhao et Z. X. Chen, ser. hybr. nov.

Populus Ser. × nov. speciebus serie Populus alba Linn. et Populus bolleana Lauche hybridis. 2-parentibus characteribus.

Ser. × nov. typus: Populus alba Linn. × Populus bolleana Lauche.

Distribution: Pyccka et China.

本新系系银白杨与新疆杨的种间杂种。其具有2亲本的形态特征。

系模式种:银新杨 Populus alba Linn. × Populus bolleana Lauche。

产地:俄罗斯和中国。其杂种非常耐寒。

本新杂种系有3杂交种、5杂交品种、7优良单株。

1. 银新杨　银白杨 × 新疆杨(陕西杨树)　杂交种　图5

Populus alba Linn. × Populus bolleana Lauche; *Populus alba* Linn. × P. alba Linn. var. *pyramidalis* Bunge;牛春山主编. 陕西杨树:17～19. 图3. 1980;赵天锡,陈章水主编. 中国杨树集约栽培:589. 1994。

落叶乔木。树冠近塔形;上部侧枝展开角度呈25°～45°角开展,下部侧枝呈85°～90°角开展;树干微弯曲,基部树皮密被菱形皮孔;树皮和枝条较光亮。小枝圆柱状,初被粉状白茸毛,后脱落,呈黄绿色,或淡褐绿色。腋芽较小,长约3 mm,初被粉状白茸毛,后脱落,呈淡褐色。长、萌枝叶上常呈3～5裂,近宽卵圆形,基部掌状3出脉,裂片边缘具腺状钝齿。短枝叶椭圆形、几圆形,或宽卵圆形,长3.5～7.0 cm,宽2.8～6.0 cm,先端急尖,基部近圆形,或宽楔形,3出脉,表面鲜绿色,背面粉绿色,两面初被灰白色粉状茸毛,背面较密,后渐脱落;叶柄圆柱状,长2.0～3.0 cm,初被灰白色粉状茸毛,后渐脱落。雄株!雄花序长2.5～3.0 cm,径约8 mm;苞片几圆形,先端截形,或微凹,灰褐色,或暗褐色,光滑,边缘具长缘毛;花盘边缘全缘,或波状;雄蕊6～7枚,花药紫红色,具隆起紫色斑点,花丝极短,长约 1 mm。花期 3 月上旬。

本杂杂交变种系银白杨与新疆杨的人工杂交变种,在内蒙古、陕西等省区有广泛栽培,是农田林带主要栽培树种。河南也有栽培,常作"四旁"绿化之用。

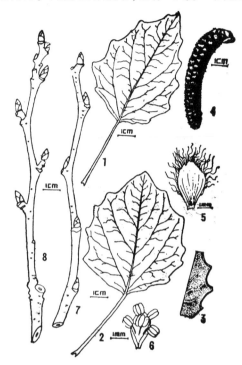

图 5　银新杨　Populus alba Linn. × Populus bolleana Lauche(引自《陕西杨树》)

1~2. 短枝叶,3. 叶缘, 4. 雄花序, 5. 苞片, 6. 雄花, 7. 长枝及腋芽, 8. 短枝及腋芽。

杂交品种:

1.1 '银新 4755-2'杨(杨树)　杂交品种

Populus × ' Yinxinensis 4755-2', *Populus alba* Linn. × *Populus alba* Linn. var. *pyramidalis* Bunge cv. ' Yinxinensis 4755-2',徐纬英主编. 杨树:396~397. 1988;李淑玲,戴丰瑞主编. 林木良种繁育学:273 ~ 274. 1996;赵天锡,陈章水主编. 中国杨树集约栽培: 32. 1994。

树冠大小中等;侧枝细,枝角约 35°。树皮灰绿色,光滑,具白粉;皮孔小而密,多散生,有时 3~5 个横向排列。小枝绿褐色,密被白色茸毛。芽长卵球状,先端略尖,被白色茸毛。短枝叶卵圆形,较大,长 18.0~25.0 cm,宽 20.0~23.0 cm,多数 3 浅裂,表面无毛,背面密被白色茸毛;叶柄短,基部具线状托叶;长枝叶表面疏被茸毛,背面密被白色茸毛,掌状 5 裂,中裂明显,基部 2 浅裂,边缘具不规则齿。雄株!

本杂交品种系宁夏自治区林业科学研究所王绍炎用银白杨与新疆杨杂交选育而成。其生长快,7 年生平均单株材积 0.207 24 m³。适应性强,抗虫性强,适宜在我国西部、西北部及北部干旱、半干旱有灌溉条件的地区,如宁夏栽培。

1.2 '银新 W-38'杨(杨树)　杂交品种

Populus ×'Yinxinensis W-38', *Populus alba* Linn. × *Populus alba* Linn. var. *pyramida-*

中国杨属植物志

lis Bunge,徐纬英主编. 杨树:396~397. 1988;李淑玲,戴丰瑞主编. 林木良种繁育学:274,1996。

树冠大小中等;侧枝细,枝角约35°。树皮灰绿色,光滑。

本杂交品种与'银新4755-2'杨主要区别:树冠较窄;侧枝角25°~30°;树皮皮孔稀疏,形态特征与父本近似。芽宽卵圆体状,先端密被茸毛,与银白杨相似。叶较小,长15.0~20.0 cm,基部截形,或浅心形;叶柄长约1.5 cm;托叶宽狭披针形。雄株!

本杂交品种起源、特性与'银新4755-2'杨相似,但生长慢,7年生平均单株材积0.124 82 m³。

1.3 银新杨-4755-1 杂交品种

Populus × 'Yinxinensis-4755-1',*Populus alba* Linn. × *Populus alba* Linn. var. *pyramidalis* Bunge cv. 'Yinxinensis-4755-1',李淑玲,戴丰瑞主编. 林木良种繁育学:273~274,1996。

落叶乔木。侧枝细,枝角约35°。树皮灰绿色,或灰绿色,光滑,被白粉;皮孔小,多数散生,较大皮孔3~5横向排列。小枝褐绿色,密被白茸毛,后脱落。短枝叶三角-近圆形,多数3浅裂,先端短尖,基部平截,表面无毛,背面密被白茸毛;叶柄短,基部具浅杯状托叶。长枝叶掌状5裂,中裂明显,基部2浅裂,边缘具不规锯齿;表面被疏毛,背面密被白茸毛。雄株!

银新杨-4755-1生长快,14年生树高14.0 m,胸径19.4 cm。具抗寒、抗旱、无病虫害等特性,但扦插生根困难。该杂交品种系黑龙江省林业研究所从银白杨与山杨杂种中选出。

1.4 银新杨-4755-2 杂交品种

Populus × 'Yinxinensis-4755-2',*Populus alba* Linn. × *Populus alba* Linn. var. *pyramidalis* Bunge cv. 'Yinxinensis-4755-2',李淑玲,戴丰瑞主编. 林木良种繁育学:273~274,1996。

落叶乔木。侧枝细,枝角约35°。树皮灰绿色,或灰绿色,光滑,被白粉;皮孔小,多数散生,较大皮孔3~5横向排列。小枝褐绿色,密被白茸毛,后脱落。短枝叶三角-近圆形,长18.0~25.0 cm,宽多数3浅裂,先端短尖,基部平截,表面无毛,背面密被白茸毛;叶柄短,基部具浅杯状托叶。长枝叶掌状5裂,中裂明显,基部2浅裂,边缘具不规则锯齿;表面被疏毛,背面密被白茸毛。雄株!

银新杨-4755-1生长快,14年生树高14.0 m,胸径19.4 cm。具抗寒、抗旱、无病虫害等特性,但扦插生根困难。该杂交品种系黑龙江省林业研究所从银白杨与山杨杂种中选出。

银新杨优良单株:

陈聚恒等从银白杨与新疆杨的天然杂交类群中选出的优良单株有:

(1)银新杨536

本杂交优良单株树冠小于新疆杨;侧枝细。树干直。6年生树高14.70 m,胸径15.90 cm。对照新疆杨树高6.60 m,胸径6.90 cm。

(2)银新杨196

本杂交优良单株树冠小于新疆杨;侧枝细;枝角 45°~46°角开展。树干通直。雌株! 6 年生树高 15.80 m,胸径 18.50 cm。

（3）银新杨 108

本杂交优良单株树冠大于新疆杨;侧枝粗长,斜展。树干尖削度大。6 年生树高 13.20 m,胸径 22.0 cm。

（4）银新杨 184

本杂交优良单株树冠小于新疆杨;侧枝细、短。树干直;树皮较粗糙。6 年生树高 12.45 m,胸径 14.70 cm。

（5）银新杨 512

本杂交优良单株树冠大于新疆杨;侧枝角 46°~47°角开展。树干通直、圆满。6 年生树高 15.20 m,胸径 18.50 cm。

（6）银新杨 527

本杂交优良单株树冠近似新疆杨。树干通直、圆满。6 年生树高 13.80 m,胸径 16.50 cm。

（7）银新杨 389

本杂交优良单株树冠近似新疆杨。树干通直、圆满。6 年生树高 14.40 m,胸径 16.10 cm。

2. 苏维埃塔形杨(杨树)

Populus × sowietica-pyramidalis Jabl. 徐纬英主编. 杨树:396~397. 1988。

落叶乔木。树冠塔形,或圆柱状;树干直;树皮灰色,或深灰色,基部浅裂。小枝灰绿色,被白茸毛。长枝上芽大,绿色,无毛,紧贴,长约 4.0 mm;腋芽较小,长约 3.0 mm,初被白茸毛,后脱落,呈淡褐色。长枝叶上常呈 3 裂,稀 5 裂。短枝叶近圆形,长 5.0~7.0 cm,掌状脉,表面黄绿色,背面密被白色茸毛,边缘具缺刻齿牙;叶柄圆柱状,密被白色茸毛。雄株!

本杂交种系 A. C. 雅勃洛考夫用银白杨与新疆杨的人工杂交类群中选出的优良单株培育而成。该杂种耐寒冷(-30 ℃)、抗病能力强。生长快,20 年生平均树高 20.0 m,平均胸径 35.0 cm。

本杂交品种在新疆有栽培,是农田林带主要栽培树种,也常作"四旁"绿化之用。

3. 乌克兰杨(杨树)

Populus × ukranensis-argentaea Jabl. 徐纬英主编. 杨树:396~397. 1988。

落叶乔木。树冠近塔形,或窄圆柱状,上部侧枝斜展,下部侧枝平展;树干微弯;树皮灰绿色,较光滑,后,或灰褐色,基部菱形皮孔,密。小枝黄绿色,或淡褐绿色,初密被白茸毛,后渐脱落。长枝叶宽卵圆形,3~5 裂,掌状 3 出脉,裂片边缘具腺钝齿。短枝叶椭圆形、圆形、宽圆形,长 3.5~7.0 cm,宽 2.8~6.0 cm,先端急尖,基部近圆形,或宽楔形,掌状 3 出脉,表面绿色,背面浅绿色,幼时两面密被灰白色茸毛;叶柄圆柱状,长 2.0~3.0 cm,密被白色茸毛,后渐脱落。雄株! 雄花序长 2.5~3.0 cm;花盘边缘全缘,或微波;雄蕊 6~7 枚,花药紫红色;苞片匙-圆形,先端截形,或微凹,灰褐色,或暗褐色,边缘具长缘毛。花期 3 月。

本杂交品种系 A. C. 雅勃洛考夫用银白杨(乌克兰)与新疆杨(塔什干)的人工杂交类群中选出的优良单株培育而成。该品种耐寒冷(-30 ℃)、抗病能力强。生长快。在新疆有栽培,是农田林带主要栽培树种,也常作"四旁"绿化之用。

(二) 银毛杨杂种杨组　新杂交杨组

Populus Sect. × nov. Albi-tometosa T. B. Zhao et Z. X. Chen,Sect. hybr. nov.

Populus Sect. × nov. foliis variantibus dense tomentosis albis,margine repandis. Foliis longi-ramulis et ramulis robustis triangulatis margine 3~5-magnisinuatus,bifrontibus tomemtosis margine dentatis grossis apice glandulis .

Sect. × nov. typus:Populus alba Linn. × P. tomentosa Carr. .

Distribution:Nanjing.

本新杂交组主要形态特征:叶形多变,密被白色茸毛,边缘波状缺刻;长壮枝叶三角形,具 3~5 个大缺刻,两面被茸毛,边缘粗锯齿,齿端有腺点。

产地:南京等。

本杂交组有 1 杂交种。

1. 银毛杨 1 号(陕西杨树)　新杂交种　图 6

Populus alba Linn. × P. tomentosa Carr. (天水),牛春山主编. 陕西杨树:21~23. 图 5. 1980;山西省林学会杨树委员会. 山西省杨树图谱:123. 1985。

落叶乔木。树冠较狭,长椭圆体状;侧枝较细而少,斜展,呈 30°~45°角斜展,下部侧枝稀近平展。树干直;树皮暗灰色,较光滑。小枝紫褐色,被白色茸毛。叶芽近卵球状;腋芽球状,芽鳞红褐色,被茸毛。短枝叶卵圆形、长卵圆形,或宽卵圆形,长 4.5~8.0 cm,宽 3.0~7.0 cm,先端短尖,或短渐尖,基部圆形,或截形,3 出脉,边缘具粗钝锯齿,表面绿色,背面态绿色,幼时被灰白色茸毛,脉上较密,后渐脱落,脉上较密;叶柄圆柱状,长 2.0~4.5 cm,被白色茸毛。长、萌枝叶呈掌状不规则开裂,裂片边缘粗钝锯齿。雌株! 雌花序长 4.0~9.5 cm,花序轴被茸毛;苞片披针形,淡褐色,基部和边缘疏被长缘毛;花盘边缘具不整齐裂片;子房倒圆锥状,光滑,柱头 2 裂,每裂 2 叉,状如鹿角。果序长 9.0~10.0 cm;蒴果长约 2 mm,成熟后 2 瓣裂。果熟期 5 月。

产地:南京。银毛杨系南京林产工业学院树木育种教研室用甘肃天水银白杨与南京毛白杨杂种实生苗中选育的一个新杂交种。

银毛杨喜温暖、湿润气候,在年平均气温 12.0~15.0 ℃、年平均降水量 620~750 mm 的地区生长较

图 6　银毛杨 1 号

Populus alba Linn. × P. tomentosa Carr.

(引自《陕西杨树》)

1. 长枝叶,2. 短枝叶,3. 苞片,4. 雌花,
5. 雌花序,6. 短枝及花芽

快。据调查,9 年生树高 15.3 m,胸径 17.4 cm。在年平均气温 15.7 ℃、年平均降水量 918.3 mm 的南京生长不良。银毛杨喜光、根系发达、抗叶部病害力强,且枝条扦插成活率达 95.0%以上。抗烟性及抗污能力强。木材是优良的造纸用材和胶合板用材。

新杂交变种:

1.1　银毛杨 2 号(陕西杨树)　新杂交变种　图 7

Populus alba Linn. × P. tomentosa Carr. var. albi-tomentosa T. B. Zhao,var. × nov.,
Populus alba Linn. × *P. tomentosa* Carr.(南京),牛春山主编. 陕西杨树:23～25. 图 6. 1980;山西省林学会杨树委员会. 山西省杨树图谱:123. 1985。

落叶乔木。树冠开展,近球状;上部侧枝呈 45°角斜展,下部侧枝呈 90°角平展。树干直;树皮青色,平滑,密被圆形皮孔,中间呈线状开裂,呈粉红色。小枝圆柱状,淡红褐色,被白色薄茸毛,后渐脱落。叶芽近卵球状,腋芽圆锥状,芽鳞红褐色,被白色茸毛。短枝叶圆形、卵圆形,或宽卵圆形,长 3.5～6.5 cm,宽 2.7～6.0 cm,先端急尖,或钝尖,基部楔形,或截形,边缘具波状细小紫腺锯齿,缘毛极少,表面暗绿色,仅基部被短柔毛,背面被极薄灰白色茸毛,脉上渐脱落;叶柄上部微扁,下部圆柱状,长 2.0～4.5 cm,微有红晕,被薄白色茸毛。长、萌枝叶卵圆形,或宽卵圆形,长 5.0～13.0 cm,宽 4.0～11.0 cm,先端急尖,或钝尖,基部截形,边缘具不整齐的波状紫腺锯齿,有时 3～5 浅裂,裂片具紫色腺锯齿,缘毛极少,表面暗绿色,被薄白色茸毛,后渐脱落,仅脉上被茸毛,背面密被白色茸毛,脉呈掌状不规则开裂,裂片边缘粗钝锯齿;叶柄侧扁,长 2.0～4.5 cm,紫红色,被白色茸毛。苗干和叶柄呈红色为显著特征。雄株!雄花序长 5.0～6.0 cm,花序轴被长柔毛;雄蕊 5～7 枚;苞片近菱形,淡紫褐色,边缘具不整齐条裂和白色长缘毛;花盘斜杯状,淡黄绿色,边缘波状。花期 3 月下旬。

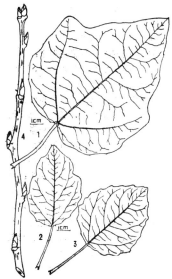

图 7　银毛杨 2 号　Populus alba Linn. × P. tomentosa Carr.
var. albi-tomentosa T. B. Zhao(引自《陕西杨树》)
1. 长枝叶,2～3. 短枝叶,4. 长枝及腋芽产地:南京。银毛杨系南京林产工业学院树木育种教研室用甘肃天水银白杨与南京毛白杨杂种实生苗中选育的一个栽培变种。

1.2　银毛杨 3 号(陕西杨树)　新杂交变种　图 8

Populus alba Linn. × P. tomentosa Carr. var. albi-tomentosa T. B. Zhao, var. × nov.,
Populus alba Linn. × *P. tomentosa* Carr. (天水),牛春山主编. 陕西杨树:25~26. 图7. 1980。

树冠近卵球状;侧枝较密,多呈 45°~60°角开展。树干多弯曲;树皮多呈灰黑色。小枝幼时圆柱状,密被短柔毛。短枝叶长卵圆形、卵圆形,或卵圆-椭圆形,长 4.0~6.5 cm,宽 2.5~5.0 cm,先端短尖,基部宽楔形,或截形,边缘具不整齐尖锯齿,缘毛细短和半透明狭边,表面暗绿色,仅脉上微被短柔毛,背面淡绿色,被短柔毛;叶柄侧扁,长 1.2~2.8 cm,微有红晕,被薄茸毛状短柔毛,顶部无腺体,或具 1~2 枚腺体。

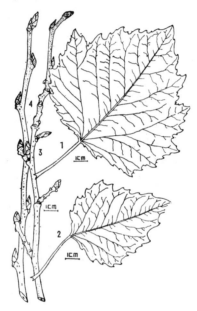

图8　银毛杨 3 号 Populus alba Linn. × P. tomentosa Carr.
var. albi-tomentosa T. B. Zhao(引自《陕西杨树》)
1~2. 长枝叶,3. 短枝及腋芽,4. 长枝及腋芽

产地:陕西。

注:本新杂交变种系西北林学院从银毛杨-1 中选出。

附录　银毛杨原始描述:干形弯曲较多;叶子形态差异较大,老叶长椭圆形,先端渐尖,叶表深绿色,叶背灰绿色,覆有很多白茸毛,叶基部截形,或近似心形;叶柄扁圆形,有茸毛,叶缘波状缺刻,先端有时出现腺点;新叶三角形,具 3~5 个大缺刻,叶表面深绿色有茸毛,叶背银白色茸毛多,叶基截心脏形,有 2 个腺点,或无;叶柄近圆柱状,叶缘粗锯齿,齿端有腺点。

2. **毛×新杨**(山西省杨树图谱)　杂交种

Populus tomentosa Carr. × Populus bolleana Lauche; *Populus tomentosa* Carr. × *P. alba*

Linn. var. *pyramidalis* Bunge,山西省林学会杨树委员会. 山西省杨树图谱:54~56. 122. 图 25. 照片 16. 1985。

落叶乔木。树冠椭圆体状。树皮灰白色,光滑,被白粉。长枝密被白色茸毛;小枝棕绿色,光滑,具光泽。短枝叶长角形、长卵圆形,长 4.0~9.0 cm,宽 5.0~8.0 cm,先端渐尖,基部截形、楔形,边缘具大而疏钝粗锯齿,或缺刻,表面深绿色,具光泽,背面淡绿色,两面无毛;叶柄长 1.5~4.0 cm,被茸毛。雄株! 雄蕊约 20 枚,花药红色;苞片裂片深褐色,基部白色,裂片边缘具白色缘毛,基部具白毛;花盘深杯状,基部具白毛。

产地:北京。本杂种系中国林业科学研究院用毛白杨与新疆杨杂交培育而成。其树冠小,美观,抗叶部病强,是"四旁"绿化良种。

(三) 银山杂种杨组　新杂种杨组

Populus Sect. × Yinshanyang T. B. Zhao et Z. X. Chen,Sect. hybr. nov.

Populus Sect. × nov. foliia rotundatis, margine dentatis; petiolis compressis glabis. foliis lnoge ramis triovatibus, apice mucronatis, lnoge acuminatis, basi truncatis, subcordatis, margine dense serratis; petiolis tomentosis apice 2-glandulis .

Sect. × typus:Populus × canescens(Ait.)Smith。

Distribution:Heilongjiang.

本新杂交组叶近圆形,边缘具牙齿锯齿;叶柄侧扁,无毛。长枝叶大,三角-卵圆形,先端短尖、长尖,基部截形、浅心形,边缘具尖密细锯齿;叶柄被茸毛,顶端具 2 枚腺体。

本组有 2 种(1 新杂交种)、2 品种。

1. 银灰杨(中国植物志)　图 9

Populus × canescens (Ait.) Smith, Fl. Brit. 3:1080. 1804;Kom. Fl. URSS,5:226. 1936,p. p.;Rehd. Man. Cult. Trees & Shrubs,ed. 2,73. 1940;Poljak. in Fl. Kazakhst. 3: 41. 1960;Françe,Fl. Europ. 1:54. 1964;*Populus alba* Lnn. α. *canescens* Ait. Hort. Kew. 3:405. 1789;Φ. Л. Ka3ax. 3:41. 1960;Rehd. Bibliogr. Cult. Trees & Shrubs,66. 1949, pro. syn. Populus camescens(Ait.)Smith;Φ. Л. CCCP. ,5:226. 1936;中国植物志.20(2): 9. 11. 图版 1:7. 1984;徐纬英主编. 杨树:31. 图 2-2-2(7). 1988;新疆植物志. 1:132. 134. 图版 35. 1992。

落叶乔木,高达 20.0 m。树冠宽大,开展。树皮幼时淡灰色,或青灰色,光滑;老龄时基部常粗糙。小枝圆柱状,淡褐色,被短茸毛。叶芽卵球状,褐色,被短茸毛。长、萌枝叶宽椭圆形,浅裂,边缘具不规则齿牙,长裂片三角形,有粗齿,表面绿色,无毛,或疏被茸毛,背面和叶柄被灰色茸毛;短枝叶卵圆形、卵圆-椭圆形至菱-卵圆形,变化大,长 4.0~8.0 cm,宽 3.5~6.0 cm,先端钝,基部圆形,或宽楔形,边缘具凹缺状齿牙,齿端钝,不内曲,无毛,表面绿色,无毛,背面无毛,有时被薄的灰色茸毛;叶柄微侧扁,无毛,略与叶片等长。雄花序长 5.0~8.0 cm;花盘绿色,歪斜;雄蕊 8~10 枚,花药紫红色;花盘绿色,歪斜;雌花序长 5.0~10.0 cm,花序轴初有茸毛;子房具短柄,无毛。蒴果细长卵球状,长 3~4 mm,成熟后 2 瓣裂。花期 4 月;果熟期 5 月。

本种系银白杨 Populus alba Linn. 与山杨 Populus davidiana Dode 的天然杂种。模式标

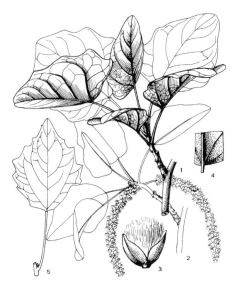

图 9　银灰杨　Populus × canescens（Ait.）Smith（引自《新疆植物志》）
1. 短枝叶,2. 果枝、叶,3. 蒴果,4. 叶部分放大,5. 叶

本,采自欧洲。其主要分布于欧洲、哈萨克斯坦、高加索、巴尔干部分、西亚等地;中国新疆额尔齐斯河流域有银灰杨天然分布,喜光、耐寒,不耐盐碱,喜生于沿河滩地、林缘的土层深厚、湿润、排水良好、肥沃、疏松的冲积性土壤上,常形成天然群落。银灰杨生长进程如表 3 所示。

表 3　银灰杨生长进程

龄阶（a）	5	10	15	20	25	30	35	38
树高生长（m）	6.00	8.80	11.30	12.70	15.30	17.00	19.80	21.20
胸径生长（cm）	4.00	8.90	13.10	18.10	24.00	31.40	36.10	42.60
材积生长（m³）	0.00392	0.02561	0.06776	0.15226	0.30871	0.56307	0.79219	1.12908
材积生长率（%）		29.33	18.06	15.36	13.55	11.67	6.76	5.19

注:摘自《第十八届国际杨树会议论文集》。

　　本种材质松软、柔韧,纹理匀细,可做建筑,制家具、造纸、火柴杆等用。抗叶斑病强,可做抗病育种的优良亲本;适应性强、根系发达、萌蘖力强,是优良的防风固沙林和水土保持林的优良树种之一。

　　2. 银山杨　新组合杂种

Populus × yinshanyang T. B. Zhao et Z. X. Chen,sp. comb. nov.,Populus ×'Yinheshanyang-1132',Populus alba Linn. ×(Populus alba Linn. × Populus davidiana Dode),阔叶树优良无性系图谱:75~77. 186. 图 3. 1991。

　　形态特征:落叶乔木。树冠卵球状;侧枝细。树干通直,或微弯,中央主干的明显。短枝叶多变非常明显,多圆形,长 3.0~5.0 cm,先端短尖、长尖,基部截形、浅心形,边缘具尖密细锯齿;叶柄淡黄绿色,无毛。雄株! 花序长 7.45 cm;雄蕊 6~8 枚。

　　产地:黑龙江。

品种:

2.1　银山杨-1333(阔叶树优良无性系图谱)　品种

Populus ×'Yinheshanyang-1333', *Populus alba* Linn. × *Populus davidiana* Dode cv. 'Albo-davidiana-1333', 阔叶树优良无性系图谱:78~80. 187. 图 32. 1991; 李淑玲,戴丰瑞主编. 林木良种繁育学:274. 1996。

树干通直,或微弯,中央主干的明显。短枝叶多变非常明显,多圆形,长 3.0~5.0 cm,先端短尖,基部截形;叶柄淡黄绿色,无毛。雄株! 花序长 7.45 cm;雄蕊6~8 枚。

2.2　银山杨-1132(阔叶树优良无性系图谱)　品种

Populus ×'Yinheshanyang-1132', *Populus alba* Linn. ×(*Populus alba* Linn. × *Populus davidiana* Dode), 阔叶树优良无性系图谱:75~77. 186. 图 3. 1991。

落叶乔木。树冠卵球状;侧枝细。树干通直;树皮灰白色,被蜡质层;皮孔菱形,中等,多散生。短枝叶近圆形,平均长 4.43 cm,先端渐尖,基部截形,表面绿色,主脉淡绿色,边缘具尖锯齿;叶柄侧扁,淡绿色,无毛。长、萌枝叶大,三角-卵圆形,先端短尖、长尖,基部截形、浅心形,边缘具尖密细锯齿;叶柄被茸毛,顶端具 2 枚腺体。雄株! 雄花序长 5.0~8.0 cm;雄蕊 6~8 枚。

本品种系黑龙江省林业科学研究所从银白杨 Populus alba Linn. ×(银白杨 Populus alba Linn. × 山杨 Populus davidiana Dode)杂种实生苗中选育的一个栽培杂种。

本杂种喜光、树干通直、树形美观、根系发达、抗干旱、抗寒,且根条扦插成活率高。其初期生长慢,随着树龄增长,生长加快。

(四) 银河北山杨杂种杨组　新杂种杨组

Populus Sect. × Albi-hopeiensi-davidianae T. B. Zhao et Z. X. Chen, sect. hybr. nov.

Populus Sect. × Ramulis teribus breviter tomentosis. gemmis foliis ovoideis brevietr tomentosis. foliis brevietr ramulis ovatibus et al., multiformibus. discis stamineis viridibus, antheribus purpure-rubris.

Sect. typus: Populus × albi-davidi-hopeiensis T. B. Zhao et Z. X. Chen.

Distribution: Ningxia.

小枝圆柱状,被短茸毛。叶芽卵球状,被短茸毛。短枝叶卵圆形等,多种类型。雄花花盘绿色,花药紫红色。

本组模式种:银山河北杂种杨 Populus× albi-davidi-hopeiensis T. B. Zhao et Z. X. Chen。

本新杂种杨组有 1 新组合杂交种、1 杂交品种。

产地:宁夏。

1. **银河北山杨**　银河山杨(阔叶树优良无性系图谱)　新组合杂交种

Populus × yinheshanyang T. B. Zhao et Z. X. Chen, sp. comb. nov., *Populus* ×'Yinheshanyang', Populus alba Linn. ×(Populus hopeiensis Hu et Chow × Populus davidiana Dode), 阔叶树优良无性系图谱:66~68. 183. 图 28. 1991。

落叶乔木。侧枝很细、小,开展。树干通直,或微弯,中央主干明显。短枝叶圆形、卵圆形,长 9.5~15.5 cm,宽 9.5~12.5 cm,先端宽渐尖,基部截形,表面深绿色,具光泽,无毛,背面淡绿色,疏被茸毛,边缘具波状缺刻;叶柄侧扁,淡绿色,被白色茸毛,顶端具 2 枚腺体,或无腺体。幼叶部分红色。雌株!

本新组合杂交种系宁夏林业科学研究所从银白杨 Populus alba Linn. ×(河北杨 Populus hopeiensis Hu et Chow × 山杨 Populus davidiana Dode)杂种实生苗中选育的一个栽培杂种。

银河北山杨特性:喜光、树干通直、树形美观、根系发达、抗干旱,且枝条扦插成活率高。抗烟性及抗污能力强。生长快,8 年生树高 21.5 m,胸径 26.5 cm,单株材积 0.502 1 m³,比河北杨分别大 8.0%、33.36%、109.80%。其木材是优良的造纸用材和胶合板用材。

杂交品种:

1.1 银河北山杨-6118 银山河杨-6118(林木良种繁育学) 杂交品种

Populus × yinheshanyang T. B. Zhao et Z. X. Chen cv. 'Inshanehensis-6118', Populus alba Linn. ×(Populus hopeiensis Hu et Chow × Populus davidiana Dode)cv. 'Inshanehensis-6118',李淑玲,戴丰瑞主编. 林木良种繁育学:273. 1996。

树干高大,通直,或微弯,尖削度小;树皮灰白色,或灰色,光滑;皮孔菱形,纵裂明显。长枝叶近圆形,先端渐尖,基部心形;叶柄被茸毛,顶端具 0~3 个腺体。短枝叶近圆形,长 8.0~25.0 cm,宽 8.0~23.0 cm,先端宽渐尖,基部截形,边缘具粗锯齿;叶柄被毛。

产地:该杂交品种系宁夏回族自治区林业研究所选出。

银河北山杨-6118 生长快,8 年生树高 21.5 m,胸径 26.5 cm,单株材积 0.502 1 m³。适应性强,抗虫性强,适宜在我国西部、西北部及北部干旱、半干旱有灌溉条件的地区,如宁夏栽培。

(五) 银山毛杨杂种杨组 新杂种杨组

Populus Sect. × Yinshanmaoyang T. B. Zhao et Z. X. Chen, sect. hybr. nov.

Populus Sect. × nov. lenticellis rhombeis purpure-brunneis, brunneis, rubris, sparsis paucis 2~3-transversis. foliia triangule ovatibus affinibus P. tomemtosa Carr. et P. alba Linn. var. pyramidalis subtus multi-tomentosis, margine asymmetricis crispis.

Sect. hybr. nov. typus:Populus ×'Shanyinmaobaiyang -303'.

Distribution:Hebei.

主要形态特征:皮孔菱形,紫褐色、褐色、红褐色,散生,少数 2~3 个横向连生。短枝叶三角-卵圆形、卵圆形,似毛白杨与新疆杨,背面茸毛多,边缘具不规则浅缺刻。

本新杂种杨组模式种:银山毛杂种杨。

产地:河北。本新杂交杨组系银白杨、山杨与毛白杨之间杂种。

本组有 1 新组合杂交种、2 品种。

1. 银山毛杂种杨 新组合杂交种

Populus × yinshanmaoyang T. B. Zhao et Z. X. Chen, sp. comb. nov.

Sp. hybr. nov. characteris formis et Yinshanmaoyang T. B. Zhao et Z. X. Chen aeque characteris formiseodem. foliis triangulari-ovatis similibud Populus tomentosa Carr. subtus tomentosis multis.

Distribution：Hebei.

本杂种形态特征与银山毛杨杂种组相同。皮孔菱形,红褐色,散生。叶三角-卵圆形,似毛白杨,背面茸毛多。

产地:河北。

品种:

1.1　银山毛白杨-741　山银毛白杨-741　品种

Populus × 'Shanyinmaobaiyang-741'

落叶乔木。树冠卵球状;侧枝稀,分布均匀。树干通直;树皮青绿色,光滑;皮孔菱形,紫褐色,中等,较多,散生。短枝叶三角-卵圆形、卵圆形,似毛白杨,边缘具不规则浅缺刻。

本品种系河北林学院姜惠明从(银白杨 Populus alba Linn. × 山杨 Populus davidiana Dode) × 毛白杨 Populus tomentosa Carr. 杂种实生苗中选育的一个栽培杂种。

1.2　银山毛白杨-303　品种

Populus × 'Shanyinmaobaiyang -303'

树冠卵球状。树干通直;树皮青绿色;皮孔菱形,红褐色,散生。长、萌枝叶三角-卵圆形,似毛白杨,背面茸毛多。

本品种系河北林学院姜惠明从(银白杨 Populus alba Linn. × 山杨 Populus davidiana Dode) × 毛白杨 Populus tomentosa Carr.杂种实生苗中选育的一个栽培杂种。

(六) 山杨组(新疆植物志)　　山杨亚组(林业科学研究)

Populus Sect. Trepidae Dode in Extralis D'UND Monog. Inedited du genre Populus Aue-un. 77. 1905;新疆植物志. 1:135. 1992;*Populus* Linn. Subsect. *Trepidae* Dode 林业科学研究,1(1):67. 1988;W. B. R. Laidlaw et al. ,Guide to British Hardwoods. 190. 1960;L. Dode,species novae ex "Extraits d'une monographie inedited du Genre Populus"a. Linn. ;A. Dode descriptae. Ⅰ. Ⅱ. Ⅲ. Ⅳ. Ⅴ,Repertorium novarum spipecierum regni vegetabilis,Fasciculus Ⅲ(1906/7);H. B. 斯塔罗娃著. 马常耕译. 杨柳科的育种:1~27. 1984;W. B. R. La;dlaw et al. Geido to British Hard. 190. 1960;牛春山主编. 陕西杨树:26. 1980;徐纬英主编. 杨树:33. 1959;杨树遗传改良:256. 1991。

本组植物芽和小枝无毛,稀被茸毛。芽被少量黏液。幼叶内卷、内褶卷,背面被长柔毛。托叶窄长条形,或丝状。长、萌枝和成龄树叶不裂,近圆形、卵圆形,或宽卵圆形通常基部具 2 枚盘状腺体,或无,背面无毛,或密被茸毛;叶柄侧扁,细长,边缘具半透明边及锯齿。花序轴被短柔毛;苞片掌状深裂,或流苏状深裂,稀浅裂,边缘具长缘毛;花盘边缘全缘,或具不规则齿,宿存;雄蕊 8~10 枚;柱头裂呈蝴蝶状。萌实果细小,成熟后 2 瓣裂。

本组模式:欧洲山杨 Populus tremula Linn. 。

本组植物在我国有 5 系(2 新系、1 新杂种杨系)、10 种(1 新种、1 新杂交种)、37 变种(10 新变种、2 新改隶组合变种)、28 变型(6 新变型)、6 品种。

Ⅰ. 山杨系(林业科学研究)

Populus Linn. Ser. Trepidae Dode A. W. Jarmolenko in Natalae Syst. Vol. Ⅺ. 70. 77.

1949；*Populus* Linn. Ser. *Davidianae* T. Hong et J. Zhang，林业科学研究，1（1）：67. 1988；杨树遗传改良：256. 1991。

　　本系植物 1 年生短枝、顶芽、花芽、叶芽均无毛。幼叶内卷，幼叶背面疏被长丝状毛，稀稍密，后脱落；托叶粗丝状。短枝叶近圆形，或卵圆形，边缘波状浅凹缺，稀近全缘，或疏生粗腺齿，背面灰绿色，稀淡绿色；叶柄顶端无腺体，稀具 1~2 枚发育腺体，或不发育腺体。雄蕊 4~13 枚；苞片掌状分裂，稀窄长条状；柱头裂片蝴蝶状，紫红色，或淡紫红色；子房具胚珠 2~20 枚。

　　本系模式：山杨 Populus davidiana Dode。

　　本系植物在我国有 4 种、15 变种（6 新变种）、9 变型（1 新变型）、3 品种。

　　1. 山杨（中国树木分类学）　图 10

　　Populus davidiana Dode in Bull. Soc. Nat. Hist. Autun. 18：189. t. 11；31. (Extr. Monogr. Ined. Populus，31. T. 11. F. 31). 1905 et in Fedde，Rep. Sp. Nov. 3：204. 1906；Nakai，Fl. Sylv. Kor. 18：189. 1930；Kom. Fl. URSS，5：227. 1936；H. F. Chow，THE FAMILIAR TREES OF HOPEI. 54~56. f. 16. 1934；徐纬英主编. 杨树：33. 35~36. 图 2-2-4：1~3. 1988；中国高等植物图鉴. 1：351. 图 702. 1983；中国植物志. 20（2）：11~12. 图版 2：1~3. 1984；秦岭植物志. 1（2）：20. 图 7. 1974；中国主要树种造林技术：330~333. 图 42. 1978；牛春山主编. 陕西杨树：26~28. 图 8. 1980；丁宝章等主编. 河南植物志. 1：172~173. 图 201. 1981；陈嵘著. 中国树木分类学：114. 图 85. 1937；刘慎谔主编. 东北木本植物图志：117~118. 图版 XVI：1~7. 9. 图版 XVI，图版 XVII：37. 1955；徐纬英等. 杨树：72~75. 图 25~30. 1959；南京林学院树木学教研组主编. 树木学 上册：325. 图 228：6. 1961；山西省杨树图谱：22~23. 图 7、8. 照片 4. 1985；黑龙江树木志：101~102. 图版 17：4. 1986；青海木本植物志：66~67. 图 41. 1987；李淑玲、戴丰瑞主编. 林木良种繁育学：274. 图 3-1-16. 1996；内蒙古植物志. 1：164. 图版 40. 图 1~5. 1985；赵天锡、陈章水主编. 中国杨树集约栽培：19. 图 1-3-9. 1994；《四川植物志》编辑委员会. 四川植物志. 3：42~43. 图版 16：1. 1985；*Populus tremula* Linn. var. *davidiana*（Dode）Schneid. in Sarg. Pl. Wils. III：24. 1916；Hao in Contr. Inst. Bot. Nat. Acad. Peiping，3（5）：228. 1935；*Populus wutainica* Mayr. Fremdl. Waldu. Parkbäume，Eur. 494. 1906；新疆植物志. 1：136. 1992；河南农学院园林系编. 杨树：15~16. 图八. 1974；王胜东、杨志岩主编. 辽宁杨树：26. 2006；孙立元等主编. 河北树木志. 1：65~66. 图 44. 1997；山西省林业科学研究院编著. 山西树木志：69~70. 图 26. 2001；湖北省植物科学研究所编著. 湖北植物志 第一卷：61. 图 54. 1976；西藏植物志 第一卷：416. 图 124：4~6. 1983；辽宁植物志（上册）：188~190. 图版 72. 1988；北京植物志 上册：77~78. 图 95. 1984；河北植物志 第一卷：230~231. 图 172. 1986；山东植物志 上卷：873. 图 571. 1990；王胜东、杨志岩主编. 辽宁杨树：26. 2006。

　　落叶乔木，或小乔木，高达 20.0 m。树冠球状，或卵球状；侧枝开展。树干通直；树皮灰白色、淡绿色、灰绿色，后变淡灰色，平滑；皮孔菱形，明显，散生，老龄时树皮灰褐色，常粗糙。叶芽圆锥体状，或卵球状，先端尖，无毛，微有黏质；花芽近球状，先端突短尖而歪斜，无毛，微有黏质，芽鳞赤褐色，边缘透明，具光泽。1 年生枝赤褐色，具光泽。萌枝被柔毛。长、萌枝叶大，三角-卵圆形、近圆形，边缘具锯齿，先端急尖，基部宽楔形，或圆形，表面绿色,背面淡绿色,初被茸毛,脉上尤多,后渐脱落,基部及脉腋茸毛宿存;叶柄侧扁,顶端常具2枚红色圆球状腺体,被茸毛。短枝叶较小,卵圆形、圆形、菱-卵圆形,或三角-卵圆形,长宽近等长,长3.0~8.0 cm,宽2.5~7.0 cm,先端钝尖、急尖,或短渐尖,基部圆形,或近截形、心形,表面绿色,具金属光泽,边缘中部以上具波状浅齿,基部波状全缘,背面灰绿色,初被茸毛,后渐脱落;叶柄细,侧扁,长2.0~6.0 cm,被茸毛,顶端具1~2枚腺体。幼叶紫红色,初被茸毛,后渐脱落。雌雄异株!花序轴疏被毛,或密被毛;雄花序长5.0~8.0 cm;苞片膜质,匙-卵圆形、匙-椭圆形,棕褐色,掌状条深裂,裂片赤褐色、黑褐色,且具白色长缘毛;雄蕊4~12枚,花药紫红色;雌花序长3.0~8.0 cm,花盘斜杯状,淡黄白色,边缘波状,或全缘;子房卵球状、圆锥体状,或椭圆体状,浅黄白色,柱头粉红色,2裂,每裂又2叉。果序长6.0~12.0 cm;蒴果卵球-圆锥状、卵球状,或扁卵球状,基部花盘宿存,成熟后2瓣裂。花期2月中下旬;果成熟期4月中下旬。

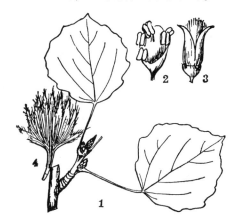

图10　山杨 Populus davidiana Dode(引自《河南植物志》)
1. 叶、枝,2. 雄花,3. 雄花苞片,4. 果实

本种是中国分布最广的树种之一,分布于东经100°~130°,北纬30°~40°,北自黑龙江,南达四川;山东、河南、湖北,西至甘肃、青海都有分布。但多分布在山区海拔300~3 800 m,常自成纯林,特别是针叶林被破坏之后,常形成大片纯林,或与其他树种形成混交林。朝鲜、俄罗斯远东地区也有分布。模式标本,采于河北省承德。

山杨为喜光树种,耐干旱、寒冷,要求微酸,或中性土壤。天然更新能力强,常形成天然纯林。种子繁殖与根蘖繁殖均可,是山区绿化和营造水土保持林的优良树种之一。

山杨生长快,其生长速度与立地条件有关。如在土壤瘠薄的地方,40年生的山杨树高14.6 m,胸径21.0 cm,单株材积0.199 66 m³;在土壤肥沃的地方,16年生的山杨树高14.7 m,胸径15.8.0 cm,单株材积0.156 72 m³,而约在60年后生长衰退。山杨生长进程,如表4所示。

山杨与白杨组杨树杂交,容易产生杂种优势,是优良的杂交育种亲本,如山银山杨1132无性系等。

此外,山杨木材质松软、柔韧,纹理匀细,可做建筑、制家具、造纸、制火柴杆等用。山杨立木木材易感心腐病危害,难成大材,俗称"红心杨"。

表 4　山杨生长进程

龄阶（a）		1	2	3	4	5	6	7	8	9	10	11	12	13	14	15	16	带皮
树高 （m）	总生长量	0.60	2.00	2.70	4.10	4.50	5.40	8.50	9.40	10.50	11.40	12.10	12.50	13.10	13.60	14.10	14.69	
	平均生长量	0.60	1.00	0.90	1.03	1.30	0.90	1.21	1.18	1.12	1.14	1.10	1.04	1.01	0.97	0.94	0.91	
	连年生长量		1.40	0.70	1.40	0.50	0.90	3.10	0.90	1.10	0.90	0.70	0.40	0.60	0.50	0.50	0.59	
胸径 （cm）	总生长量	0.60	2.40	3.20	4.00	4.80	5.80	6.80	7.60	9.00	10.00	11.00	12.00	13.60	14.20	15.20	15.80	
	平均生长量		0.30	0.80	0.80	0.80	0.80	0.83	0.85	0.84	0.90	0.91	0.92	0.92	0.98	0.98	0.95	
	连年生长量		1.80	0.80	0.80	0.80	1.00	1.00	0.80	1.40	1.00	1.00	1.00	1.16	0.60	1.00		
材积 （m³）	总生长量	0.00008	0.00104	0.00189	0.00432	0.00718	0.01335	0.01793	0.02456	0.03561	0.04620	0.06003	0.07613	0.09444	0.10137	0.12576	0.15672	
	平均生长量	0.00035	0.00035	0.00045	0.00638	0.00086	0.00120	0.00191	0.00224	0.00283	0.00356	0.00420	0.00500	0.00986	0.00617	0.00676	0.00786	
	连年生长量	0.00035	0.00035	0.00085	0.00243	0.00286	0.00617	0.00458	0.01753	0.01015	0.00699	0.01383	0.01610	0.01831	0.00693	0.02439		
形数		1.167	0.856	0.577	0.712	0.735	0.595	0.525	0.575	0.491	0.483	0.506	0.515	0.482	0.454	0.472		
生长率 （%）	树高	53.46	14.89	22.22	4.65	9.09	22.03	5.03	5.52	4.11	2.97	1.63	2.34	1.79	1.81	2.08		
	胸径	60.00	14.30	11.11	9.09	9.40	8.00	5.56	8.43	5.63	4.70	4.35	6.25	2.16	3.40			
	材积		87.38	28.33	39.11	25.30	30.49	14.64	15.37	18.36	12.82	13.02	11.83	10.74	3.05	10.30		

变种：

1.1 山杨 原变种

Populus davidiana Dode var. davidiana

1.2 卢氏山杨(河南植物志) 白材山杨(林木良种繁育学) 变种 图11

Populus davidana Dode var. lyshehensis T. B. Zhao et G. X. Liou,丁宝章等主编. 河南植物志. 1:173. 1981;李淑玲,戴丰瑞主编. 林木良种繁育学:274~275. 1996;赵天锡,陈章水主编. 中国杨树集约栽培:19~20. 图1-3-9. 1994;河南农学院科技通讯,2:99~100. 1978。

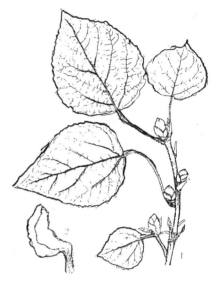

图11 卢氏山杨
Populus davidana Dode var. lyshehensis
T. B. Zhao et G. X. Liou
(引自《中国杨树集约栽培》)
1. 短枝、叶,2. 花盘

落叶乔木。树冠球状;侧枝平展。树干通直,或微弯;树皮灰绿色,光滑,具蜡质;皮孔菱形,较小,多散生。小枝圆柱状,灰褐色,或赤褐色,光滑,无毛,有光泽。幼枝具茸毛,后脱落。叶芽圆锥状,赤褐色,或青褐色,微具黏液。花芽卵球状,先端突尖,不弯曲,赤褐色,或红棕色,具光泽。短枝叶三角-卵圆形、三角形,长3.5~9.0 cm,宽4.0~7.0 cm,先端渐尖,稀短尖,基部浅心形,或近圆形,表面深绿色,具光泽,背面灰绿色,脉腋被茸毛,边缘具整齐细锯齿;叶柄较长。长枝叶较大,宽卵圆形,或近圆形,先端短尖,基部心形,边缘具整齐细锯齿;叶柄侧扁,顶端具2枚圆形红色腺体。花芽卵球状,先端突尖,不弯曲。雄花序长5.0~8.0 cm;雄蕊6~8枚,花药紫红色;苞片上部及裂片黑褐色,边缘密被白色长缘毛。雌花不详。

本变种速生、抗病、适应性强等。当年生小枝、叶柄和叶片背面疏被短柔毛,或短毡毛。

产地:河南。卢氏、南召县伏牛山区有分布。1974年9月17日。卢氏县东湾林场。赵天榜,304(模式标本,Typus var. ! 河南农学院园林系杨树研究组)。

本变种主要特性:

(1)生长快。据调查,17年生平均树高18.9 m,平均胸径30.2 cm,单株材积0.541 54 m³;而在同地同龄的山杨平均树高12.5 m,平均胸径23.5 cm,单株材积0.255 4 m³。卢氏山杨树高、胸径、单株材积分别大于山杨51.0%、28.51%及120.36%。

(2)适应性强。在海拔600~1 000 m伏牛山区的山谷、丘陵、岗地、山坡、溪边的各种土壤上均有分布和栽培。如10年生卢氏山杨在黏土上平均树高12.5 m,平均胸径24.0 cm;在湿润肥沃棕壤上平均树高15.1 m,平均胸径227.9 cm;成土母岩上树高8.7 m,平均胸径8.9 cm。

(3)抗病力强。据观察,卢氏山杨抗叶斑病和锈病能力很强。通常9月上、中旬,山杨90%以上叶片因感病脱落;卢氏山杨叶片几无脱落现象出现。山杨感染心腐病极为严重,胸径 10.0 cm 以上树木,感病率达 100 %,俗称"红心杨";卢氏山杨 60 年以上的大树、胸径 50.0 cm 以上的大树,无心腐病发生,因木材结构细、纹理直、白色、不翘裂,故群众称为"白材山杨"。

1.3　红序山杨(河南植物志)　变种

Populus davidiana Dode var. rubrolutea T. B. Zhao et W. C. Li,丁宝章等主编. 河南植物志. 1:173. 1981;李淑玲、戴丰瑞主编. 林木良种繁育学:275. 1996。

本变种雄株! 花序长 8.0~12.0 cm,径 1.5~2.0 cm;苞片红褐色,构成红褐色花序。

产地:河南。本变种在河南伏牛山区海拔 500~1 000 m 有分布。模式标本,李万成. 无号,采自南召县,存河南农业大学。

1.4　垂枝山杨(东北木本植物图志)　变种

Populus davidiana Dode var. penuda Skv. in Not. Trees & Shrubs. 339. 1929;河南植物志. 1:172. 1981;*Populus davidiana* Dode f. *pendula*(Skv.)C. Wang et Tung,中国植物志. 20(2):12. 1984;刘慎谔主编. 东北木本植物图志:118. 1955;李淑玲、戴丰瑞主编. 林木良种繁育学:275. 1996;徐纬英主编. 杨树:35. 1988;辽宁植物志(上册):190. 1988。

本变种树冠近球状;侧枝开展。小枝细长而下垂。

产地:黑龙江。甘肃、陕西、山西、河北、河南伏牛山区有分布。模式标本,采自哈尔滨。

1.5　长柄山杨(河南植物志)　新变种

Populus davidiana Dode f. longipetiolata T. B. Zhao,var. nov. ,丁宝章等主编. 河南植物志. 1:172~173. 1981。

本新变种与山杨原变种 Populus davidiana Dode var. davidiana 相似,但叶圆形,或卵圆形,较大,长 10.0~15.0 cm,长宽约相等,或长大于宽;叶柄细长,与叶片等长,或稍长于叶片,易于区别。

A typo recedit foliis rotundatis vel ovatis chartaceis majoribus 10.0~15.0 cm longis et 10.0~15.0 cm latis. Petiolis foliisque aequilongis vel longoiribus.

产地:河南伏牛山区的卢氏县五里川有分布。1977 年 8 月 20 日,赵天榜、兰战、金书亭 77821、77822、77823(模式标本 Typus var. ! 存河南农学院园林系)。

1.6　茸毛山杨(中国植物志)　毛山杨(四川植物志)　变种

Populus davidana Dode var. tomentella(Schneid.)Nakai,Fl. Sylv. Kor. 18:191. 1030;中国植物志 20(2):12. 1984;*Populus remula* Linn. var. *davidiana* Schneid. f. *tomentella* Schneid. in Sarg. Pl. Wils. Ⅲ. 25. 1916;Hao in Contr. Inst. Bot. Nat. Acad. Peiping,3 (5):230. 1935;《四川植物志》编辑委员会. 四川植物志. 3:43. 1985;李淑玲、戴丰瑞主编. 林木良种繁育学:275. 1996;徐纬英主编. 杨树:35. 1988。

本变种当年生小枝、叶柄和叶片背面疏被短柔毛,或短毡毛。

产地:四川、甘肃。河南伏牛山区有分布。模式标本,采自四川宝兴。

1.7　南召山杨　新变种

Populus davidiana Dode var. nanzhaoensis T. B. Zhao et Z. X. Chen,var. nov.

A var. nov. cortexcinereoalbidis aequatia. Foliis subrotundatis majoribus 8.0~10.0 cm longis et 8.0~10.0 cm latis apice acutis basi subcordatis margine repande dentatis supra atro-viridibus nitidis suntus cinereoviridibus crassiusculis; ramulis longis magnis rotundatis spice acutis basi subcordatis saepe 3 purpureio-rotundate glandulis margine serratis. Ramilis foliisque juvenilibus sparse villosis.

Henan: Nanzhao Xian. 8.15.1978. T. B. Zhao, No. 788151. Typus in Herb. HEAC.

本新变种与山杨原变种 Populus davidiana Dode var. davidiana 区别：树干通直；树皮灰白色，光滑。小枝纤细，圆柱状，很短，通常 3.0~5.0 cm，红褐色。萌枝叶圆形，边缘具细锯齿，先端短尖，基部浅心形，顶端常具 2 枚红紫色圆腺体。短枝叶圆形，长宽近等长，长 8.0~10.0 cm，先端短尖，基部浅心形，表面深绿色，具金属光泽，边缘具波状粗锯齿，背面灰绿色，初被茸毛，后渐脱落；叶柄细，侧扁，长 2.0~6.0 cm，被柔毛，后渐脱落。雄株！

河南：南召县。1978 年 8 月 15 日。赵天榜，No. 788151。模式标本，采于南召县，存河南农业大学。

南召山杨具有速生、抗病虫害能力强、木材好等特性。据在河南南召县调查，16 年南召山杨平均树高 20.5 m，平均胸径 28.4 cm，单株材积 0.519 45 m³，而同龄山杨平均树高 15.7 m，平均胸径 15.2 cm，单株材积 0.128 20 m³。单株材积前者大于后者 305.19%，且木材白色，纹理直，适宜作家具用材，是优良的山区造林和绿化树种。抗病虫能力强，据观察，卵叶山杨叶质地厚，似革质，抗叶斑病和乡锈病几无感染；青杨枝天牛、卷叶象鼻虫等几无危害。落叶期比山杨晚 15~20 天。

1.8　匍匐山杨　新变种

Populus davidiana Dode var. reptans T. B. Zhao et Z. X. Zhen, var. nov.

A var. nov. fruticinus caespulis. minute ramulis, prostratis vel curve-pendulis. foliis rotundatis parvis, longis et latis 5.0~6.5 cm.

Henan: Nanzhao Xian. 8.15.1978. T. B. Zhao, No. 19788155. Typus in Herb. HEAC.

本新变种为灌木簇生。小枝细，平卧，或拱形下垂。叶近圆形，小，长度和宽度 5.0~6.5 cm。

河南：南召县。1978 年 8 月 15 日。赵天榜，No. 19788155。模式标本，采于南召县，存河南农业大学。

变型：

1.1　长序山杨（东北木本植物图志）　变型

Populus davidana Dode var. pendula Skv. f. longiscapa Skv.，刘慎谔等主编. 东北木本植物图志：550. 1954。

本变型雌花序长 15.0~20.0 cm。

产地：黑龙江。河南伏牛山区有分布。模式标本，采自哈尔滨。

1.2　卵叶山杨（植物研究）　变型

Populus davidiana Dode f. ovata C. Wang et Tung，植物研究，2(2)：115. 1982；中国植物志. 20(1)：12. 1984；李淑玲，戴丰瑞主编. 林木良种繁育学：275. 1996；徐纬英主编. 杨树：35. 1988；山西省林业科学研究院编著. 山西树木志：71. 2001；杨谦等. 河南杨属白杨组植物分布新记录. 安徽农业科学，36(15)：6294. 2008。

本变型树干通直、圆满;侧枝小而少;树皮青绿色而光滑。短枝叶卵圆形,长 4.0~6.0 cm,宽 2.5~4.5 cm,先端急尖,基部圆形,或宽楔形,边缘具疏粗锯齿。

产地:甘肃。分布于陕西、山西、河北。河南伏牛山区有分布。模式标本,采于甘肃文县碧口镇。

本变种主要特性:

(1)速生。据调查,16 年生卵叶山杨平均树高 16.8 m,平均胸径 24.1 cm,单株材积 0.157 12 m³,而在同地同龄的山杨平均树高 15.1 m,胸径 16.1 cm,单株材积 0.15712 m³,树高、胸径、单株材积分别比山杨大 11.29%、49.69 % 及 93.49 %。

(2)适应性强。卵叶山杨河南伏牛山分布很广,在海拔 1 500 m 以下的多种立地条件下的各种土壤均能良好生长;人工栽培植株生长良好。

(3)抗病能力极强。据观察,卵叶山杨叶质地厚,抗叶斑病和锈病能力很强,是山杨中落叶最晚、抗叶部病最强的一种。

(4)材质优良。卵叶山杨木材白色,结构细、纹理直、白色、不翘裂,是制造家具的良材,因其树皮青绿色而光滑,俗称“青杨”。

1.3　小叶山杨(东北木本植物图志)　变型

Populus davidiana Dode f. microfolia Skv. in Not. Trees & Shrubs. 339. 1929;东北木本植物图志:550. 1955;李淑玲,戴丰瑞主编. 林木良种繁育学:275. 1996;杨谦等. 河南杨属白杨组植物分布新记录. 安徽农业科学, 36(15):6294. 2008。

本变型小枝纤细,赤褐色,具光泽。短枝叶卵圆形,或圆形,长 3.5~6.0 cm,宽 3.0~5.5 cm。雌花序长 15.0~20.0 cm。

产地:黑龙江。河北、辽宁有分布。河南伏牛山区卢氏、鲁山等县也有分布。模式标本,采于黑龙江哈尔滨。

1.4　大叶山杨(东北木本植物图志)　变型

Populus davidiana Dode f. grandifolia Skv. in Not. Trees & Shrubs. 339. 1929;刘慎谔主编. 东北木本植物图志:549~550. 1955;李淑玲,戴丰瑞主编. 林木良种繁育学:276. 1996。

本变型小枝下垂。短枝叶卵圆形,或圆形,比山杨原变型大 2 倍,长 8.0~12.0 cm,宽 8.0~11.0 cm,先端尖,基部宽心形,边缘具疏锯齿。幼枝和幼叶被长茸毛。

产地:黑龙江。河北、辽宁有分布。河南伏牛山区卢氏、鲁山等县也有分布。模式标本,采于黑龙江哈尔滨。

1.5　钱叶山杨　新变型

Populus davidiana Dode f. minutifolia T. B. Zhao et Z. X. Chen,f. nov.

A typo ramulia gracilissimis cylindricis brerissimis,saepe 3~5 cm logis russis. Foliis rotundatis parissimis saepe 1.1~2.5 cm logis et 1.1~2.5 cm latis apice acutis basi surotundati tuneatisi petioles gracilissimis 1.5~3.0 cm longis.

Henan;Nanzhao Xian. 10.06. 1985. T. B. Zhao,No. 856101(folia,holotypus hic disignatus,HEAC).

本新变型小枝纤细,圆柱状,很短,通常长 3.0~5.0 cm,红褐色。短枝叶圆形,很小,长

1.5~2.5 cm,宽1.1~2.5 cm,先端急尖,基部近圆楔形,边缘波状;叶柄纤细,长1.5~3.0 cm。

河南:南召县。1985年6月10日。赵天榜,No.856101。模式标本,存河南农业大学。

1.6　楔叶山杨(秦岭植物志)　变型　12:9~10

Populus davidiana Dode f. *laticuneata* Nakai,Fl. Sylv. Kor. 18:191. 1930;河南植物志.1:172. 1981;中国植物志.20(2):12. 1984;秦岭植物志.1(2):20. 1974;李淑玲、戴丰瑞主编. 林木良种繁育学:275.1996;徐纬英主编. 杨树:35. 1988;孙立元等主编. 河北树木志.1:66. 1997;辽宁植物志(上册):190. 1988;牛春山主编. 陕西杨树:28. 1980;河北植物志. 第一卷:231. 1986。

本变型乔木,高8~10 m。树冠卵球状,或球状;侧枝平屏。短枝叶三角-圆形、卵圆形、菱-圆形至近圆形,边缘波状锯齿,先端短尖,基部楔形。

产地:陕西及华北、东北各省区。河南伏牛山区卢氏、栾川、西峡等县有分布。

1.7　蛮汉山山杨(林业科学研究)　变型　图12:1~3

Populus davidiana Dode. f. *manhanshanensis* T. Hong et J. Zhang,张杰等. 杨属白杨组新分类群. 林业科学研究,1(1);67~69. 图版Ⅱ:1~3. 1988;李淑玲、戴丰瑞主编. 林木良种繁育学:275~276.1996;杨树遗传改良:256. 图2:1~3. 1991。

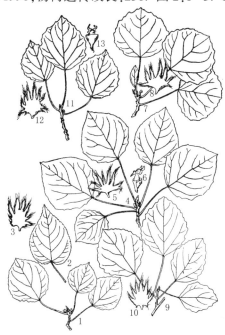

图12　1~3.蛮汉山山杨 *Populus davidiana* Dode. f. *manhanshanensis* T. Hong et J. Zhang:
1. 短枝及叶,2. 长枝叶,3. 苞片;

4~6. **波叶山杨** P. undulata J. Zhang:4.短枝及叶,5.苞片,6.雌花;

7~8. **宽叶波叶山杨** P. undulata J. Zhang f. latifolia J. Zhang:7.短枝及叶,8.苞片;

9~10. **楔叶山杨** P. undulata J. Zhang f. laticuneata(Nakai)J. Zhang:9.短枝及叶,10.苞片;

11~13. **圆叶山杨** P. undulata J. Zhang f. rotunda J. Zhang:11.短枝及叶,12.苞片,13.雌花

(引自《林业科学研究》)

本变型顶芽瘦圆锥状,先端渐长尖;花芽先端具稍长尖头。短枝叶先端具稍骤短头,或钝尖,边缘稀具腺齿;萌蘖苗叶基部深心形。

产地:内蒙古乌兰察布盟凉城县,蛮汉山。1986年9月11日。模式标本,采于蛮汉山的山杨天然林中,张杰.86911,存中国林业科学研究院。

品种:

1.1 山杨024(阔叶树优良无性系图谱) 品种

Populus davidiana Dode cv.'Davidiana-024',阔叶树优良无性系图谱:72~74. 图30. 1991;赵天锡,陈章水主编. 中国杨树集约栽培:20. 1994。

树冠圆球状;侧枝斜展。树干通直、圆满;树皮灰白色、灰绿色,平滑,被蜡质层。短枝叶近圆形,大,长宽近等长,长10.0~14.0 cm,先端钝尖、突短尖,基部圆形,或近截形,边缘具疏波状锯齿;叶柄细长,顶端具2枚腺体。雄株!

产地:黑龙江。山杨024系黑龙江林业科学研究所从山杨优树中选出,且具有适应性强,高度抗寒冷、抗冻害、抗虫和抗心腐病等特性。生长快,材质好。据调查,55年生山杨树高26.0 m,胸径37.5 cm,单株材积1.237 m³,比同龄山杨单株材积大0.5~1.0倍,且木材白色、纹理直,适宜作家具用材。

此外,树形美观,树干通直、圆满;树皮灰白色、灰色,平滑,被蜡质层,是优良的山区造林和绿化树种。

1.2 山杨1132(阔叶树优良无性系图谱) 品种

Populus davidiana Dode. cv.'Davidiana-1132',阔叶树优良无性系图谱:72~74. 图30. 1991。

短枝叶近圆形,长宽近等长,平均长4.43 cm,先端短尖,基部截形,边缘具尖锯齿。

产地:黑龙江。山杨1132系黑龙江林业科学研究所从山杨优树中选出。

2. 欧洲山杨(东北木本植物图志)

Populus tremula Linn. Sp. Pl. 1043. 1753;Kom. Fl. URSS,5:226. t. 10:8. 1936;Poljak. in Fl. Kazakhst. 3:5. 1960;刘慎谔主编. 东北木本植物图志:119. 图版ⅩⅦ. 38,图版ⅩⅥ:8. 1955;中国植物志.20(2):12. 14. 图版2:9. 1984;徐纬英主编. 杨树:36. 图2-2-4(9). 1988;新疆植物志. 1:135~136. 1992;Man. Cult. Trees & Shrubs 73. 1940;Ф. Л. Ка3а. 3:42. 1960;Gerd Krussmann,Handbuch Laubgeholze Band 2:237. 1962;Fl. Europ. 1:54. 1964;Consp. Fl. As. Med. 3:10. 1972;山西省林学会杨树委员会. 山西省杨树图谱:36~38. 图14、15. 照片9. 1985;山西省林业科学研究院编著. 山西树木志:69. 2001。

落叶乔木,树高10.0~20.0 m;树冠球状。幼时树皮光滑,灰绿色,老龄时干基部不规则浅裂,或粗糙。短枝光滑,圆柱状,灰褐色。小枝圆柱状,具光泽,红褐色,无毛,或被短柔毛。顶叶芽卵球状,红褐色。短枝叶近圆形,长3.0~7.0 cm,长宽近等长,先端钝圆,或短尖,基部圆形、浅心形,或截形,边缘具明显的疏波状浅齿,或圆齿,两面无毛;叶柄侧扁,与叶片近等长。幼叶被柔毛。长萌枝叶大,三角-卵圆形,基部心形,或截形,边缘具圆锯齿。雄花序长5.0~8.0 cm,花序轴被短柔毛;苞片褐色,掌状深裂,边缘具长缘毛;雄蕊5~10枚,或较多;雌花序长4.0~6.0 cm。果序长达10.0 cm;蒴果细圆锥状,长约5 mm,

近无柄,无毛,成熟后 2 瓣裂。花期为 4 月;果成熟期为 5 月。

产地:本种中国仅新疆阿尔泰、塔城、天山东部北坡至西部伊犁山区有分布。欧洲、西伯利亚、高加索等地也有分布。模式标本,采于欧洲。

欧洲山杨为喜光树种,喜湿润、耐干旱、耐寒冷(-50.0 ℃),要求微酸,或中性土壤,不耐盐碱地。雌株和雄株异地分布,种子繁殖与根蘖繁殖能力强,能形成天然纯林,是营造水土保持林的优良树种之一。欧洲山杨生长进程如表 5 所示。

表 5　欧洲山杨生长进程

龄阶(a)	5	10	15	20	22
树高生长(m)	5.30	10.30	14.10	15.90	16.50
胸径生长(cm)	3.20	9.90	22.10	29.30	35.80
材积生长(m³)	0.00224	0.03375	0.21815	0.44399	0.65742
材积生长率(%)		35.02	29.28	13.64	4.4

注:摘自《第十八届国际杨树会议论文集》。

此外,欧洲山杨木材质松软、柔韧、纹理匀细,可做建筑用材、制家具、造纸、制火柴杆等。

3. 阿拉善杨(中国植物志)

Populus alachanica Kom. in Fedde, Rep. Sp. Nov. 8:233. 1914;Hao in Cont. Inst. Bo. Nat. Acad. Pepinr,3(5):240. 1935;中国植物志.20(2):42. 1984。

落叶乔木,树高 6.0~18.0 m。树皮光滑,灰白色,微被白粉。小枝细,圆柱状。短枝叶卵圆形,长 2.0~7.0 cm,宽 1.0~9.0 cm,先端长渐尖,基部楔形,边缘有锯齿,表面黄绿色,脉明显突起;叶柄细。雄花序长 3.0 cm;雌花序长 10.0~17.0 cm;苞片分裂,边缘长缘毛。果序轴及果柄被长柔毛。

产地:内蒙古。

注:V. L. Komarov 认为,本种是欧洲山杨 Populus tremula Linn. × Populus przewalskii Maxim. 的杂种。模式标本,采自内蒙古阿拉善。本种分布在中国内蒙古阿拉善左旗和阿拉善右旗。

4. 圆叶杨(中国植物志)

Populus rotundifolia Griff. Notul. Pl. As. 4:382. 1854;Dode in Bull. Soc. Hist. Nat. Autun 18:34(Extr. Monogr. Ined. Populus). 1905;Schneid. in Sarg. Pl. Wils. Ⅲ:39. 1916;Hao in Contr. Inst. Bot. Nat. Acad. Peiping, 3:230. 1935;中国植物志.20(2): 15. 1984。

产地:不丹。本种中国不产。

变种:

4.1　圆叶杨　原变种

Populus rotundifolia Griff. var. rotundifolia

4.2　清溪杨(中国树木分类学)　红心杨　变种　图 13

Populus rotundifolia Griff. var. duclouxiana(Dode)Gomb. in Mth. Termesz. Kozl. 30:

130. 1908；Schneid. in Sarg. Pl. Wils. Ⅲ：35. 1916；Hand. － Mazz. Symb. Sin. 7：59.
1929；Hao in Contr. Inst. Bot. Nat. Acad. Peiping，3（5）：231. 1935；中国植物志. 20（2）：
15. 图版 2：6~7. 1984；陈嵘著. 中国树木分类学：114. 1937；Rehd. Man. Cult. Trees &
Shrubs. ed. 2,74. 1940；秦岭植物志. 1（2）：20~21. 1974；丁宝章等主编. 河南植物志.
1：170. 图 199. 1981；*Populus macranthela* Lévl. et Vanit. in Bull. Soc. Bot. France，52：
142. 1905；*Populus duclouxiana* Dode in Bull. Soc. Hist. Nat. Autum. 18：190. t. 11. f.
34a. 1905；中国科学院植物研究所主编. 中国高等植物图鉴 补编 第一册：19~20. 图版
8378. 1982；徐纬英主编. 杨树：38. 图 2-2-4（6~7）. 1988；*Populus rotundifolia* Griff. var.
duclouxiana auct. non（Dode）Gomb.；Schneid. l. c. 3：25. 1916，p. p.（quoad descr. et
specim. Sichuan.）；西藏植物志. 1：419. 图 124：7~8. 1983。

　　落叶乔木，高达 20.0 m；树皮灰白色，光滑。幼枝赤褐色，初有短柔毛，后则脱落；小
枝灰色。叶芽卵球状，或圆锥状，红褐色，具光泽；芽鳞被白柔毛，被黏质。短枝叶卵圆形，
或三角-圆形，长 5.5~8.5 cm，宽 5.0~8.0 cm，先端短渐尖，或钝圆，基部浅心形，稀截形，
边缘具 10 余对波状钝圆齿，表面绿色，背面淡绿色，幼时两面被白色柔毛，后渐脱落；叶柄
侧扁，长 3.5~6.5 cm。长、萌枝叶大、卵圆-圆形、宽卵圆形，长 6.0~11.0 cm，宽 6.0~
11.0 cm，先端急尖、渐尖，基部浅心形，或截形，边缘具波状钝锯齿，表面深绿色，背面淡绿
色，两面主脉突起，无毛，侧脉 3~5 对近羽状；叶柄侧扁，长 3.0~6.5 cm，幼时被毛，后渐
脱落，顶端有时具 2 枚腺体。雌花子房卵球状，花柱短，柱头 2 裂，每裂分叉。果序长约
10.0 cm，果序轴被柔毛；蒴果长卵球状，先端尖，成熟后 2 瓣裂；果柄无毛。花期 3~4 月；
果成熟期 4~5 月。

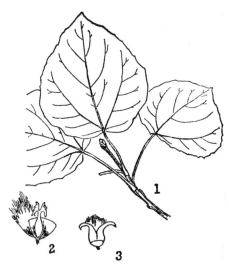

图 13 **清溪杨** Populus rotundifolia Griff. var. duclouxiana（Dode）Gomb.（引自《河南植物志》）
1. 叶,2. 雌花,3. 苞片

　　产地：中国四川、贵州、陕西、甘肃、西藏等省区。河南崤山山区的卢氏县海拔 600~
1 000 m 的山谷、溪旁有本变种分布和栽培。本变种材质及用途同山杨。模式标本，采自
四川清溪。

4.3　滇南山杨(中国植物志)　变种

Populus rotundifolia Griff. var. bonati(Lévl.)C. Wang et Tung,comb. nov.,中国植物志.20(2):15~16. 图版2:8. 1984;徐纬英主编. 杨树.38. 图2-2-4(8). 1959;*Populus bonati* Lévl. in Monpde Pl. 12:9. 1910;《四川植物志》编辑委员会. 四川植物志.3:43. 图版16:2. 1985;Schneid. in Sarg. Pl. Wils. Ⅲ:39. 1916;Hand. -Mazz. Symb. Sin. 7:59. 1929;Hao in Contr. Inst. Bot. Nat. Acad. Peiping,3:241. 1935;*Populus bonatii* Gombocz in Bot. Koözl. 10:25. f. 2. 1911,p. p.,non Lévlillé,1910. *Populus rotundifolia* Griff. var. *bonatii* Lévl. in Monde Plant. Ⅱ. 12:9. 1910 et in Fedde,Rep. Sp. Nov. 8:445. 1910;Schneid. 1. c. 3:25. 1916,p. p. (quoad descr. et specim. Sichuan.)in Math. Termesz. Közl. 30:130. 1908。

本变种花柱明显,柱头2宽瓣裂,再3深裂,或3浅裂。

本变种分布于中国云南昆明及大理一带。模式标本,采自云南。

5. 河北杨(河北习见树木图说)　椴杨　图14

Populus hopeiensis Hu et Chow in Bull. Fan. Mém. Inst. Biol. 5(6):305. 1934;周汉藩. 河北习见树木图说:32. 图16. 1934;陈嵘著. 中国树木分类学:115. 图115. 1937;秦岭植物志.1(2):19~20. 图8. 1974;刘慎谔主编. 东北木本植物图志:116~117. 图版ⅩⅤ. 图版ⅩⅦ:36. 1955;丁宝章等主编. 河南植物志. 1:167~168. 图196. 1981;徐纬英等. 杨树.36、38. 图2-2-4(4~5). 1988;中国植物志.20(2):14~15. 图版2:4~5. 1984;牛春山主编. 陕西杨树:28~29. 图9. 1980;徐纬英等. 杨树:88~90. 图35~39. 1959;南京林学院树木学教研组主编. 树木学 上册:325. 图228:5. 1961;山西省林学会杨树委员会. 杨树山西省杨树图谱:19~21. 图5、6. 照片3. 1985;中国树木志 第2卷:1966~1968. 图998:1~6. 1985;裴鉴等主编. 江苏南部种子植物手册;李淑玲,戴丰瑞主编. 林木良种繁育学:278. 图3-1-19. 1960;内蒙古植物志. 1:163. 图版40. 图6~8. 1985;赵天锡,陈章水主编. 中国杨树集约栽培:19. 图1-3-8. 1994;中国高等植物图鉴 第一册:352. 图703;青海木本植物志:64~65. 图40. 1987;孙立元等主编. 河北树木志:65. 图43. 1997;山西省林业科学研究院编著. 山西树木志:66~68. 图24. 2001;北京植物志 上册:77. 图94. 1984;河北植物志 第一卷:229~230. 图172. 1986;山东植物志 上卷:869. 图569. 1990。

落叶乔木,树高25.0~30.0 m。树冠宽球状。树皮白色,或青色,光滑,被白粉。小枝圆柱状,灰褐色,无毛,幼时淡黄褐色,微有棱角。芽卵球状,先端尖,无黏质,疏被短柔毛。短枝叶卵圆形,或近圆形,长3.0~8.0 cm,宽3.0~7.0 cm,先端急尖,基部圆形,或近截形,边缘具3~7个内弯的齿,或波状齿,幼时两面疏被柔毛,后渐无毛,表面暗绿色,背面灰白色;叶柄侧扁,稍细弱,长与叶片等长,或稍短。雄花序长约5.0 cm,花序轴被密毛;雌花序长3.0~5.0 cm,柱头2裂;苞片褐色,掌状分裂,裂片边缘具白色长缘毛。花期4~5月;果熟期5~6月。

图 14　河北杨 Populus hopeiensis Hu et Chow(引自《河南植物志》)
1. 枝、叶, 2. 雌花苞片, 3. 雌花

本种为我国特有杨树树种之一, 在华北及西北各省区均有分布。河南省西部山区有分布。模式标本, 采自河北杨灰店。

本种适应性强、耐干旱、耐寒冷。在海拔 1 500 ~ 1 800 m 的阴坡、半阴坡及沟谷中有天然分布。其根系发达、萌蘗力强, 常形成纯林。木材供建筑、家具、农具等用。为华北和西北黄土丘陵地的造林树种。

参考: 周汉藩认为, 河北杨是毛白杨 Populus tomentosa Carr. 与山杨 Populus davidiana Dode 的天然杂种。1956 年, 中国林业科学研究院用毛白杨与山杨进行杂交试验表明, 该组合杂种与天然杂种河北杨不同。同时表明, 河北杨实生后代没有分离现象。因此认为: "河北杨是毛白杨与山杨的杂种, 值得进一步研究"。

变种:

5.1　河北杨　原变种

Populus hopeiensis Hu et Chow var. hopeiensis

5.2　垂枝河北杨(河南农学院科技通讯)　变种

Populus hopeiensis Hu et Chow var. pendula T. B. Zhao, 河南农学院科技通讯, 2:101. 1978; 丁宝章等主编. 河南植物志. 1:167 ~ 168. 1981; 李淑玲, 戴丰瑞主编. 林木良种繁育学:278. 1960。

本变种树冠近圆球状; 侧枝平展。树皮灰绿色; 皮孔菱形, 较大, 散生。小枝细长, 下垂。短枝叶圆形, 或卵圆形, 较小, 长 1.0 ~ 6.5 cm, 宽 0.8 ~ 5.3 cm, 边缘无大齿芽状缺刻。叶芽先端不内曲。雌株! 雌蕊柱头 2 裂, 每裂 2 ~ 3 叉, 裂片大, 呈羽毛状。

产地: 河南灵宝县。1966 年 8 月 10 日。灵宝火车站。模式标本, 赵天榜, 34(模式标本, Typus var. ! 存河南农学院园林系杨树研究组)。本变种枝下垂, 树形美观, 是庭院绿化的造林树种。

5.3　卵叶河北杨(河南农学院科技通讯)　变种

Populus hopeiensis Hu et Chow var. ovatifolia T. B. Zhao, 河南农学院科技通讯, 2: 101. 1978; 丁宝章等主编. 河南植物志. 1:168. 1981; 李淑玲, 戴丰瑞主编. 林木良种繁

育学:278. 1960。

本变种短枝叶卵圆形,或宽卵圆形,稀圆形,纸质,基部宽楔形,稀圆形,边缘具稀疏的内曲锯齿,无大齿芽状缺刻。

产地:河南南召县的外方山支脉云霄曼山,海拔1 000 m。1977年6月19日。模式标本,赵天榜和李万成,77064(模式标本,Typus var. ! 存河南农学院园林系杨树研究组)。

5.4　黄皮河北杨(河南农学院科技通讯)　变种

Populus hopeiensis Hu et Chow var. flavida T. B. Zhao et C. W. Chiuan,河南农学院科技通讯,2:101. 1978;丁宝章等主编. 河南植物志. 1:168. 1981;李淑玲,戴丰瑞主编. 林木良种繁育学:278. 1960。

本变种树干通直,中央主干直达树顶;侧枝小而少,轮生状;树皮灰黄色,或青黄色。小枝细,黄褐色。花芽卵球状,黄褐色,两端深褐色。幼叶黄褐色。叶卵圆形,或近卵圆形,纸质,边缘具波状粗齿。雌蕊柱头红色,2裂,每裂2~3叉,裂片大。

产地:河南嵩县、南召、卢氏等县有分布。1975年8月10日。南召县乔端林场。模式标本,赵天榜和张宗尧等,75055(模式标本,Typus var. ! 存河南农学院园林系杨树研究组)。

变型:

5.1　小叶河北杨(林业科学研究)　变型　图15:1~5

Populus hopeiensis Hu et Chow f. pavrifolia T. Hong et J. Zhang,林业科学研究,1(1):73. 图版Ⅴ:1~5. 1988;杨树遗传改良:262~263. 图5-105. 1991。

本变型短枝被毛。短枝叶卵圆形,或宽卵形,稀圆形,较小,纸质,长2.5~5.0 cm;叶柄较细,长1.4~4.0 cm。

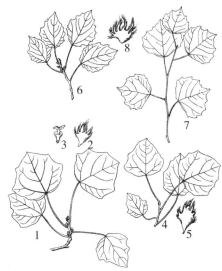

图15　1~5 小叶河北杨 Populus hopeiensis Hu et Chow f. pavrifolia T. Hong et J. Zhang:

1. 雌株短枝叶,2. 雌花苞片,3. 雌花,4. 雄株短枝叶,5. 雄花苞片;

6~8. **菱叶河北杨** Populus hopeiensis Hu et Chow f. rhombifolia T. Hong et J. Zhang:

6. 短枝及叶,7. 长枝及叶,8. 苞叶(引自《林业科学研究》)

产地:陕西。模式标本,张杰等,86830XL2。采自武功县,存中国林业科学研究院。

5.2　菱叶河北杨(林业科学研究)　变型　图 15:6~8

Populus hopeiensis Hu et Chow f. rhombifolia T. Hong et J. Zhang,林业科学研究,1(1):73~74. 79. 图版V:6~8. 1988;杨树遗传改良:263. 图 5:6~8. 1991。

本变型短枝叶菱–卵圆形,或菱–椭圆形;叶柄先端具腺体。雄株! 苞片掌状深裂。

产地:内蒙古。模式标本,张杰等,868805,采自包头市,存中国林业科学研究院。

品种:

5.1　河北杨 8003 号(中国杨树集约栽培)　品种

Populus hopeiensis Hu et Chow 'Hopeiensis 8003',赵天锡,陈章水主编. 中国杨树集约栽培:19. 1994。

树干通直;树皮光滑;皮孔菱形,小,散生。短枝叶近圆形,先端宽短尖、细窄渐尖,基部宽截形,边缘具波状牙齿;叶柄侧扁,细长,长于叶片,被茸毛。雌株! 花序长 4.0~7.0 cm。

本品种系刘榕教授从河北杨天然林中选出的一个优良无性系。6 年生平均树高 12.2 m,平均胸径 15.9 cm,具有抗病、抗寒、抗旱、耐瘠薄等特性。

Ⅱ. 波叶山杨系　新系

Populus Ser. undulatae T. B. Zhao et Z. X. Chen,ser. nov.

Series nov. foliis rotundatis, ovatibus, late ovatibus 3. 5 ~ 8. 0 cm longis, 2. 6 ~ 6. 8 cm latis, apice cuspidatis basi cuneatis latis vel rotundatis, supra virodibud, subtus gypseis glabris a–glandibus, margine repandis integris vel emarginatis; petiolis subtilibus, 1. 3 ~ 7. 0 cm longis, complanis apice a–glandibus.

Ser. nov. typus:Populus undulata J. Zhang.

Distribution:Henan.

本新系短枝叶近圆形、卵圆形、宽卵圆形,长 3.5~8.0 cm,宽 2.6~6.8 cm,先端骤尖,基部宽楔形,或近圆形,表面绿色,背面苍白色,无毛,无腺体,边缘波状、全缘,或凹缺;叶柄纤细,长 1.3~7.0 cm,侧扁,先端无腺体。

系模式种:波叶山杨 Populus undulata J. Zhang。

产地:河南。

本系 1 种、3 变种(1 新改隶组合变种、2 新变种)、5 变型。

1. 波叶山杨(林业科学研究)　河北黄皮杨(河南农学院科技通讯)　图 12:4~6

Populus undulata J. Zhang,林业科学研究,1:68. 图版Ⅱ:4~6. 1988;*Populus hopeiensis* Hu et Chow var. *flavida* T. B. Zhao et C. W. Chiuan,河南农学院科技通讯,2:101~102. 1978;杨树遗传改良:256~257. 图 2:4~6. 1991;丁宝章等主编. 河南植物志. 1:168. 1981;杨谦等. 河南杨属白杨组植物分布新记录. 安徽农业科学, 36(15):6294. 2008。

落叶乔木,高 21.0 m,胸径 15.2 cm。树皮黄绿色,或灰黄色,光滑,不开裂;皮孔菱形,小,散生。小枝赤褐色、褐色、绿褐色,无毛,幼枝被毛,后渐脱落。顶芽三角–卵球状,或圆锥状,芽鳞黑褐色,或栗褐色。短枝叶近圆形、卵圆形、宽卵圆形,长 3.5~8.0 cm,宽

2.6~6.8 cm,先端骤尖,基部宽楔形,或近圆形,表面绿色,背面苍白色,无毛,无腺体,边缘波状、全缘、或凹缺;叶柄纤细,长 1.3~7.0 cm,侧扁,先端无腺体。长萌枝叶大,近圆形、三角-圆形,长 7.0~15.0 cm,宽 6.0~12.0 cm,先端短尖,或渐尖,基部浅心形,边缘波状、全缘、或凹缺,表面绿色,背面灰绿色、灰白色,疏被茸毛,沿脉被毛;叶柄顶端通常具 2 枚红色腺体。幼叶、幼叶柄被茸毛,后渐脱落。雌株!雌花序长 3.0~4.5 cm,粗尾状;花密集;苞片掌状深裂,黑色,或黑褐色,长 3~6.7 mm,宽 2.6~4.7 mm;基部花花盘侧扁;子房长卵球状,具 4 条纵脊,胚珠 6~15 枚,柱头 2 裂,裂片蝴蝶状,紫红色。果序长 5.0~8.0 cm;蒴果密集,长圆锥状,稍侧扁,成熟后 2 瓣裂。种子微小,紫红色。

产地:河南南召县乔端林场桦皮沟,生于天然林中。模式标本,张杰等. 85930TMDY,采于河南南召县,存中国林业科学研究院。

本种分布范围小,生长较较快,木材质松软、柔韧,纹理匀细,白色,可做建筑用材、制家具、造纸等用。据调查,波叶山杨树冠小,主干直,单株材积比山杨多 50.0%~100.0%。其生长进程如表6 所示。

表6　波叶杨生长进程

	龄阶(a)	1	3	6	9	12	15	18	21	带皮
树高（m）	总生长量	1.0	6.1	10.1	12.1	14.1	15.1	16.7	17.8	
	平均生长量	0.33	1.02	1.10	1.01	0.94	0.84	0.80	0.81	
	连年生长量		1.71	1.33	0.67	0.67	0.67	0.53	0.37	
胸径（cm）	总生长量		2.6	5.3	8.6	11.4	13.1	15.1	16.1	16.3
	平均生长量		0.43	0.59	0.72	0.76	0.73	0.72	0.74	
	连年生长量			0.90	1.10	0.93	0.57	0.67	0.60	
材积（m³）	总生长量		0.00290	0.01366	0.0417	0.08534	0.12890	0.16522	0.19108	0.20488
	平均生长量			0.00097	0.00227	0.00463	0.00710	0.00859	0.00918	0.00918
	连年生长量				0.00358	0.00935	0.01455	0.01452	0.01211	0.00868

变种:

1.1　长柄波叶杨　长柄山杨(河南农学院科技通讯)　新改隶组合变种

Populus undulata var. longipetiolata T. B. Zhao,var. transl nova ined;*Populus davidiana* Dode var. *longipetiolata* T. B. Zhao,河南农学院科技通讯,2:99~100. 1978;丁宝章等主编. 河南植物志. 1:172~173. 1978。

本变种短枝叶圆形,或卵圆形,较大,长 10.0~15.0 cm,长宽约相等;叶柄细长,与叶等长,或稍长于叶片。

产地:河南伏牛山区天然次生林中。赵天榜等,模式标本,采于河南卢氏县,存河南农学院。

1.2　角齿波叶杨　新变种

Populus undulata var. pusilliangulata T. B. Zhao et Z. X. Chen,var. nov.

A var. nov. recedit foliis ovato-triangulatis,margine triangulati-dentatis interdum integris chartacetis,apice longe acuminatis interdum caudatis.

Henan：Lushi Xian. 1978-08-05. T. B. Zhao，No. 78851（Folia，holotypus hic HNAC）.

本新变种短枝叶卵圆-三角形，边缘具 3~5 个三角-缺刻齿牙，有时全缘，先端突长尖，有时尾尖，薄纸质。

产地：河南伏牛山区天然次生林中。1978 年 8 月 5 日。赵天榜，No. 78851。模式标本，采于河南卢氏县，存河南农学院。

1.3　小叶波叶杨　新变种

Populus undulata var. parvifolia T. B. Zhao et Z. X. Chen，var. nov.

A var. nov. recedit fruticibus 1. 0~1. 6 m altis. ramulis gracilissimis 3. 0~8. 0 cm longis，diam. 2 mm，brunneis；longe ramulis gracilissimis 15. 0~25. 0 cm longis，diam. 3~5 mm，brunneis，pendulis. foliis rotundatis parvissimis，1. 6~2. 5 cm longis，1. 5~2. 5 cm latis，apice acutis basi rutundatia vel late tuneatis margine rotundati-repandis；petiolis gracilissimis 1. 5~3. 2 cm longis.

Henan：Lushan Xian. 1979-09-05. T. B. Zhao et al.，No. 10（Folia et ramulus，holotypus hic HNAC）.

本新变种灌丛，高 1. 0~1. 6 m。小枝纤细，长 3. 0~8. 0 cm，径约 2 mm，褐色；长枝纤细，长 15. 0~25. 0 cm，径 3~5 mm，褐色，下垂；叶近圆形，很小，长 1. 5~2. 5 cm，宽 1. 5~2. 5 cm，先端急尖，基部圆形，或宽楔形，边缘呈圆波状；叶柄纤细，长 1. 5~3. 2 cm。

产地：河南。1979 年 9 月 5 日。赵天榜，No. 10。模式标本，采于河南鲁山县，存河南农业大学。

变型：

1.1　波叶杨　原变型

Populus undulata J. Zhang f. undulata

1.2　宽叶波叶山杨（林业科学研究）　变型　图 12：7~8

Populus undulata J. Zhang f. latifolia J. Zhang，林业科学研究，1（1）：68~69. 图版Ⅱ：7~8. 1988；杨树遗传改良：257~258. 图 2：7~8. 1991；杨谦等. 河南杨属白杨组植物分布新记录. 安徽农业科学，36（15）：6294. 2008。

本变型树皮灰绿色。短枝叶卵圆形，或扁圆形，边缘具波状凹缺，近顶端具粗钝腺齿。

本变型分布于河南南召县乔端林场桦皮沟，生于天然林中。模式标本，张杰等. 85930TMDY，采于河南南召县，存中国林业科学研究院。

1.3　楔叶波叶山杨（林业科学研究）　楔叶山杨（东北木本植物图志）　变型　图 12：9~10

Populus undulata J. Zhang f. latieuneata（Nakai）J. Zhang，林业科学研究，1（1）：68. 图版Ⅱ：9~10. 1988；*Populus davidiana* Dode f. *laticuneata* Nakai in Fl. Sylv. Kor. 18：191，1930；秦岭植物志. 1（2）：20，1974；丁宝章等主编. 河南植物志. 1：172. 1978；中国植物志. 20（2）：12. 1984；杨树遗传改良：258. 图 2：9~10. 1991；杨谦等. 河南杨属白杨组植物分布新记录. 安徽农业科学，36（15）：6294. 2008。

本变型短枝叶菱形，基部楔形，先端钝尖，或稍圆。

河南：南召县。1986 年 6 月 12 日。张杰、李万成，86612HP5。模式标本，采于河南南召县,存中国林业科学研究院。

1.4　圆叶波叶杨(林业科学研究)　变型　图 12:11~13

Populus undulata J. Zhang f. rotunda J. Zhang,林业科学研究,1(1):69. 图版Ⅱ:11~13. 1988;杨树遗传改良:258. 图 2:11~13. 1991;杨谦等. 河南杨属白杨组植物分布新记录. 安徽农业科学,36(15):6294. 2008。

本变型短枝叶圆形,边缘波状凹缺,有时具粗腺齿。雌花序基花花盘碗状;子房具胚珠 6 枚。

产地:河南南召县乔端林场桦皮沟,生于天然林中。模式标本,张杰、姜景民,86930TMD,采于河南南召县,存中国林业科学研究院。

1.5　紫叶波叶杨　变型

Populus undulata f. purpurea T. B. Zhao et Z. X. Chen,赵天榜等. 河南杨属二新变型. 植物研究,18(3):287~288. 1988;杨谦等. 河南杨属白杨组植物分布新记录. 安徽农业科学, 36(15):6294. 2008。

本变型侧枝和小枝下垂。叶圆形,或近圆形;叶柄纤细,下垂。幼枝、幼叶及幼叶柄暗紫色。

产地:河南。赵天榜等,No.906103.(模式)标本,采自内乡县,存河南农业大学。

Ⅲ. 齿叶山杨系(林业科学研究)

Populus Ser. Serratae T. Hong et J. Zhang,林业科学研究,1(1):69~70. 1988;杨树遗传改良:258. 1991。

小枝及芽均无毛。幼叶内卷、内褶卷,背面被长丝毛,后脱落。短枝叶多卵圆形,边缘具整齐腺齿,背面绿色,稀灰绿色;叶柄顶端具腺体、不发育腺体,或无腺体。苞掌状深裂、浅裂呈窄长条状;雌花柱头裂片蝴蝶状,紫红色、淡红色,或黄白色;子房具胚珠 2~7 枚。

系模式:河南杨 Populus honanensis T. B. Zhao et C. W. Chiuan =Populus serrata T. B. Chao et J. S. Chen

本系有 3 种(1 新种)、4 变种(1 新变种、1 新组合变种)、5 变型(4 新组合变型)。

1. 河南杨(河南农业科技通讯、河南植物志)　齿叶山杨(林业科技研究)　五莲杨(植物研究)　汉白杨(东北林学院植物研究室汇刊)　图 16

Populus honanensis T. B. Zhao et C. W. Chiuan,丁宝章等主编. 河南植物志. 1:177~178. 图 204. 1981;河南农学院科技通讯,2:96~98. 1978;Populus serrata T. B. Zhao et J. S. Chen,syn. nov. 林业科学研究,1(1):258. 1988;李淑玲、戴丰瑞主编. 林木良种繁育学:276. 图 3-1-17.1996;杨树遗传改良:258~260. 图 3:1~3. 1991。

落叶乔木,树高 25.0~28. 0 m。树冠卵球状;侧枝粗壮,平展,或斜生,呈轮状分布。树干直,或微弯:树皮灰白色,光滑,被蜡质层,基部浅纵裂;皮孔为不规则小菱形,散生,或横向连生。小枝圆柱状,较粗壮,微有棱,幼时被毛,后无毛,深褐色,有光泽。顶叶芽三棱-锥体状,先端锐尖、长渐尖,内曲,褐色,无毛;花芽卵球状,先端突尖,深褐色,有光泽。短枝叶三角形、三角-卵圆形,长 5.2~15.5 cm,宽 4.5~10.5 cm,先端短渐尖,基部截形,基部边缘为波状锯齿,中上部具整齐的疏锯齿,或内曲腺锯齿,表面深绿色,具光泽,背面浅灰绿色,主脉两侧微疏被茸毛;叶柄侧扁,长 3.0~9.0 cm,顶端有时具 1~2 枚腺体;长枝叶较大,长 9.0~18.0 cm,宽 10.0~17.5 cm,先端尖,基部截形,边缘为较整齐的细锯齿,或内曲腺锯齿,两面被稀茸毛,脉上及脉腋较多,后脱落;叶柄长 2.5~4.5 cm,疏被短茸毛,顶端具 2 枚圆形腺体;托叶披针形,长 1.0~1.3 cm,早落。雄花序长 8.0~10.0 cm,花序轴被稀疏长柔毛;雄蕊 6~7 枚,稀 5 枚,或 10 枚,花药浅粉红色,花盘斜杯状近圆形,黄白色,全缘,或波状;苞片卵圆形,或三角-卵圆形,上部裂片黑褐色,基部无色,密被白色长缘毛。雌花序长 5.0~7.0 cm;苞片匙-卵圆形,掌状深裂,裂片黑褐色,密被白色长缘毛;雌花柱头裂片蝴蝶状,淡紫红色、淡红色,或黄白色;子房侧扁,具胚珠(4~)6(~7)枚。

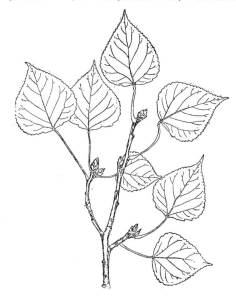

图 16　河南杨 Populus honanensis T. B. Zhao et C. W. Chiuan(引自《河南植物志》)

本种形态特征很特殊:叶三角形,较大,长 5.2~15.5 cm,宽 4.5~10.5 cm,先端渐尖,边缘基部为波状齿,中上部具整齐的疏锯齿。幼叶、叶柄、叶脉和嫩枝疏被毛茸,不为茸毛。叶芽圆锥状,先端内曲呈弓形,易与他种区别。

产地。中国湖北、河南等地山区有分布。1974 年 10 月 20 日。模式标本,赵天榜,23,采于河南南召县,存河南农学院园林系杨树研究组。

河南杨具有以下特点:

(1)生长迅速。据调查,20 年生平均树高 15.1 m,平均胸径 22.8 cm,单株材积 0.320 29 m³,而在同地同龄的山杨平均树高 13.8 m,平均胸径 16.8 cm,单株材积 0.161 61 m³,前者树高、胸径和材积分别大于山杨 8.61 %、26.3 %和 49.54 %。23 年河南杨生长进程如表 7 所示。

(2)抗叶斑病。据 1975 年 9 月中旬调查,山杨、响叶杨和毛白杨等杨树全部落叶,而在同一立地条件下的河南杨几乎无感染叶斑病,且无落叶。30.0 cm 以上的河南大树无心腐为害,而山杨感染很重。

(3)材质优良。河南杨木材白色、结构细、纹理直,比山杨、响叶杨材质好,近似毛白杨木材抗心腐病强,可作建筑、家具、农具、造纸等用。

表7　河南杨生长进程

	龄阶(a)	1	3	6	9	12	15	18	21	23	23带皮
树高(m)	总生长量	1.0	3.6	7.6	10.3	13.6	14.5	16.27	17.7		
	平均生长量	0.33	0.60	0.84	1.01	0.86	0.91	0.81	0.78	0.78	
	连年生长量	0.88	1.33	0.90	1.10	0.30	0.59	0.48			
胸径(cm)	总生长量	3.9	6.6	13.0	16.3	19.3	22.1	24.7	25.8		
	平均生长量	0.65	0.75	1.08	1.09	1.07	1.05	1.07			
	连年生长量		0.90	2.13	1.10	1.00	0.93	1.30			
材积(m³)	总生长量			0.00662	0.02390	0.07784	0.14464	0.22433	0.30386	0.35958	0.39260
	平均生长量			0.00110	0.00266	0.00649	0.00964	0.01246	0.01447	0.01520	
	连年生长量				0.00576	0.01798	0.02227	0.02656	0.02651	0.01524	

变种:

1.1　河南杨　原变种

Populus henanensis T. B. Zhao et C. W. Chiuan var. henanensis

1.2　心叶河南杨(河南农学院学报)　心形齿叶山杨(林业科学研究)　变种

Populus henanensis T. B. Zhao et C. W. Chiuan var. cordata T. B. Zhao et C. W. Chiuan,河南农学院学报,2:4. 1982;*Populus serrata* T. B. Zhao et J. S. Chen f. *cordata* T. Hong et J. Zhang,syn. nov.,林业科学研究,1(1):71~72. 图版Ⅳ:9~11. 1988;李淑玲,戴丰瑞主编. 林木良种繁育学:276. 1996;杨树遗传改良:260~261. 图4:9~11. 1991。

本变种叶心形,边缘具较整齐锯齿,先端短尾状、短尖;叶柄顶端稀具1~2枚不发育腺体。

产地:河南伏牛山区。模式标本,赵天榜,1209号。采于河南嵩县,存河南农业大学。

本变种生长快,抗叶斑病和心腐病,木材白色,宜作家具用材。据调查,16年生平均树高20.5 m,平均胸径28.4 cm,单株材积0.519 45 m³,比同地同龄的山杨平均树高大30.57%,平均胸径大86.84%,单株材积大305.19%。同时,抗叶斑病、叶锈病及心腐病强。木材白色、结构细、纹理直,可作建筑、家具、农具、造纸等用。适生于湿润肥沃的土壤,喜光,根系发达,是荒山造林的优良树种之一。

1.3　齿牙河南杨　新变种

Populus henanensis T. B. Zhao et C. W. Chiuan var. dentiformid T. B. Zhao et Z. X. Chen,var. nov.

A var. nov. recedit foliis trianguste ovatis vel subrotundatis margine impariter denticulatis inter serrulatis tenuiter chartaceis apice abrupte longi-acuminatis interdum caudatis tortis basin terninervis basi subrotundatis vel late truncatis raro cuneatis.

Henan:Lushan Xian. 1978-09-05. T. B. Zhao et al., No. 78551. Typus in Herb. HNAC.

本新变种短枚叶三角-卵圆形,或近圆形,边缘具不等牙齿状小齿,间有细锯齿,薄纸质,先端突长尖,有时尾尖,扭曲,基部3出脉,基部近圆形,或宽楔形,稀截形。

产地:河南卢氏县。1978 年 8 月 5 日。赵天榜,No. 78851。模式标本,存河南农业大学。

1.4　五莲杨(植物研究)　新组合变种　图 17

Populus henanensis T. B. Zhao et C. W. Chiuan var. wulianensis(S. B. Liang et X. W. Li)T. B. Zhao et Z. X. Chen,var. comb. nov.,*Populus wulianensis*(S. B. Liang et X. W. Li),植物研究,6(2):135~136. 照片. 1986;山东树木志:873(图 572). 1990;山东植物精要:170~171. 图 578. 2004;山东植物志 上卷:873. 图 572. 1990;杨谦等. 河南杨属白杨组植物分布新记录. 安徽农业科学, 36(15):6295. 2008。

落叶乔木,树高 12.0 m。树冠长卵球状、卵球状;侧枝斜展。树皮灰绿色、灰白色;皮孔菱形,老龄树干基部灰黑色,浅纵裂。小枝圆柱状,幼时被短柔毛,后无毛,赤褐色。叶芽圆锥体状、卵球-圆锥体状,赤褐色,微被黏质。短枝叶近圆形、卵圆形、三角-卵圆形,长 4.0~7.0 cm,宽 4.0~7.0 cm,先端短尖,基部心形、浅心形,边缘具细腺锯齿,表面绿色,无毛,背面淡绿色,无毛。长、萌枝叶较大,近圆形、长圆-卵圆形,长 9.0~13.0 cm,宽 7.0~11.0 cm,先端突尖,基部心形、近截形,边缘具细腺锯齿;叶柄侧扁,顶端具 2 枚杯状腺体。幼叶淡红褐色,两面被柔毛,后渐无毛。雌花序长 4.0~8.0 cm,花序轴被柔毛;子房无毛,柱头 4 裂;苞片匙-扇形,长 4~6 mm,条裂,边缘具白色长缘毛。果序长 5.0~8.0 cm;蒴果长卵球状,无毛,成熟后 2 瓣裂。花期 4 月;果成熟期 5 月。

产地:本新组合变种在中国山东、河南等地山区有分布。模式标本,梁书宾等,84077,采于山东五莲县五莲山,存山东省林业学校。

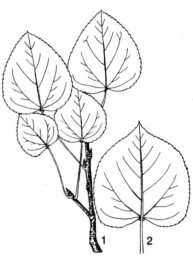

图 17　五莲杨

Populus henanensis T. B. Zhao et C. W. Chiuan var. wulianensis (S. B. Liang et X. W. Li)T. B. Zhao et Z. X. Chen(引自《山东植物志》)

1. 短枝叶,2. 长枝叶

变型:

1.1　河南杨　原变型

Populus honanensis T. B. Zhao et C. W. Chiuan f. henanensis

1.2　尖芽河南杨　尖芽齿叶山杨(林业科学研究)　新组合变型

Populus henanensis T. B. Zhao et C. W. Chiuan f. acuminati-gemmata(T. Hong et J. Zhang)T. B. Zhao et Z. X. Chen,f. transl. nova;*Populus serrata* T. B. Zhao et J. S. Chen f. *acuminati-gemmata* T. Hong et J. Zhang,林业科学研究,1(1):71. 图版Ⅲ:4~6. 1988;杨树遗传改良:260. 图 3:4~6. 1991;杨谦等. 河南杨属白杨组植物分布新记录. 安徽农业科学, 36(15):6294. 2008。

本新组合变型顶芽渐长尖,长 1.0~1.4 cm。短枝叶基近圆形,不为平截。

产地:河南南召县。张杰等,85101NZ6(主模式),采于南召县,存中国林业科学研究院。赵天榜、李万成等,无号标本,采自南召县,存河南农业大学。

本新组合变型分布于河南伏牛山区。模式标本,张杰等,85930TM1,采于河南南召县,存中国林业科学研究院。

1.3 粗齿河南杨 粗齿山杨(林业科学研究) 新组合变型

Populus henanensis T. B. Zhao et C. W. Chiuan f. grosseserrata(T. Hong et J. Zhang) T. B. Zhao, f. transl. nova, *Populus serrata* T. B. Zhao et J. S. Chen f. *grosseserrata* T. Hong et J. Zhang,林业科学研究,1(1):71~72. 图版Ⅲ:7~8. 1988;杨树遗传改良:260. 图3:7~8. 1991;杨谦等. 河南杨属白杨组植物分布新记录. 安徽农业科学,36(15):6294~6295. 2008。

本新组合变型短枝叶较大,长5.5~10.5 cm,边缘具粗锯齿。雄花苞片黑褐色,长4.0~6.5 mm。

产地:陕西。河南西部山区有分布。模式标本,张杰等,88690114,采于陕西周至县,存中国林业科学研究院。赵天榜、李万成等,无号标本,采自南召县,存河南农业大学。

1.4 心形齿叶河南杨 心形齿叶山杨(林业科学研究) 新组合变型

Populus henanensis T. B. Zhao et C. W. Chiuan f. cordata(T. Hong et J. Zhang) T. B. Zhao, f. transl. nova, *Populus serrata* T. B. Zhao et J. S. Chen f. *cordata* T. Hong et J. Zhang,林业科学研究,1(1):71~72. 图版Ⅲ:7~8. 1988;杨树遗传改良:260. 图4:9~11. 1991。

本新组合变型短枝叶较大,长5.5~10.5 cm,边缘具粗大锯齿。雄花苞片黑褐色,长4.0~6.5 mm。

产地:陕西。河南西部山区有分布。模式标本,张杰等,88690114,采于陕西周至县,存中国林业科学研究院。

1.5 圆叶河南杨(林业科学研究) 圆叶齿叶山杨(植物研究) 新组合变型

Populus henanensis T. B. Zhao et C. W. Chiuan f. rotundata(T. B. Zhao et Z. X. Chen) T. B. Zhao, f. transl. nov. ;杨谦等. 河南杨属白杨组植物分布新记录. 安徽农业科学, 36(15):6294. 2008;*Populus serrata* T. Hong et J. Zhang,林业科学研究,1(1):71. 1988;*Populus serrata* T. B. Zhao et J. S. Chen f. *rotundata* T. B. Zhao et Z. X. Chen,赵天榜等. 河南杨属二新变型. 植物研究,18(3):287~288.1988。

本新组合变型侧枝和小枝均下垂。叶圆形,或近圆形,长5.0~8.0 cm,宽5.0~8.0 cm,先端钝圆,基部圆形,或近圆形,边缘基部全缘,中部以上具整齐粗圆齿;叶柄纤细,长6.0~10.0 cm,下垂。

产地:河南南召县。宝天曼。1983年11月5日。赵天榜等。No.831156。模式标本,存河南农业大学。

2. 豫白杨 新种

Populus yuibeiyang T. B. Zhao et Z. X. Chen,sp. nov.

Species Populus celtidifolia T. B. Zhao et P. henanensis T. B. Zhao et C. W. Chiuan affinis,sed foliis ovatis,trianguste subrotundatis,trianguste ovatis raro rhombiovatis apice acutis vel longe acuminatis secundis basi rotundatis late cuneatis raro truncatis margine non aequalibus grosse inflexi-serratis glandibus et serratis glandibus, ramalis foliis et petiolis juvenilibus dense breviter tomentosis; ut P. tomentosi Carr. affinis, sed foliis brevi-ramulis parvis margine non aequalibus grasse inflexi-serratis glandibus et serratis glandibus. foliis lingi-ramulis supra medium margine interdum trianguste dentatis.

Arbor, ramuli cinerei-brunnei juvinilibus dense breviter tomentosi postea glabra, gemmae terminales ovate conicae perulue purpurei-brunnei minute brunnei glutinosi et breviter tomentosi. folia ovata vel triangulate suhrotumfeta raro rhombi-ovata 4.5~7.0 cm longa 3.5~6.0 cm lata apice acuta vel acuminata secunda basi rotundata late cuneata raro truncata interdum 1~2-glandulosa margine non aequales grosse inflcxi-serrata glandulosa et serrata glandulosa supra virides costati sparse tomontosi subtus flavo-virentes interdum breviter tomentosi costati et ncrvi laterales dcnsissima; petioli graciles 1.5~3.5 cm longa lateraliter lorapcrssi. surcula et folia petioli dense breviter tomentosi, triangusta trianguste subrotundata raro rhombi-ovata 7.5~11.0 cm longa 5.5~8.0 cm lata apice acuta vel subrotundata interdum 1~2-glanduIosa parvi margine non aequales grosse inflexi-serrata et serrata glandes interdum supra margine obtuse triangusta inflexi-dentala supra virides costati sparse breviter toinentosi subtus flavovirentes costati et nervi laterales dense breviter lomeiitosi; petioii cylindrici 3.5~4.0 cm longa dense breviter toinentosi.

Henan; Songxian. Sine Collect. Sol. num. Typus in Herb. HNAC.

落叶乔木。小枝灰褐色,幼时密被短茸毛,后光滑。顶芽卵-圆锥状,紫褐色,芽鳞背面微褐黏液和短茸毛。短枝叶卵圆形、三角-近圆形、三角-卵圆形,稀菱-卵圆形,长4.5~7.0 cm,宽3.5~6.0 cm,先端短尖,或长尖而扭向一侧,基部圆形、宽楔形,稀截形,有时具1~2不发育腺体,边缘具大小相间极不整齐的内弯粗腺齿和细腺齿,表面绿色,沿中脉基部疏被茸毛,背面淡黄绿色,有时被短茸毛,沿中脉和侧脉尤密;叶柄纤细,长1.5~3.5 cm,侧扁。长萌枝及叶、叶柄密被短茸毛,叶三角形、三角-近圆形,稀三角-卵圆形,长7.5~11.0 cm,宽5.5~8.0 cm,先端短尖,或长尖而扭向一侧,基部截形、宽截形,或近心形,有时具1~2小腺体,边缘具不整齐的内弯粗腺齿和腺锯齿,有时上部边缘具钝三角形稍内弯的齿牙状缺刻,浅黄绿色,密被短茸毛,沿隆起中脉和侧脉密被短茸毛;叶柄圆柱状,长3.5~4.0 cm,密被短茸毛。花和果不详。

本新种与朴叶杨 Populus celtidifolia T. B. Zhao 和河南杨 Populus honanensis T. B. Zhao et C. W. Chiuan 相似,但区别:短枝叶卵圆形、三角-近圆形、三角-卵圆形,稀菱-卵圆形,先端短尖,或长尖而扭向一侧,基部圆形、宽楔形,或截形、圆形,边缘具大小相间、极不整齐的内弯粗腺齿和细腺齿;幼枝、叶和叶柄密被短茸毛;又与毛白杨 Populus tomentosa Carr. 相似,但区别:短枝叶小,边缘具大小相间、极不整齐的内弯粗腺齿和细腺齿;长、萌枝叶上部边缘具三角形齿牙缺刻。

河南:嵩县。采集人:赵天榜。标本无号。模式标本,存河南农业大学。

3. **朴叶杨**(河南农学院科技通讯、河南植物志)　图18

Populus celtidifolia T. B. Zhao,河南农学院科技通讯,2:98~99. 1978;丁宝章等主编. 河南植物志 1:179. 图205. 1981。

落叶乔木,树高 6.0~8.0 m。树冠卵球状;侧枝稀少,开展。树皮灰褐色,近光滑;皮孔菱形,散生。幼枝密被细柔毛,后脱落;小枝细短,赤褐色,具光泽,有时被短柔毛。叶芽卵球状,棕褐色,或赤褐色,微被短柔毛,先端长渐尖,内曲呈弓形;花芽卵球状,或近球状,赤褐色,或深褐色,具光泽。短枝叶卵圆形,长 6.3~9.5 cm,宽 4.5~5.5 cm,先端长渐尖,基部楔形,三出脉,表面浓绿色,无毛,背面灰绿色,被丛状短柔毛,边缘具整齐的内曲钝锯齿,齿端具腺体;叶柄侧扁,长 2.2~3.5 cm,顶端有时具 1~2 枚腺体。幼叶、叶柄、叶脉和嫩枝密被灰白色短柔毛,后渐脱落。长枝叶近圆形,长 10.0~13.0 cm ,宽 9.0~11.5 cm,先端短尖,基部近圆形,边缘具细锯点,齿端腺体红褐色,两面黄绿色,被疏柔毛,或近光滑,边缘具细锯齿;叶柄侧扁,长 4.0~5.0 cm,顶端通常有 2 枚腺体。雌花序长 5.0~10.0 cm,花序轴被柔毛;子房窄扁卵球状,浅绿色,柱头粉红色,2 裂,每裂 2~3 叉;花盘杯状,浅黄绿色,边缘具三角形小齿缺刻;苞片三

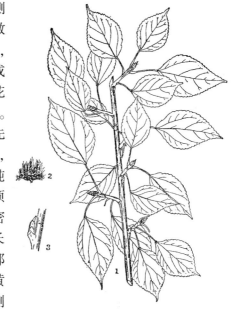

图18　朴叶杨
Populus celtidifolia T. B. Zhao
(引自《河南植物志》)
1. 枝叶,2. 苞片,3. 腋芽

角-卵圆形,或近圆形,灰黑色,深裂,边缘具稀少的白色缘毛。雄花与果不详。

本种与山杨 Populud davidiana Dode 相似,但区别明显:叶卵圆形,先端长渐尖,基部楔形,三出脉,边缘具整齐的内曲钝锯齿,背面灰绿色,被丛状短柔毛为显著特征。幼叶、叶柄、叶脉和嫩枝密被灰白色短柔毛。长枝叶边缘具红褐色腺体,易与他种区别。

产地:河南嵩县。伏牛山区的嵩县白河上游沿河滩地上,形成天然片林。1977 年 8 月 22 日,白河公社后河大队白河边,赵天榜、兰战和金书亭,7782202、7782201(模式标本 Typus！存河南农学院园林系杨树研究组);1977 年 3 月 25 日,白河公社后河大队白河边,赵天榜,778309、778310(花)。

Ⅳ. 云霄杨系　新系

Populus Ser. yunxiaoyangae T. B. Zhao et Z. X. Chen,ser. nov.

Series nov. floribus bisexualibus. gynoecy et staminatis in larboribus,non inflorescwntiis Androgynis valde insignis.

Distribution:Henan.

本新系主要形态特征:花两性。雌雄同株！异花序为显著特征。

系模式种:云霄杨 Populus yunxiaomanshanensis T. B. Zhao et C. W. Chiuan。

产地:河南伏牛山区云霄山。

本系 1 种。

1. 云霄杨 (河南农学院学报)　图 19

Populus yunxiaomanshanensis T. B. Zhao et C. W. Chiuan, 河南农学院学报, 2:10. 1980; 丁宝章等主编. 河南植物志. 1:176~177. 图 203. 1981。

落叶乔木, 高达 25.0 m。树冠卵球状。树干通直; 树皮灰绿色, 光滑; 皮孔菱形, 中等大, 散生。小枝黄褐色。芽圆锥体状, 深褐色。短枝叶心-圆形, 或近圆形, 长 3.0~8.5 cm, 宽 3.0~7.0 cm, 先端短尖, 基部心形, 或心形, 边缘具波状浅锯齿, 表面深绿色, 背面浅绿色; 叶柄侧扁, 长 3.0~7.0 cm, 黄绿色。雌雄同株, 异花序! 雄花序长 15.0~20.0 cm, 雄蕊 4~6 枚, 花药紫红色; 花盘边缘微波状全缘; 苞片三角-卵圆形, 先端及裂片黑褐色; 雌花序长 3.0~5.0 cm, 柱头红色, 2 裂, 每裂 2 叉。果序长 10.0~13.0 cm; 蒴果圆锥体状, 绿色, 成熟后 2 瓣裂。花期 3 月上旬; 果熟期 4 月中旬。

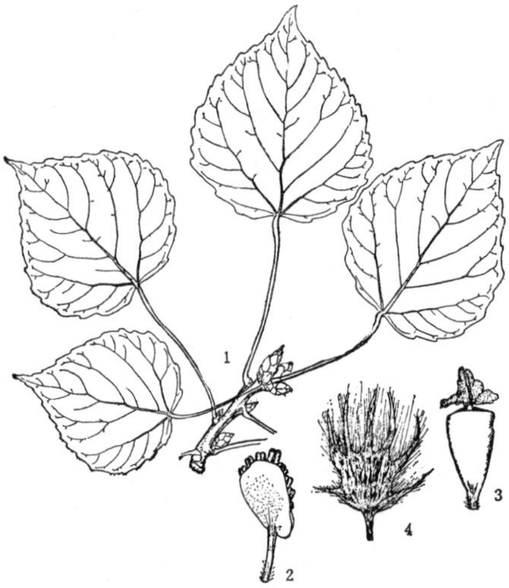

本种系山杨 Populus davidiana Dode 与毛白杨 Populus tomentosa Carr. 的天然杂种, 其形态特征似毛白杨, 但叶、花似山杨, 主要区别: 雌雄同株, 异花序为显著特征。

图 19　云霄杨 Populus yunxiaomanshanensis T. B. Zhao et C. W. Chiuan
(引自《河南植物志》)
1. 枝叶, 2. 雄花, 3. 雌花, 4. 苞片

产地: 河南伏牛山支脉云霄曼山, 海拔 800 m。1974 年 10 月 20 日, 0021(模式标本 Typus! 存河南农学院园林系); 1976 年 2 月 26 日, 赵天榜, 76001、76002(花); 1976 年 4 月 4 日, 赵天榜, 76011、76012(果)。

云霄杨生长慢, 抗叶斑病和心腐病。木材优良, 白色, 宜作家具用材。据调查, 24 年生平均树高 16.40 m, 平均胸径 18.8 cm, 单株材积 0.257 02 m³, 而在同地同龄的河南杨平均树高 15.1 m, 平均胸径 22.8 cm, 单株材积 0.320 29 m³。云霄杨生长进程如表 8 所示。

表 8　云霄杨生长进程

	龄阶(a)	6	9	12	15	18	21	23	24	带皮
树高 (m)	总生长量	1.80	4.10	14.5	8.10	12.10	14.10	15.90	16.40	
	平均生长量	0.20	0.34	0.54	0.56	0.58	0.59	0.59	0.55	
	连年生长量		0.77	1.33	0.67	0.67	0.67	0.60	0.17	
胸径 (cm)	总生长量	3.5	6.3	8.3	11.2	13.5	15.1	17.7	18.8	18.8
	平均生长量	0.39	0.53	0.55	0.62	0.64	0.63	0.65	0.60	
	连年生长量		0.93	0.67	0.97	0.77	0.53	0.87	0.10	
材积 (m³)	总生长量	0.00260	0.00955	0.01989	0.04545	0.08143	0.113633	0.19399	0.22027	0.25702
	平均生长量		0.00029	0.00106	0.00133	0.00253	0.00416	0.00568	0.00718	0.00734
	连年生长量			0.00232	0.00345	0.00852	0.01399	0.01630	0.01922	0.00876

Ⅴ. 河北山杨杂种杨系　新杂种杨系

Populus Sect. × Hopei-davidiana T. B. Zhao et Z. X. Chen, sect. hybr. nov.

Sect. × nov. characteristicis formis et Populus hopeiensis × P. davidiana Dode characteristicis formis aequabilis.

Sect. × typus: Populus hopeiensis Hu et Chow × P. davidiana Dode.

Distribution: Henan.

形态特征与河北杨 × 山杨形态特征相同。

本新杂种杨系模式种:河北杨 × 山杨。

1. 河北杨 × 山杨(山西省杨树图谱)

Populus hopeiensis Hu et Chow × P. davidiana Dode, 山西省林学会杨树委员会. 山西省杨树图谱:57~58. 123. 图 26. 照片 17. 1985。

落叶乔木,树高 13.0~15.0 m。树冠椭圆体状;侧枝粗壮,枝层明显。树干通直;树皮光滑,被白粉层;皮孔菱形,小,3~7 个横排呈线状,不明显,基部皮孔明显。小枝圆柱状,棕色。芽圆锥体状,棕色。短枝叶卵圆形,或近圆形,长 4.5~5.8 cm,宽 3.5~5.7 cm,先端钝尖,基部圆形,边缘具大齿牙,表面暗绿色;叶柄上部侧扁,下部圆柱形,长 3.5~5.0 cm,绿色。雄花 6~10 枚,花药黄色。

本杂种 17 年生平均树高 19.5 m,平均胸径 14.2 cm,单株材积 0.184 3 m³。具有抗病、抗寒、抗旱、耐瘠薄等特性。

(七)南林杂种杨组　河北毛响杂种杨组　新组合杂种杨组

Populus Sect. × nanlinhybrida T. B. Zhao sp. comb. hybr. nov., Populus × nanlinensis P. Z. Ye, 山西省林学会杨树委员会. 山西省杨树图谱:57~58. 123. 图 26. 照片 17. 1985。

本组 1 种。

1. 南林杨　河北杨、毛白杨与响叶杨杂种杨　杂交种

Populus × nanlinyang P. Z. Ye, sp. hybr. nov. (Populus hepeiensis Hu et Chow × Populus tomentosa Carr.) × Populus adenopoda Maxim., 山西省林学会杨树委员会. 山西省杨树图谱:57~58. 123. 图 26. 照片 17. 1985。

落叶乔木。侧枝开展。树干通直;树皮灰绿色,较光滑;皮孔菱形,黄褐色。小枝灰褐色、黄褐色;幼枝绿褐色,疏被短柔毛。顶叶芽椭圆体-锥状,黄褐色。短枝叶圆形、卵圆形,长 9.5~15.5 cm,宽 9.5~12.5 cm,先端渐尖,基部浅心形,表面深绿色,具光泽,无毛,背面淡绿色,疏被茸毛,边缘具波状缺刻;叶柄侧扁,绿色,顶端具腺体,或无;长、萌枝叶大,黄绿色,先端短尖,基部心形,边缘具亮密细锯齿,齿端具腺体;叶柄扁圆柱状,绿色,疏被毛,顶端具 2 枚腺体;托叶披针形。雄花花药红色;雌花柱头淡粉红色、粉红色、深粉红色、青绿色;苞片菱-卵圆形,先端黄褐色,边缘具白色缘毛。蒴果卵球状、长卵球状。花期 3 月上旬。

本杂种系南京林产工业学院树木育种教研室从(河北杨 Populus hopeiensis Hu et

Chow × 毛白杨 Populus tomentosa Carr. ）× 响叶杨 Populus adenopoda Maxim. 杂种实生苗中选育的一个栽培杂种。

南林杨喜温暖、湿润气候,生长较快,抗叶部病害强。据调查,6 年生平均树高 8.73 m,平均胸径 8.32 cm。其喜光,根系发达,抗叶部病害力强,天牛危害严重,且枝条扦插困难。抗烟性及抗污能力强。木材是优良的造纸用材和胶合板用材。

（八）河北杨 × 毛白杨　（阔叶树优良无性系图谱）　新杂种杨组

Populus Sect. × Hopei-tomentosa T. B. Zhao et Z. X. Chen,Sect. hybr. nov.

Populus Sect. × hybrida nov. rami-cicatricibus conspicuis horizontaliter anguste ellipticis. ramulis dilute brunneis,subtiliter angulis,pubescentibus in juvenilibus denique glabris. foliis triangule ovatibus、rotundatis secundis, apice breviter acuminatis, basi late truncatis, rotundatis vel late cuneatis;petiolis supra medium Laterib-applanatis, deorsum teribus, flavovirentibus,raro tomentosis, apice glandulis nullis.

Sect. × typus:Populus hopeiensis Hu et Chow × P. tomentosa Carr..

Distribution:Shanxi.

本新杂交种杨组系河北杨 × 毛白杨之间杂种。其主要形态特征:枝痕明显,横窄椭圆形。小枝淡褐色,微有棱脊,嫩时被毛,后渐脱落。短枝叶三角-卵圆形、扁圆形,先端短渐尖,基部宽截形、圆形,或宽楔形;叶柄上部侧扁,下部圆柱状,黄绿色,微被茸毛,顶端无腺体。

产地:陕西。

本组有 1 种。

1. 河北杨 × 毛白杨(1)(阔叶树优良无性系图谱)

Populus hopeiensis Hu et Chow × P. tomentosa Carr. ,阔叶树优良无性系图谱:63~65. 182. 图 27. 1991;山西省林学会杨树委员会. 山西省杨树图谱:123. 1985。

落叶乔木。树冠卵球状。树干通直;树皮灰绿色,光滑,基部浅纵裂;皮孔菱形,散生;枝痕明显,横窄椭圆形。小枝淡褐色,微有棱脊,嫩时被毛,后渐脱落。芽卵球状、球状,紫褐色。短枝叶三角-卵圆形、扁圆形,长 12.0~15.0 cm,宽 5.5~9.5 cm,先端短渐尖,基部宽截形、圆形,或宽楔形;叶柄上部侧扁,下部圆柱状黄绿色,微被茸毛,顶端无腺体。雌株! 雄花序长 4.0~7.0 cm,花序轴被茸毛;花序长 3.0~5.0 cm;苞片匙-卵圆形,淡褐色,边缘具白色长缘毛;子房卵球状,柱头 2 裂,每裂 2 叉,裂片淡黄绿色。蒴果成熟后 3 瓣裂。花期 3 月中下旬;果熟 4 月中下旬至 5 月初。

本杂种系西北林学院林木遗传育种研究室从河北杨 Populus hopeiensis Hu et Chow × 毛白杨 Populus tomentosa Carr. 杂种实生苗中选育的一个栽培杂种。

（九）响叶杨组　新组合组

Populus Linn. Sect. Adenopodae T. B. Zhao et Z. X. Chen,sect. comb. nov. ,Populus Ser. Adenopodae T. Hong et J. Zhang,林业科学研究,1（1）:72. 1988;杨树遗传改良:261. 1991。

树皮灰白至灰黑色,浅纵裂。小枝褐色,或绿褐色。顶芽及花芽芽鳞背部黄绿色、绿色、绿褐色,有纵纹,边缘暗褐色。托叶窄细条状。幼叶内卷,或褶卷,背面密被长丝毛,后渐脱落。叶多为三角-长卵圆形,先端长尾尖、尾尖,或渐长尖,边缘具细密内曲腺齿;叶柄顶端具 2 枚腺体,稀腺体不发育,或无腺体;苞片流苏状深裂及浅裂;雄蕊 6~17 枚;柱头裂片蝴蝶状,或细棒状,黄白色,或淡黄色;子房具胚珠 2 枚,或 1 枚。蒴果柱状、粗颈瓶状。

　　新组合组模式种:响叶杨 Populus adenopoda Maxim.。

　　本组 4 种、6 变种(1 新变种)、7 变型(2 新变型)。

　　1. 响叶杨(中国树木分类学)　　响杨、风响杨(河南)　　图 20

Populus adenopoda Maxim. in Bull. Soc. Nat. Mosc. 54(1):50. 1879;Schneid. in Sarg. Pl. Wils. Ⅲ:23. 1916;Rehd. Man. Cult. Trees & Shrubs,86. 1927;Hand. -Mazz. Symb. Sin. 7:58. 1929;Hao in Contr. Inst. Bot. Nat. Acad. Peiping,3(5):228. 1935;Rehd. Bibliogr. Cult. Trees & Shrubs,67. 1949;陈嵘著. 中国树木分类学:115~116. 1937;中国高等植物图鉴.1:352. 图 704. 1983;秦岭植物志.1(2):18~19. 图 7. 1974;中国植物志.20(2):16~17. 图版 3:10~12. 1984;徐纬英主编. 杨树:38~39. 图 2-2-3(10~12). 1988;丁宝章等主编. 河南植物志.1:180~181. 图 207. 1981;中国主要树种造林技术:330~333. 图 42. 1978;牛春山主编. 陕西杨树:29~31. 图 10. 1980;徐纬英等. 杨树:88~90. 图 35~39. 1959;南京林学院树木学教研组主编. 树木学 上册:326. 图 227:6. 1961;裴鉴等主编. 江苏南部种子植物手册:190~191. 图 295. 1959;中国高等植物图鉴 第一册:352. 图 704. 1972;中国科学院植物研究所主编. 中国高等植物图鉴 补编 第一册:1982,15;李淑玲,戴丰瑞主编. 林木良种繁育学:1996,277. 图 3-1-18;《四川植物志》编辑委员会. 四川植物志.3:43. 45. 图版 16:3. 1985;

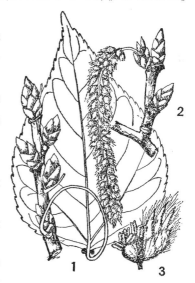

Populus tremula Linn. var. *adenopoda*(Maxim.)Burkill in Journ. Linn. Soc. Bot. 26:537. 1899;*Populus duclouxiana* Dode in Bull. Soc. Hist. Nat. Autun 18:190(Extr. Monogr. Ined. Populua 32,t. 11. f. 34a). 1905;*Populus rotundifolia* Griff. var. *duclouxiana*(Dode)Gomb. in Math. Term. Közl. 30:130.(Monogr. Gen. Populi). 1908;*Populus silvestrii* Pamp. in Nuov. Giorn. Bot. Ital. n. ser. 17:247. f. 2. 1910;*Populus macranthela* Lévl. & Vant. in Bull. Soc. Bot. France 52:142. March 1905;*Populus rotundifolia* Griff. var. *macranthela*(Lévl. & Vant.)Gomb. in Bot. Közl. 10:25. 1911;孙立元等主编. 河北树木志.1:66~67. 图 45. 1997;山西省林业科学研究院编著. 山西树木志:71~72. 图 27. 2001;湖北省植物科学研究所编著. 湖北植物志 第一卷:59~60. 图 50. 1976;河北植物志 第一卷:229. 图 171. 1986。

图 20　响叶杨

Populus adenopoda Maxim.

(引自《秦岭植物志》)

1. 枝叶,2. 果序,3. 果实

　　落叶乔木,树高 15.0~30.0 m。树冠半球状,或卵球状。树皮灰褐色,具灰白色斑块,纵裂;皮孔大,菱形,明显,纵裂,散生;大树树干基部黑褐色、灰褐色、纵裂。幼枝淡绿色,被短柔毛,后脱落;小枝淡灰色,或灰棕色。叶芽圆锥体状,或纺锤体状,先端渐尖;花芽卵球状,灰绿色,或灰褐色,无毛,微被黏质。短枝叶宽三角形、宽卵圆形,长 5.0~8.0 cm,宽 4.0~6.0 cm,先端长渐尖,基部近圆形、浅心形,稀楔形,表面深绿色,具光泽,背面淡绿色,脉上被茸毛;叶柄侧扁,长 2.0~7.0 cm,顶端有 2 枚显著圆球状腺体。长、萌枝叶大,长心形、近圆形,长10.0~25.0 cm,宽 8.0~15.0 cm,先端长渐尖,基部近圆形、浅心形,稀楔形,表面淡黄绿色,具光泽,背面淡绿色,两面被茸毛,脉上尤多;叶柄长 2.0~7.0 cm,顶端有 2 枚显著圆球状腺体。雄花序长 6.0~10.0 cm;雄蕊 7~9 枚,花药黄色,具红晕;花盘边缘齿裂;苞片匙-椭圆形、匙-卵圆形,黄棕色,条裂,边缘具白色长缘毛;雌花序长 5.0~6.0 cm;子房长卵球状,柱头淡黄白色,2 裂,每裂 2 叉,裂片大,细棒状,突出花盘外很长。果序长 10.0~18.0 cm;蒴果扁卵球状、长扁椭圆体状,先端锐尖,无毛,成熟后 2 瓣裂。花期 3 月上、中旬;果熟期 4 月中旬。

产地:我国特有种,模式标本(syntypus),采于陕西汉江和湖北郧阳。分布于陕西、河南、江苏、安徽、江西、浙江、湖南、湖北、四川、贵州、云南等省,生于海拔 300~2 500 m 以下的阳坡杂林灌丛中,或河道两旁、山谷溪边。河南省伏牛山区、桐柏山区、大别山区有本种分布。喜光、喜温,适生于多雨、气候温和的长江流域的肥沃土壤上;不耐寒、不耐盐碱。速生,据调查,17 年生平均树高 14.0 m,平均胸径 24.2 cm。

此外,抗叶部病害能力强,是杂交育种的好材料。根萌芽力强,天然更新良好,是水土保持林的优良树种之一。木材浅黄白色,材质较坚韧,可作建筑、家具、造纸等用,尤其是制作牙签的优质材料。

响叶杨有:6 变种(1 新变种)、7 变型(2 新变型)。

变种:

1.1　**响叶杨　原变种**

Populus adenopoda Maxim. var. adenopoda

1.2　**小叶响叶杨**(河南农学院学报)　变种

Populus adenopoda Maxim. var. microphylla T. B. Zhao,河南农学院学报,2:4~5. 1980;丁宝章等主编. 河南植物志. 1:181. 1981;李淑玲,戴丰瑞主编. 林木良种繁育学:277~278. 1996。

本变种短枝叶圆形,很小,长 3.0~5.0 cm,宽与长约相等,先端突短尖,基部心形、截形,边缘具整齐的疏钝锯齿,齿内曲;叶柄纤细,长 3.0~5.0 cm,顶端不发育很小腺体,或无腺体。蒴果卵球状,较小,黄褐色。

产地:河南伏牛山区。模式标本,赵天榜. 无号。1978 年 8 月 12 日。采于河南鲁氏县狮子坪,存河南农业大学。

1.3　**圆叶响叶杨**(河南农学院学报)　变种

Populus adenopoda Maxim. var. rotundifolia T. B. Zhao,河南农学院科技通讯,2:100~101. 1978;河南农学院学报,2:4~5. 1980;丁宝章等主编. 河南植物志. 1:181. 1981;李淑玲,戴丰瑞主编. 林木良种繁育学:277. 1996。

本变种短枝叶圆形,革质,边缘基部具波状锯齿,中部以上具整齐的锯齿。蒴果卵球状,较小,黄褐色。

产地:河南伏牛山区。1977 年 8 月 28 日。模式标本,赵天榜,77829。采于河南嵩县车村乡,存河南农业大学。

1.4　南召响叶杨(河南农学院科技通讯)　变种

Populus adenopoda Maxim. var. nanchaoensis T. B. Zhao et C. W. Chiuan,河南农学院科技通讯,2:98. 1978;丁宝章等主编. 河南植物志. 1:180~181. 1981;李淑玲,戴丰瑞主编. 林木良种繁育学:277. 1996。

落叶乔木。树冠卵球状;侧枝开展。树干直;树皮灰褐色,或灰白色,基部纵裂;皮孔菱形,散生。小枝灰褐色,初被短柔毛,后脱落。冬芽圆锥状,黄褐色,具光泽;花芽枣核状,赤褐色,具光泽,长 1.2~1.5 cm。短枝叶椭圆形,长 5.0~10.0 cm,宽 4.0~7.5 cm,先端渐尖,稀突尖,基部浅心形、近圆形,边缘为整齐的腺锯齿,齿端内曲,表面绿色,背面浅黄绿色,沿脉被茸毛;叶柄侧扁,长 4.0~7.0 cm,黄绿色,顶端有 1~2 枚显著圆球状腺体。长枝叶长椭圆形,长 15.0 cm 以上,先端渐尖,基部浅心形、近圆形,边缘为整齐的腺锯齿,齿端内曲,表面浅黄绿色,两面被浅黄绿色茸毛;顶端有 1~2 枚显著圆球状腺体。幼叶紫红色,被浅黄绿色茸毛。

产地:河南伏牛山区。模式标本,(赵天榜)3,采于南召县乔端乡,存河南农业大学。

1.5　大叶响叶杨(植物研究)　变种

Populus adenopoda Maixim. var. platyphylla C. Wang et Tung,植物研究,2(2):114. 1982;中国植物志.20(2):17. 1984;徐纬英主编. 杨树:39. 1988。

本变种小枝粗壮。叶芽大,长达 2.0 cm。短枝叶宽大,卵圆形,长 15.0 cm,宽 13.0 cm,边缘具疏齿至粗锯齿。

本变种分布于云南、河南山区。模式标本,采于云南西部。

1.6　三角叶响叶杨　新变种

Populus adenopoda Maixim. var. triangulata T. B. Zhao et Z. X. Chen,var. nov.

A var. nov. foliis late deltiodeuis,12.0~15.0 cm longis,8.0~10.0 cm latis apive longi-acuminatis tortis basi truncatis marginantibus crispis margine glandule serratis supra et subter alternantibus non in planis;petiolis apice saepe 2_glandulosis. Amenti-capsulis 20.0 ~28.0 cm longis axiliis pubescentibus.

Henan:Nanzhao Xian;Yuzang of Qiaoduan country. 14. 10. 1974. T. B. Zhao et W. Q. Li,No. 7. Typus in Herb. HANC.

本新变种短枝宽三角形,长 12.0~15.0 cm,宽 8.0~10.0 cm,先端长渐尖,稀突尖,扭曲,基部截形,边部波状起伏,边缘具细腺锯齿,齿上下交错,不在一个平面上;叶柄先端通常具 2 枚腺点。果序长 20.0~28.0 cm,果序轴被柔毛。

产地:河南南召县乔端乡。1974 年 10 月 14 日。赵天榜和李万成,No. 7。模式标本,存河南农业大学。

变型:

1.1　响叶杨(林业科学研究)　原变型

Populus adenopoda Maxim. f. adenopoda

1.2　长序响叶杨(林业科学研究)　变型　图 21:1~2

Populus adenopoda Maxim. f. longiamentifera J. Zhang,林业科学研究,1(1):72. 图版
Ⅳ:1~2. 1988;杨树遗传改良:261. 图 4:1~2. 1991;李淑玲,戴丰瑞主编. 林木良种繁育
学:278. 1996;杨谦等. 河南杨属白杨组植物分布新记录. 安徽农业科学,36(15):6295.
2008。

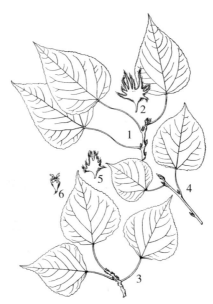

图 21　1~2.长序响叶杨 Populus adenopoda Maxim. f. longiamentifera J. Zhang:
1. 短枝、叶,2. 苞片;

3~6.菱叶响叶杨 Populus adenopoda Maixim. f. rhombifolia T. Hong et J. Zhang:
3. 短枝及叶,4. 长枝及叶,5. 苞片,6. 雌花(引自《林业科学研究》)

本变型雄花序粗壮,长达 20.0 cm。

产地:河南南召县。1985 年 10 月 1 日。模式标本,张杰等,85101NZ4(主模式),采于
河南南召县,存中国林业科学研究院;赵天榜、李万成等,无号标本,采自南召县,存河南农
业大学。

1.3　菱叶响叶杨(林业科学研究)　变型　图 21:3~6

Populus adenopoda Maixim. f. rhombifolia T. Hong et J. Zhang,林业科学研究,1(1):
72~73. 图版Ⅳ:3~6. 1988;李淑玲,戴丰瑞主编. 林木良种繁育学:278. 1996;杨树遗传
改良:261~262. 图 4:3~6. 1991;杨谦等. 河南杨属白杨组植物分布新记录. 安徽农业科
学,36(15):6295. 2008。

本变型短枝叶菱-宽卵圆形,基部宽楔形;叶柄顶端无腺体,或具 1~2 枚不发育腺体。
雌株！雌花柱头裂片蝴蝶状,淡黄色;子房侧扁。

产地:河南、云南。张杰等,85930TM2(主模式),采于河南南召县,存中国林业科学研
究院。赵天榜、李万成等,无号标本,采自南召县,存河南农业大学。

1.4　楔叶响叶杨(植物研究)　变型

Populus adenopoda Maixim. f. cuneata C. Wang et Tung,植物研究,2(2):114. 1982;

中国植物志.20(2):17.1984;徐纬英主编.杨树:39.1988;李淑玲,戴丰瑞主编.林木良种繁育学:278.1996。

本变型短枝叶基部宽楔形。

产地:云南、河南山区。模式标本,采于云南西部,存中国林业科学研究院。

1.5　小果响叶杨(植物研究)　变型

Populus adenopoda Maixim. f. microcarpa C. Wang et Tung,植物研究,2(2):114. 1982;中国植物志.20(2):17.1984;徐纬英主编.杨树:39.1988。

本变型蒴果较小,长2~3 mm;果序较细、较短。

产地:四川、贵州等山区。模式标本,采于四川灌县,存中国林业科学研究院。

1.6　截叶响叶杨　新变型

Populus adenopoda Maixim. f. truncata T. B. Zhao et Z. X. Chen f. nov.

A typo recedit foliis deltoidibus 7.0~12.0 cm,4.5~7.5 cm latis apice longe acuminatis basi truncatis;petiolis vulgo sne glandibus.

Henan:Nanzhao Xian. 1983-11-05. T. B. Zhao et al. ,No.831156(HNAC).

本新变型短枝叶三角形,长7.0~12.0 cm,宽4.5~7.5 cm,先端长渐尖,基部截形;叶柄通常无腺体。

产地:河南伏牛山区。1983年11月5日。赵天榜等,No.851156。模式标本,采于南召县,存河南农业大学。

1.7　嵩县响叶杨　新变型

Populus adenopoda Maixim. f. sungxianensis T. B. Zhao et Z. X. Chen,f. nov.

A typo recedit foliis deltoidibus 7.0~12.0 cm longis,4.5~7.5 cm latis apice longe acuminatis basi truncatis,margine crispi-dentatis,supra atrovirentibus bifrontibus ad neuros pubescentibus;petiolis apice a-glandibus. femineis! inflorescentiis 7.0~10.0 cm longis.

Henan:Sung Xian. 1983-11-05. T. B. Zhao et al. No.831156(HNAC)

本新变型树干通直;树皮灰绿色,光滑;皮孔菱形,散生。短枝叶三角-卵圆形,长7.0~12.0 cm,宽4.5~7.5 cm,先端短尖,基部浅心形,边缘具波状粗锯齿,表面深绿色,两面沿脉被柔毛;叶柄顶端无腺体。雌株! 雌花序长7.0~10.0 cm。

产地:河南伏牛山区,河南嵩县。赵天榜等,No.851156。模式标本,采于河南嵩县,存河南农业大学。

本新变型具有寿命长、树干通直、适应性强、病虫害少、材质好等特性,还具有根萌蘖力强的特点。1983年11月5日,作者在河南嵩县调查,一代桩径粗85.0 cm,二代桩径粗60.5 cm,三代萌发植株高28.0 m,胸径50.8 cm,单株材积2.553 80 m³,且有54株胸径达35.0 cm以上的萌发更新的天然群落。

2.　**伏牛杨**(河南农学院科技通讯)　图22

Populus funiushanensis T. B. Zhao,河南农学院科技通讯,2:98. 1978;丁宝章等主编.河南植物志. 1:179~180. 图206. 1981。

落叶乔木,树高达20.0 m。树冠卵球状;侧枝较少,开展。树干通直,中央主干明显,直达树顶;树皮灰褐色,较光滑;皮孔菱形,大,散生,树干基部粗糙。幼枝灰绿色,被短柔毛,后脱落;皮孔黄褐色,突出。小枝粗壮,灰褐色,或灰绿色,无毛,有时被柔毛。叶芽圆锥状,绿褐色,顶芽上具红色黏液;花芽三棱-扁球状,绿色,具光泽,微具黏质。短枝叶三角-长卵圆形,或宽卵圆形,长 9.5~18.0 cm,宽 7.5~11.0 cm,先端长渐尖,稀短尖,基部浅心形,或近圆形,边缘具整齐的钝圆锯齿,齿端具腺体,内曲,表面浓绿色,无光泽,背面灰绿色,主脉凸出明显,两面被稀疏茸毛,或近光滑,脉上茸毛较多;叶柄侧扁,长 4.0~7.0 cm,被短柔毛,顶端通常具 2 枚圆球状小腺体。雄花序长 10.0~15.0 cm,直径 1.5~2.0 cm,花序轴黄白色,被疏柔毛,稍具光泽;雄蕊(4~) 9~18 枚,通常 12 枚,花药浅粉红色,花盘圆盘形,或近三角-圆盘形,浅黄白色,边缘为波状全缘;苞片三角-近半圆形,黄褐色,或灰褐色,稀黑褐色,裂片深裂,具白色疏缘毛;雌花不详。

产地:河南南召县伏牛山区。适生于深厚、湿润、肥沃的土壤。生长迅速、树干通直,材质优良,可作建筑、家具等用。1977 年 6 月 19 日,南召县乔端林场东山林区路旁,赵天榜和李万成,77301、77302、77308(模式标本 Typus! 存河南农学院园林系杨树研究组);1978 年 3 月 15 日,赵天榜,同地,77301、77302(花)。

图 22　**伏牛杨** Populus funiushanensis T. B. Zhao(引自《河南植物志》)
1. 枝叶,2. 苞片

3. 松河杨(河南农学院科技通讯)　图 23

Populus sunghoensis T. B. Zhao et C. W. Chiuan,河南农学院科技通讯,2:102~103. 1978;丁宝章等主编. 河南植物志. 1:168~169. 图 197. 1981。

落叶乔木,树高约 17.0 m。树冠卵球状;侧枝开展。树干直;树皮灰绿色,光滑;皮孔菱形,散生。小枝圆柱状,粗壮,赤褐色,无毛,具光泽;2 年生以上枝灰褐色。叶芽圆锥体状,赤褐色,无毛,具光泽,微被黏质。花芽卵球状,顶端钝圆,先端突尖,赤褐色,具光泽。短枝叶圆形,革质,长 5.0~9.0 cm,长宽约相等,先端突短尖,或近圆形,基部微心形,边缘波状全缘,或波状,表面浓绿色,具光泽,背面淡绿色;叶柄侧扁,长 3.5~6.0 cm。雄花序长 3.0~7.0 cm,直径 1.2~1.5 cm;花序轴黄绿色,被柔毛;雄蕊 5~7 枚,花药紫红色;花盘斜杯形,浅黄色,边缘为小波状全缘,或波状齿;苞片三角-卵圆形,上部及裂片黑褐色,基部无色,边缘密被白色长缘毛为显著特征;雌花不详。

产地:河南伏牛山区白河支流松河上游,生于海拔 800 m 溪旁。适生于深厚、湿润、肥沃的土壤。生长迅速、树干通直,材质优良,可作建筑、家具等用。1974 年 10 月 21 日,南召县乔端公社玉葬大队,标本号(赵天榜等)8(模式标本 Typus! 存河南农学院园林系杨树研究组);1976 年 2 月 26 日,同地,赵天榜,409、410(花)。

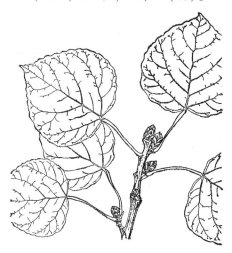

图 23 松河杨 Populus sunghoensis T. B. Zhao et C. W. Chiuan(引自《河南植物志》)

4. 琼岛杨(植物研究)

Populus qiongdaoensis T. Hong et P. Luo,植物研究,7(3):67~70. 图 71~77. 图版Ⅰ~Ⅲ. 1987。

落叶乔木,树高 25.0~40.0 m,胸径 0.7~1.7 m。树皮灰黑色,浅纵裂。小枝圆柱状,暗绿色、老龄褐色至灰色,秋梢枝密被柔毛。顶芽卵球状、窄卵球状,芽鳞黄绿色,被灰白色柔毛,或无毛,边缘褐色。短枝叶卵圆形、窄卵圆形,或宽卵圆形,长 7.0~13.5 cm,宽5.5~10.5 cm,先端渐尖,或短渐尖,基部圆形、宽楔形,或截形,边缘具疏生腺齿,表面浓绿色,具光泽,背面被灰白色,侧脉 6~8 对,沿脉被毛,或无毛;叶柄侧扁,长 3.0~6.0 cm;小枝近基部叶叶柄顶端具 2 枚腺体,小枝中、上部叶叶柄顶端无腺体。长、萌枝叶宽卵圆形,长 9.0~13.0 cm,宽 6.5~10.5 cm,先端短渐尖,基部截形,或稍心形,边缘具密粗腺齿,背面沿脉密被毛;叶柄粗,侧扁,长 2.0~3.0 cm,顶端具 2 枚腺体。雌花序长约 8.0cm,花序轴被毛;花盘杯形,边缘具不规则齿裂;苞片锥形,不裂;子房卵球状,柱头鸡冠状,带红色,具胚珠 4 枚。蒴果成熟后 2 瓣裂。

产地:海南坝王岭。生于海拔 1 200 m 的热带森林中。模式标本,阳德庄,861230,采于海南坝王岭,存中国林业科学研究院。

(十) 响山杂种杨组 新杂种杨组

Populus Sect. × adenopodi-davidiana T. B. Zhao et Z. B. Chen,sect. hybr. nov.

Sect. × nov. characteristicua formis et Populus henanensis C. Wang et Tung characteristicua formis aequabilis.

Sect. × nov. Typus：Populus henanensis C. Wang et Tung.

Distribution：Henan. Nanzhao.

本新杂种杨组形态特征与汉白杨形态特征相同。

本新杂种杨组模式种：汉白杨 Populus henanensis C. Wang et Tung。

产地：河南，南召县。

本新杂种杨组：1 种、1 变种。

1. 汉白杨（东北林学院植物研究室汇刊）

Populus henanensis C. Wang et Tung，东北林学院植物研究室汇刊，4：19. 1979；中国植物志. 20（2）：20. 1984；徐纬英主编. 杨树：39~40. 1988；杨谦等. 河南杨属白杨组植物分布新记录. 安徽农业科学，36（15）：6295. 2008。

落叶乔木，树高 18.0 m。树冠狭长卵球状；侧枝开展。树干直，或微弯；幼树皮青灰色；皮孔菱形，明显，散生，深纵裂。老龄时树皮淡青白色、灰褐色，基部黑褐色，深纵裂。1年生小枝圆柱状，粗壮，灰褐色、赤褐色，初被茸毛，后渐脱落，有时宿存。芽卵球状，暗紫褐色，具光泽，微被黏质，芽鳞边缘具缘毛；花芽卵球状，较小，芽鳞赤褐色，具光泽，被短柔毛和缘毛。短枝叶圆形，三角-卵圆形、宽卵圆形，长 2.5~10.0 cm，宽 2.5~8.0 cm，先端短渐尖、短尖，有时突长尖而偏斜，基部浅心形、近圆形至圆楔形，稀近截形，边缘具疏波状曲钝腺锯齿、具缘毛，表面深绿色，具光泽，背面淡绿色，背面无毛，或密被灰白色茸毛；叶柄侧扁，基部近圆形，长 1.5~6.0 cm，被较密茸毛，顶端通常具 1~2 枚大腺体。幼叶紫红色，两面沿脉被毛；果序长 10.0 cm 左右；蒴果成熟后 2 瓣裂。

产地：中国湖北、陕西。河南伏牛山区有分布。模式标本，采于陕西宁陕县。本种系响叶杨 Populus adenopoda Maxim. 与山杨 Populus davidiana Dode 的天然杂交种。赵天榜、李万成等，无号标本，采自南召县，存河南农业大学。

变种：

1.1　关中杨（杨树遗传改良）　新组合变种　图 24

Populus henanensis C. Wang et Tung var. shensiensis（J. M. Jiang et J. Zhang）T. B. Zhao et Z. X. Chen，var. comb. nov.，Populus × shensiensis J. M. Jiang et J. Zhang，张杰等. 杨属白杨组一新种. 中国林业科学研究院林业科学研究所二室编著. 杨树遗传改良：291~293. 附图. 1991；杨谦等. 河南杨属白杨组植物分布新记录. 安徽农业科学，36（15）：6295. 2008。

落叶乔木，树高约 20.0 m。树干直；树皮灰绿色，光滑；皮孔菱形，散生，或 2~4 枚横向连生。小枝圆柱状，灰褐色，或褐色，初被柔毛，后无毛，具光泽；2~3 年生枝淡褐色，具光泽。顶芽卵球状，侧扁；花芽卵球状，芽鳞绿色，边缘褐色，被短柔毛。幼叶在芽中内卷，具紫红色晕，表面疏被毛，背面被丝状毛。短枝叶卵圆形，或宽卵圆形，长 6.0~10.5 cm，宽 5.0~9.0 cm，先端渐尖，基部圆形，或近截形，边缘具内曲浅锯齿，表面浓绿色，具光泽，背面绿色，无毛；叶柄侧扁，长 3.5~7.5 cm，顶端具 1~2 枚腺体。长、萌枝叶宽三角-卵圆形，先端渐尖，基部浅心形，或平截，边缘具内曲腺锯齿，或细锯齿，表面浓绿色，无毛，背面灰绿色,被柔毛;叶柄先端具腺体。雌花序长 5.0~8.0 cm;雄花具短柄,或无柄,花药紫红色;花盘斜杯形,浅黄色,边缘近全缘,或波状全缘;苞片匙-圆形,淡黑色,上部黄褐色,边缘掌状条裂至中部,具长缘毛;子房卵球状,柱头黄色,2 裂,裂片扇状,又 2~4 裂,具胚珠 2~4 枚。果序长约 12.0 cm;蒴果卵球状,或椭圆-卵球状,长 4.5~5.5 mm。

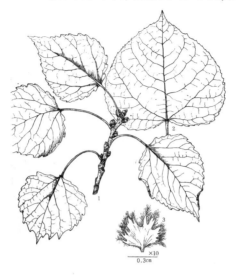

图 24　关中杨

Populus henanensis T. B. Zhao et C. W. Chiuan var. shensiensis(J. M. Jiang et J. Zhang)

T. B. Zhao et Z. X. Chen(引自《杨树遗传改良》)

1. 雌花枝(×1)、叶,2. 长枝叶(×1),3. 苞片(×10)

产地:陕西武功县。适生于深厚、湿润、肥沃的土壤。生长迅速、树干通直,材质优良,可作建筑、家具等用。

本新组合变种为响叶杨 Populus adenopoda Maxim. 与山杨 P. davidiana Dode 的天然杂种。模式标本,姜景民等,1986 年 12 月(花枝),采于陕西武功县,存中国林业科学研究院;赵天榜、李万成等,无号标本,采自南召县,存河南农业大学。

注1:作者分别从山东、湖北、陕西和河南采集了五莲杨、齿叶山杨、汉白杨、河南杨的标本,通过观察对比研究,结果表明,它们的共同特征是:叶边缘具有整齐的锯齿,或腺锯齿。作者认为,关中杨是山杨(Populus davidiana Dode)与响叶杨(Populus adenopoda Maxim.)的天然杂交种。根据《国际植物命名法规》有关规定,作者对它们加以归并,故做变种处理。

二、毛白杨亚属　新亚属

Populus Linn. Subgen. Tomentosae(T. Hong et J. Zhang)T. B. Zhao et Z. X. Chen, subgen. nov.,*Populus* Linn. Subsect. *Tomentosae* T. Hong et J. Zhang,林业科学研究,1(1):73. 1988;杨树遗传改良:262. 1991;河南农学院园林系杨树研究组(赵天榜). 毛白杨起源与分类的初步研究. 河南农学院科技通讯, 2:1~24. 图1~14. 1978;赵天榜,李瑞

符,陈志秀,等. 毛白杨系统分类的研究. 南阳教育学院学报, 5:1~7. 1990。

Subgen. nov. characteristicis formis:comis arboris, corticeis, lenticellis, formis foliis floribus et capsulis, et surculi-spermis of Populus tomentosa Carr. et P. alba Linn. et P. bolleana Lauche et P. davidiana Dode et P. adenopoda Maxim. et Populus tomentosa Carr. aequalibus.

Subgen. × nov. Typus:Populus Linn. Subsect. Tomentosae T. Hong et J. Zhang.

Distribution:China.

本新亚属形态特征:树形、树皮、皮孔、叶形、花及蒴果,以及毛白杨实生苗均有银白杨、新疆杨、山杨、响叶杨及毛白杨的形态特征。根据《国际植物命名法规》有关规定,故创建毛白杨新亚属。

新亚属模式:毛白杨亚组 Populus Linn. Subsect. Tomentosae T. Hong et J. Zhang。

产地:中国。

本亚属在中国共有 5 组(4 新杂交组)、10 种(3 新杂交种、1 新组合种)、14 变种(1 新变种)、3 变型(1 新变型)、121 品种(91 新品种)、18 品种群(6 新品种群)。

(一) 响银山杂种杨组　新杂种杨组

Populus Sect. × Ellipticifolia T. B. Zhao et Z. X. Chen, Sect. hybr. nov.

Populus Sect. × hybr. corticibus basibus atro-brunneis praealte partitis. Foliis ellipticis vel ovatibus.

Sect. × typus:Populus × adenopodi-aibi-davidiana T. B. Zhao et Z. B. Chen.

Distribution:Henan. Zhengzhou City.

本新杂交杨组系响叶杨 × 银白杨与山杨之间杂种。其主要形态特征:树皮基部黑褐色,深纵裂。叶椭圆形,或卵圆形。

产地:河南、郑州市。

本组有 1 种。

1. 响银山杨　新杂种

Populus × adenopodi-albi-davidiana T. B. Zhao et Z. X. Chen, sp. hybr. nov.

Sp. hybr. nov. comis latis subglobosis;lateriramis grossi-magnis, 40 ~50°. Truncis leviter curvatis、exmediistruncis;cortice cinerei-virudibus, cinerei-brunneolis raroglabris, basi nigri-brunneolis, profunde sulcatis;rhombeis meso-lenticellis, conspicuis, multi-sparsis , rare continuis. Foliis breviter ramulinis ellipticis vel ovatibus coriaceis apice brevibus, basi dilute cordatis vel rptundatis, margine repandis. femineis! inflorescentiis femineis 4. 9~ 6. 3 cm;bracteis spathulati-ovatibus, supra medium fusci-brunneolis, nigri- brunneolis, subter achromis, lobis nigri-brunneolis, margine ciliatis albis longis;discis trianguli-infundibularibus, margine repandis;ovariis pallide viridibus, stigmatis pallide lutei-albis, breviter stylis 2-lobis, lobis 2~3-lobis, lobis magnis pennatis initio pallide lilacini-rubris ultimo cinerei-albis. Fructibus inflorescentiis 9. 0 ~15. 0 cm. capsulis triconoideis atrovirentibus, supra medium longe acuminatis apice rostratis.

Henan:Zhengzhou City. 1973-03-27. T. B. Zhao et Z. X. Chen No. 327. Typus!

HNAC.

本新杂种树冠宽大,近球状;侧枝粗大,呈 40°～50°角开展。树干微弯,无中央主干;树皮灰绿色、灰褐色,稍光滑,基部黑褐色,深纵裂;皮孔菱形,中等,明显,多散生,少数连生。短枝叶椭圆形,或卵圆形,革质,先端短尖,基部浅心形,或近圆形,边缘波状。雌株!雌花序长 4.9～6.3 cm;苞片匙-卵圆形,上中部棕褐色、黑褐色,下部无色,裂片黑褐色,边缘被白色长缘毛;花盘三角-漏斗形,边缘波状;子房淡绿色,柱头淡黄白色,花柱短,2 裂,每裂 2～3 叉,裂片大,羽毛状,初淡紫红色、粉红色,后灰白色。果序长 9.0～15.0 cm;蒴果三角-圆锥状,深绿色,中部以上长渐尖,先端具喙。成熟后 2 瓣裂。花期 3 月。

河南:郑州。1973 年 3 月 27 日。赵天榜,No. 327。模式标本,采于河南郑州,存河南农业大学。

本新杂种适应性强,高抗叶部病害,在黏壤土上是毛白杨生长最快的一种,且结籽率高,达 30.0% 左右。某实生苗分离极为显著,可进行实生选种,也是杂交育种的优良亲本。

本杂种栽培范围小,河南焦作等地有栽培。在土、肥、水适宜条件下,生长快。据在郑州调查,20 年生平均树高 22.7 m,平均胸径 40.5 cm,单株材积 1.145 12 m^3。

此外,河南毛白杨具有适应性强、抗叶部病害能力强、树姿壮观、落叶晚等特性,是"四旁"绿化的良种。

注:根据赵天榜进行播种苗观察,梨叶毛白杨实生苗木中有极似响叶杨、银白杨和山杨的苗木,也有似毛白杨的苗,但实生苗木中 90.0% 以上属于中间杂交类型。所以,梨叶毛白杨是育种和选种的优良类群。同时,也证实毛白杨为响叶杨、银白杨和山杨的杂种。

(二)响毛(毛响)杂种杨组 新杂种杨组

Populus × adenopodi-tomentosa(tomentosi-adenopoda)T. B. Zhao et Z. X. Chen,Sect. hybr. nov.

Populus Sect. × nov. lenticellis rhombicis parvis dense saepe plus 4 se transversecornnatis. foliis majoribus coriceis. Gemmis florum majoribus ovatis,staminis 8～32,discis majoribus calceolatis differt.

Sect. × nov. typus:Populus yunungii G. L. Lü.

Distribution:Henan et al..

本新杂种杨组由毛白杨与响叶杨之间杂种。其主要形态特征:皮孔菱形,小,多为 4 个连生呈线状。叶大,革质。花芽大,扁卵球状。雄蕊 8～32 枚,花药红色;花盘大,鞋底形。

产地:河南等。本组有 2 种、4 品种。

1. 豫农杨(河南植物志) 杂交种 图 25

Populus yunungii G. L. Lü,丁宝章等主编. 河南植物志. I:171～172. 图 200. 1981。

Populus Sect. × nov. lenticellis rhombicis parvis dense saepe plus 4 se transverse cornnatis. foliis majoribus coriceis. Gemmis florum majoribus ovatis,staminis 8～32,discis majoribus calceolatis differt.

Sect. × nov. typus:Populus × pseudo-tomentosa C. Wang et S. L. Tung.

Distribution:Henan et Nanjing.

落叶乔木。树冠卵球状,侧枝开展。树干直,主干明显;树皮灰褐色,或灰绿色;皮孔菱形,很小,连生呈线状。小枝灰褐色。叶芽圆锥-卵球状;花芽卵球状,大,微扁。短枝叶三角-宽圆形,长 9.5~15.5 cm,宽 9.5~12.5 cm,先端渐尖,基部浅心形,表面深绿色,具光泽,背面淡绿色,被茸毛,边缘具内曲粗锯齿;叶柄侧扁,长 7.0~12.5 cm,顶端具腺体,或无;长枝叶大而圆,先端突短尖,基部深心形,边缘具稀疏尖齿。雄花序长 10.0~20.0 cm;雄蕊 8~32 枚,花药红色;花盘大,鞋底形;苞片菱-卵圆形,先端黑褐色,边缘具白色缘毛。花期 3 月上旬。

图 25　豫农杨 Popuius yunungii G. L. Lü sp. nor.（引自《河南植物志》）

1. 枝叶,2. 苞片

本杂交种系河南农学院园林系吕国梁教授用毛白杨 Populus tomentosa Carr. 与响叶杨 Populus denopoda Maxim. 杂交培育而成。

本杂交种生长快,抗叶斑病强,喜生于湿润、深厚肥沃土壤中。木材用途同毛白杨。

品种:

1.1　**快杨　品种**

短枝叶圆形、椭圆形,基部心形,最大叶长 32.0 cm,宽 29.0 cm。抗叶锈病能力极强。生长快。

1.2　**曲叶杨　品种**

短枝叶圆形、卵圆形,基部心形,表面皱褶显著,暗绿色,无光泽。最大叶长 33.0 cm,宽 29.0 cm。易受病虫危害。

1.3　**扇杨　品种**

短枝叶圆形至宽三角形,基部心形,表面具光泽。最大叶长 31.0 cm,宽 29.0 cm。抗病虫害能力强。

1.4　**垂叶杨　品种**

短枝叶卵圆形,基部心形,表面具光泽。最大叶长 28.0 cm,宽 25.0 cm,垂为显著特征。抗叶锈病和褐斑病。

豫农杨品种选育者:吕国梁。

2. 响毛杨(东北林学院植物研究室汇刊)

Populus × pseudo-tomentosa C. Wang et S. L. Tung,东北林学院植物研究室汇刊,4:
22. t. 3:5~7. 1979;中国植物志.20(2):18~19. 图3:7~9. 1984;山西省林业科学研究
院编著. 山西树木志:72. 2001;徐纬英主编. 杨树:33. 图2-2-3(7~9). 1988;山东植物
志 上卷:873. 1990;中国树木志:1986. 图998:7~9. 1985;杨谦等. 河南杨属白杨组植物
分布新记录. 安徽农业科学, 36(15):6295. 2008;*Populus tomentosa* Carr. *Pseudo-tomen-
tosa* group. 赵天榜等. 毛白杨系统分类的研究. 南阳教育学院学报 理科版(总第6期):
7. 1990。

落叶乔木。当年生枝紫褐色,光滑。芽卵球状,黄褐色,先端急尖,富含树脂,具光泽,
黄褐色。长枝叶背面及叶柄均密被白茸毛;短枝叶及叶柄密被白色茸毛。短枝叶卵圆形,
光滑,长约9.0 cm,先端急尖,基部心形,边缘具不整齐波状粗齿和浅细锯齿;叶柄密被白
茸毛,顶端通常具2枚明显腺体。

产地:山西、山东、河南等。河南伏牛山区有分布。模式标本,采自山东泰安山东林校
森林树木园,存中国科学院林业土壤研究所。河南南召县。赵天榜、李万成等,无号标本,
采于南召县,存河南农业大学。

(三) 毛白杨组　新组合组　毛白杨亚组(林业科学研究)

Populus Linn. Sect. Tomentosae(T. Hong et J. Zhang)T. B. Zhao et Z. X. Chen,sect.
comb. nov.,*Populus* Linn. Subsect. *Tomentosae* T. Hong et J. Zhang,林业科学研究,1(1):
73. 1988;杨树遗传改良:262. 1991。

小枝及芽被毛,或无毛。幼叶拱包、内褶卷、席卷,或内卷,背面被茸毛,稀密被丝毛;
托叶条状或粗丝状。短枝叶叶边缘波状凹缺,或具锯齿;长、萌枝叶掌状3~5裂,或具粗
齿,背面被茸毛,或近无毛。花序苞片顶部不规则浅裂、深裂,或流苏状;柱头裂片窄细长
条状,或蝴蝶状,黄白色、淡红色,或紫红色。

本新组合组模式种:毛白杨 Populus tomentosa Carr.。

本新组合亚组在河南共有3种、14变种(1新变种)、3变型(1新变型)、121品种(91
新品种)、18品种群(6新品种群)。

1. 毛白杨(中国树木分类学)　响杨(中国高等植物图鉴)　图26

Populus tomentosa Carr. in Rev. Hort. 1867:340. 1867;Schneid. in Sarg. Pl. Wils. Ⅲ:
37. 1916;Man. Cult. Trees & Shrubs,ed. 2:73. 1940;Hao in Contr. Inst. Bot. Nat. Acad.
Peiping,3(5):227. 1935;陈嵘著. 中国树木分类学:113~114. 图84. 1937;中国高等植物图
鉴.1:351. 图702. 1982;秦岭植物志.1(2):17~18. 图6. 1974;徐纬英主编. 杨树:32~33.
图2-2-3(1~6). 1988;丁宝章等主编. 河南植物志. 1:173~176. 图202. 1981;中国植物
志.20(2):17~18. 图3:1~6. 1984;徐纬英主编. 杨树:32~33. 图2-2-3(1~6). 1988;中国
主要树种造林技术:314~329. 图41. 1978;牛春山主编. 陕西杨树:19~21. 图4. 1980;南京
林学院树木学教研组主编. 树木学 上册:324~325. 图228:3~4. 1961;山西省林学会杨树委

员会. 杨树山西省杨树图谱:13～16. 图1、2. 照片1. 1985;中国树木志 第2卷:1966～1968.
图998:1～6. 1985;裴鉴等主编. 江苏南部种子植物手册:190～191. 图293. 1959;河南农学
院园林系编. 杨树:2～11. 图一～图五. 1974;中国林业科学,1:14～15. 图1. 1978;河南农学
院科技通讯,2:20～41. 图5. 1978;中国科学院植物研究所主编. 中国高等植物图鉴 补编
第一册: 15. 1983;李淑玲,戴丰瑞主编. 林木良种繁育学:278～279. 图3-1-20. 1996;*Populus pekinensis* Henry in Rev. Hort. 1903:335. f. 142. 1903;*Populus glabrata* Dode in Men.
Soc. Nat. Autun. 18:185(Extr. Monogr. Ined. Populus,27). 1905;赵天锡,陈章水主编. 中
国杨树集约栽培:16. 图1-3-3. 311～324. 1994;《四川植物志》编辑委员会. 四川植物志.3:
42. 1985;新疆植物志.1:134～135. 1992;刘慎谔主编. 东北木本植物图志:112. 图113.
1955;赵天榜等主编. 河南主要树种栽培技术:96～113. 图13. 1994;青海木本植物志:63～
64. 图39. 1987;王胜东,杨志岩主编. 辽宁杨树:25. 2006;赵毓棠主编. 吉林树木志:102～
103. 图36. 2009;孙立元等主编. 河北树木志.1:63～64. 图42. 1997;山西省林业科学研究
院编著. 山西树木志:68～69. 图25. 2001;辽宁植物志(上册):190～192. 图版73:1～6.
1988;北京植物志 上册:76. 图92. 1984;河北植物志 第一卷:227～229. 图168. 1986;山东
植物志 上卷:869. 图570. 1990;赵天榜等. 毛白杨起源与分类的初步研究. 河南农学院科
技通讯, 2:26. 图5. 1978。

　　落叶乔木,树高达30.0 m,胸径可达2.0 m。树冠卵球状;侧枝开展。树干常高大,通直;树皮灰绿色至灰白色;皮孔菱形,明显,散生,或横向连生;老龄时深灰色,纵裂。幼枝被灰白色茸毛,后渐脱落。叶芽卵球状,被疏茸毛;花芽近球状,被疏茸毛,先端尖,芽鳞淡绿色,边缘红棕色,具光泽,微被短毛。长、萌枝上叶三角-卵圆形,或宽卵圆形,长10.0～18.0 cm,宽13.0～23.0 cm,先端短尖,基部心形,或截形,边缘具不规则的齿牙,或波状齿牙,表面深绿色,有光泽,背面灰绿色,密被灰白色茸毛,后渐脱落;叶柄上部侧扁,长5.0～7.0 cm,顶端通常具2枚腺体,稀3枚,或4枚腺体。短枝叶较小,三角-卵圆形,或卵圆形,长7.0～11.0 cm,宽6.5～10.5(～18.0)cm,先端长渐尖、渐尖、短尖,基部心形,或截

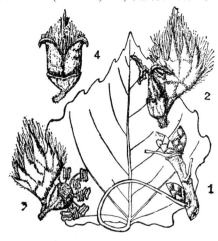

图26　毛白杨 Populus tomentosa Carr.（引自《河南植物志》）
1.枝叶,2.雌花,3.雄花,4.蒴果

形,边缘具不规则的深波状齿牙,或波状齿牙,表面深绿色,具金属光泽,背面绿色,幼时被灰白色茸毛,后渐脱落;叶柄长 5.0~7.0 cm,侧扁,顶端无腺点。雌雄异株!雄花序粗大,长 10.0~20.0 cm;雄蕊 6~9 枚,花药深红色、淡红色、淡黄白色;雌花序长 5.0~7.0 cm;苞片深褐色、褐色、灰褐色,先端尖裂,边缘具白色长缘毛;子房长椭圆体状,柱头 2 裂,淡黄白色、粉红色。果序长 7.0~15.0 cm;蒴果长卵球状,中部以上渐长尖,成熟后 2 瓣裂。花期 3 月;果熟期 4 月。模式标本,采自北京。

注:毛白杨起源问题:Bartkowia 研究了银白杨、欧洲山杨等苞片之后,首先提出:毛白杨是介于银白杨、欧洲山杨之间的一个天然杂种。1963 年,马常耕提出:毛白杨"可能是银白杨和响叶杨的天然杂种"。1964 年,Stefan Bialobok 认为:①毛白杨乃是中亚东部银白杨的某个地理变种,非常可能是同山杨的杂交种;②毛白杨可能是新疆杨和欧洲山杨的一个杂种;③毛白杨可能是新疆杨和欧洲山杨的一个杂种;③毛白杨的亲本之一,也可能光皮是银白杨;④毛白杨也存在这样的可能性,即毛白杨是银白杨和欧洲山杨之间的杂种。1978 年,赵天榜提出毛白杨"是以响叶杨与山杨为主的多组合形成的天然杂种的综合群体"的结论,并阐述了该结论的依据。

毛白杨原产中国,是我国特产杨属树种之一。栽培范围很广,北迄辽宁、内蒙古南部,经河北、天津、北京、河北、山东、河南、山西及陕西南部、湖北、安徽、甘肃东南部、新疆等地均有栽培,但以黄河中下游流域各省区为毛白杨适生栽培区。

本种喜光,要求凉爽、湿润气候,较耐寒冷;在年平均气温 7~16.0 ℃、年平均降水量 600~1 300 mm 的地区均有毛白杨栽培。耐寒性差,我国北方地区毛白杨常遭冻害,是造成毛白杨破腹病的主要原因;在高温、多雨地区,病虫害严重,生长也差。对土壤要求不严,但以中性、肥沃、沙壤土、壤土地上生长最好。据调查,21 年生树高 23.8 m,胸径 50.8 cm,单株材积 1.807 48 m³,而在特别干旱、瘠薄、低洼积水地、盐碱地、茅草丛生地、沙地上毛白杨生长不良、病虫害严重,常形成"小老树"。抗烟性及抗污能力强。生长快。寿命可达 200 年,但一般 40 年左右就开始衰退。

本种木材白色,纹理细,易加工,油漆及粘胶性能好,用途广泛,是优良的胶合板用材;木纤维好,是优良的造纸用材。树姿雄伟,材质优良,是营造用材林、防护林、城乡"四旁"绿化的重要树种之一。

毛白杨主要林学特性如下:

(1) 早期速生。小叶毛白杨是毛白杨中早期生长最快的一种。据在郑州原河南农学院院内调查,9 年生小叶毛白杨树高 15.0 m,胸径 28.0 cm,单株材积 0.353 61 m³。其生长进程如表 9 所示。

根据树干解析材料表明,小叶毛白杨树高生长,4 年前生长较慢,4~10 年连年生长量 2.0 m,10 年后生长下降;胸径生长,12 年前连年生长量 2.3~3.8 cm,12 年后连年生长量下降;材积生长,4 年前连年生长量 0.014 58 m³,4~10 年连年生长量通常在 0.036 44~0.131 10 m³,尤其是 8~12 年连年生长量通常在 0.104 26~0.131 10 m³,12 年后生长较慢,可采伐利用。

表9　毛白杨生长进程

	龄阶(a)	2	4	6	8	10	12	14	16	18	20	21	带皮
树高(m)	总生长量	2.0	4.3	8.3	12.0	16.0	18.0	20.0	21.8	22.8	23.6	23.8	
	平均生长量	1.00	1.08	1.38	1.50	1.60	1.50	1.43	1.36	1.27	1.18	1.16	
	连年生长量		0.58	2.00	1.86	2.00	1.00	1.00	0.90	0.50	0.40	0.20	
胸径(cm)	总生长量	1.10	2.50	6.45	14.10	22.10	27.36	32.40	37.60	42.30	47.50	49.00	50.80
	平均生长量	0.55	0.63	1.08	1.77	2.21	2.28	2.31	2.38	2.35	2.37	2.33	
	连年生长量		0.70	1.98	2.82	4.00	2.65	2.50	2.60	2.45	2.60	1.50	
材积(m^3)	总生长量	0.00023	0.00137	0.01474	0.09255	0.24923	0.40656	0.62832	0.91324	1.22274	1.53888	1.67345	1.80748
	平均生长量		0.00012	0.00034	0.00246	0.01156	0.02492	0.03388	0.04488	0.05770	0.06904	0.07694	0.07968
	连年生长量			0.00057	0.00668	0.03981	0.07834	0.07867	0.11088	0.14241	0.15475	0.15807	0.13457

注:摘自《中国主要树种造林技术》。

（2）适生环境。小叶毛白杨与河南毛白杨一样,分布与栽培范围较小,要求土、肥、水条件较高,但在黏土和沙地上生长较正常。如河南睢县林场沙地人工林,13 年生平均树高 13.3 m,胸径 17.9 cm,单株材积 0.145 610 m^3,同龄箭杆毛白杨生长速度相近 。

（3）抗病虫害能力较强。据调查,小叶毛白杨抗叶斑病和锈病能力均比河南毛白杨强,不如密枝毛白杨。抗烟、抗污染能力也较强。

（4）材质及用途。小叶毛白杨木材白色,木纹直,结构细,加工容易,不翘裂,物理力学性质较好,是毛白杨中制作箱、柜、桌、椅较好的一种。

（5）小叶毛白杨结籽率高,达 30.0% 左右,可进行实生选种,也是杂交育种的优良亲本。

毛白杨有 17 变种（5 新变种）、10 变型（2 新变型）、16 品种（12 新品种）、12 品种群（6新品种群、1 新组合品种群）。

变种：

1.1　毛白杨　原变种

Populus tomentosa Carr. var. tomentosa

1.2　截叶毛白杨(植物分类学报)　变种　图27

Populus tomentosa Carr. var. truncata Y. C. Fu et C. H. Wang,植物分类学报,13(3):95. 图版13:1~4. 1975;中国植物志.20(2):18. 1984;丁宝章等主编. 河南植物志.1:174. 1981;徐纬英主编. 杨树:33. 1988;中国林业科学,1:18. 图:5. 1978;河南农学院科技通讯,2:32~33. 图8. 1978;中国主要树种造林技术:314. 1981;中国树木志 第二卷:1967. 1985;*Populus tomentosa* Carr. cv. 'Truncata',李淑玲,戴丰瑞主编. 林木良种繁育学:280~281. 1996;陕西省林业科学研究所编. 毛白杨;赵天锡,陈章水主编. 中国杨树集约栽培:17. 图 1-3-7. 313. 1994;赵天榜等. 毛白杨类型的研究. 中国林业科学研究,1:18. 1978;赵天榜等. 毛白杨优良无性系. 河南科技,8:25. 1990;赵天榜等. 毛白杨起源与分类的初步研究. 河南农学院科技通讯,2:32. 图8. 1978。

本变种树冠浓密。树皮平滑,灰绿色,或灰白色;皮孔菱形,小,多 2~4 个横向连生,呈线形。叶三角-卵形,或卵圆形,基部通常截形,或浅心形;幼叶表面茸毛较稀,仅脉上稍多。发叶较早。雄蕊6~8枚;苞片黄褐色;雌花序较细短。

生长较快。模式标本,采于陕西周至县。

产地:截叶毛白杨由陕西省林业科学研究所选出。陕西、河南。河南郑州市、焦作市、修武县等地有栽培。

截叶毛白杨主要林学特性如下:

(1)速生。据符秦毓报道,11年生截叶毛白杨平均树高13.18 m,胸径18.7 cm,而同龄的毛白杨平均树高10.32 m,胸径12.2 cm。河南修武县小文案大队营造的10年生毛白杨防护林带中的截叶毛白杨平均树高12.4 m,胸径16.3 cm,而箭杆毛白杨平均树高13.7 m,胸径13.7 cm。

(2)抗病。抗叶斑病和锈病能力较强。截叶毛白杨叶斑病感染指数27.9%,毛白杨叶斑病感染指数71.9%。

(3)截叶毛白杨木材纤维长846 μm,宽18 μm,长宽比47。木材的物理性质和用途同箭杆毛白杨。

(4)截叶毛白杨在黏土地上生长较快,是营造速生用材林、农田防护林和"四旁"绿化的优良树种。

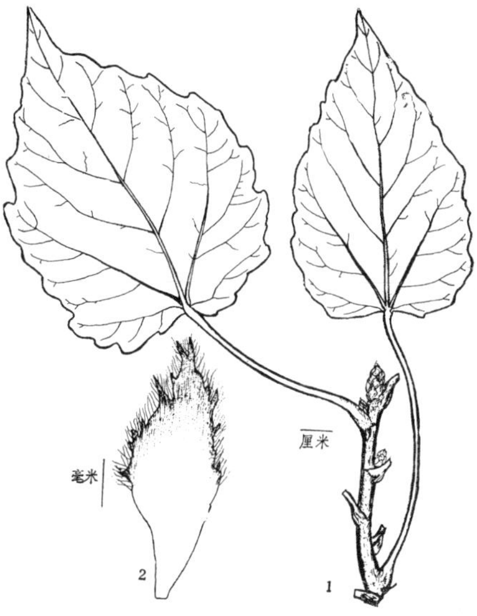

图27　截叶毛白杨

Populus tomentosa Carr. var. truncata

Y. C. Fu et C. H. Wang

(引自《河南农学院科技通讯》)

1. 短枝、叶,2. 苞片

1.3　小叶毛白杨(杨树)　变种　图28

Populus tomentosa Carr. var. microphylla Yü Nung(T. B. Zhao),河南农学院园林系编(赵天榜).杨树:7~9. 图四.1974;中国林业科学,2:18~19. 图6. 1978;丁宝章等主编. 河南植物志. 1:175. 1981;河南农学院科技通讯,2:34~35. 图9. 1978;中国主要树种造林技术:316. 1981;*Populus tomentosa* Carr. cv. 'Mcrophylla',李淑玲,戴丰瑞主编. 林木良种繁育学:280.1996;赵天锡,陈章水主编. 中国杨树集约栽培:16~17. 图1-3-6. 313. 1994;赵天榜等. 毛白杨类型的研究. 中国林业科学研究,1:18~19. 图6. 1978;赵天榜等. 毛白杨优良无性系. 河南科技, 8:25. 1990;赵天榜等. 毛白杨起源与分类的初步研究. 河南农学院科技通讯,2:34~35. 图9. 1978。

落叶乔木。树冠宽卵球状,较密;侧枝较细,枝层明显,斜展。树干通直;树皮灰绿色至灰白色,较光滑;皮孔菱形,大小中等,较少,明显,多2~4个横向连生;老龄时深灰色,纵裂。小枝粗,淡灰绿色,初被灰白色茸毛,后渐脱落。花芽卵球状,先端突尖,芽鳞棕红色,具光泽。短枝叶三角-宽卵圆形,或卵圆形、心形,长3.5~8.0 cm,宽5.0~7.5 cm,先端短尖,基部浅心形,或近圆形,边缘具细锯齿,表面深绿色,具光泽,背面淡绿色,幼时被具灰白色茸毛,后渐脱落;叶柄侧扁,长2.5~6.5 cm,有时顶端具1~2枚腺体。雌株!雌花序长2.9~4.3 cm;苞片匙-窄卵圆形,淡灰褐色,中部有灰褐色条纹,2~4裂片灰褐色,边缘具白色长缘毛;花盘长锥状漏斗形,边缘齿状裂;子房长卵球状,淡绿色,柱头2裂,每裂2叉,淡红色。果序长15.0~19.1 cm;蒴果圆锥状,中部以上渐长尖,成熟后2瓣裂。花期3月;果熟期4月。

产地:河南郑州。赵天榜,模式标本320。采于河南郑州,存河南农业大学。

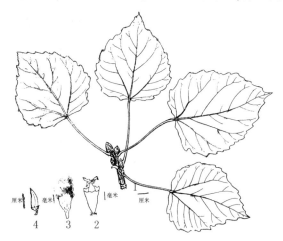

图28 小叶毛白杨 Populus tomentosa Carr. var. microphylla Yü Nung(引自《河南农学院科技通讯》)
1. 短枝叶,2. 雌花,3. 苞片,4. 蒴果

小叶毛白杨主要林学特性如下:

(1) 早期速生。小叶毛白杨是毛白杨中早期生长最快的一种。据在郑州原河南农学院院内调查,9年生小叶毛白杨树高15.0 m,胸径28.0 cm,单株材积0.353 61 m³。其生长进程如表10所示。

表10 小叶毛白杨生长进程

龄阶(a)		2	4	6	8	10	12	13	带皮
树高(m)	总生长量	5.3	7.3	11.3	15.3	19.3	21.3	21.6	
	平均生长量	2.65	1.83	1.88	1.93	1.93	1.78	1.66	
	连年生长量		1.00	2.00	2.00	2.00	1.00	0.30	
胸径(cm)	总生长量	3.2	10.7	12.9	24.1	29.6	34.1	35.1	37.10
	平均生长量	1.6	2.7	3.0	3.0	3.0	2.8	2.9	
	连年生长量		3.8	3.6	3.1	2.8	2.3	1.0	
材积(m³)	总生长量	0.00240	0.03155	0.10442	0.24461	0.45312	0.71532	0.79637	0.88065
	平均生长量	0.00120	0.00789	0.01740	0.03058	0.04531	0.05961	0.006126	
	连年生长量		0.01458	0.03644	0.07010	0.10426	0.03110	0.08105	
形数		0.566	0.481	0.367	0.350	0.341	0.366	0.381	0.377

根据树干解析材料,小叶毛白杨树高生长,4年前生长较慢,4~10年连年生长量2.0 m,10年后生长下降;胸径生长,12年前连年生长量2.3~3.8 cm,12年后连年生长量下降;材积生长,4年前连年生长量0.014 58 m³;4~10年连年生长量通常在0.036 44~

0. 131 10 m³,尤其是 8~12 年连年生长量通常在 0. 104 26~0. 131 10 m³,12 年后生长较慢,可采伐利用。

(2) 适生环境。小叶毛白杨和河南毛白杨一样,分布与栽培范围较小,要求土、肥、水条件较高,但在黏土和沙地上生长较正常。如河南睢县林场沙地人工林,13 年生平均树高 13. 3 m,胸径 17. 9 cm,单株材积 0. 145 610 m³,同龄箭杆毛白杨生长速度相近 。

(3) 抗病虫害能力较强。据调查,小叶毛白杨抗叶斑病和锈病能力均比河南毛白杨强,不如密枝毛白杨。抗烟、抗污染能力也较强。

(4) 材质及用途。小叶毛白杨木材白色,木纹直,结构细,加工容易,不翘裂,物理力学性质较好,是毛白杨中制作箱、柜、桌、椅较好的一种。

(5) 小叶毛白杨结籽率高,达 30. 0% 左右,可进行实生选种,也是杂交育种的优良亲本。

1.4　箭杆毛白杨(杨树)　变种　图 29

Populus tomentosa Carr. var. borealo-sinensis Yü Nung(T. B. Zhao),河南农学院园林系编(赵天榜). 杨树:5~7. 图二. 1974;中国林业科学,2:15~17. 图片:1~2. 1978;丁宝章等主编. 河南植物志. 1:174. 1981;河南农学院科技通讯,2:26~30. 图 6. 1978;中国主要树种造林技术:314. 315. 1981;*Populus tomentosa* Carr. cv. ‘Borealo-Sinensis’,李淑玲,戴丰瑞主编. 林木良种繁育学: 279. 1996;赵天锡,陈章水主编. 中国杨树集约栽培: 16. 图 1-3-4. 312. 1994;赵天榜等. 毛白杨类型的研究. 中国林业科学研究, 1:15. 17. 图 1. 1978;赵天榜等. 毛白杨优良无性系. 河南科技, 8:24. 1990;赵天榜等. 毛白杨起源与分类的初步研究. 河南农学院科技通讯, 2:26~28. 30. 图 6. 1978。

落叶乔木。树冠宽卵球状;侧枝少,斜展。树干通直,中央主干明显;树皮灰绿色至灰白色,较光滑,皮孔菱形,中等,明显,多散生;老龄时深灰色、黑褐色, 深纵裂。小枝粗壮,灰绿色,初被灰白色茸毛,后渐脱落。花芽近椭圆体状,先端短尖,芽鳞淡灰绿色,边缘棕

图29　箭杆毛白杨 Populus tomentosa Carr. var.
borealo-sinensis Yü Nung(引自《河南农学院科技通讯》)
1. 短枝叶,2. 苞片

褐色,具光泽,微被短毛。短枝叶三角状-卵圆形,或卵圆形,长 9.0~16.0 cm,宽 9.5~14.5 cm,先端短尖,基部心形,或截形,边缘具不规则的波状大齿牙,表面深绿色,有金属光泽,背面淡绿色,幼时被具灰白色茸毛,后渐脱落;叶柄侧扁,长 7.0~8.0 cm,有时顶端具 1~2 枚腺体。幼叶为紫红色,发叶较晚。雄株!雄花序长 7.8~11.0 cm;雄蕊 6 枚,稀 7~8 枚,花药深红色;苞片匙-卵圆形,淡灰褐色,裂片边部及苞片中部以上有较深灰条纹,边缘具白色长缘毛;花盘三角-漏斗形,边缘齿状裂,基部突偏。花期 3 月。模式标本,赵天榜,401。采于河南郑州,存河南农业大学。

本变种广泛栽培于河南、河北、山东、陕西、甘肃东南部、江苏及安徽北部等地。

箭杆毛白杨在适生条件下,树干通直,生长较快。据在郑州调查,生长在沙壤土地上的 384 株,20 年生平均树高 22.7 m,平均胸径 35.5 cm,单株材积 0.955 9 m³;60 年生树高 27.6 m,平均胸径 87.8 cm,单株材积 8.0 m³。根据树干解析材料,在土壤肥沃条件下,箭杆毛白杨树高和胸径生长进程的阶段性很明显:快→稍慢→慢,即树高生长,10 年前生长很快,连年生长量 1.5~2.44 m,11~20 年生长变慢,连年生长量 0.2 m 左右;胸径生长,10 年前连年生长量 2.0~3.4 cm,11~20 年生长变慢,连年生长量 1.4~2.55 cm;21~35 年生连年生长量 1.0~1.52 cm;35 年后连年生长量通常在 1.0 cm 以下。一般在 35 年左右,材积平均生长量与连年生长量相交,即达工艺成熟龄,可采伐利用。20 年生箭杆毛白杨生长进程如表 11 所示。

表 11　箭杆毛白杨生长进程

龄阶(a)		2	4	6	8	10	12	14	16	18	20	带皮
树高(m)	总生长量	3.62	7.57	10.80	13.93	16.40	18.37	20.00	21.50	22.15	22.86	
	平均生长量	1.81	1.89	1.80	1.74	1.64	1.53	1.43	1.34	1.25	1.14	
	连年生长量		1.98	1.62	1.57	1.24	0.99	0.82	0.75	0.33	0.33	
胸径(cm)	总生长量	1.95	4.87	10.70	17.00	21.53	25.77	30.30	34.10	36.50	40.50	42.00
	平均生长量	0.98	1.22	1.78	2.15	2.15	2.15	2.16	2.02	2.03	2.03	2.10
	连年生长量		0.46	1.62	3.15	2.27	2.12	2.27	1.90	1.20	2.00	
材积(m³)	总生长量	0.00098	0.00888	0.05068	0.14830	0.27468	0.43272	0.63813	0.83703	1.04282	1.24861	1.25619
	平均生长量		0.00049	0.00222	0.00847	0.01854	0.02747	0.03606	0.04558	0.05231	0.5799	0.06243
	连年生长量			0.00390	0.02090	0.04881	0.06319	0.07803	0.10271	0.09945	0.10289	0.10290

在适生条件下,采取集约栽培措施,其生长很快,造林初期无缓慢生长阶段。如河南农业大学(原河南农学院实验农场林业试验站)营造的毛白杨试验林中,5 年生箭杆毛白杨(株行距 2.0 m × 2.0 m)平均树高 10.3 m,平均胸径 9.3 cm;10 年生平均树高 16.4 m,平均胸径 24.1 cm,单株材积 0.351 39 m³。在低洼盐碱地上,生长不良,如在 pH 8.5~9.0 的低洼盐碱地上,10 年生箭杆毛白杨平均树高 6.8 m,平均胸径 13.5 cm;在干旱、瘠薄的沙地上,10 年生平均树高 4.3 m,平均胸径 4.5 cm,基本成为"小老树"。

箭杆毛白杨木材纹理细直,结构紧密,白色,易干燥,易加工,不翘裂,材质好,适作各种用材。木材纤细,平均长 1 167 μm,长宽比 61,是造纸、胶合板等轻工业的优质原料。箭杆毛白杨木材物理性质如表 12 所示。

表 12 箭杆毛白杨等木材物理性质

名称	木纤维（μm）			气干容重（g/cm³）	干缩系数（%）			顺纹压力（kg/cm²）
	长度	宽度	长宽比		径向	弦向	端面	
箭杆·	1167	19	61.0	0.477	0.112	0.252	0.371	346
河南	1108	19	58.3	0.510	0.113	0.249	0.389	334
河南 2				0.493				343
小叶	1154	19	61.0	0.478	0.097	0.234	0.367	309
密孔·				0.527				326
密枝·				0.528				325
长柄·				0.548	0.115	0.248	0.368	369

名称	静曲（弦向，kg/cm²）		顺纹剪力（kg/cm²）		横纹拉力（kg/cm²）		硬度（kg/cm²）		
	极限强度	弹性模量	径向	弦向	径向	弦向	径向	弦向	端面
箭杆·	506	43	59	78	77	77	246	267	287
河南	580	45	65	93	81	82	202	261	251
河南 2			67	87	76	82	321	309	326
小叶		537	38	65	81				
密孔·			74	92	77	33	291	318	332
密枝·	521	65	98	86	34		274	254	271
长柄·	559	45	58	89					

注:表中箭杆·表示箭杆毛白杨,其他从略。

此外,箭杆毛白杨树姿壮观,抗病虫害能力较强,是营造速生用材林、农田防护林及"四旁"绿化的良种。

1.5 塔形毛白杨(河南农学院科技通讯) 变种

Populus tomentosa Carr. var. pyramidalis Shanling(T. B. Zhao),河南农学院科技通讯,2:38~39. 图12. 1978;中国林业科学,1:20. 1978;丁宝章等主编. 河南植物志. 1:176. 1981;中国植物志.20(2):18. 1984;Populus tomentosa Carr. cv.'Pyramidalis',李淑玲,戴丰瑞主编. 林木良种繁育学:281. 1996;徐纬英主编. 杨树:32~33. 1959;赵天锡,陈章水主编. 中国杨树集约栽培:18. 314. 1994;赵天榜等. 毛白杨类型的研究. 中国林业科学研究,1:20.图4. 1978;赵天榜等. 毛白杨优良无性系. 河南科技,8:25. 1990;赵天榜等. 毛白杨起源与分类的初步研究. 河南农学院科技通讯,2:38~39. 图12. 1978;抱头毛白杨 Populus tomentosa Carr. var. fastigiata Y. H. Wang,植物研究,2(4):159. 1982;山东植物志 上卷:873. 1990.孙立元等主编. 河北树木志. 1:64. 图42. 1997;抱头白 中国主要树种造林技术:316. 1981。

落叶乔木,树高25.0 m。树冠塔形;侧枝与主干呈20°~30°角着生。树干通直;树皮幼时灰绿色至灰白色,较光滑;皮孔菱形,中等,明显,散生;老龄时灰褐色,深纵裂。小枝粗,弯曲,直立生长,灰褐色,或棕褐色,具光泽,初被灰白色茸毛,后渐脱落。花芽近卵球状,先端短尖,芽鳞淡绿色,边缘棕红色,具光泽。短枝叶三角形、三角-卵圆形,长9.5~15.5 cm,宽8.0~13.0 cm,先端短尖,或渐尖,基部心形、近圆形,或截形,且偏斜,边缘具波状粗锯齿,表面深绿色,有光泽,背面淡绿色,幼时被具灰白色茸毛,后渐脱落;叶柄侧扁,长6.7~8.5 cm。幼龄植株花单性,或两性,有雌雄花同株! 雄花序长15.0~20 cm;雄蕊4~6枚,花药紫红色;苞片匙-卵圆形,淡灰褐色,裂片边部及苞片中部以上有较深灰条纹,边缘被白色长缘毛;花盘三角-漏斗形,边缘齿状裂,基部突偏。花期3月。模式标本,赵天榜,采于山东夏津县,存河南农业大学。

产地:山东夏津、武城、苍山县及河北清河县有栽培。

塔形毛白杨生长速度中等。据在郑州调查,生长在粉沙土地上的8年生树高14.5 m,胸径16.6 cm,单株材积0.955 9 m³。根据树干解析材料,塔形毛白杨生长进程如表13所示。

表13 塔形毛白杨生长进程

龄阶(a)		5	10	15	20	25	30	33	带皮
树高(m)	总生长量	3.60	5.30	9.60	13.60	16.10	17.60	17.90	
	平均生长量	0.72	0.37	0.86	0.80	0.50	0.30	1.34	
	连年生长量								
胸径(cm)	总生长量	3.10	5.90	8.10	11.10	16.90	21.60	23.40	24.60
	平均生长量	0.62	0.56	0.44	0.60	1.10	0.94	1.10	
	连年生长量								
材积(m³)	总生长量	0.00195	0.01286	0.02848	0.07176	0.19508	0.36803	0.44913	0.49904
	平均生长量	0.00039	0.00129	0.00190	0.00359	0.00780	0.12270	0.01361	
	连年生长量		0.00390	0.00218	0.00312	0.00866	0.02465	0.03460	0.02703
形数		0.72	0.95	0.58	0.55	0.54	0.57	0.58	0.59
材积生长率(%)		29.6	15.1	17.2	18.5	12.3	10.1		

塔形毛白杨冠小、根深、胁地轻,且具有耐干旱、耐瘠薄、抗风力强等特性,适于农田林网及"四旁"绿化栽培。干材不圆满,木纹弯曲,不宜作板材用。

1.6 河南毛白杨(杨树) 圆叶毛白杨、粗枝毛白杨(中国林业科学) 变种 图30
Populus tomentosa Carr. var. honanica Yü Nung(T. B. Zhao),赵天榜等. 毛白杨类型的研究. 中国林业科学,2.17~18. 图3. 1978;丁宝章等主编. 河南植物志. 1:174~175. 1981;河南农学院科技通讯,2:30~32. 图7. 1978;中国主要树种造林技术:316. 1981; *Populus tomentosa* Carr. cv. 'Honanica',李淑玲,戴丰瑞主编. 林木良种繁育学:280. 1996;赵天锡,陈章水主编. 中国杨树集约栽培:16. 图1-3-5. 313. 1994;赵天榜等. 毛白杨优良无性系. 河南科技,增刊:24. 1990;赵天榜等. 毛白杨起源与分类的初步研究. 河南农学院科技通讯,30~32. 图7.1978。

落叶乔木。树冠宽大,近球状;侧枝粗大,开展。树干微弯,无中央主干;树皮灰褐色,基部黑褐色,深纵裂;皮孔菱形,中等,明显,多散生,兼有较多、圆点状小皮孔,小而多,散生,或横向连生为线状。小枝粗壮,灰绿色,初被灰白色茸毛,后渐脱落。花芽近卵球状,先端突尖,芽鳞灰绿色,边缘棕褐色,具光泽,微被短毛。短枝叶三角、宽圆形、圆形,或卵圆形,长7.0~11.0 cm,宽8.5~10.0 cm,先端短尖,基部浅心形,或截形,边缘具不规则的波状粗锯齿,表面深绿色,背面淡绿色,幼时被灰白色茸毛,后渐脱落;叶柄侧扁,长4.5~9.0 cm。雄株!雄花序粗大,长7.0~15.0 cm;雄蕊6枚,花药橙黄色,微有红晕,花粉极多;苞片匙-卵圆形,淡灰色、灰褐色,裂片灰褐色,边缘被白色长缘毛;花盘掌状盘形,边缘呈三角状缺刻。花期3月,比箭杆毛白杨早5~10 d。模式标本,赵天榜,220。采于河南郑州,存河南农业大学。

图30 河南毛白杨 *Populus tomentosa* Carr. var. *honanica* Yü Nung(引自《河南农学院科技通讯》)

1. 短枝叶,2. 苞片,3. 花盘

本变种栽培范围小,河南、河北、山东等省有栽培。在土、肥、水适宜条件下,生长快。据在郑州调查,20年生平均树高23.8 m,平均胸径60.8 cm,单株材积1.807 45 m³,材积生长比箭杆毛白杨大0.5倍以上。根据树干解析材料,在土壤肥沃条件下,河南毛白杨树高和胸径生长进程的阶段性很明显:慢→快→慢,即树高生长,4年前连年生长量0.5~1.11 m,5~10年连年生长量1.75~2.0 m,11~15年连年生长量1.0~2.0 m,16~21年连年生长量0.2~0.5 m;胸径生长,5年前连年生长量0.7 cm,5~10年连年生长量1.98~4.00 cm,11~15年连年生长量2.53~4.00 cm,16~21年连年生长量2.50 cm左右,35年后连年生长量通常在1.0 cm以下。一般在35年左右,材积平均生长量与连年生长量相交,即达工艺成熟龄,可采伐利用。河南毛白杨生长进程如表14所示。

河南毛白杨对土、肥、水反应敏感,适生于土层深厚,土壤肥沃、湿润的粉沙壤土上。如在适生条件下,生长很快。如同一植株,栽培在干旱、瘠薄的沙地上,12年生树高8.3 m,胸径9.0 cm,单株材积0.026 70 m³;后将该株移栽在肥沃、湿润的粉沙壤土地上,24年生树高18.6 m,胸径40.2 cm,单株材积0.859 32 m³。后12年比前12年树高大1.24倍、胸径大2.47倍、材积大30.0倍;在干旱、瘠薄的沙地上,多成为"小老树"。

表 14　河南毛白杨生长进程

	龄阶(a)	2	4	6	8	10	12	14	16	18	20	21	带皮
树高(m)	总生长量	2.0	4.3	8.3	12.0	16.00	18.00	20.00	21.80	22.80	23.60	23.8	
	平均生长量	1.00	1.08	1.38	1.50	1.60	1.50	1.43	1.36	1.30	1.18	1.13	
	连年生长量		1.15	2.00	1.85	2.00	1.00	1.00	0.30	0.50	0.40	0.20	
胸径(cm)	总生长量	1.10	2.50	6.45	14.00	22.10	27.35	32.40	42.30	47.70	49.00	50.80	
	平均生长量	0.55	0.63	1.08	1.76	2.21	2.37	2.31	2.35	2.35	2.37	2.33	
	连年生长量		0.70	1.98	3.82	3.50	2.63	2.53	2.60	2.35	2.50	1.70	
材积(m^3)	总生长量	0.00023	0.00139	0.01474	0.09355	0.224923	0.40656	0.62832	0.91324	1.22274	1.5388	1.80745	
	平均生长量		0.00011	0.00034	0.00246	0.01157	0.02492	0.03388	0.04488	0.05708	0.06740	0.07694	0.067969
	连年生长量			0.00057	0.00618	0.03890	0.07834	0.07867	0.11088	0.14246	0.15475	0.15807	0.13457

河南毛白杨抗性差。苗期不耐干旱,叶锈病、叶斑病严重,常引起叶片早落,影响生长。抗烟、抗污染能力,不如箭杆毛白杨、密枝毛白杨。

河南毛白杨木材纹理细直,结构紧密,白色,易干燥,易加工,不翘裂,材质好,适作各种用材。木材是造纸、胶合板等轻工业的优质原料。

此外,河南毛白杨树姿壮观,是"四旁"绿化的良种。

1.7　圆叶毛白杨　变种　图 31

Populus tomentosa Carr. var. honanica Yü Nung(T. B. Zhao),毛白杨起源与分类的初步研究. 20～21. 图 13. cv.' YUANYE–HENAN ', CATALOGUE INTERNATIONAL DES CULTIVARS DE PEUPLIERS, 18. 1990;赵天榜等. 毛白杨优良无性系研究. 河南科技,增刊:6. 1991;李淑玲、戴丰瑞主编. 林木良种繁育学:280. 1996;赵天锡、陈章水主编. 中国杨树集约栽培:16. 313. 1994;圆叶毛白杨. 河南农学院园林系编(赵天榜). 杨树:7. 1974;赵天榜等. 毛白杨优良无性系. 河南科技, 8:24～25. 1990;赵天榜等. 毛白杨起源与分类的初步研究. 河南农学院科技通讯,39. 图 13. 1978。

本变种树皮平滑,白色,具很厚蜡质层;皮孔菱形,较少,多散生,大小中等。短枝叶圆形,较小,长 5.0～8.0 cm,长宽约相等,先端突短尖,基部深心形;长枝叶具三角–大齿牙缘,叶面皱褶。

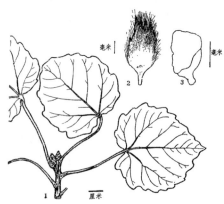

图 31　圆叶毛白杨 Populus tomentosa Carr. var. rotundifolia Yü Nung(引自《河南农学院科技通讯》)
1. 枝叶, 2. 苞片, 3. 花盘

产地:河南修武县。1974 年 8 月 3 日,郇封公社小文案大队,赵天榜,108(模式标本 Typus var.！存河南农学院园林系杨树研究室);1976 年 2 月 26 日,同地,赵天榜,421(花)。

1.8 长苞毛白杨(西北植物学报) 变种

Populus tomentosa Carr. var. *longibracteata* Z. Y. Yu et T. Z. Zhao,西北植物学报,7(4):252. 图 1. 图 6~1. 1987。

本变种苞片长椭圆形,较大,长 8~9 mm,边缘缺刻浅。

产地:陕西西安。模式标本,采自陕西户县,存陕西西北农学院。

1.9 圆苞毛白杨(西北植物学报) 变种

Populus tomentosa Carr. var. *orbiculata* Z. Y. Yu et T. Z. Zhao,西北植物学报,7(4):252~253. 图 2. 图 6~2. 1987。

本变种苞片圆形,较小,长 6~6.5 mm。树皮平滑;皮孔小,径 4~6 mm,横向连生呈线状。短枝叶较小。

产地:陕西西安。模式标本,采自陕西户县,存陕西西北农学院。

1.10 锈毛毛白杨(西北植物学报) 变种

Populus tomentosa Carr. var. *ferraginea* Z. Y. Yu et T. Z. Zhao,西北植物学报,7(4):254. 图 3. 图 6~3. 1987。

本变种苞片较小,长 4.5~5.5 mm,顶端具锈色缘毛。萌枝叶脱落最迟。

产地:陕西。模式标本,采自陕西岐山县,存陕西西北农学院。

1.11 星苞毛白杨(西北植物学报) 变种

Populus tomentosa Carr. var. *Stellaribracteta* Z. Y. Yu et T. Z. Zhao,西北植物学报,7(4):255~256. 图 4. 图 6~4. 1987。

本变种苞片黑褐色,深裂呈星状。树皮灰绿色,被厚层白粉。短枝叶近圆形,先端钝尖,基部近心形、平截、圆形。

产地:陕西。模式标本,采自陕西杨凌,存陕西西北农学院。

1.12 掌苞毛白杨(西北植物学报) 变种

Populus tomentosa Carr. var. *palmatibracteata* Z. Y. Yu et T. Z. Zhao,西北植物学报,7(4):252~257. 1987。

本变种苞片深裂呈掌状,暗褐色,长 6.17 mm,宽 4.78 mm。短枝叶宽卵圆形,或宽三角形,先端钝尖,基部近心形、平截。

产地:陕西。模式标本,采自陕西杨凌,存陕西西北农学院。

1.13 银白毛白杨 新变种

Populus tomentosa Carr. var. *alba* T. B. Zhao et Z. X. Chen,var. nov.

A var. nov. ramulis dense tomentosis. Foliis ovatis, rotundatis, apice mucronatis base cordatis,margine dentatis non regularibus,supra in costis et nervia latrelibus dense tomentosis albis,subtus dense cinerei−albis;petiolis cylindricis dense cinerei−albis,apice 1~2 globiglandulis. femineis!

Henan:Zhengzhou City. 1975−03−29. T. B. Zhao et Z. X. Chen,No. 225. Typus!

　　本新变种枝密被白色茸毛。叶卵圆形、近圆形,先端短尖,基部浅心形,边缘具不规则的大牙齿锯齿,表面沿主脉及侧脉密被白色茸毛,背面密被灰白色茸毛;叶柄圆柱状,密被灰白色茸毛,顶端1~2枚圆腺体。雌株! 苞片匙-菱形,中、上部浅灰色,中间具灰色条纹。蒴果扁卵圆球状,长约3 mm,密被灰白色茸毛。花期3月;果成熟期4月中、下旬。

　　产地:河南。1975年3月29日。模式标本,赵天榜,225。采于河南郑州,存河南农业大学。

　　本变种栽培范围小,河南郑州有栽培。生长较慢。据在郑州调查,25年生平均树高16.3 m,平均胸径31.2 cm,单株材积0.491 59 m³。此外,银白毛白杨具有抗叶部病害能力强、落叶晚等特性,是"四旁"绿化的良种。

　　1.14　密孔毛白杨(杨树、中国林业科学)　变种　图32

　　Populus tomentosa Carr. var. **multilenticellia** Yü Nung(T. B. Zhao),河南农学院园林系编(赵天榜). 杨树:18. 1974;中国林业科学,1:19~20. 1978;河南农学院科技通讯,2:37~38. 图11. 1978;丁宝章等主编. 河南植物志.1:175. 1981;中国主要树种造林技术:314~329. 图4. 1978;赵天榜. 毛白杨类型的研究. 中国林业科学研究,1:19~29. 图8. 1978;赵天榜. 毛白杨起源与分类的初步研究. 河南农学院科技通讯,2:37. 图11. 1978。

　　落叶乔木。树冠宽大,近球状;侧枝粗大,开展,无中央主干;树皮灰褐色,基部黑褐色,深纵裂;皮孔菱形,小而密,横向连生为线状。短枝叶较小。长枝叶基部深心形,边缘具锯齿。雄株! 雄花序粗大;雄蕊花药浅黄色,或橙黄色,花粉极多;苞片下部浅黄色,透明。模式标本,赵天榜,210。采于河南郑州,存河南农业大学。

图32　密孔毛白杨 Populus tomentosa Carr. var. multilenticellia Yü Nung
(引自《河南农学院科技通讯》)
1. 短枝叶,2. 苞片

　　本变种在河南、河北、山东等省有栽培。在土、肥、水适宜条件下,生长快。据在郑州调查,20年生平均树高21.9 m,平均胸径42 cm,单株材积1.177 19 m³,材积生长比箭杆毛白杨大43.0%以上。

　　根据树干解析材料,在土壤肥沃条件下,"四旁"栽培后,加强抚育管理,生长很快,是我国华北平原地区一个优良树种。在河南郑州、新乡、洛阳、许昌等地有广泛栽培。密孔毛白杨生长进程如表 15 所示。

表 15　密孔毛白杨生长进程

龄阶(a)		2	4	6	8	10	12	14	16	18	20	带皮
树高(m)	总生长量	2.30	8.30	10.60	14.00	15.20	16.70	18.60	21.80	22.80	23.00	
	平均生长量	1.15	2.08	1.77	1.75	1.52	1.40	1.33	1.36	1.26	1.18	
	连年生长量		3.0	1.16	3.30	0.60	1.00	0.75	1.60	0.50	0.35	
胸径(cm)	总生长量	0.70	3.10	7.10	17.30	22.50	27.30	31.30	35.60	37.50	38.50	40.00
	平均生长量	0.35	1.55	1.20	1.76	2.16	2.25	2.36	2.24	2.23	2.20	
	连年生长量		1.20	2.00	5.10	2.60	2.40	2.00	2.15	0.95	0.50	
材积(m³)	总生长量	0.00049	0.00321	0.02167	0.11930	0.25089	0.39675	0.55315	0.77115	0.93918	1.05461	1.14598
	平均生长量		0.00010	0.00080	0.00345	0.01491	0.02509	0.03306	0.03951	0.04820	0.05218	0.05239
	连年生长量			0.00151	0.00923	0.04882	0.06580	0.03295	0.07820	0.10850	0.10420	0.05772

密孔毛白杨叶锈病、叶斑病严重,常引起叶片早落,影响生长。其木材适作各种用材,是造纸、胶合板等轻工业的优质原料。

此外,密孔毛白杨树姿壮观,是"四旁"绿化的良种。

1.15　密枝毛白杨(河南农学院科技通讯、杨树、中国林业科学)　变种　图 33

Populus tomentosa Carr. var. ramosissima Yü Nung(T. B. Zhao),河南农学院科技通讯,2:40~42. 图 14. 1978;丁宝章等主编. 河南植物志. 1:175~176. 1981;密枝毛白杨. 中国林业科学,1:20. 1978;河南农学院园林系编. 杨树:21. 1974;中国林业科学,1:19. 1978;丁宝章等主编. 河南植物志(杨柳科—赵天榜)I:175~176, 1981;河南农学院科技通讯,2:40~42. 1978;赵天榜等. 毛白杨系统分类的研究. 河南科技,增刊:4. 1991;赵天榜等. 毛白杨系统分类的研究. 南阳教育学院学报 理科版(总第 6 期):5~6. 1990。

落叶乔木。树冠卵球状,浓密;侧枝粗大而多,斜展。树干微弯,无中央主干;树皮灰绿色,或黑褐色,粗糙;皮孔菱形,大,明显,多散生,或 2~4 个横向连生,深纵裂。小枝细,成枝力强,密被茸毛。顶叶芽圆锥状,密被白色茸毛;花芽近卵球状,小,芽鳞红棕色,具光泽。短枝叶三角-卵圆形,或三角-圆形,长 7.0~11.0 cm,宽 5.0~9.0 cm,先端短尖,基部浅心形,边缘具波状粗锯齿,表面深绿色,具光泽,背面淡绿色,被茸毛,后渐脱落,或宿存;叶柄侧扁,长 5.0~9.0 cm,先端有时具 1~2 个腺体。雌株! 花序长 3.0~5.0 cm;苞片匙-菱形,裂片短小,黄棕白色,边缘被灰白色长缘毛;花盘三角-杯形,边缘波状;子房圆锥状,花柱长,与子房等片长,2 裂,每裂 2~4 叉,裂片淡黄绿色,少数紫色。果序长 10.0~13.7 cm;蒴果扁卵球状,被茸毛,成熟后 2 瓣裂。花期 3 月;果熟 4 月。模式标本,赵天榜,204. 采于河南郑州,存河南农业大学。

本变种树冠浓密;侧枝多而细,枝层明显,分枝角度小。叶较小,卵圆形,先端短尖,基部宽楔形,稀圆形。苞片密生白色长缘毛,遮盖柱头。蒴果扁卵球状。雌株!

地点:河南郑州。模式标本,采自河南郑州,存河南农业大学。

本变种为优良的育种材料。因树冠浓密、枝多、叶稠,叶部病害极轻,抗烟、抗污染,落叶最晚,适宜庭园绿化用。因生长较慢,干材不圆满,节疤多,木纹弯曲,加工较难;干、枝、根易遭根瘤病为害,形成大"木瘤",不宜选作用材林和农田防护林树种。

注:遵照王战教授生前同意作者意见,将密枝毛白杨新组合为种。

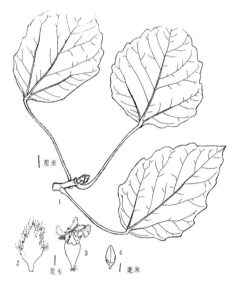

图 33　密枝毛白杨 Populus ramosissima(Yü Nung)C. Wang et T. B. Zhao
1. 短枝、叶,2. 苞片,3. 雌花,4. 蒴果(引自《河南农学院科技通讯》)

变型:

1.1　密枝毛白杨　原变型

Populous ramosissima(Yü Nung)C. Wang et T. B. Zhao f. ramosissima

1.2　银白密枝毛白杨　新变型

Populous ramosissima(Yü Nung)C. Wang et T. B. Zhao f. argentata T. B. Zhao et Z. X. Chen f. nov.

A typo recedit ramaliis et foliis juventubius dense tomemtosis. Foliis ramulorum brevium late ovatis vel triangulari-ovatis vel rotundati-ovatis vel subritundatis apice acutis basi late cuneatis vel rotundis vel subcordatis;petiolis dense tomentosis.

Henan:Zhengzhou. Tree cultivated. 16.3 m high,31.2 cm in diameter. 1980-05-10. T. B. Zhao,No. 37.

本新变型与密枝毛白杨原变型 Populus ramosissima(Yü Nung)C. Wang et T. B. Zhao var. ramosissima 区别:幼枝和幼叶密被白色茸毛。短枝叶三角-卵圆形、宽卵圆形、圆状卵圆形,或近圆形,先端短尖,基部近心形、圆形、宽楔形;叶柄密被白色茸毛。

河南:郑州。1980 年 5 月 10 日。赵天榜,No. 37。模式标本,采于河南郑州,存河南农业大学。

本新变型河南各地有栽培,抗病害能力极强,是抗病育种的优良亲本。

品种:

1.1　粗密枝毛白杨　品种

Populous tormentosa Carr. var. ramosissima Yü Nung(T. B. Zhao)cv. ' CUMIZHI ',

CATALOGUE INTERNATIONAL DES CULTIVARS DE PEUPLIERS, 18. 1990;赵天榜等. 毛白杨优良无性系研究. 河南科技,增刊:8. 1991;李淑玲,戴丰瑞主编. 林木良种繁育学:281. 1960;赵天锡,陈章水主编. 中国杨树集约栽培:18. 314. 1994;赵天榜等. 毛白杨优良无性系. 河南科技, 8:25. 1990。

本品种树冠近球状;侧枝稀,粗大,斜展,二、三级侧枝稀疏,较粗壮,四级侧枝较细、较密;树皮灰绿色,较光滑;皮孔菱形,较密,较大,多2~4个,或多数横向连生呈线状。短枝叶卵圆形,或三角-卵圆形,先端渐尖,稀突尖,基部心形,稀截形表面深绿色,具光泽,背面淡绿色,宿存白茸毛;叶柄细长,侧扁。花苞片边缘具长而密的白色缘毛。

河南:鲁山县。选出者:赵天榜、黄桂生,No. 114。

本品种侧枝粗大、开展。树皮皮孔菱形,大,多。叶抗病害能力极强。生长很快,20年生单株材积达2.4 m³,还是抗病育种的良材。

品种群:

毛白杨品种群分17品种群,其中有8个新品群,120品种,其中有91新品种,分述如下:

1. 毛白杨品种群 箭杆毛白杨品种群 原品种群

Populus tomentosa Carr. Tomentosa groups

Populus tomentosa Carr. in Rev. Hort. 1867. 340. 1867;*Populus pekinenis* Henry in Rev. Hort. 1930. 355. f. 142. 1903;陈嵘. 中国树木分类学:113~114. 图84. 1937;中国高等植物图鉴. Ⅰ:351. 图702. 1972;中国植物志, 20(2):17~18. 图版3:1~6. 1984;中国树木志,2:1966~1968. 图998:1~6. 1985;中国林业科学,1:14~20. 图1、2. 1978;河南植物志. 1:171. 1981;河南农学院科技通讯,2:26~30. 图6. 1978。

该品种群树冠窄圆锥状,或卵球状。中央主干明显,直达树顶;侧枝少、细,与主干呈40°~45°角着生,枝层明显,分布均匀。短枝叶三角-卵圆形,通常较小;长枝叶先端长渐尖;幼叶微呈紫红色。

因生长迅速、适应性强、栽培广泛、材质优良,是营造速生用材林、农田防护林和"四旁"绿化的优良品种群。其中有毛白杨、箭杆毛白杨、序枝箭杆毛白杨、黑苞毛白杨、细枝箭杆毛白杨、中皮孔箭杆毛白杨等45个无性系,有箭杆毛白杨、京西毛白杨、大皮孔箭杆毛白杨、中皮孔箭杆毛白杨等优良无性系。

地点:该品种群栽培很广,其中箭杆毛白杨已大面积推广。

本品种群有4品种,其中有32新品种。

品种:

1.1　毛白杨　原品种

Populus tomentoga Carr. cv. 'Tomentosa'

1.2　箭杆毛白杨　品种

Populus tomentoga Carr. cv. 'Borealo-sinensis'

该品种树冠卵球状,或圆锥状;侧枝少,主干直,中央主干明显,直达树顶。树皮皮孔菱形,中等大小,多散生。短枝叶三角-卵圆形,或三角-近圆形,先端短尖,基部心形;幼叶微呈紫色。雄株!

产地:河南郑州。选育者:赵天榜。1975年,植株编号:No. 70。

1.3　箭杆毛白杨-77　品种

Populus tomentosa Carr. cv. 'Borealo-sinensis-77'

该品种树冠窄圆锥状;侧枝少,与主干呈40°~45°角着生,枝层明显,分布均匀。中央主干明显,直达树顶。短枝叶三角-卵圆形,较小;长枝叶先端长渐尖;幼叶微呈紫色。雄株!

产地:河南郑州。选育者:赵天榜和陈志秀。1975年,植株编号:No.77。

该品种主要林学特性如下:

(1) 生长迅速。据调查,20年生平均树高22.7 m,胸径35.5 cm,单株材积0.915 59 m³。

(2) 适应性强。在多种土壤上均能良好生长。但在干旱、瘠薄沙地、低凹盐碱地、茅草丛生沙地生长不良。

(3) 栽培广泛,材质优良,是营造速生用材林、农田防护林和"四旁"绿化的优良品种群。

(4) 材质优良。

(5) 抗叶斑病、叶锈病能力强。

1.4　箭杆毛白杨-118　品种

Populus tomentosa Carr. cv. 'Borealo-sinensis-118'

该品种树冠卵球状;侧枝较粗壮,斜展;树皮灰白色,较光滑;皮孔菱形,较小,孔缘突起较高,多2~6个横向连生。短枝叶三角-圆心形,先端短尖,基部心形,先端短尖,基部心形,边缘基部全缘,中、上部波状粗锯齿。雄株!苞片棕褐色,边缘尖裂,具白色长缘毛。

产地:河南鲁山县。选育者:赵天榜和黄桂生。1975年,植株编号:No.118。

该品种主要林学特性如下:

(1) 生长迅速。据调查,15年生平均树高22.5 m,胸径40.9 cm,单株材积1.172 09 m³。

(2) 抗叶斑病能力强。

1.5　箭杆毛白杨-115　新品种

Populus tomentosa Carr. cv. 'Borealo-sinensis-115'

该品种树冠卵球状;侧枝较粗壮,斜展;树干微弯,中央主干不明显。树皮灰白色,光滑,被灰白色蜡质层;枝痕三角状突起;叶痕横线状突起;皮孔菱形,散生,中等大小,较多,纵裂,中间褐色。短枝叶卵圆形,或近圆形,先端短尖,或尖,基部截形,或心形,边缘具浅三角牙点缘,或波状齿。雄株!雄蕊7~9枚;花梗被白色柔毛。

产地:河南鲁山县。选育者:赵天榜和黄桂生。1975年,植株编号:No.115。

该新品种主要林学特性如下:

(1) 生长迅速。据调查,13年生平均树高17.3 m,胸径31.8 cm,单株材积0.413 30 m³。

(2) 抗叶斑病能力强。

1.6　箭杆毛白杨-120　新品种

Populus tomentosa Carr. cv. 'Borealo-sinensis-120'

该新品种树冠卵球状;侧枝稀,较开展;树干直,中央主干明显。树皮皮孔菱形,大者3.0~4.5 cm,中等2.0~3.0 cm,小者1.0~2.0 cm。短枝叶三角形、三角-卵圆形,先端长渐尖,或尖,基部浅心形、截形,或偏斜,边缘具波状粗齿。雄株! 雄蕊6~8枚。

产地:河南郑州。选育者:赵天榜和陈志秀。植株编号:No. 120。

1.7 箭杆毛白杨-106 序枝毛白杨 新品种

Populus tomentosa Carr. cv.'Borealo-sinensis-106'

该品种树冠卵球状;侧枝较粗,斜展;树干直,中央主干明显。树皮灰绿色,较光滑;皮孔菱形,多散生,中等大小。短枝叶宽三角形,先端渐尖,基部浅心形,边缘具波状粗齿,或三角形牙齿。雄株! 花序长7.0~13.0 cm,通常多分枝,最多达11小花序;雄蕊6~8枚。

产地:河南郑州。选育者:赵天榜和陈志秀。植株编号:No. 106。

1.8 箭杆毛白杨-12 新品种

Populus tomentosa Carr. cv.'Borealo-sinensis-12'

该品种树冠卵球状;侧枝较粗、较片,下部侧枝开展,中、上部侧枝斜生;树干直,中央主干明显。树皮灰褐色,基部浅纵裂;皮孔菱形,较多,散生,兼有小点状皮孔。短枝叶宽三角形,先端短渐尖,基部心形,或截形,边缘具波状粗齿。雄株! 花序长8.0~9.5 cm;苞片边缘尖裂,裂片淡棕色,中、下部淡黄色。

产地:河南郑州。选育者:赵天榜和陈志秀。植株编号:No. 12。

该新品种生长迅速。15年生平均树高15.8 m,胸径30.1 cm,单株材积0.426 6 m³。

1.9 黑苞箭杆毛白杨 黑苞毛白杨 品种

Populus tomentosa Carr. cv.'Borealo-sinensis-105'

该品种树冠近球状;侧枝开展;树干直,中央主干不明显。树皮灰褐色,较光滑;皮孔菱形,中等,散生。短枝叶宽三角形,先端短尖,基部浅心形,边缘具波状粗齿。雄株! 花序长5.0~7.0 cm;苞片边缘尖裂,裂片尖而长宽,黑褐色为显著特征;雄蕊6~8枚,被紫红色斑点。

产地:河南郑州。选育者:赵天榜。植株编号:No. 105。

该品种抗旱、抗干热风能力差。

1.10 箭杆毛白杨-34 新品种

Populus tomentosa Carr. cv.'Borealo-sinensis-34'

该新品种树冠近球状;侧枝粗大,开展,梢部稍下垂;树干直,中央主干较明显。树皮灰白色,较光滑,基部灰褐色,浅纵裂;皮孔菱形,较多,散生。短枝叶三角形,先端渐短尖,基部心形,边缘具波状粗齿。雄株! 花序长6.0~8.5 cm;苞片灰褐色。

产地:河南郑州。选育者:赵天榜和陈志秀。植株编号:No. 34。

该品种25年生树高18.7 m,胸径58.3 cm,单株材积1.892 m³。

1.11 箭杆毛白杨-83 新品种

Populus tomentosa Carr. cv.'Borealo-sinensis-83'

该新品种树干弯,中央主干不明显。树皮皮孔菱形,中等,边缘突起。短枝叶三角-卵圆形、三角形。雄株! 花序长8.5~11.2 cm;苞片上部灰褐色,被褐色细条纹,中、下部淡灰色。

产地:河南郑州。选育者:赵天榜、陈志秀。植株编号:No.83。

该新品种生长慢、干形差,天牛为害严重。

1.12　箭杆毛白杨-69　新品种

Populus tomentosa Carr. cv.'Borealo-sinensis-69'

该新品种树冠卵球状;侧枝较粗、较开展,分布均匀;树干微弯,中央主干不明显。树皮灰褐色,基部稍粗糙;皮孔菱形,或方菱形,中等,较多,散生,或2~4个横向连生。芽鳞绿色,边部棕红色,具光泽。短枝叶三角-卵圆形,或三角-近圆形,先端短尖,基部心形,边缘具较均匀的锯齿。雄株! 花序长 11.0~12.3 cm;苞片灰色,上、中部交接处具一带形细褐色条纹。

产地:河南郑州。选育者:赵天榜、陈志秀、宋留高。植株编号:No.69。

该新品种 20 年生树高 20.5 m,胸径 35.4 cm,单株材积 0.760 44 m³。

1.13　箭杆毛白杨-63　新品种

Populus tomentosa Carr. cv.'Borealo-sinensis-63'

该新品种树冠圆锥状;侧枝较细、少、短,分布均匀;树干通直,中央主干明显,直达树顶。树皮灰褐色,光滑;皮孔菱形,中等,散生,兼有散生圆点状皮孔。芽鳞绿色,边部棕红色,具光泽。短枝叶三角-卵圆形,或宽三角-近圆形,先端尖,或渐短尖,基部浅心形,边缘具大小不等的钝锯齿,上部齿端具腺体。雄株! 花序长 3.1~8.5 cm;苞片灰褐色,中部以上及边部有褐色长条纹。

产地:河南郑州。选育者:赵天榜、陈志秀。植株编号:No.63。

该新品种 20 年生树高 20.5 m,胸径 35.4 cm,单株材积 0.760 44 m³。

1.14　箭杆毛白杨-65　新品种

Populus tomentosa Carr. cv.'Borealo-sinensis-65'

该新品种树冠卵球状;侧枝斜展,枝层明显;树干通直,中央主干明显,直达树顶。树皮浅灰绿色,光滑;皮孔菱形,或纵菱形,两边微凸,中等大小,较多,散生,或4~12个横向连生,还有少数小皮孔及菱形大皮孔。芽鳞绿色,边部紫褐色,具光泽。短枝叶近圆形,或三角-宽卵圆形,先端短尖、窄尖,基部心形,或偏斜,边缘具锯齿,或牙齿状缺刻。雄株! 花序长 6.5~9.5 cm;苞片灰褐色,被褐色细条纹。

产地:河南郑州。选育者:赵天榜、陈志秀、姚朝阳。植株编号:No.65。

该新品种 20 年生树高 22.5 m,胸径 48.9 cm,单株材积 1.875 0 m³。

1.15　箭杆毛白杨-64　新品种

Populus tomentosa Carr. cv.'Borealo-sinensis-64'

该新品种树冠卵球状;侧枝较粗,下部枝开展;树干通直,圆满,中央主干明显。树皮灰褐色,较光滑,基部浅纵裂,较粗糙;皮孔菱形,大,多,多数径 1.5~2.0 cm,多散生,或4~12个横向连生。短枝叶三角-卵圆形、宽三角形,稀心形,先端尖,或短尖,基部心形、截形,或偏心形。雄株! 花序长 10.4~13.5 cm;苞片灰褐色,边部及中部被褐色细条纹。

产地:河南郑州。选育者:赵天榜、陈志秀、姚朝阳。植株编号:No.64。

该新品种 20 年生树高 23.4 m,胸径 53.1 cm,单株材积 2.794 5 m³。

1.16　箭杆毛白杨-66　圪泡毛白杨　新品种

Populus tomentosa Carr. cv. 'Borealo-sinensis-66'

该新品种树冠卵球状;侧枝较细,较稀;树干微弯,圆满,中央主干不明显。树皮灰褐色;皮孔菱形,较多,裂纹较深,边部上翘。短枝叶三角-卵圆形、宽三角形,稀心形,先端突尖,或短尾尖,基部浅心形,稀圆形、截形,边部波状起伏,边缘具锯齿,或不整齐粗齿。雄株! 花序长 7.0~12.0 cm;苞片灰褐色,边部及中部被淡黄白色细条纹,具白色缘毛。

产地:河南郑州。选育者:赵天榜、姚朝阳。植株编号:No.66。

该新品种 20 年生树高 19.5m,胸径 38.9 cm,单株材积 0.926 7 m^3。

1.17　箭杆毛白杨-72　新品种

Populus tomentosa Carr. cv. 'Borealo-sinensis-72'

该新品种树冠窄圆锥状;侧枝较细,斜生;树干直,中央主干明显,直达树顶。树皮淡灰褐色,较光滑;皮孔菱形,大小中等,散生。小枝灰棕色,皮孔棕红色。短枝叶三角形、宽三角形,先端尖,或短尖,基部截形,或浅心形,边缘波状锯齿;叶柄先端具腺点 1~2 枚。雄株!

产地:河南郑州。选育者:赵天榜、宋留高。植株编号:No.72。

1.18　箭杆毛白杨-68　新品种

Populus tomentosa Carr. cv. 'Borealo-sinensis-68'

该新品种树冠窄卵球状;侧枝细,较多,斜生;树干通直,中央主干明显,直达树顶。树皮淡灰绿色,光滑;皮孔菱形,较小,较少,有圆点状皮孔,散生,少 2~4 个横向连生。短枝叶三角-卵圆形,或卵圆形,先端渐尖,或短渐尖,基部浅心形、截形,或偏斜,边缘波状锯齿。雄株!

产地:河南郑州。选育者:赵天榜和陈志秀。植株编号:No.68。

该新品种 20 年生树高 20.5 m,胸径 42.6 cm,单株材积 1.130 62 m^3。

1.19　粗枝箭杆毛白杨-57　新品种

Populus tomentosa Carr. cv. 'Borealo-sinensis-57'

该新品种树冠近球状;侧枝特别粗大,较多,斜展;树干低。树皮灰褐色,基部纵裂、粗糙;皮孔菱形,较大,较多,多散生,少 2~4 个横向连生。短枝叶三角-卵圆形,或宽三角形,先端短尖,或突尖,基部心形,或偏斜,稀圆形,边缘具波状粗锯齿,或牙齿缘。雄株!

产地:河南郑州。选育者:赵天榜、陈志秀。植株编号:No.57。

该新品种 30 年生树高 23.5 m,胸径 67.5 cm,单株材积 2.536 1 m^3。

1.20　粗枝箭杆毛白杨-62　新品种

Populus tomentosa Carr. cv. 'Borealo-sinensis-62'

该新品种树冠卵球状,或近球状;侧枝较细,斜展,枝层明显;树干通直,中央主干明显。树皮灰绿色,或灰白色,较光滑;皮孔菱形,较大,较多,深纵裂,散生,个体差异明显。短枝叶三角-卵圆形,先端短尖,或短渐尖,基部近圆形、浅心形,或偏斜,边缘具波状粗锯齿。雄株!

产地:河南郑州。选育者:赵天榜、姚朝阳。植株编号:No.62。

该新品种 20 年生树高 21.5 m,胸径 47.3 cm,单株材积 1.427 0 m^3。

1.21　晚落叶箭杆毛白杨-70　新品种

Populus tomentosa Carr. cv.‘Borealo-sinensis-70’

该新品种树冠卵球状;侧枝较粗、较多,斜展,枝层明显;中央主干不明显。树皮灰褐色,基部纵裂,裂纹深;皮孔菱形,或纵菱形,较大,较多,个体差异明显,深纵裂,散生。短枝叶三角-宽卵圆形,或三角-卵圆形,先端尖,或短尖,基部心形,或偏斜,边部波状起伏,边缘具不规则粗锯齿,或齿牙状缺刻。雄株!

产地:河南郑州。选育者:赵天榜、陈志秀。植株编号:No.70。

1.22　箭杆毛白杨-78　曲叶毛白杨　新品种

Populus tomentosa Carr. cv.‘Borealo-sinensis-78’

该新品种树冠宽卵球状;侧枝粗大、较多,斜展,枝层明显;树干直,中央主干不明显。树皮灰褐色,深纵裂;皮孔菱形,较大,多散生。短枝叶三角-卵圆形,先端短尖,基部浅心形,边缘具粗锯齿。雄株!

产地:河南郑州。选育者:赵天榜、李荣幸。植株编号:No.70。

该新品种 20 年生树高 20.8 m,胸径 40.3 cm,单株材积 1.045 38 m³。

1.23　抗病箭杆毛白杨-79　新品种

Populus tomentosa Carr. cv.‘Borealo-sinensis-79’

该新品种树冠卵球状;侧枝粗细中等,较开展。树皮灰绿色,较光滑;皮孔菱形,中等,多散生。短枝叶三角形,先端短尖,基部浅心形,或截形,边缘具波状粗锯齿。雄株!

产地:河南郑州。选育者:赵天榜、陈志秀。植株编号:No.79。

该新品种生长中等,是箭杆毛白杨中抗叶斑病最强、落叶最晚的一个品种。

1.24　箭杆毛白杨-35　新品种

Populus tomentosa Carr. cv.‘Borealo-sinensis-35’

该新品种树冠近球状;侧枝粗大,开展,树干直,中央主干不明显。树皮灰褐色,基部深纵裂;皮孔菱形,中等大小,散生。短枝叶宽三角形,先端短尖,基部浅心形,边缘具波状粗锯齿。雄株!

产地:河南郑州。选育者:赵天榜、姚朝阳。植株编号:No.35。

1.25　光皮箭杆毛白杨-44　新品种

Populus tomentosa Carr. cv.‘Borealo-sinensis-44’

该新品种树冠窄圆锥状;侧枝粗度中等、较短,枝层明显,分布均匀;树干直,中央主干明显,直达树顶。树皮青绿色,光滑;皮孔菱形,较小,多散生。短枝叶长卵圆形、窄三角-卵圆形、椭圆形、卵圆形,先端窄渐尖,或突尖,基部圆形,边缘具锯齿。雄株!

产地:河南郑州。选育者:赵天榜、宋留高。植株编号:No.44。

该新品种 20 年生树高 20.8 m,胸径 29.5 cm,单株材积 0.567 0 m³。

1.26　箭杆毛白杨-49　新品种

Populus tomentosa Carr. cv.‘Borealo-sinensis-49’

该新品种树冠宽卵球状;侧枝粗度中等,较长,斜展;树干低,中央主干不明显。树皮灰绿色,较光滑;皮孔菱形,较多,中等大小,散生。短枝叶三角-卵圆形,先端突尖,或渐尖,基部浅心形,或偏斜。雄株!

产地:河南郑州。选育者:赵天榜、姚朝阳。植株编号:No.49。

该新品种 20 年生树高 107 m,胸径 26.3 cm,单株材积 0.241 00 m³。

1.27　箭杆毛白杨-52　新品种

Populus tomentosa Carr. cv. 'Borealo-sinensis-52'

该新品种树冠卵球状;侧枝开展,梢端稍下垂;树干直。树皮灰褐色,基部稍纵裂;皮孔菱形,中等,散生。短枝叶三角-卵圆形,先端短尖,基部浅心截形,或微心形,边缘具波状齿,或粗锯齿。雄株!

产地:河南郑州。选育者:赵天榜、陈志秀。植株编号:No.52。

该新品种 20 年生树高 17.5 m,胸径 31.4 cm,单株材积 0.517 63 m³。

1.28　箭杆毛白杨-51　新品种

Populus tomentosa Carr. cv. 'Borealo-sinensis-51'

该新品种树冠宽卵球状,或卵球-圆锥体状;侧枝粗度中等、较长,近开展,枝层明显,分布均匀;树干直,中央主干明显。树皮灰白色,较光滑;皮孔菱形,较小,较多,散生,或2~4 个横向连生。短枝叶卵圆形、三角-卵圆形,先端短尖、渐尖,基部心形,稀圆形,或偏斜,边缘具波状锯齿。雄株!

产地:河南郑州。选育者:赵天榜、陈志秀。植株编号:No.51。

该新品种 20 年生树高 19.0 m,胸径 34.1 cm,单株材积 0.658 9 m³。

1.29　箭杆毛白杨-54　新品种

Populus tomentosa Carr. cv. 'Borealo-sinensis-54'

该新品种树冠宽卵球状;侧枝较开展;树干直,中央主干不明显。树皮灰褐色,或灰白色;皮孔菱形,大小中等,较多,散生。短枝叶三角-卵圆形、三角-宽心形,先端短渐尖,基部近截形、浅心形,或偏斜,边缘具波状粗锯齿。雄株!

产地:河南郑州。选育者:赵天榜、陈志秀、宋留高。植株编号:No.54。

1.30　宜阳箭杆毛白杨　新品种

Populus tomentosa Carr. cv. 'Borealo-sinensis-131'

该新品种树冠宽卵球状;侧枝较粗;树干直,中央主干不明显。树皮灰褐色;皮孔菱形,中等,散生。短枝叶三角-宽卵圆形,稀扁形,先端短尖、突短尖,基部微心形、截形,边缘具不整齐锯齿,齿端尖,或微弯。雌株!

产地:河南宜阳具。选育者:赵天榜、陈志秀。植株编号:No.131。

1.31　箭杆毛白杨-150　新品种

Populus tomentosa Carr. cv. 'Borealo-sinensis-150'

该新品种树冠宽大;侧枝较粗,开展;树干直,中央主干不明显。树皮灰褐色;皮孔菱形,中等,明显纵裂,突起为显著特点。短枝叶三角-卵圆形,先端短尖、短渐尖,基部近圆形,或微浅心形,边缘具不整齐粗锯齿。雄株!

产地:河南郑州。选育者:赵天榜、陈志秀。植株编号:No.150。

该新品种 20 年生树高 19.0 m,胸径 34.1 cm,单株材积 0.658 9 m³。

1.32　红柄箭杆毛白杨-151　品种

Populus tomentosa Carr. cv. 'Borealo-sinensis-151'

该新品种树冠圆锥体状;侧枝平展,梢端下垂;树干直,尖削度大。短枝叶簇生,下垂;叶柄红色。发芽及展叶晚。雄株!

产地:河南郑州。选育者:赵天榜、钱士金。植株编号:No. 151。

1.33　箭杆毛白杨-99　新品种

Populus tomentosa Carr. cv.'Borealo-sinensis-99'

该新品种树冠圆锥状,或卵球状;侧枝细、少、斜展;树干直,中央主干明显。树皮淡灰褐色;皮孔菱形,中等,散生。短枝叶三角-卵圆形,先端短尖,基部浅心形,或深心形,边部多起伏不平,边缘具浅锯齿。雌株!

产地:河南郑州。选育者:赵天榜、陈志秀。植株编号:No. 99。

1.34　大皮孔箭杆毛白杨*　品种

Populus tomentoga Carr. cv.'DAPIKONG', *Populus tomentosa* Carr. var. *borealo-sinensis* Yü Nung(T. B. Zhao) cv.'DAPIKONG', CATALOGUE INTERNATIONAL DES CULTIVARS DE PEUPLIERS, 17~18. 1990; *Populus tomentosa* Carr. cv.'Dapikong', 赵天榜等主编. 河南主要树种栽培技术:97. 图 13. 1. 图 14. 3. 1994;李淑玲,戴丰瑞主编. 林木良种繁育学:279. 1996;赵天锡,陈章水主编. 中国杨树集约栽培:16. 312. 1994;赵天榜等. 毛白杨优良无性系. 河南科技, 8:24. 1990。

该品种树冠卵球状;侧枝较粗,下部枝开展。树干通直、圆满,中央主干明显;树皮皮孔菱形,大,多,多数径 2.5~3.0 cm,多散生,有时 2~4 个横向连生,基部纵裂,粗糙。短枝叶三角-卵圆形、宽三角形,表面暗绿色,具光泽,背面淡绿色,先端尖,或短尖,基部心形、截形,或近心形,边缘具粗锯齿;叶柄侧扁。发芽与展叶期最晚。雄株!花苞片卵圆-匙形,灰褐色,边部及中部具褐色条纹;花被浅斜盘形,边缘齿状。花期 3 月。

该品种生长很快,能成大材。如在土壤肥沃的沙壤土上,20 年生树高 23.4 m,胸径 53.1 cm,单株材积 2.794 50 m³,比对照箭杆毛白杨单株材积 1.879 91 m³,其增长率大 205.3 %。苗期抗叶斑病,无天牛危害,无破肚子病发生。

产地:郑州等地有栽培。选育者:赵天榜、陈志秀等。模式株号:64。

注:*为 1990 年 6 月 15 日国际杨树委员会首次用法文、英文公布的我国特有杨树——毛白杨 6 个新品种之一。

1.35　小皮孔箭杆毛白杨*　品种

Populus tomentosa Carr. cv.'Xiaopikong', *Populus tomentosa* Carr. var. *borealo-sinensis* Yü Nung(T. B. Zhao) cv.'Xiaopikong', CATALOGUE INTERNATIONAL DES CULTIVARS DE PEUPLIERS, 18. 1990; *Populus tomentosa* Carr. cv.'Xiaopikong', 赵天榜等主编. 河南主要树种栽培技术:98. 1994;李淑玲,戴丰瑞主编. 林木良种繁育学:280. 1996;赵天锡,陈章水主编. 中国杨树集约栽培:16. 312. 1994;赵天榜等. 毛白杨优良无性系. 河南科技, 8:24. 1990。

该品种树冠卵球状;侧枝细,较多,斜生,分布均匀。树干通直、圆满,尖削度小,中央主干明显,直达树顶。树皮皮孔灰绿色,光滑,菱形,较小,较少,兼有小形圆点皮孔,散生,少 2~4 个横向连生。短枝叶三角-卵圆形,或卵圆形,表面暗绿色,具光泽,先端渐尖,或短渐尖,基部浅心形、截形,或偏斜;叶柄侧扁,有时具腺体。雄株!花序长;苞片匙-卵圆形,先端尖,裂片长又宽,中、上部具褐色细条纹;花被掌状盘形,边缘齿状裂;雄蕊 6~8 枚。

该品种生长快,能成大材。如在肥沃地上,20 年生树高 22.5 m,胸径 48.9 cm,单株材积 1.875 00 m³。比对照箭杆毛白杨单株材积 1.959 41 m³,其增长率大 106.0 %。苗期抗锈病能力强,幼树、大树抗叶斑病,无天牛危害。适应性强,耐寒冷,无破肚子病发生。扦插成活率高。

产地:郑州等地有栽培。选育者:赵天榜、陈志秀等。模式株号:63。

注:＊为 1990 年 6 月 15 日国际杨树委员会首次用法文、英文公布的我国特有杨树——毛白杨 6 个新品种之一。

1.36　序枝箭杆毛白杨　新品种

Populus tomentosa Carr. cv. 'Xuzhi', cv. nov.

本新品种雄株! 雄花序长 7.0~13.0 cm,通常花序多分枝,最多达 11 个花序分枝。

产地:河南郑州等地有栽培。选育者:赵天榜、陈志秀。

1.37　黑苞箭杆毛白杨　新品种

Populus tomentosa Carr. cv. 'Heibao', cv. nov.

本新品种雄株! 雄蕊 6~8 枚,花药具紫红色斑点;苞片匙-宽卵圆形,黑褐色为显著特征。

产地:河南等地有栽培。选育者:赵天榜、陈志秀。

1.38　曲叶箭杆毛白杨　新品种

Populus tomentosa Carr. cv. 'Quye-73', cv. nov.

本新品种短枝叶三角-卵圆形,边部呈波状起伏,边缘具粗锯齿,表面深绿色,有光泽,背面淡绿色;叶柄侧扁,长 4.5~7.5 cm,与叶片近等长。雄株! 雄花序长 8.0~10.1 cm;苞片宽匙-卵圆形,灰褐色,上、中部被褐色条纹,边缘被白色长缘毛。

本新品种生长快,20 年生平均树高 20.8 m,平均胸径 40.3 cm,单株材积 1.045 38 m³。

产地:河南郑州等地有栽培。选育者:赵天榜、陈志秀。

1.39　红柄箭杆毛白杨　新品种

Populus tomentosa Carr. cv. 'Hongbing-151', cv. nov.

本新品种树冠圆锥状,侧枝平展,梢端下垂。短枝叶三角-卵圆形,边缘具粗锯齿,表面深绿色,有光泽,背面淡绿色;叶柄侧扁,紫红色。发芽与展叶期最晚。雄株!

本新品种生长慢,23 年生平均树高 15.0 m,平均胸径 25.0 cm,单株材积 0.420 0 m³。但是,易受光肩星天牛危害和叶部病害。

产地:河南郑州等地有栽培。选育者:钱士金。

1.40　粗枝箭杆毛白杨　新品种

Populus tomentosa Carr. cv. 'Cuzhi', cv. nov.

本新品种树干通直,中央主干明显;侧枝粗壮,开展,树干基部深纵裂,粗糙。

本新品种速生,20 年生单株材积 2.536 22 m³。比对照箭杆毛白杨单株材积 0.758 79 m³,增长率大 183.57%。高抗叶斑病,落叶晚,是"四旁"绿化良种。

本新品种由赵天榜、陈志秀选出。河南各地有栽培。

1.41　京西毛白杨*　品种

Populus tomentosa Carr. cv. 'Jingxi', *Populus tomentosa* Carr. var. *borealo-sinensis* Yü Nung(T. B. Zhao) cv. 'Jingxi', CATALOGUE INTERNATIONAL DES CULTIVARS DE PE-UPLIERS, 18. 1990;赵天榜等主编. 河南主要树种栽培技术:98~99. 1994;赵天榜等. 毛白杨优良无性系的研究. 河南科技, 增刊:6. 1991;赵天锡, 陈章水主编. 中国杨树集约栽培:16. 312~313. 1994;赵天榜等. 毛白杨优良无性系. 河南科技, 8:24. 1990。

该品种树冠圆锥状、卵球状、近圆球状;侧枝粗状、斜生, 老时开展, 有时下垂。树皮皮孔菱形, 散生, 多纵裂, 基部纵裂、粗糙。短枝叶三角-卵圆形, 或卵圆形, 表面深绿色, 具金属光泽, 先端长渐尖, 有时短尖, 或渐尖, 基部浅心形, 有时截形, 边缘具深波状齿牙缘, 或波状牙齿缘;叶柄先端通常无腺体。雄株! 花序粗大;雄蕊6~9枚。花期3月。

产地:北京。选育者:顾万春。模式植株编号:86。

本品种抗病、抗染、耐寒力强, 且生长快, 能成大材。如在肥沃地上, 16年生平均树高16.0 m, 平均胸径26.17 cm, 单株材积0.344 2 m³。

注:*为1990年6月15日国际杨树委员会首次用法文、英文公布的我国特有杨树——毛白杨6个新品种之一。

2. 河南毛白杨品种群　品种群

Populus tomentosa Carr. Honanica group

赵天榜:毛白杨起源与分类的初步研究. 河南农学院科技通讯, (2):30~32. 图7. 1974;中国林业科学, 1:14~20. 1978;河南植物志. 1:174~175. 1981。

本品种群树冠宽大;侧枝粗、稀、开展;树干微弯。树皮皮孔近圆点形、小而多, 散生, 或横向连生, 兼有散生的菱形皮孔。短枝叶宽三角-圆形、近圆形。雄株! 花序粗大;花粉极多。

本品种群中无性系要求土壤肥沃, 栽培范围小。造林初期, 生长缓慢, 5年后生长加速, 年胸径生长量可达6.0 cm, 短期内能提供大批用材。其中有河南毛白杨、扁孔河南毛白杨等25个无性系。目前, 河南大面积推广的优良无性系为河南毛白杨。

地点:河南郑州。

本品群有26品种, 其中22个新品种、1新组合品种。

2.1　河南毛白杨*　品种

Populus tomentosa Carr. cv. 'Honanica', 赵天榜等主编. 河南主要树种栽培技术:99. 图13. 3. 图14. 9. 1994.

该品种树冠宽大, 近圆球状;侧枝粗大、稀、开展。树干微弯, 无中央主干。树皮灰褐色, 基部浅纵裂;皮孔菱形, 中等, 多散生, 兼有圆点状皮孔, 较多, 分布也密。短枝叶宽三角形, 先端短尖, 基部截形、浅心形, 边缘具波状粗锯齿;叶柄侧扁。雄株! 花序粗大;花药橙黄色;花粉多。花期较箭杆毛白杨早5~10 d。

产地:河南郑州。选育者:赵天榜等。模式植株编号:138。

本品种苗期不耐旱, 锈病、叶斑病常引起危害。生长快, 能成大材。在肥沃地上, 16年生平均树高16.0 m, 平均胸径26.17 cm, 单株材积0.344 2 m³。

注:*为1990年6月15日国际杨树委员会首次用法文、英文公布的我国特有杨

树——毛白杨6个新品种之一。

2.2　河南毛白杨-55　新品种

Populus tomentosa Carr. cv.'Honanica-55'

本新品种群树冠宽大,近圆球状;侧枝较粗,斜展;树干微弯,中央主干不明显。树皮灰褐色,基部粗糙,纵裂;皮孔扁菱形,2~4个,或多数横向连生。短枝叶圆形,宽三角-近圆形、近圆形,先端短尖,基部心形,偏斜,稀圆形,边缘波状粗锯齿,或细齿。雄株! 花序粗大;花粉极多。

产地:河南郑州。选育者:赵天榜、陈志秀。植株编号:No.55。

该新品种19年生树高20.5 m,胸径20.5 cm,单株材积1.533 83 m³。

2.3　河南毛白杨-84　新品种

Populus tomentosa Carr. cv.'Honanica-84'

该新品种群树冠近圆球状;侧枝较粗,开展;树干微弯,中央主干不明显。树皮灰绿色,光滑;皮孔菱形,小,散生,兼有圆点小皮孔。短枝叶近圆形,或三角-近圆形,先端短尖,基部浅心形,边缘波状粗锯齿。雄株!

产地:河南郑州。选育者:赵天榜、焦书道。植株编号:No.84。

2.4　河南毛白杨-14　新品种

Populus tomentosa Carr. cv.'Honanica-14'

该新品种群树冠圆球状;侧枝粗壮,下部斜展,中、上部近直立生长,分布均匀;树干微弯。树皮淡灰褐色,基部粗糙;皮孔菱形,较少,散生,或2~4个横向连生,兼有少量大型皮孔及圆点状凹入皮孔。短枝叶圆形,近圆形,先端短尖,基部深心形,或偏斜,边部波状起伏,边缘不整齐锯齿。雄株!

产地:河南郑州。选育者:赵天榜、陈志秀。植株编号:No.14。

该新品种25年生树高21.8 m,胸径75.8 cm,单株材积7.996 3 m³。

2.5　河南毛白杨-117　新品种

Populus tomentosa Carr. cv.'Honanica-117'

该新品种群树冠圆球状;侧枝较粗,稀疏,斜展;树干微弯,无中央主干。树皮灰褐色,或灰绿色,光滑,枝痕三角形明显;皮孔2种:菱形,小,多散生;圆点状,小,瘤状突起,易与其他品种区别。雄株!

产地:河南鲁山具。选育者:赵天榜、黄桂生、李欣志。植株编号:No.117。

该新品种22年生树高21.5 m,胸径41.7 cm。

2.6　河南毛白杨-129　新品种

Populus tomentosa Carr. cv.'Honanica-129'

该新品种群树冠圆锥状;侧枝较开展;树干低、直。树皮灰白色,光滑,被一层较厚的粉质。短枝叶近圆形,较小,先端短尖,基部深心形,易与其他品种相区别。

产地:河南鄢陵县。选育者:赵天榜和陈志秀。植株编号:No.129。

该新品种7年生树高10.6 m,胸径21.9 cm,单株材积0.151 64 m³。抗叶斑病能力强。

2.7　河南毛白杨-35　新品种

Populus tomentosa Carr. cv.'Honanica-35'

该新品种群树冠近球状;侧枝开展;树干直,中央主干不明显。树皮灰褐色,较光滑,不纵裂;皮孔菱形,较小,多散生,并具有大量、小的、突起、散生圆点皮孔。短枝叶宽三角形,先端短尖,基部浅心形,稀截形,或偏斜,边缘波状粗齿。雄株!

产地:河南郑州。选育者:赵天榜、陈志秀。植株编号:No. 35。

2.8　河南毛白杨-130　新品种

Populus tomentosa Carr. cv.'Honanica-130'

该新品种群树冠卵球状;侧枝较细,开展;树干微弯,中央主干较明显。树皮淡灰褐色,较光滑;皮孔扁菱形,散生,或几个横向连生,并具有散生圆点状皮孔,易与其他品种相区别。

产地:河南郑州。选育者:赵天榜、焦书道。植株编号:No. 130。

2.9　河南毛白杨-38　新品种

Populus tomentosa Carr. cv.'Honanica-38'

该新品种群树冠近球状;侧枝粗大,少,开展;树干低、弯,中央主干不明显。树皮灰褐色,基部纵裂;皮孔菱形,较大,多散生,并具有少量、小的、散生圆点皮孔。短枝叶宽卵圆形、三角-近圆形,先端突短尖,或短尖,基部心形、圆形,边部波状起伏,边缘具波状粗齿。雄株!

产地:河南郑州。选育者:赵天榜、陈志秀。植株编号:No. 38。

该新品种 20 年生树高 20.3 m,胸径 56.8 cm,单株材积 2.093 49 m³。

2.10　河南毛白杨-102　新品种

Populus tomentosa Carr. cv.'Honanica-102'

该新品种群树冠近球状;侧枝开展;树干直,中央主干不明显。树皮灰绿色,光滑。皮孔 2 种:菱形,小,多散生;圆点状,较小,较多,散生。短枝叶三角形、三角-近圆形,先端短尖,基部深心形,边缘具波状半圆形粗齿,齿中等大小,先端有腺体。雄株!

产地:河南郑州。选育者:赵天榜、焦书道。植株编号:No. 102。

2.11　河南毛白杨-47　新品种

Populus tomentosa Carr. cv.'Honanica-47'

该新品种群树冠宽卵球状;侧枝稀,较粗,开展;树干微弯,中央主干不明显。树皮灰绿色,光滑。皮孔 2 种:菱形,中等,散生;圆点状,较稀,散生。短枝叶宽三角形,先端短尖,基部心形,有时不对称,边缘波状粗齿。雄株!

产地:河南郑州。选育者:赵天榜、陈志秀、宋留高。植株编号:No. 47。

2.12　河南毛白杨-119　品种

Populus tomentosa Carr. cv.'Honanica-119'

该品种群树冠近球状,宽大;侧枝较粗,开展;树干微弯,中央主干不明显。树皮灰褐色,基部浅纵裂;皮孔 2 种:菱形及圆点状。短枝叶宽三角-近圆形,先端短短尖,基部浅心形、截形,或宽楔形,边缘具波状粗齿,波状牙齿缘。雄株!

产地:河南郑州。选育者:赵天榜、钱士金。植株编号:No. 119。

2.13　河南毛白杨-15　新品种

Populus tomentosa Carr. cv.'Honanica-15'

该新品种群树冠近球状;侧枝粗大,开展,下部侧枝梢部下垂;树干低、不直。树皮灰褐色,纵裂;皮孔有点状及菱形 2 种。短枝叶三角形,或三角-近圆形,边部具波状齿,齿大小不等,内曲,齿端具腺点,易与其他品种相区别。

产地:河南郑州。选育者:赵天榜和陈志秀。植株编号:No. 15。

2.14　河南毛白杨-103　新品种

Populus tomentosa Carr. cv. ' Honanica-103 '

该新品种群树冠圆球状;侧枝中等,较开展,树干直,中央主干不明显。树皮灰绿色,光滑。皮孔有 2 种:圆点状,散生,较小;菱形中等,散生。短枝叶三角-近圆形,先端短尖,基部心形,边缘波状齿,大小不等,齿端具内曲腺点。

产地:河南郑州。选育者:赵天榜、陈志秀、姚朝阳。植株编号:No. 103。

2.15　河南毛白杨-32　新品种

Populus tomentosa Carr. cv. ' Honanica-32 '

该新品种群树冠宽卵球状;侧枝较粗,开展;树干微弯。树皮灰绿色,光滑。皮孔有 3 种:扁菱形,较小;圆点状,小,多;横椭圆形。短枝叶三角-圆形,先端短尖,基部浅心形,稀宽楔形,边缘具波状粗齿。雄株!

产地:河南郑州。选育者:赵天榜和陈志秀。植株编号:No. 32。

2.16　光皮河南毛白杨-80　新品种

Populus tomentosa Carr. cv. ' Honanica-80 '

该新品种树冠近球状;侧枝较粗,开展;树干微弯,中央主干较明显。树皮灰绿色,光滑。皮孔有 2 种:圆点状,小,较多,突起呈瘤点状;菱形,小,散生。短枝叶近圆形、三角-圆形,较多,先端短尖,基部心形,边缘波状齿,齿间具小锯齿。雄株!

产地:河南郑州。选育者:赵天榜、陈志秀、焦书道。植株编号:No. 80。

2.17　光皮河南毛白杨　新品种

Populus tomentosa Carr. var. honanica Yü Nung cv. ' Guangpi ',cv. nov.

本新品种树皮灰绿色,光滑。皮孔有 2 种:菱形,小,散生;圆点状,小,较多。短枝叶近圆形,基部心形,边部具波状齿,齿间具不整齐小锯齿。雄株!

本新品种由赵天榜、陈志秀选出。河南各地有栽培。

2.18　长柄毛白杨(植物研究)　新组合品种

Populus tomentosa Carr. f. longipetiola T. B. Zhao et J. W. Liu cv. ' Longipetiola ',cv. comb. nov. ,Populus tomentosa Carr. f. longipetiola T. B. Zhao et J. W. Liu,植物研究,11(1):59~60. 图 1(照片). 1991;赵天锡,陈章水主编. 中国杨树集约栽培:314. 1994;赵天榜等. 毛白杨优良无性系. 河南科技,8:25. 1990。

本新组合品种树冠帚形;侧枝斜展。树皮灰白色,被白色蜡质层,光滑;皮孔菱形,很小,径 4~6 mm,边缘平滑。小枝稀少,呈长枝状枝,通常下垂。短枝叶圆形、近圆形,革质,先端突短尖,基部浅心形;叶柄长 10.0~13.0 cm,通常等于或长于叶片。雌株! 花序细短;苞片匙-窄卵圆形,灰褐色、黑褐色,边缘被白色短缘毛;花盘漏斗状,边缘齿状裂;子房椭圆体状,淡绿色,柱头 2 裂,每裂 2 叉,淡黄绿色。果序长 18.0~23.0 cm;蒴果圆锥状,中部以上渐长尖,先端弯曲,成熟后 2 瓣裂,结籽率 30.0%~50.0%。花期 3 月;果熟期 4 月。

产地:本新组合品种在河南郑州、新乡、洛阳、许昌等地有广泛栽培。模式标本,采于
河南郑州,存河南农业大学。据调查,17 年生平均树高 15.0 m,平均胸径 55.0 cm,单株材
积 1.177 19 m³。同时,树姿美观,长枝状小枝下垂,叶圆形而大,叶柄长叶下垂,可作绿化
观赏用。

2.19　河南毛白杨-122　新品种

Populus tomentosa Carr. cv. 'Honanica-122'

该新品种群树冠宽圆球状;侧枝粗壮,开展;树干直,中央主干不明显。树皮灰褐色,
较光滑。皮孔有 2 种:圆点状,多,小,散生,或 2~4 个或多数横向连生;菱形,中等,多散
生。短枝叶近圆形,或三角-近圆形,先端短尖,或突短尖,基部近圆形、浅心形,边缘具波
状粗齿。

产地:河南郑州。选育者:赵天榜和陈志秀。植株编号:No. 122。

2.20　棕苞河南毛白杨-152　新品种

Populus tomentosa Carr. cv. 'Honanica-152'

该新品种群树冠大;侧枝开展;树干直,中央主干不明显。树皮灰绿色,较光滑。皮孔
有 2 种:圆点状皮孔多,小,散生,较小;菱形,小,散生。短枝叶宽卵圆-三角形,先端短
尖,或长尖,基部浅心形,稀圆形;苞片棕色,黑棕色为显著特征。

产地:河南郑州。选育者:赵天榜、陈志秀。植株编号:No. 152。

2.21　两性花河南毛白杨　新品种

Populus tomentosa Carr. var. Honanica Yü Nung cv. 'Erxinghua', cv. nov.

本新品种雌雄同株! 花序长 8.0~10.0 cm,有花序分枝出现。果序分枝,或蒴果着生
在雄花序轴上。

本新品种选育者:赵天榜,陈志秀。河南各地有栽培。

2.22　河南毛白杨-16　新品种

Populus tomentosa Carr. cv. 'Honanica-16'

该新品种树冠近球状;侧枝少,粗大,多开展;树干低、弯,中央主干不明显。树皮灰褐
色,基部纵裂。皮孔有 2 种:圆点状,散生;菱形,中等,散生。短枝叶近圆形,三角-宽圆
形。雌雄同株! 雄花序长 8.0~10.0 cm,有时有少数枝状花序出现,有时雄花序上有雌花
序分枝、雌花及蒴果。

产地:河南郑州。选育者:赵天榜和陈志秀。植株编号:No. 16。

2.23　圆叶河南毛白杨*　品种

Populus tomentosa Carr. cv. 'YUANYE-HENAN', *Populus tomentosa* Carr. var. *honanica* Yü Nung(T. B. Zhao) cv. 'YUANYE-HENAN', CATALOGUE INTERNATIONAL DES CULTIVARS DE PEUPLIERS,18. 1990;赵天榜等. 毛白杨优良无性系研究. 河南科技,增刊:6. 1991;赵天榜等主编. 河南主要树种栽培技术:99. 图13. 3. 图14. 9. 1994;李淑玲、戴丰瑞主编. 林木良种繁育学:280. 1996;赵天锡,陈章水主编. 中国杨树集约栽培:16. 313. 1994;圆叶毛白杨. 河南农学院园林系编(赵天榜). 杨树:7. 1974;赵天榜等. 毛白杨优良无性系. 河南科技, 8:24~25. 1990。

该品种树冠圆球状;侧枝粗壮。小枝多构成长枝状枝,稍下垂。短枝叶近圆形,较大,

表面亮绿色,背面淡绿色,先端短尖,基部深心形,或偏斜,边部波状起伏,边缘具不整齐锯齿;叶柄侧扁。雄株!

产地:河南郑州。选育者:赵天榜、陈志秀等。模式植株编号:14。

本品种生长很快,25 年生树高 21.8 m,胸径 75.8 cm,单株材积 2.996 3 m³。河南各地有栽培。本品种郑州等地有栽培。

注:* 为 1990 年 6 月 15 日国际杨树委员会首次用法文、英文公布的我国特有杨树——毛白杨 6 个新品种之一。

2.24　河南毛白杨 259 号　新品种

Populus tomentosa Carr. cv.'259',cv. nov.

本新品种树冠卵球状、塔形;侧枝较稀,枝角 50°~70°;树干通直;树皮灰白色,光滑;皮孔菱形,较小,散生,或 2~4 个横向连生。

本新品种生长中等,5 年生树高 7.5 m,胸径 12.1 cm,比对照胸径大 8.23%。树冠小,胁地轻,是"四旁"绿化和农田防护林良种。高抗叶锈病、叶斑病,无天牛危害。

本新品种选育者:赵天榜、陈志秀。河南各地有栽培。

2.25　河南毛白杨 85 号　新品种

Populus tomentosa Carr. cv.'85',cv. nov.

本新品种树冠卵球状;侧枝较稀,枝角 50°~80°;树干灰绿色,光滑;皮孔菱形,小,多 3~4 个横向连生。

本新品种速生,5 年生树高 12.0 m,胸径 16.85 cm,比对照胸径大 8.23%。高抗叶锈病、叶斑病,无天牛危害。

本新品种选育者:赵天榜、陈志秀。河南各地有栽培。

2.26　鲁山河南毛白杨　新品种

Populus tomentosa Carr. cv.'Lushan',cv. nov.

本新品种树干通直;侧枝粗壮,开展;树干较光滑;皮孔菱形,较小,突起。雄花序细长。

本新品种速生,15 年生树高 22.5 m,胸径 40.9 cm,单株材积 1.172 09 m³。比对照单株材积 0.758 79 m³,增长率大 183.57%。高抗叶斑病,是绿化良种。

本新品种选育者:赵天榜、陈志秀。河南各地有栽培。

3. 小叶毛白杨品种群　品种群

Populus tomentosa Carr. Microphylla group

赵天榜. 杨树:7~9. 图 4. 1974;中国林业科学,1:14~20. 1978;河南农学院科技通讯,2:34~35. 1978;河南植物志. 1:175. 1981;中国主要树种造林技术:316. 1981。

该品种群树皮皮孔菱形,中等大小,2~4 个横向连生。短枝叶三角-卵圆形,较小,先端短尖;长枝叶缘重锯齿。雌株!蒴果结籽率达 30% 以上。

该品种群要求土、肥、水条件较高。在适生条件下,具有早期速生特性。其中,有小叶毛白杨、细枝小叶毛白杨等 25 无性系。优良无性系有小叶毛白杨、细枝小叶毛白杨等。目前,河南大面积推广的无性系为小叶毛白杨。

本品群有 19 品种,其中 16 个新品种。

品种:

3.1　小叶毛白杨　品种

Populus tomentosa Carr. cv. 'Microphylla',赵天榜等主编. 河南主要树种栽培技术: 99. 图 14. 1994.

该品种树冠卵球状;侧枝较密。树干直,中央主干不明显。树皮灰白色,或灰褐色,较光滑;皮孔菱形,中等,较少。短枝叶卵圆形,或三角-卵圆形,较小;叶柄细长。长枝叶缘重锯齿。雌株! 蒴果圆锥状,绿色,成熟后 2 裂。花期 3 月;果实成熟期 4 月。

产地:河南郑州。选育者:赵天榜等。模式植株编号:58。

本品种生长很快,25 年生树高 21.8 m,胸径 75.8 cm,单株材积 2.999 63 m³。河南各地有栽培。本品种郑州等地有栽培。抗锈病、叶斑病;抗烟、抗污染能力较河南毛白杨强。木材是毛白杨中较好的一种。

3.2　小叶毛白杨-58　新品种

Populus tomentosa Carr. cv. 'Microphylla-58'

该新品种树冠卵球状;侧枝较密;树干直,中央主干不明显;树皮灰白色,或灰绿色,较光滑;皮孔菱形,中等,较少。短枝叶卵圆形,或三角-宽卵圆形,先端短尖,基部浅心形,或近圆形,稀截形,边缘具细锯齿。雌株! 子房柱头 2 裂,每裂 2~3 叉,淡红色。

产地:河南郑州。选育者:赵天榜和陈志秀。植株编号:No. 58。

该新品种群具有早期速生、抗性强等特性。

3.3　箭杆小叶毛白杨-1　新品种

Populus tomentosa Carr. cv. 'Microphylla-1'

该新品种树冠卵球状;侧枝较细,斜生,分布均匀;树干通直,中央主干明显,直达树顶;树皮灰白色,或灰绿色,较光滑;皮孔菱形,较多,多散生;皮孔中间纵裂纹红褐色。短枝叶卵圆形,或三角-宽卵圆形,或近圆形,先端短尖,基部圆形,或微心-宽楔形,边缘具细锯齿,齿端具腺点。雌株! 子房柱头 2 裂,淡粉红色,或淡红色。每裂 2~3 叉,每叉棒状,表面具许多突起。

产地:河南郑州。选育者:赵天榜和陈志秀。植株编号:No. 1。

该新品种 20 年生树高 20.8 m,胸径 38.07 cm,单株材积 0.969 88 m³。

3.4　小叶毛白杨-2　新品种

Populus tomentosa Carr. cv. 'Microphylla-2'

该新品种树冠宽大,近球状;无中央主干;树皮皮孔菱形,中等,较多,2~4 个横向连生,有散生大型皮孔中。短枝叶三角-宽卵圆形,圆心形,较小,先端短尖,基部浅心形,或小三角-心形,稀圆形。雌株! 柱头 2 裂,淡红色,或淡红色。每裂 4~8 叉,每叉弯曲,或先端浅裂,裂片扭曲,表面具许多突起。

产地:河南郑州。选育者:赵天榜、陈志秀、宋留高。植株编号:No. 2。

该新品种 20 年生树高 20.3 m,胸径 43.9 cm,单株材积 1.218 32 m³。

3.5　小叶毛白杨-4　新品种

Populus tomentosa Carr. cv. 'Microphylla-4'

该新品种树冠近球状;侧枝较粗,开展,分布均匀;树干直,中央主干不明显;树皮灰白色,较粗糙;皮孔菱形,较多,较大,2~4个横向连生,或多个,横向连生。短枝叶卵圆形,三角-卵圆形,先端短尖,基部微心形,边缘具锯点,齿端内曲,具腺点。雌株!柱头2裂,淡红色。每裂2~4叉。

产地:河南郑州。选育者:赵天榜、陈志秀。植株编号:No.4。

该新品种20年生树高19.5 m,胸径48.5 cm,单株材积1.427 83 m³。

3.6　小叶毛白杨-6　新品种

Populus tomentosa Carr. cv.'Microphylla-6'

该新品种树冠卵球状;侧枝较细,较多,斜展,下部侧枝开展;树干直,中央主干不明显;树皮灰白色,或灰绿色,较光滑;皮孔菱形,较多,中等,少散生,多2~4个横向连生。短枝叶卵圆形,或圆心形,较小,先端短尖,或突渐尖,基部浅心形、圆形,或楔形,偏斜,边缘具整齐小锯点,齿端具腺点。雌株!柱头2裂,淡红色。每裂2~3叉。

产地:河南郑州。选育者:赵天榜和陈志秀。植株编号:No.6。

该新品种20年生树高17.5 m,胸径43.5 cm,单株材积0.991 27 m³。

3.7　小叶毛白杨-8　新品种

Populus tomentosa Carr. cv.'Microphylla-8'

该新品种树冠卵球状;侧枝较细,斜展;树干直,中央主干明显;树皮灰白色,或绿色,较光滑;皮孔菱形,中等,多2~4个横向连生。短枝叶三角-卵圆形,或宽三形,先端短尖,或短渐尖,基部浅心形,稀近圆形,或偏斜,边缘具锯齿,内曲,齿端具腺点。雌株!柱头2裂,淡红色。每裂2~3叉。

产地:河南郑州。选育者:赵天榜和陈志秀。植株编号:No.8。

3.8　小叶毛白杨-121　新品种

Populus tomentosa Carr. cv.'Microphylla-121'

该新品种树冠卵球状;侧枝开展;树干中央主干稍明显;树皮灰绿色,光滑;皮孔菱形很少,多散生;圆点状皮孔,较少。短枝叶圆形,或近圆形,先端短尖,基部浅心形。雌株!

产地:河南郑州。选育者:赵天榜和陈志秀。植株编号:No.121。

3.9　小叶毛白杨-82　新品种

Populus tomentosa Carr. cv.'Microphylla-82'

该新品种树冠圆锥状,或卵球状;侧枝较细,开展;树干微弯,中央主干明显,直达树顶;树皮灰绿色,较光滑;皮孔菱形,较小,较少,多散生,兼有圆点状小型皮孔。短枝叶卵圆形,三角-卵圆形,先端短尖,或突短尖,基部宽截形,或圆形,稀浅心形。雌株!

产地:河南郑州。选育者:赵天榜和陈志秀。植株编号:No.82。

3.10　小叶毛白杨-59　新品种

Populus tomentosa Carr. cv.'Microphylla-59'

该新品种树冠卵球状;侧枝较多;树干微弯,中央主干不明显;树皮灰绿色;皮孔菱形,小而多,呈2~4个横向连生。短枝叶宽卵圆-三角形,或近圆形,先端短尖,或突短尖,基部心形,稀截形,边缘具波状粗锯,齿端内曲。雌株!柱头2裂,每裂2~3叉,具淡红色斑点。

产地:河南郑州。选育者:赵天榜、陈志秀。植株编号:No.59。

该新品种 20 年生树高 18.8 m,胸径 40.5 cm,单株材积 0.882 8 m³。抗叶部病害。

3.11　小叶毛白杨-31　品种

Populus tomentosa Carr. cv. 'Microphylla-31'

该品种树冠卵球状;侧枝较细,较稀;树干微弯,中央主干较明显;树皮灰绿色,较光滑;皮孔扁菱形,较小,较多,呈瘤状突起。短枝叶宽三角-卵圆形,先端短尖,基部近心形,边部波状起伏,边缘具波状粗锯;叶柄具红晕。雌株!

产地:河南郑州。选育者:赵天榜、钱士金。植株编号:No. 31。

该品种 20 年生树高 13.7 m,胸径 36.5 cm,单株材积 0.568 63 m³。

3.12　小叶毛白杨-13　新品种

Populus tomentosa Carr. cv. 'Microphylla-13'

该新品种树冠卵球状;侧枝稀疏,分布均匀;树干微弯,中央主干通直;树皮灰绿色,光滑;皮孔菱形,较小,较多,背部钝圆,背缘棱线突起。短枝叶宽三角-宽卵圆形,先端短尖,或短渐尖,基部浅心形,稀截形,边缘具整齐尖锯齿。雌株!

产地:河南郑州。选育者:赵天榜和陈志秀。植株编号:No. 13。

该新品种 13 年生树高 15.2 m,胸径 21.9 cm,单株材积 0.292 30 m³。

3.13　小叶毛白杨-9　新品种

Populus tomentosa Carr. cv. 'Microphylla-9'

该新品种树冠近球状;侧枝细,平展;树干直,中央主干不明显;树皮灰绿色,基部较粗糙;皮孔菱形,中等,多 2~4 个横向连生。短枝叶卵圆形、近圆形,小,边缘具整齐细锯齿。雌株!

产地:河南郑州。选育者:赵天榜和陈志秀。植株编号:No. 9。

该新品种 13 年生树高 15.2 m,胸径 21,9 cm,单株材积 0.292 30 m³。

3.14　小叶毛白杨-101　新品种

Populus tomentosa Carr. cv. 'Microphylla-101'

该新品种树冠近球状;侧枝较粗,开展;树干弯,中央主干不明显;树皮灰褐色,较光滑;皮孔菱形,小,多,多 2~4 个横向连生。短枝叶卵圆形、三角-近圆形,较小,先端短尖,基部近圆形,或偏斜,边缘具整齐的内曲锯齿。雌株!

产地:河南郑州。选育者:赵天榜和陈志秀。植株编号:No. 101。

3.15　小叶毛白杨-110　新品种

Populus tomentosa Carr. cv. 'Microphylla-110'

该新品种树冠卵球状;侧枝稀疏,开展;树干直,中央主干明显;树皮灰绿色,或灰白色,较光滑;皮孔菱形,小,多 2~4 个横向连生。短枝叶三角-卵圆形、三角-近圆形,较小,先端短尖,基部微心形,或楔形、近圆形,边缘具整齐的细锯齿。雌株!

产地:河南郑州。选育者:赵天榜和陈志秀。植株编号:No. 110。

3.16　小叶毛白杨-11　新品种

Populus tomentosa Carr. cv. 'Microphylla-11'

该新品种树冠卵球状;侧枝斜展;树干直,中央主干明显;树皮灰褐色,基部黑褐色,浅纵裂;皮孔菱形,中等,较多,且突起。短枝叶三角形,稀圆形,先端短尖,基部浅心形、圆形,稀楔形,边缘锯齿。雌株! 柱头具紫红色小点。

产地:河南郑州。选育者:赵天榜和陈志秀。植株编号:No. 11。

3.17　小叶毛白杨-7　新品种

Populus tomentosa Carr. cv. 'Microphylla-7'

该新品种树干直;树皮皮孔菱形,中等,散生。短枝叶三角形,稀-近圆形,边缘具较整齐半圆内曲锯齿,齿端具腺点。雌株! 柱头具紫红色小点。

产地:河南郑州。选育者:赵天榜、陈志秀。植株编号:No. 7。

3.18　小叶毛白杨-150　新品种

Populus tomentosa Carr. cv. 'Microphylla-150'

该新品种树冠卵球状;侧枝细,少;树皮灰绿色,或灰色;皮孔扁菱形,或竖菱形,散生,中间纵裂。短枝叶卵圆形。雌株! 柱头具紫红色小点。

产地:河南郑州。选育者:赵天榜、钱士金。植株编号:No. 150。

3.19　细枝小叶毛白杨*　品种

Populus tomentosa Carr. 'Xizhi-Xiaoye', *Populus tomentosa* Carr. var. *microphylla* Yü Nung(T. B. Zhao) cv. 'XIZHI-XIAOYE', CATALOGUE INTERNATIONAL DES CULTI-VARS DE PEUPLIERS,18. 1990;赵天榜等主编. 河南主要树种栽培技术:99. 1994;李淑玲,戴丰瑞主编. 林木良种繁育学: 280. 1996;赵天锡,陈章水主编. 中国杨树集约栽培:17. 313. 1994;赵天榜等. 毛白杨优良无性系. 河南科技,增刊:25. 1991。

本品种树冠近球状;侧枝细,平展。小枝细、短、弱,多直立生长。短枝叶卵圆形、近圆形,小,边缘具细锯齿。雌株! 苞片匙-椭圆形,上中部棕黄色条纹,3~5 裂,裂片淡棕黄色,边缘褐色,具白色长缘毛;花盘小,漏斗形,边缘波状粗齿。果序长 6.5~8.5 cm。

产地:河南郑州。选育者:赵天榜、陈志秀等。模式植株编号:9。

注:*为 1990 年 6 月 15 日国际杨树委员会首次用法文、英文公布的我国特有杨树——毛白杨 6 个新品种之一。

4. 密孔毛白杨品种群　品种群

Populus tomentosa Carr. Multilenticellia group

赵天榜. 毛白杨类型的研究. 中国林业科学,1:14~20. 1978;河南农学院科技通讯,2:37~38. 图 11. 1978;河南植物志. 1:174~175. 1981。

该品种群树冠开展;侧枝粗大。树皮皮孔菱形,较小,多数横向连生。短枝叶三角-圆形、宽卵圆形,或近圆形,基部深心形。雄株!

该品种群适应性、生长速度等特性近于河南毛白杨品种群。其中有密孔毛白杨等 5 个无性系。优良无性系为中皮孔密孔毛白杨。

地点:河南郑州。

本品群有 4 个新品种。

品种:

4.1　密孔毛白杨-17　新品种

Populus tomentosa Carr. cv. 'Multilenticellia-17'

该新品种树冠宽圆球状;侧枝粗大;树干较低,中央主干不明显;树皮皮孔菱形,小而密,以横向连生呈茸状为显著特征。短枝叶三角-宽圆形,或宽卵圆形,先端短尖,基部心形,或偏斜,边缘具粗锯齿。雄株! 花序长 9.4~16.0 cm;雄蕊 8~13 枚;花粉极多。

产地:河南郑州。选育者:赵天榜和陈志秀。植株编号:No. 17。

该新品种 20 年生树高 21.9 m,胸径 42.0 cm,单株材积 1.177 19 m³。

4.2　密孔毛白杨-22　新品种

Populus tomentosa Carr. cv. 'Multilenticellia-22'

该新品种树皮光滑;皮孔菱形,小,密集呈横线状排列为显著特征。短枝叶卵圆形,或三角-卵圆形,较小,先端短尖,或尖,基部浅心形、圆形、楔形,或宽楔形,边缘具整齐的内曲细锯齿,齿端具腺点。雄株! 花序长 9.5 cm;雄蕊 8~9 枚。

产地:河南郑州。选育者:赵天榜和陈志秀。植株编号:No. 22。

该新品种 30 年生树高 21.3 m,胸径 43.5 cm,单株材积 1.226 68 m³。

4.3　密孔毛白杨-24　新品种

Populus tomentosa Carr. cv. 'Multilenticellia-24'

该新品种树冠宽球状;侧枝粗大,开展;树干微弯,无中央主干;树皮灰褐色,较光滑;皮孔菱形,较小,较密,多呈横向线状排列。短枝叶宽三角形、近圆形,较大,先端短尖,或尖,基部心形,边缘具波状锯齿,齿端具腺点。雄株!

产地:河南郑州。选育者:赵天榜和陈志秀。植株编号:No. 24。

该新品种 25 年生树高 23.8 m,胸径 62.5 cm,单株材积 2.899 12 m³。

4.4　密孔毛白杨-78　新品种

Populus tomentosa Carr. cv. 'Multilenticellia-78'

该新品种树冠卵球状;侧枝较粗,斜展,分布均匀;树干通直,中央主干较明显;树皮灰白色,或灰褐色,较光滑;皮孔菱形,较小,多呈横向线状排列。短枝叶近圆形,或宽三角-圆形,先端短尖,基部近圆形。雄株!

产地:河南郑州。选育者:赵天榜、陈志秀、宋留高。植株编号:No. 78。

5. 截叶毛白杨品种群　品种群

Populus tomentosa Carr. Truncata group

符毓秦等. 毛白杨的一新变种. 植物分类学报,13(3):95. 图版 13:1~4. 1975;赵天榜. 毛白杨类型的研究. 中国林业科学,1:14~20. 1978;河南植物志. 1:174. 1981;中国主要树种造林技术(毛白杨—赵天榜):314. 1978;中国树木志 Ⅱ:1967. 1985;中国植物志.20(2):18. 1984。

该品种群树冠浓密;树皮平滑,灰绿色,或灰白色;皮孔菱形,小,多 2~4 个横向连生,短枝叶三角-卵圆形,基部通常截形。

该品种群主要特性是:生长迅速、抗叶部病害等。其中有 3 品种。

地点:陕西周至县。

品种:

5.1　截叶毛白杨　品种

Populus tomentosa Carr. cv. 'Truncata',赵天榜等主编. 河南主要树种栽培技术:99. 1994.

该品种树冠浓密;树皮灰绿色,平滑;皮孔菱形,小,2 枚以上横向连生呈线状。长枝下部和短枝叶基部通常截形。幼叶表面茸毛较稀,仅脉上较多。

该品种群主要特性是:生长迅速、抗叶部病害等。其中有 3 个优良无性系。

截叶毛白杨 13 年生平均树高 14.75 m,胸径 22.9 cm;毛白杨 13 年生平均树高 12.60 m,胸径 16.1 cm。

地点:陕西周至县。选育者:符毓秦等。模式植株编号:125。

5.2　截叶毛白杨-126　品种

Populus tomentosa Carr. cv. 'Truncata-126'

该品种树冠卵球状;侧枝较细,斜展,分布均匀;树干直;树皮灰褐色,或灰绿色,光滑;皮孔菱形,小,多 2~4 呈横向连生。短枝叶三角-卵圆形,卵圆形,先端短尖,基部近截形,或深心形。

群树冠浓密,分枝角度 45°~65°;树皮平滑,灰绿色;皮孔菱形、小,多 2 个以上横向连生呈线形。短枝叶基部通常截形。

地点:陕西周至县。选育者:符毓秦等。植株编号:No. 126。

5.3　截叶毛白杨-127　品种

Populus tomentosa Carr. cv. 'Truncata-127'

该品种树皮皮孔菱形,大,多 2~4 个呈横向连生。短枝叶三角形,卵圆形,基部深心形,边缘波状起伏。

地点:陕西周至县。选育者:符毓秦等。植株编号:No. 127。

6. 光皮毛白杨品种群　品种群

Populus tomentosa Carr. Lerigata group

Zhao Tianbang et al. ,Study on the Execellent Forms of Populus Tomentosa——IN TER-NATIONAL POPLAR COMMISSION ELGTEENTH SESSION Beijing, CHINA, 58 September 1988。

该品种群树冠近球状;侧枝粗壮,开展;树干直,中央主干不明显。树皮极光滑,灰绿色;皮孔菱形,小,多 2~4 个或 4 个以上横向连生;树干上枝痕横椭圆形,明显;叶痕横线形,突起很明显。短枝叶宽三角形、三角-近圆形,先端尖,或短尖,基部深心形,近叶柄处为楔形,边缘具波状粗锯齿,或细锯齿。雄株! 花序粗大,长 13.0~15.6 cm;雄蕊 6 枚,稀8 枚。

该品种群具有生长迅速,耐水、肥等优良特性,是短期内能提供大批优质用材的优良无性系。

地点:河南鲁山县。

本群有 2 个品种。

品种:

6.1　光皮毛白杨(植物研究)　品种

Populus tomentosa Carr. cv. 'Lerigata',赵天榜等主编. 河南主要树种栽培技术:99~100. 1994;李淑玲,戴丰瑞主编. 林木良种繁育学:281. 图 3-1-20(1):7. 1996;*Populus tomentosa* Carr. f. *lerigata* T. B. Zhao et Z. X. Chen,赵天榜等. 毛白杨的四个新类型. 植

物研究,11(1):60. 图 3(照片). 1991;赵天锡,陈章水主编. 中国杨树集约栽培:313～
314. 1994;杨谦等. 河南杨属白杨组植物分布新记录. 安徽农业科学,36(15):6295.
2008;赵天榜等. 毛白杨优良无性系. 河南科技,8:25. 1990。

　　本品种树冠近球状,侧枝粗壮,开展。树皮灰绿色,很光滑;皮孔菱形,小,多 2～4 个,
或 4 个以上横向连生。短枝叶宽三角形、三角-近圆形,先端短尖,基部深心形,近叶柄处
为楔形,边缘具波状粗锯齿,或细锯齿,表面深绿色,具光泽;叶柄侧扁,先端通常具 1～2
腺体。雄株! 花序粗大;雄蕊 6 枚,淡黄色,花粉多。

　　产地:河南。选育者:赵天榜、黄桂生、李欣志等。模式株号:113。

　　本品种生长快,在河南郑州、新乡、洛阳、许昌等地有广泛栽培。据在郑州调查,20 年
生平均树高 20.5 m,平均胸径 60.0 cm,单株材积 2.328 13 m³,而同龄箭杆毛白杨平均树
高 19.5 m,平均胸径 26.9 cm,单株材积 0.480 79 m³。在土壤肥沃条件下,"四旁"栽培
后,加强抚育管理生长很快,是我国华北平原地区一个优良树种。

6.2　光皮毛白杨-113

Populus tomentosa Carr. cv. 'Lerigata'

　　该品种形态特征与光皮毛白杨品种群形态特征相同。

　　产地:河南鲁山县。选育者:赵天榜、黄桂生、李欣志。植株编号:113。

　　该品种 20 年生树高 20.5 m,胸径 60.8 cm,单株材积 2.328 13 m³。抗叶斑病。

7. 梨叶毛白杨品种群　品种群

Populus tomentosa Carr. Pynifolia group

　　赵天榜:毛白杨起源与分类的初步研究. 河南农学院科技通讯,2:30～32. 1978;河南
植物志. 1:174～175. 1981。

　　该种群树冠宽大;侧枝粗,稀。短枝叶革质,椭圆形、宽卵圆形、梨形。雌株! 花序
粗大,柱头黄绿色,2 裂,每裂 2～4 叉,裂片大,羽毛状。蒴果圆锥状,大,结籽率 30.0%
以上。

　　该品种群具有耐干旱等特性,在河南太行山区东麓褐土上,是毛白杨无性系中生长最
快的一种。其中有梨叶毛白杨等 3 个品种。

　　地点:河南郑州。

　　本群有 3 个品种,其中 2 新品种。

品种:

7.1　梨叶毛白杨-18　新品种

Populus tomentosa Carr. cv. 'Pynifolia-18'

　　该新品种树冠宽大,圆球状;侧枝粗大,较开展。树干微弯;树皮灰绿色,稍光滑;皮孔
扁菱形,大,以散生为主,少数连生。短枝叶椭圆形,或卵圆形,稀圆形,先端尖,或短尖,基
部浅心形,有时偏斜,边缘具粗锯齿,或波状齿,齿端具腺体。雌株! 花序粗大,柱头谈黄
绿色;结籽率 30.0% 以上。

　　地点:河南郑州。选育者:赵天榜、钱士金。植株编号:No.18。

　　该新品种 20 年生树高 22.7 m,胸径 40.5 cm,单株材积 1.155 12 m³。抗叶斑病。

7.2 梨叶毛白杨-33 品种

Populus tomentosa Carr. cv. 'Pynifolia-33'

该品种树冠卵球状;侧枝较细,多斜生。树干直,中央主干稍明显;树皮灰褐色,基部粗糙;皮孔菱形,较小,突起呈瘤状。短枝叶长卵圆形、三角-卵圆形,稀卵圆形,先端短尖,或三角-心形,稀圆形。雌株!

地点:河南郑州。选育者:赵天榜、钱士金。植株编号:No.33。

7.3 梨叶毛白杨-111 新品种

Populus tomentosa Carr. cv. 'Pynifolia-111'

该新品种树冠宽大,近球状;侧枝较粗,近平展。树干直,无明显中央主干;树皮灰绿色,基部灰褐色,粗糙;皮孔圆点形,较大,较少,散生,有菱形皮孔,散生。短枝叶三角-卵圆形,稀卵圆形,先端短尖,基部心形,边缘具内曲波状齿,齿端具腺体。雌株!

地点:河南郑州。选育者:赵天榜和陈志秀。植株编号:No.111。

8. 密枝毛白杨品种群 品种群

Populus tomentosa Carr. Ramosissima group

赵天榜.毛白杨类型的研究.中国林业科学,1:14~20.1978;河南植物志.1:174~175.1981;赵天榜.毛白杨起源与分类的初步研究.河南农学院科技通讯,2:40~42.1978;赵天榜.毛白杨系统分类的研究.南阳教育学院学报 理科版(总第6期).1990。

该品种群树冠浓密;侧枝多,中央主干不明显。小枝稠密。幼枝、幼叶密被白茸毛。蒴果扁卵球状。

该品种群生长快,抗叶部病害,落叶晚,是观赏和抗病育种的优良类群。其中有密枝毛白杨、银白毛白杨等7个无性系。粗密枝毛白杨为优良无性系。

地点:河南郑州。

本群有6个品种,其中5新品种。

8.1 密枝毛白杨-20 新品种

Populus tomentosa Carr. cv. 'Ramosissima-20'

该新品种树冠卵球状;侧枝细而多,分枝角小;无中央主干;树皮灰绿色,或灰白色,较光滑;皮孔菱形,较多,较大,散生,或2~4个呈横向连生。短枝叶卵圆形,三角-卵圆形,三角-近圆形。雌株!柱头大,与子房等长;裂片淡黄绿色,稀紫色。

地点:河南郑州。选育者:赵天榜和陈志秀。植株编号:No.20。

该新品种20年生树高22.2 m,胸径39.3 cm,单株材积0.913 04 m³。抗病能力强,落叶晚。

8.2 密枝毛白杨-21 新品种

Populus tomentosa Carr. cv. 'Ramosissima-21'

该新品种树冠浓密;侧枝多而细;中央主干不明显;树皮灰白色,较光滑;皮孔菱形,较多,散生,或2~4个呈横向连生。短枝叶卵圆形,三角-卵圆形,先端短尖,基部圆形,宽楔形,边缘具波状粗齿。雌株!柱头大,与子房等长;裂片淡黄绿色,稀紫色。

地点:河南郑州。选育者:赵天榜和陈志秀。植株编号:No.21。

该新品种30年生树高15.3 m,胸径36.4 cm,单株材积0.520 36 m³。抗叶斑病、锈病能力强,落叶晚。

8.3　密枝毛白杨-23　新品种

Populus tomentosa Carr. cv.'Ramosissima-23'

该新品种树冠近球状;侧枝粗大,斜生;树干微弯,无中央主干;树皮灰褐色,较光滑;皮孔菱形,较多,散生,或多个呈横向连生。短枝叶椭圆形,卵圆形,或圆形,纸质。雌株!

地点:河南郑州。选育者:赵天榜和陈志秀。植株编号:No. 23。

8.4　密枝毛白杨-27　新品种

Populus tomentosa Carr. cv.'Ramosissima-27'

该新品种树冠宽卵球状;侧枝粗壮,开展;树干微弯,无中央主干不明显;树皮灰绿色,或灰褐色,较粗糙;皮孔菱形,中等,较多,较大,散生,或2~4个呈横向连生。短枝叶三角-卵圆形,卵圆-椭圆形。雌株!柱头2裂,每裂23叉,裂片长而宽,达子房1/2长。

地点:河南郑州。选育者:赵天榜和陈志秀。植株编号:No. 27。

8.5　密枝毛白杨-36　新品种

Populus tomentosa Carr. cv.'Ramosissima-36'

该新品种树冠近球状;侧枝粗壮,分枝角50°~55°,下部侧枝开展,梢部稍下垂;长状枝弯曲,梢端上翘;无中央主干;树皮灰绿色,或灰褐色,较光滑;皮孔菱形,中等,个体差异明显,较多,散生,稀连生。短枝叶三角-卵圆形,或近圆形,稀扁圆形,先端短尖,或尖,基部圆形、宽楔形、浅心形,有时偏斜,边缘具波状大齿,或牙齿缘。雌株!柱头大,与子房等长;裂片淡黄绿色,稀紫色。

地点:河南郑州。选育者:赵天榜、钱士金。植株编号:No. 36。

该新品种20年生树高17.5 m,胸径51.5 cm,单株材积1.444 5 m³。

8.6　粗密枝毛白杨*　品种

Populus tomentosa Carr. cv.'Cumizhi',赵天榜等主编. 河南主要树种栽培技术:100. 1994.

该品种树冠近球状;侧枝稀,粗大,斜展,二、三级侧枝稀疏、较粗壮,四级侧枝较细、较密;树皮皮孔菱形,较大,较密,多2~4个,或多数横向连生呈线状。短枝叶卵圆形、三角-卵圆形,表面深绿色,背面淡绿色,宿存有白茸毛,幼时更密;叶柄细长。雌株!柱头淡黄绿色。

地点:河南郑州。选育者:赵天榜、黄桂生等。模式植株编号:114。

该品种20年生单株材积3.417 36 m³,同龄毛杨单株材积0.466 0 m³。抗病力强、落叶晚。

9. 银白毛白杨品种群　新品种群

Populus tomentosa Carr. Albitomentosa group,group nov.

本新品种群叶背面及叶柄密被白色茸毛。

本新品种群2新品种。

品种:

9.1　银白毛白杨-37　新品种

Populus tomentosa Carr. cv.'Ramosissima-37'

该新品种树冠近球状;侧枝较粗,直立斜展,枝层明显;树干微弯,中央主干不明显;树皮灰绿色,或灰褐色,较光滑;皮孔菱形,中等,较多,散生,兼有少量小皮孔。短枝叶近圆形,先端短尖,或尖,基部圆形,或浅心形,叶背面及叶柄密被白色茸毛。雌株!

产地:河南郑州。选育者:赵天榜、钱士金。植株编号:No.37。

该新品种 20 年生树高 16.3 m,胸径 31.2 cm,单株材积 0.491 59 m³。

9.2　银白毛白杨-114　新品种

Populus tomentosa Carr. cv. ‘Ramosissima-114’

该新品种树冠近球状;侧枝稀,粗大,斜展;树皮灰绿色,较光滑;皮孔菱形,较大,较密,多 2~4 个,或多数横向连生呈线状。短枝叶卵圆形、三角-卵圆形,先端渐尖,稀突尖,基部心形,稀近截形,边缘具波状齿,叶背面及叶柄密被白色茸毛。雌株!

产地:河南鲁山县。选育者:赵天榜、黄桂生。植株编号:No.114。

该新品种 20 年生树高 26.5 m,胸径 64.5 cm,单株材积 3.417 86 m³。

10. 心叶毛白杨品种群　新品种群

Populus tomentosa Carr. Cordatifolia group,group nov.

本新品种群短枝叶心形,或宽心形,先端长渐尖,基部心形,边缘具波状齿。雄株!

地点:河南鲁山县。

本新品种群有 2 新品种。

品种:

10.1　心叶毛白杨　新品种

Populus tomentosa Carr. cv. ‘Cordatifolia-858201.

该新品种群树冠帚状;侧枝直立斜展,无中央主干。小枝短粗;长枝梢端下垂。短枝叶近圆形、圆形;叶柄长于,或等于叶片。雌株!

该新品种树形美观,生长中等,结籽率高,是优良观赏和杂交育种材料。

地点:河南郑州。

10.2　长柄毛白杨-60　新品种

Populus tomentosa Carr. cv. ‘Ramosissima-60’,赵天榜等主编. 河南主要树种栽培技术:100. 1994.

该新品种树冠近球状,或帚形;树皮灰绿色,或灰白色,被白色蜡质层;树皮皮孔菱形,小,多散生。短枝叶近圆形,革质,表面深绿色,具光泽,局部较宽;叶柄侧扁,与叶片等长,或长于叶片,有时红色,或具 12 枚腺体。雌株!蒴果结籽率达 30%~50%。

地点:河南郑州。选育者:赵天榜、陈志秀等。模式植株编号:60。

该新品种 17 年生树高 15.0 m,胸径 55.0 cm。

11. 心楔叶毛白杨品种群　新品种群

Populus tomentosa Carr. Xinxieye groups,group nov.

该新品种群短枝叶宽三角-近圆形,先端短尖,基部深心-楔形,边部皱褶为显著特征。雄株!

该新品种群生长较快,树干较弯,不宜发展。其中有泰安毛白杨、心楔叶毛白杨等 4 个无性系。

地点:河南、山东有栽培。

本新品种群有 3 新品种。

品种:

11.1　泰安毛白杨-146　新品种

Populus tomentosa Carr. cv. 'Taianica-146'

该新品种树冠近球状;侧枝中等粗细;树皮灰绿色,较光滑;皮孔菱形,中等,散生,或 2~4 个横向连生。短枝叶近圆形、三角-宽圆形,先端突短尖,基部心-楔形为显著特征,稀近截形,边缘具波状粗齿,齿端尖,内曲,具腺点。雌株! 柱头微呈紫红色。

产地:山东泰安。选育者:赵天榜。植株编号:No. 146。

11.2　心楔叶毛白杨-149　新品种

Populus tomentosa Carr. cv. 'Xinxieye-149'

该新品种树干微弯、低;侧枝较粗,开展,中央主干不明显。短枝叶宽三角-近圆形,或圆形,先端短尖,或突短尖,基部心-楔形为显著特征。雄株!

产地:河南郑州。选育者:赵天榜、张石头。植株编号:No. 146。

11.3　心楔叶毛白杨-109　新品种

Populus tomentosa Carr. cv. 'Xinxieye-109',11(1):60~61. 图 4(照片). 1991;杨谦等. 河南杨属白杨组植物分布新记录. 安徽农业科学,36(15):62. 2008.

该新品种树冠近球状;侧枝多,开展;树干低、直,中央主干不明显;树皮灰褐色,较光滑,基部稍粗糙;皮孔横椭圆形,多 2~4 个横向连生;扁菱形皮孔,散生。短枝叶三角-近圆形,或近圆形,先端短尖,基部深心-楔形为显著特征,边缘具粗波状锯齿,有时边部波状起伏。雄株!

产地:河南郑州。选育者:赵天榜和陈志秀。植株编号:No. 109。模式标本,采于河南郑州,存河南农业大学。

本新品种在河南郑州、新乡、洛阳、许昌等地有广泛栽培。

12. 塔形毛白杨品种群　品种群

Populus tomentosa Carr. Pyramidalis group

中国主要树种造林技术:316. 1981;河南植物志. 1:176,1981;赵天榜. 毛白杨类型的研究. 中国林业科学,1:14~20. 1978;植物研究,2(4):159. 1982。

该品种群树冠塔形;侧枝与主干呈 20°~30°角着生。小枝弯曲,直立生长。雄株!

该品种群只有一个无性系,其树形美观,冠小,根深,抗风,耐干旱能力强,是观赏、农田林网和沙区造林的优良无性系。

地点:河北清河县。山东有栽培。

本品种群有 1 品种。

品种:

12.1　塔形毛白杨-109　抱头白毛白杨　抱头白　品种

Populus tomentosa Carr. cv. 'Pyramidalis-109',赵天榜等主编. 河南主要树种栽培技术:100. 1994;中国主要树种造林技术:316. 1976.

该品种树冠塔形;侧枝与主干呈 20°~30°角开展;树干直,中央主干不明显;幼株树皮灰绿色,光滑;大树树皮灰褐色,基部粗糙;皮孔菱形,散生,中等大小。小枝直立弯曲生长为显著特征。短枝叶三角形、三角-卵圆形,先端短尖,或渐尖,基部截形、近圆形,或浅心形,且偏斜,边缘为波状粗锯齿;叶柄侧扁。雄株! 幼龄植株有雌雄花同株者。

产地:山东夏津县、河北清河县有分布。发现者:顾万春。

该品种树冠塔形、生长速度中等、抗病虫害及污染能力强等。

13. 三角叶毛白杨品种群　新品种群

Populus tomentosa Carr. Triangustlfolia group,group nov.

该新品种群短枝叶三角形,先端长渐尖,基部截形,或近截形,边缘具波状圆腺齿。幼枝、幼叶密被茸毛;晚秋枝、叶、叶柄密被短柔毛,边缘具整齐的腺圆齿。其中,仅有一个品种。

地点:河南南召县。

品种:

13.1　三角叶毛白杨(植物研究)　品种

Populus tomentosa Carr. cv. 'Deltatifolia',cv. comb. nov.,*Populus tomentosa* Carr. f. *deltatifolia* T. B. Zhao et Z. X. Chen,赵天榜等. 毛白杨的四个新类型. 植物研究,11(1):50~60. 1991;杨谦等. 河南杨属白杨组植物分布新记录. 安徽农业科学,,36(15):6295. 2008。植物研究,11(1):60. 图2(照片). 1991。

本品种短枝叶三角形,背面被白色茸毛,先端长渐尖,基部截形,边缘具整齐的圆腺锯齿,幼叶密被茸毛。秋季叶及萌枝叶圆形或三角状卵圆形,密被淡黄色茸毛;叶柄圆柱状,密淡黄色茸毛;二次枝、叶和叶柄被淡黄色茸毛。

产地:河南南召县。赵天榜和陈志秀,No. 78911-100。模式标本,采于河南南召县,存河南农业大学。

14. 皱叶毛白杨品种群　新品种群

Populus tomentosa Carr. Zhouye group,group nov.

本新品种群树皮灰褐色,较光滑,具白色斑块。短枝叶三角-近圆形,先端短尖,或急尖,基部浅心形,叶面皱褶起伏,边缘具大小不等的粗锯齿。雄株!

地点:河南南召县。

本新品种群有 1 新品种。

品种:

14.1　皱叶毛白杨　新品种

Populus tomentosa Carr. cv. 'Zhoujuanye',cv. nov.

本新品种形态特征与本新品种群形态特征相同。

地点:河南南召县。选育者:赵天榜、李万成。

15. 卷叶毛白杨品种群　新品种群

Populus tomentosa Carr. Juanye group,group nov.

本新品种群短枝叶两侧向内卷为显著形态特征。

地点:河南禹县。

本新品种群有 1 新品种。

品种：

15.1　卷叶毛白杨　新品种

Populus tomentosa Carr. cv.'Juanye—124'

本新品种短枝叶两侧向内卷为显著形态特征。

地点：河南禹县。选育者：冯滔。植株编号：No. 124。

16. 大叶毛白杨品种群　新品种群

Populus tomentosa Carr. Magalophylla group, group nov.

本新品种群小枝多年生构成枝状，下垂，梢端上翘呈钩状。树皮灰白色，光滑；皮孔菱形，特小，散生，或 2~4 个横向连生。短枝叶三角-近圆形，或宽三角形，先端短尖，基部心形，厚革质，边缘具波状齿，叶簇生枝顶。雄株！

地点：河南。

本新品种群有 5 新品种。

品种：

16.1　大叶毛白杨-10　新品种

Populus tomentosa Carr. cv.'Magalophylla-10', cv. nov.

本新品种树冠近球状；侧枝粗壮，开展，下部侧枝平展，梢部稍下垂，长枝状枝上翘；树干直，中央主干不明显；树皮灰白色，较光滑；皮孔菱形，小，散生，有时连生。短枝叶宽三角-近圆形，大，厚革质，先端短尖，或宽短尖，基部心形，或圆形，边缘具大波状粗锯齿。雄株！

地点：河南郑州。选育者：赵天榜和陈志秀。植株编号：No. 10。

该新品种 20 年生树高 20.0 m，胸径 45.5 cm，单株材积 1.436 6 m³。

16.2　大叶毛白杨-25　新品种

Populus tomentosa Carr. cv.'Magalophylla-25', cv. nov.

本新品种树冠近球状；侧枝较粗，开展，梢部长枝状下垂；树皮灰白色，光滑；皮孔扁菱形，大小中等，散生。短枝叶三角-近圆形，宽三角形，先端短尖，基部浅心形、近圆形。雄株！雄蕊 8~10 枚。

地点：河南郑州。选育者：赵天榜和陈志秀。植株编号：No. 25。

16.3　许昌大叶毛白杨-136　新品种

Populus tomentosa Carr. cv.'Magalophylla-136', cv. nov.

本新品种短枝叶近圆形，厚革质，先端短尖，基部浅心形，边缘具稀疏的三角形不等粗锯齿。雄株！

地点：河南许昌。选育者：赵天榜、陈志秀。植株编号：No. 136。

16.4　大厚叶毛白杨-147　新品种

Populus tomentosa Carr. cv.'Magalophylla-147', cv. nov.

本新品种树冠非常稀疏；侧枝开展；树干直，无中央主干；树皮灰绿色，或灰色，较光滑；皮孔菱形，较大，多散生，有时连生。短枝叶三角-宽圆形，或近圆形，先端短尖，基部近圆形，微心形，稍偏斜，边缘具波状三角形粗锯齿，齿端内曲。雄株！

地点:山东泰安。选育者:赵天榜和陈志秀。植株编号:No. 147。

16.5　大叶毛白杨-225　新品种

Populus tomentosa Carr. cv. 'Magalophylla-225',cv. nov.

本新品种短枝叶近簇生枝端,圆形、近圆形、厚革质,先端短尖,基部近圆形,或心形,边缘具波状粗齿。雄株!

产地:河南许昌市。1987 年 9 月 5 日。赵天榜和陈志秀,模式标本,No. 225,存河南农业大学。

本新品种在河南郑州、许昌等地有广泛栽培。据调查,20 年生平均树高 20. 0 m,平均胸径 45. 5 cm,单株材积 1. 436 6 m³。同时,树姿美观,长枝状小枝下垂,叶圆形而大,下垂,可作绿化观赏用。

17. 响毛白杨品种群　品种群

Populus tomentosa Carr. Pseudo-tomentosa group

王战等:东北林学院植物研究室汇刊. 4:22. T. 3:5~7. 1979;中国植物志,20(2):18~19. 图 3:7~9. 1984;中国树木志,Ⅱ:1986. 图 998:7~9. 1985。

本品种群当年生枝紫褐色,光滑。芽富含树脂,具光泽,黄褐色。短枝叶边缘具不整齐的波状粗锯齿和浅细锯齿;叶柄通常具 2 枚腺点。

地点:山东。河南有栽培。

本新品种群有 1 品种。

品种:

17.1　响毛白杨　品种

Populus tomentosa Carr. cv. 'Pseudo-tomentosa'

该品种当年生枝紫褐色,光滑。芽富含树脂,具光泽,黄褐色。短枝叶边缘具不整齐的波状粗锯齿和浅细锯齿;叶柄通常具 2 枚腺点。

地点:山东。河南有栽培。

注:响毛白杨品种群不属于毛白杨种群内容,特加说明。

2. 河北毛白杨(河南农学院科技通讯)　易县毛白杨(植物研究)　新组合种　图 34

Populus hopeinica(Yü Nung)C. Wang et T. B. Zhao,sp. comb. nov. ;Populus tomentosa Carr. var. hopeinica Yü Nung,河南农学院科技通讯,2:35~37. 图 10. 1978;丁宝章等主编. 河南植物志. 1:176. 1981;河北毛白杨. 中国林业科学,1:19. 1978;中国植物志. 20(2):18. 1984;姜惠明,黄金祥. 毛白杨的一个新类型——易县毛白杨. 植物研究,9(3):75~76. 1989;陕西省林业科学研究所编. 毛白杨:81~82. 图 6-2. 1981; Populus tomentosa Carr. cv. 'Honanica',李淑玲,戴丰瑞主编. 林木良种繁育学:281. 1996;赵天锡,陈章水主编. 中国杨树集约栽培:314. 1994;Populus tomentosa Carr. f. yixianensis H. M. Jiang et J. X. Huang,孙立元等主编. 河北树木志. 1:64~65. 1997;赵天榜等. 毛白杨优良无性系. 河南科技,8:25. 1990;赵天榜等. 毛白杨起源与分类的初步研究. 河南农学院科技通讯,2:35~37. 图 10. 1978;Populus tomentosa Carr. cv. Hepeinica 赵天榜等主编. 河南主要树种栽培技术:100. 1994.

落叶乔木。树冠卵球状;侧枝较细,较少,梢端稍下垂。树干微弯,且与主干呈 70°～90°角着生;树皮灰绿色,光滑;皮孔菱形,大,稀疏,散生,稀连生,深纵裂。小枝棕褐色,具光泽,被茸毛。短枝叶近圆形,较少,表面深绿色,背面淡绿色,沿主脉基部被茸毛;叶柄侧扁。长枝叶近圆形,具紫褐色红晕,后表面茸毛脱落;幼叶浅褐色。雌株! 柱头裂片大,羽毛状,初淡紫红色,后灰白色。

地点:河北易县。选育者:张海泉、顾万春。模式植株编号:88。

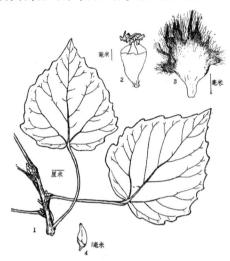

图 34　河北毛白杨 Populus hopeinica(Yü Nung) C. Wang et T. B. Zhao
(引自《河南农学院科技通讯》)
1. 短枝、叶,2. 苞片,3. 雌花,4. 蒴果

3. 新乡杨(河南农学院科技通讯)　圆叶毛白杨(中国林业科学、河南农学院科技通讯)　图 35

Popuius sinxiangensis T. B. Zhao,河南农学院种技通讯,2:103. 1978;中国林业科学,1:20. 1978;丁宝章等主编. 河南植物志. 1:169～170. 图 198. 1981;*Populus tomentosa* Carr. var. *totundifolia* Yü Nung(T. B. Zhao),河南农学院科技通讯,2:39. 图 13. 1978。

落叶乔木。树冠卵球状。树干直,主干明显;树皮白色,被较厚的蜡质层,有光泽,平滑;皮孔菱形,中等,明显,散生。小枝、幼枝密被白色茸毛。花芽圆球状,较小。短枝叶圆形,长 5.0～8.0 cm,宽与长约相等,先端钝圆,或突短尖,基部深心形,边缘具波状粗锯齿,表面绿色,背面淡绿色;叶柄侧扁,与叶片约等长;长、萌枝叶圆形,长 8.0～12 cm,宽 7.5～11.0 cm,先端突短尖、钝圆,基部心形,边缘具波状大齿,表面深绿色,具光泽,背面密被白色茸毛,叶面皱褶,易受金龟子危害。雄株! 雄花有雄蕊 6～10 枚,花药粉红色;花盘鞋底形,边缘全缘,或波状全缘;苞片灰浅褐色,边缘具长缘毛。花期 3 月上中旬。

河南:修武县。1974 年 8 月 3 日。郇封公社小文案大队。赵天榜,108(模式标本 Typus! 存河南农学院园林系杨树研究组)。

本种抗寒、抗叶斑病强,生境、材性及用途似毛白杨。但是,叶易受金龟子危害,不宜选作农田防护林树种。

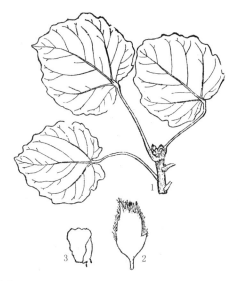

图35　新乡杨 Popuius sinxiangensis T. B. Zhao(引自《河南植物志》)
1. 枝叶, 2. 苞片, 3. 花盘

品种:

3.1　毛新山杨-106　品种

Populus ×'Maoxinshanyang-106'

(四) 毛白杨异源三倍体杂种杨组　新杂交组

Populus × Tomentoi-pyramidali-tomentosa T. B. Zhao et Z. X. Chen,Sect. hybrida nov. ,郑世锴主编. 杨树丰产栽培:52. 2006。

Sect. × nov. tomentosis albis in longi- ramulis et ramulis juvenlibus postea glabris. Foliis breviter ramulis ovatibus margine repandis. Foliis longi- ramulis et ramulis juvenlibus et P. alba Linn. var. pyramidalis Bunge similis.

本新杂交组主要形态特征:长、萌枝初被灰白色茸毛,后渐脱落。短枝叶卵圆形,边缘具波状锯齿。长、萌枝叶形态特征近似于新疆杨。

产地:北京。

本组有1种。

1. **毛白杨异源三倍体**(北京林业大学学报)　三倍体毛白杨　杂种

Populua × Tomentoi-pyramidali-tomentosa T. B. Zhao et Z. X. Chen,sp. comb. nov. ,毛新杨×毛白杨[(Populua tomentosa Carr. × Populus alba Linn. var. pyramidalis Bunge)× Populus tomensa Carr.],北京林业大学学报,21(1):1～5. 1999;林业科学, 34(4):22～31. 1998;三倍体毛白杨(Populus tomentosa[3n]). 王胜东,杨志岩主编. 辽宁杨树:25. 2006。

落叶乔木。树冠卵球状,或宽卵球状;侧枝开展,上部侧枝呈45°角,或略大于开展40°角开展。树干通直,稀少弯曲;树皮幼时灰绿色,后渐为浅褐色,或灰白色;皮孔菱形,多2个以上横向连生。长、萌枝初被灰白色茸毛,后渐脱落。叶芽长卵球状,褐色;雄花芽卵球状,长 1.5~2.5 cm,径 0.8~1.5 cm;雌花芽较小。短枝叶卵圆形,长、宽同一般毛白杨,先端短尖,或基部截形,或微心形,边缘具波状锯齿,表面暗绿色,背面疏被茸毛。长、萌枝叶三角-卵圆形,较大,长约 20.0 cm,宽约 23.0 cm,先端渐尖,基部截形,或微心形,边缘掌状深裂,背面密被白色茸毛,近似于新疆杨长、萌枝叶形态特征。雄花序长 10.0~20.0 cm,具雄花 180~230 朵;雄蕊 15~20 枚,花药黄红色,或红色;苞片褐色,或灰褐色,边缘具不整齐条裂和白色长缘毛;雌花序长 3.0~6.0 cm,具雌花 140~200 朵;雌蕊子房椭圆体状,柱头 2 裂,每裂又分 2 叉,粉红色;苞片灰褐色,或黄褐色,边缘具不整齐尖裂和白色长缘毛;花盘斜杯状,或杯状,绿色,边缘缺刻。果序长 6.0~14.0 cm,严重败育。

毛白杨异源三倍体无性系综合形态特征为偏毛白杨,部分近于新疆杨(如长枝叶),只有长枝叶、雄花序等表现出了较明显的巨大性。

此外,毛白杨异源三倍体 B302 和 B308 无性系的染色体中还有二价体、单价体及四价体、五价体出现。

产地:北京。

(五) 毛新山杂种杨组　　新杂种杨组

Populus × Maoxinshanyang T. B. Zhao et Z. X. Chen,Sect. hybr. nov.

Populus Sect. × hybr. nov. cimalibus ovoideis;rami-lateribus raris. coticibuscinerei-brunneis;lacunosis rhombeis brunneis multidiscretis,raro 2~4-connatis pervalvaribus. foliis in breviter ramulis et foliis P. alba Linn. var. pyramidalis Bunge aequqlibus.

Sect. × nov. Typus:Populus × Maoxinshanyang T. B. Zhao et Z. X. Chen.

Distribution;Hebei.

本新杂种组形态特征与毛新山杨-106 形态特征相同。

本新杂种组模式种:毛新山杨。

产地:河北。

本新杂种杨组仅 1 杂种杨、1 品种。

1. 毛新山杨　　新组合杂种杨

Populus × maoxinshanyang T. B. Zhao et Z. X. Chen,subgen. comb. nov.

形态特征与毛新山杨-106 形态特征相同。

产地:河北。

品种:

1.1　毛新山杨-106　品种

Populus ×'maoxinshanyang-106'

树冠卵球状;侧枝稀少。树皮灰褐色;皮孔菱形,褐色,多散生,少数 2~3 个横向连生。短枝叶似新疆杨。

本品种系河北林学院姜惠明从(毛白杨 Populus tomentosa Carr. × 新疆杨 Populus alba Linn. var. *pyramidalis* Bunge)× 山杨 Populus tomentosa Carr. 杂种实生苗中选育的一个栽培杂种。

三、银黑杂种杨亚属　　新杂种杨亚属

Populus Subgen. × Albinigriyang T. B. Zhao et Z. X. Chen，subgen. hybr. nov.

Subgen. × nov. characteristicis formis et characteristicis formis Populus alba Carr. × P. berolinensis Dippel aequabilis.

Subgen. × nov. Typus：Populus alba Carr. × P. berolinensis Dippel.

Distribution：Hilongjiangi.

1. 银中杨 0163　　（辽宁杨树）

Populus alba Carr. × P. berolinensis Dippel，王胜东，杨志岩主编. 辽宁杨树：35～36. 2006。

落叶乔木。树冠圆锥状。树干通直；树皮光滑、美观。雄株！

产地：黑龙江。黑龙江省防护林研究所选育。其杂交亲本：银白杨与中东杨种间杂种。其特性：速生、耐寒。

四、大叶杨亚属　　新组合亚属

Populus Subgen. Leucoides(Spach)T. B. Zhao et Z. X. Chen，subgen. comb. nov.，大叶杨组 Populus Sect. *Leucoides* Spach in Ann. Sci. Nat. Bot. Ser. 2，15：30. 1841；W. B. R. Laidlaw et Guide to British Hardwoods，189～193. 1960；牛春山主编. 陕西杨树：95. 1980；中国植物志. 20（2）：20. 1984；徐纬英主编. 杨树：40. 1959；新疆植物志. 1：150. 1993；赵天锡，陈章水主编. 中国杨树集约栽培：42. 1994。

树皮粗糙，纵裂，呈片状开裂。芽大，圆锥状，微有黏质，无毛。长枝和短枝上的叶很少有区别，近圆形，先端短尖，基部心形，或深心形；叶柄圆柱状仅在顶端稍呈扁平。幼叶被长柔毛。雄蕊 12～40 枚，花药顶生，长椭圆体状，先端细尖；花盘边缘深裂，宿存；子房被柔毛，花柱较长，柱头 2～3 裂。蒴果被毛，成熟后 2～3（～4）瓣裂。

新组合亚属模式：大叶杨 Populus lasiocarpa Oliv. 。

本亚属中国有 5 种、4 变种、3 变型。

1. 大叶杨（中国树木分类学）　　图 36

Populus lasiocarpa Oliv. in Hook. Icon. Pl. 20：t. 1943. 1890；Burkii in Journ. Linn. Soc. Bot. 26：536. 1899；Henry in Trees. Gr. Brit. Irel. 7：1846. t. 408：9. 1913；Schneid. in Sarg. Pl. Wils. Ⅲ：17. 1916；Rehd. Man. Cult. Trees & Shrubs，86. 1927；Hao in Contr. Inst. Bot. Nat. Acad. Peiping 3（5）：225. 1935；陈嵘著. 中国树木分类学：116. 图 87. 1937；中国高等植物图鉴. 1：353. 图 705. 1982；中国植物志. 20（2）：20～21. 图版 4：1～3. 1984；王遂义主编. 河南树木志：58. 1994；四川植物志. 3：45. 47. 图版 17：1～2. 1985；徐纬英主编. 杨树：40. 图 2-2-5（1～3）. 1959；*Populus fargesii* Franch. In Bull. Mus. Hist. Nat. Paris 2：280. 1896；中国科学院植物研究所编纂. 中国植物照片集. Ⅰ：32. 1959；湖北省植物科学研究所编著. 湖北植物志 第一卷：60. 图 52. 1976；山西省林学会杨树委员会. 山西省杨树图谱：122. 1985。

落叶乔木,树高可达 20.0 m,胸径可达 0.5 m;树冠塔形,或球状;树皮暗灰色,纵裂。小枝粗壮而稀疏,灰黄褐色,被淡黄色毡毛,或稀紫褐色,具棱脊,嫩时被茸毛、疏柔毛。芽大,卵状圆锥状,微被黏质,基部鳞片被茸毛。短枝叶卵圆形,大,长 15.0~30.0 cm,宽 10.0~15.0 cm,先端长渐尖,稀急尖、短渐尖,基部深心形,边缘具反卷的圆腺锯齿,表面绿色,光滑,近基部密被柔毛,背面淡绿色,幼时被淡黄色毡毛、柔毛,沿脉及其两侧尤为显著,背面中脉突起特别明显,侧脉两面突起;叶柄圆柱状,初被毡毛,后渐脱落,长 8.0~15.0 cm,通常叶柄与中脉同为红色,顶端常具 2 枚突起腺体。雄花序粗壮,长 15.0~24.0 cm,花序轴被弯曲长柔毛;苞片红褐色,长约 1.5cm,具长约 4 mm 的柄,上部边缘裂片丝状,无毛;雄花有雄蕊 30~40 枚,花药粉红色,花丝无毛,与花药等长;花盘斜杯状,黄褐色,无毛,边缘具不规则波状齿,或圆齿;苞片灰浅褐色,边缘具长缘毛。雌花序长 10.0~20.0 cm,花疏,花序轴被弯曲长柔毛;苞片无毛;花盘杯状,无毛,边缘深裂,裂片约 5 枚,不等大;子房卵球状,或球状,被淡黄色毡毛,柱头 2 裂,每裂 2 叉,裂片淡黄绿色。果序长 24.0 cm;蒴果卵球状,长 1.0~1.7 cm,密被茸毛;果柄短,或近无柄,成熟后 2~3 瓣裂。种子棒状,暗褐色,长 3~3.5 mm。花期 4~5 月;果熟期 5~6 月。

图 36　大叶杨 Populus lasiocarpa Oliv. [引自《中国植物志第二十卷》(第二分册)]
1. 枝叶,2. 果序,3. 蒴果

本种为我国特产杨树树种之一,分布于湖北、四川、陕西、贵州、云南等省,以鄂西和川东林区为多。生长于海拔 1 300~3 500 m 的山坡,或沿溪林中或灌丛中。材质疏松,供家具、板料等用。模式标本,Henry 5423A,采于湖北建始县。

注:据王遂义在《河南树木志》中记载,本种在河南伏牛山区有分布,作者没采集到标本,也没见到河南产的大叶杨标本。

变种:

1.1　大叶杨(中国树木分类学)　原变种

Populus lasiocarpa Oliv. var. lasiocarpa

1.2 长序大叶杨(植物研究) 变种

Populus lasiocarpa Oliv. var. lingiamenta Mao et P. X. He,植物研究,6(2):79. 1986。

小枝粗壮,被弯曲长柔毛。短枝叶卵圆形,大,基部深心形,边缘具圆锯齿,表面绿色,无毛,背面淡绿色,沿中脉和侧脉两侧被淡黄色弯曲长柔毛。花盘大,边缘深裂,无毛。果序轴及果柄被弯曲长柔毛。蒴果密被弯曲长柔毛。

产地:中国云南省雄镇等县。模式标本,采于云南雄镇县。

1.3 裸枝杨(植物研究) 变种

Populus lasiocarpa Oliv. var. psiloclata N. Chao et J. Liu,植物研究,6(2):79. 1986。

落叶乔木。树高约 15.0 m。当年生小枝无毛。短枝叶卵圆形,长 15. 0～30.0 cm,宽 10.0～15.0 cm,先端渐尖,基部心形,边缘具圆锯齿,表面绿色,基部无毛,背面淡绿色,沿脉被淡黄色弯曲长柔毛;叶柄顶部被毛,其他处无毛。雌花序长约 21.0 cm,花序轴被疏柔毛;花盘无毛,边缘深裂;子房卵球状,或球状,密被长柔毛。

产地:中国四川省。模式标本,采于石棉县。

1.4 彝良杨(植物研究) 变种

Populus lasiocarpa Oliv. var. yiliangensis N. Chao et J. Liu,植物研究,6(2):79. 1986。

短枝叶背面遍被弯曲长柔毛组成的毡毛。果柄较长,长达 7 mm。

产地:中国四川省。模式标本,采于四川彝良县。

2. 椅杨(中国树木分类学) 图 37

Populus wilsonii Schneid. in Sarg. Pl. Wils. Ⅲ:16. 1917;Dode in op cit. 32. f. 4. 1921;Hao in Contr. Inst. Bot. Nat. Acad. Peiping 3:226. 1935;陈嵘著. 中国树木分类学:116. 1959;秦岭植物志.1(2):21. 1974:牛春山主编. 陕西杨树:95～96. 图39. 1980;丁宝章等主编. 河南植物志. 1:181. 图 208. 1981;中国植物志.20(2):21. 图版 4:4. 1984;西藏植物志.1:420～421. 1983;徐纬英等. 杨杨:97～98. 图 41. 1959;徐纬英主编. 杨杨:40. 42. 图 2-2-5(4). 1988;中国科学院植物研究所主编. 中国高等植物图鉴 补编 第一册: 22. 图 8382. 1982;《四川植物志》编辑委员会. 四川植物志:3:47～48. 图版 16:3～4. 1985;中国科学院植物研究所编纂. 中国植物照片集. Ⅰ:33. 1959;湖北省植物科学研究所编著. 湖北植物志 第一卷:61. 图 53. 1976;西藏植物志 第一卷:420～421. 1983;山西省林学会杨树委员会. 山西省杨树图谱:122. 1985。

落叶乔木,树高可达 25.0 m,或更高,胸径可达 1.5 m。树冠塔形。树皮暗灰色,浅纵裂,呈片状脱落。小枝圆柱状,粗壮,光滑,初时紫色,或暗褐色,稍被白粉,老时灰褐色至灰色;芽肥大,稍带黏质,粗圆锥状,赤褐色,或黄褐色,无毛,或稍有柔毛;芽鳞卵圆形,边缘具缘毛。叶初时为赤色,后变为暗绿色。短枝叶宽卵圆形,或宽卵-长圆形,长 8.0～18.0 cm,宽 7.0～15.0 cm,先端钝尖,基部心形,或圆截形,边缘具腺-圆钝齿,表面暗蓝绿色、绿色,无毛,背面灰绿色,初被淡红色茸毛、淡黄灰色茸毛,后渐无毛,仅脉两侧被毛,有时基部沿脉被毛,或无毛;叶柄紫色,圆柱状,微有棱,初上部疏被皱曲柔毛,顶端具球状腺体,长 7.0～13.0 cm。雌花序轴被皱曲柔毛,长 6.0～7.0 cm;花盘杯状,边缘具 5 裂片,裂片圆形;子房卵球状,被柔毛;花具短柄。果序长达 15.0 cm;蒴果卵球状,无毛,或被柔毛,具长 3 mm 短柄,成熟后 2~3 瓣裂。花期 4~5 月;果成熟期 5~6 月。

　　本种为我国特产杨树树种之一,分布于陕西、甘肃、湖北、四川、云南、西藏等省区。多生于海拔 1 300~3 300 m 以上的山沟杂林中。据记载,河南伏牛山区卢氏、西峡、南召等县有分布。但作者没见有产河南的标本。模式标本,Wils. 705a,采于湖北西部兴山县。

　　木材可供建筑、家具、造纸等用。

图 37　椅杨 Populus wilsonii Schneid. [引自《湖北植物志》(第一卷)]

变型:

2.1　椅杨　原变型

Populus wilsonii Schneid. f. wilsonii

2.2　短柄椅杨(植物研究)　变型

Populus wilsonii Schneid. f. brevipetiolata C. Wang et Tung,植物研究,2(2):113. 1982;中国植物志.20(2):21. 1984;徐纬英主编. 杨树:42. 1959。

　　本变型叶柄粗短,长度为叶片的 1/2~1/3。

　　产地:西藏,生于海拔 3 400 m 的山地。模式标本,采于西藏洛扎申格热。

2.3　长果柄椅杨(植物研究)　变型

Populus wilsonii Schneid. f. pedicellata C. Wang et Tung,植物研究,2(2):114. 1982;中国植物志.20(2):21. 1984;徐纬英主编. 杨树:41. 1959。

　　本变型果序长达 20.0 cm;蒴果具长柄,长度达 8 mm,被柔毛。

　　产地:陕西太白山,生于海拔 2 350 m 的山地。模式标本,采于陕西太白山。

3. 堇柄杨(中国植物志)

Populus violascens Dode in Bull. Soc. Dendr. France,31. f. 3. 1921;Hao in Contr. Inst. Bot. Nat. Acad. Peiping,3;226. 1935;中国植物志.20(2):21. 23. 1984。

　　落叶乔木。叶椭圆-卵圆形至长椭圆-卵圆形,长 10.0~15.0 cm,宽 10.0~15.0 cm,先端急尖,基部近心形;短枝叶卵圆形至披针形,边缘具腺钝齿,表面近光滑,背面沿脉被白色长柔毛;叶柄长 2.0~7.0 cm,光滑,玫瑰紫色。

本种系 Dode 从中国中部引入法国巴黎植物园的一个栽培植株所记载。

4. 灰背杨(西藏植物名录)

Populus glauca Haines in Journ. Linn. Soc. 37:408. 1906;Schneid. in Sarg. Pl. Wils. Ⅲ:30. 1916;Hao in Contr. Inst. Bot. Nat. Acad. Peiping,3:225. 1935;中国植物志. 20 (2):23. 图版 5:5~6. 1984;西藏植物名录:43. 1980;西藏植物志. 1:416~417. 图 126: 4~5.1983;徐纬英主编. 杨树:42. 图 2-2-6(5~6). 1988。

落叶乔木,树高10.0 m。树皮灰色。小枝褐色,或紫褐色,嫩时被长柔毛。芽被毛。叶卵圆形,长达 20.0 cm,宽 18.0 cm,先端急尖,基部浅心形,或截形,表面绿色,沿脉被柔毛,背面苍白色,被柔毛,沿脉尤为显著;叶柄短,而圆柱状,密被毛。花通常两性,花盘5~7 裂;雄蕊 6~12 枚。果序很长,果序轴被毛。蒴果近球状,被毛,成熟后 2 瓣裂。

本种为我国特产杨树树种之一,分布于西藏、四川、云南,生于海拔 2 500~3 300 m 处。印度、不丹也有本种分布。

5. 长序杨(植物分类学报)   图 38

Populus pseudoglauca C. Wang et P. Y. Fu,植物分类学报,12(2):191. 图版 49:1. 1974;中国植物志.20(2):23. 图版 5:1~4. 1984;西藏植物名录:43. 1980;西藏植物志. 1:419. 图 126:1~3.1983;徐纬英主编. 杨树:41~42. 图 2-2-6(5~6). 1988;《四川植物志》编辑委员会. 四川植物志.3:48. 图版 18:1. 1985;西藏植物志 第一卷:419. 图 126: 1~3. 1983。

图38 长序杨 Populus pseudoglauca C. Wang et P. Y. Fu[引自《中国植物志第二十卷》(第二分册)]
1.叶枝,2.果序,3. 蒴果,4. 叶背面基部示茸毛

落叶乔木。树高 6.0~7.0 m。小枝圆柱状,紫褐色,密被淡黄灰色皱曲长柔毛。芽紫色,有黏液,被长柔毛。短枝叶卵圆形、宽卵圆形, 或椭圆–卵圆形,长 8.0~14.0 cm,宽

5.5~9.0 cm,先端急尖,或短渐尖,基部心形,或近圆形,表面暗绿色,沿脉被短柔毛,背面苍白色,密被茸毛,沿脉尤为显著,边缘具圆腺锯齿;叶柄圆柱状,长 3.0~6.0 cm,密被淡黄灰色皱曲长柔毛。果序很长,长达 40.0 cm,果序轴被短柔毛。蒴果宽卵球状,疏被长柔毛;花盘边缘全缘,宿存,成熟后 3~4 瓣裂;果梗长 1 mm。果成熟期 5~6 月。

本种为我国特产杨树树种之一,分布于西藏、四川。生于海拔 2 100~3 800 m 高山处。模式标本,采于西藏波密县。

五、青杨亚属　新组合亚属　青杨组(中国植物志)

Populus Subgen. Tacamahaca (Spach) T. B. Zhao et Z. X. Chen, subgen. comb. nov., *Populus* Sect. *Tacamahaca* Spach in Ann. Scti Nat. Bot. ser. 2. 15:32. 1841; W. B. R. Laidlaw et al., Guide to British Hadwoods. 190~193. 195~199. 1960. W. B. R. Laidlaw et al., Guide to British Hadwoods. 190~193. 195~199. 1960; *Populus* Linn. subgen. *Eupopulus* Sect. *Tacamahaca* Dode in Bull. Soc. Hist. Nat. Aautum, 18;192 (Extr. Moonog. Populua, 34) 1905; 牛春山主编. 陕西杨树:69. 1980; 中国植物志. 20(2):23. 1984; 徐纬英主编. 杨树:44. 1988; 赵天锡,陈章水主编. 中国杨树集约栽培:20. 1994; 新疆植物志. 1. 151. 1992; 孙立元等主编. 河北树木志:67. 1997。

幼龄树皮光滑,老龄时纵裂,具沟槽。芽常肥大,富有黏质,有棱角,被毛,或缘毛,具强烈的香味。嫩枝、幼叶富有黏质。长、短枝叶叶形多变,卵圆形、心形、长椭圆形、披针形,表面绿色,背面淡绿色、灰绿白色、灰白色,脉腋具短柔毛,边缘具锯齿,无半透明狭边,基部楔形、圆形至浅心形;叶柄圆柱状,或近四棱状,有沟槽,长短不等。雄蕊 8~60 枚,稀少于 18 枚(20~75 枚——新疆植物志),花药长圆体状,或近圆球状;雌蕊子房球状,或梨状,具短柄,或无柄;花柱短,或无,柱头 2~4 裂,开展;花盘宿存;苞片上部边缘条状裂。蒴果成熟后 2~4(5)瓣裂;花盘宿存。

本新组合亚属模式:Populus tacamahaca Mill.。

本新组合亚属 6 系(1 新组合系)、40 种(1 新种)、(1 新种)、48 变种(2 新变种)、5 变型、1 品种、1 无性系及附隶 4 品种。

Ⅰ. 苦杨系

Populus Ser. Laurifoliae Ledeb. Fl. URSS,5:236. 1936。

幼枝具 4 棱,或具栓翅。幼枝、幼叶、芽被黏液,无香脂味。叶形多变,表面被暗黄色黏质。蒴果成熟后 2~3 瓣裂。

系模式种:苦杨 Populus laurifolia Ledeb.。

本系我国共有 7 种:苦杨 Populus laurifolia Ledeb.、小叶杨 Populus simonii Carr.、密叶杨 Populus densa Kom.、塔拉斯杨 Populus talassica Kom.、帕米尔杨 Populus pamirica Kom. 等。其中,塔拉斯杨、帕米尔杨中国不产,也无引种栽培。

1. 苦杨(中国树木分类学)　图39

Populus laurifolia Ledeb. Fl. Alt. 4:297. 1833; Ф. Л. CCCP,5:236. 1936; Man.

Cult. Trees & Shrubs 78. 1940；Ф. Л. Ka3ax. 3：46. 1960；Schneid. in Sarg. Pl. Wils. Ⅲ：35. 1916；Kom. Fl. URSS，5：236. 1936；Gerd Krussmann，Handbuch Laubgrholze 2：236. 1962；陈嵘著. 中国树木分类学：117. 1937；丁宝章等主编. 河南植物志. 1：187. 图216. 1981；中国植物志. 20(2)：42. 图版10：4～6. 1984；山西省林学会杨树委员会. 杨树山西省杨树图谱：49～50. 122. 图22. 照片14. 1985；*Populus balsamifera* Linn. var. *laurifolia* Wesm. in DC. Candolle Prodr. 16(2)：330. 1868；中国科学院植物研究所主编. 中国高等植物图鉴 补编 第一册：27～28. 图8390. 1982；内蒙古植物志 1：168. 170. 图版43. 图1～2. 1985；徐纬英主编. 杨树：58. 图2-2-12(4～6). 1988；新疆植物志. 1. 153. 图版39：1～2. 1992。

　　落叶乔木，树高可达20.0 m；树冠卵球状。树皮灰白色，或灰绿色，光滑，基部纵裂。小枝浅黄绿色，稍下垂，长枝具棱，梢部微被短柔毛。叶芽长而直立。短枝叶卵圆形、椭圆形，或椭圆-卵圆形，长4.2～9.3 cm，宽3.2～7.4 cm，先端短尖，或短渐尖，基部圆形，或近心形，边缘具细钝锯齿，背面灰绿色，微被毛；叶柄圆柱状，长2.0～5.0 cm，具纵沟，密被茸毛；长、萌枝叶卵圆-披针形至披针形，先端渐尖，基部圆形，或楔形，长10.0～15.0 cm，宽8.0～14.0 cm，边缘具波状细腺齿和缘毛，表面绿色，无毛，背面灰绿色、灰白色，具香脂味、暗黄色黏质、被短柔毛；叶柄短，长1.0～4.0 cm，被柔毛。雄花序长3.0～4.0 cm，雄蕊30～40枚，花药紫红色；苞片近圆形，基部楔形，边缘具褐色，常早落；雌花序长5.0～6.0 cm。果序轴密被茸毛；蒴果卵球状，较大，长5～6 mm，疏被短柔毛，或无毛，成熟后2～3瓣裂。花期4～5月；果成熟期6月。模式标本，采于俄罗斯西伯利亚。

　　本种在中国新疆额尔齐斯河流域分布最广，阿尔泰的北屯、布尔津、哈巴县有大面积苦杨林，尤以布尔津河流域分布最广、最多。河北、河南、辽宁、内蒙古等省区有分布。俄罗斯西伯利亚、蒙古西北部也有分布。最北可达北纬60°，常形成大面积纯林。生于山谷、河旁、滩地，耐寒冷气候(-44.8 ℃)、不耐大气干旱和瘠薄土壤。适生于河滩冲积沙壤土。木纤维素含量高达49.0%，是造纸等纤维工业的优良原料。也可作家具、农具等用。

图39　苦杨 Populus laurifolia Ledeb. (引自《中国植物志》)

1. 叶，2. 果枝及叶，3. 叶放大部分，示被缘毛

2. 小叶杨 (中国树木分类学)　青杨、明杨、菜杨、南京白杨　图 40

Populus simonii Carr. in Rev. Hort. 1867:360. 1867; Schneid. in Sarg. Pl. Wils. Ⅲ: 21. 1916; Man. Cult. Trees & Shrubs, ed. 2, 76. 1940; 周汉藩. 河北习见树木图说:35. 1934; Hao in Contr. Inst. Bot. Nat. Acat. Peiping, 3(5):235. 1935; Kom. Fl. URSS, 5: 241. 1936; 陈嵘著. 中国树木分类学:118. 图 88. 1937; 刘慎谔主编. 东北木本植物图志: 119~120. 图版 ⅩⅩ:1~3. 图版 ⅩⅩⅡ:41. 1955; 中国高等植物图鉴. 1:353. 图 706. 1982; 秦岭植物志. 1(2):22~23. 图 10. 1974; 丁宝章等主编. 河南植物志. 1:185~186. 图 214. 1981; 牛春山主编. 陕西杨树:72~73. 图 26. 1980; 中国植物志. 20(2):23. 25. 图版 6:5~7. 1984; 李淑玲, 戴丰瑞主编. 林木良种繁育学:285. 图 3-1-24. 1996; 内蒙古植物志. 1:174. 图 46, 图 5~7. 1985; 徐纬英主编. 杨树:44. 图 2-2-7(5~7). 1988; 赵天锡, 陈章水主编. 中国杨树集约栽培:20. 图 1-3-11. 1994; 黑龙江树木志:113. 115. 图版 24:1~6. 1986; 中国主要树种造林技术:349~358. 图 46. 1981; 山西省林学会杨树委员会. 山西省杨树图谱:46~48. 121. 图 20、21. 照片 13. 1985;《四川植物志》编辑委员会. 四川植物志. 3:56. 1985; 裴鉴主编. 江苏南部种子植物手册:190~191. 图 294. 1959; Populus laurifolia Ledeb. r. (var.) simonii (Carr.) Regel, Russk. Dendr. ed. 2:152. 1883; Populus balsamifera Linn. Simonii. Wesm. in Bull. Soc. Bot. Belg. 26:378. 1887; Burkill in Journ. Linn. Soc. 26:536. 1899; Populus suaveolens auct. non Fisch. ; Schneid. in Sarg. Pl. Wils. Ⅲ:18. 1916. p. p.; 中国主要树种造林技术:349、350 图 46. 1978; 新疆植物志. 1:151~152. 1992; 河南农学院园林系编 (赵天榜). 杨树:13~14. 图七. 1974; 王胜东, 杨志岩主编. 辽宁杨树:26~27. 2006; 孙立元等主编. 河北树木志:6768. 图 46. 1997; 山西省林业科学研究院编著. 山西树木志:72~73. 图 28. 2001; 湖北省植物科学研究所编著. 湖北植物志 第一卷:62. 图 55. 1976; 辽宁植物志(上册):192. 图版 74:1~5. 1988; 北京植物志 上册:78. 图 96. 1984; 河北植物志 第一卷:231. 图 174. 1986; 山东植物志 上卷:873. 877. 图 573. 1990; 王胜东, 杨志岩主编. 辽宁杨树:26. 2006。

图 40　小叶杨 Populus simonii Carr. (引自《黑龙江树木志》)
1. 果枝, 2. 萌发叶, 3. 雌花, 4. 雌花苞片, 5. 雄花及苞片, 6. 蒴果

落叶乔木,树高可达 20.0 m,胸径可达 0.5 m。树冠长球状,或卵球状。树皮灰绿色,老龄时暗灰色,沟裂。小枝细长;萌枝具角棱,红褐色,无毛。芽细长,先端尖,稍有黏质。长、萌枝叶倒卵形,先端短渐尖,基部楔形,脉带红色;短枝叶菱-倒卵圆形,或菱-椭圆形,长 4.0~12.0 cm,宽 3.0~8.0 cm,先端渐尖,基部楔形至圆形,边缘具细钝齿,无毛,表面绿色,背面淡绿白色;叶柄圆柱状,长 0.5~4.0 cm,黄绿色,或红色。雄花序长 2.0~7.0 cm,花序轴无毛;雄蕊 8~9(~25)枚;苞片细条裂,暗褐色,条裂;雌花序长 2.5~6.0 cm;苞片绿色,边缘具褐色裂片,无缘毛;柱头 2 裂。果序长达 15.0 cm;蒴果成熟后 2(~3)瓣裂,无毛。花期 3~4 月;果熟期 4~5 月。

产地:中国各地。模式标本,采于北京南口、西拐子(八达岭)。

本种为我国特产杨树树种之一,广泛分布于我国东北、华北、华中、西北及西南省区。河南产伏牛山区和太行山区有本科分布。多生于海拔 1 200 m 以下的河岸及溪、塘边,多数散生,或栽植于村庄附近;最高分布于海拔 2 500 m 的河岸及溪边。性喜湿润、肥沃的土壤,但能耐干燥、瘠薄土壤及干旱和严寒气候。在土壤肥沃的山区溪旁、河边天然片林分布,且生长快。小叶杨生长进程如表 16 所示。

表 16　小叶杨生长进程

龄阶(a)		1	2	3	4	5	6	7	8	9	10	11	12	13	14	带皮
树高(m)	总生长量	3.60	5.50	7.60	9.60	11.60	12.60	13.60	14.10	14.60	15.10	16.60	17.60	18.60	19.70	
	平均生长量	3.60	2.80	2.53	2.50	2.40	2.30	2.30	2.30							
	连年生长量	2.00	2.00	2.20	2.00	2.00	2.20	2.20								
胸径(cm)	总生长量	0.60	1.50	3.30	4.70	8.70	10.40	14.00	16.30	19.40	21.10	23.50	26.20	27.30	29.00	30.00
	平均生长量							1.10	1.35	2.40	2.65	2.70	3.63	2.66	2.60	
	连年生长量								2.00	4.10	3.40	2.90	2.30	2.80	2.20	
材积(m³)	总生长量	0.0001	0.0007	0.0028	0.0068	0.0219	0.0465	0.0927	0.1449	0.2164	0.2699	0.3434	0.4345	0.4947	0.5752	0.6459
	平均生长量						0.00026	0.00138	0.00442	0.00935	0.01446	0.01892	0.02472	0.02831		
	连年生长量						0.00249	0.01051	0.02413	0.03484	0.04128	0.05953	0.05822			

其材质轻软,纹理直,结构细致,易加工,为优良的建筑材料和造纸、人造纤维的原料。也可制家具及火柴杆等。树皮含鞣质 5.20%,可提取烤胶。嫩叶可作蔬菜。亦为良好的防风、固沙、保土造林树种。

变种:

2.1　小叶杨　原变种

Populus simonii Carr. var. simonii

2.2　秦岭小叶杨(秦岭植物志)　变种

Populus simonii Carr. var. tsinglingensis C. Wang et C. Y. Yu,秦岭植物志.1(2):23. 597.1974;丁宝章等主编. 河南植物志. 1:186. 1981;中国植物志.20(2):27~28. 1984;牛春山主编. 陕西杨树:73. 1980;李淑玲,戴丰瑞主编. 林木良种繁育学:286. 1960;徐纬英主编. 杨树:45. 1988;中国主要树种造林技术:349. 1981。

本变种叶革质,卵圆-披针形,或宽披针形,先端渐尖,基部宽楔形,或近圆形,表面亮绿色,光滑,背面带红色,叶脉隆起,尤以主脉及基部一对侧脉为甚,中部以上边缘具稀疏的细腺齿。

产地:中国陕西(秦岭山区)。生于海拔 1 000 m 左右的山谷溪旁。河南分布于伏牛山区的栾川、卢氏、嵩县等县。模式标本,采于陕西丹凤县。

2.3 菱叶小叶杨(东北木本植物图志) 变种 图 41:3~5

Populus simonii Carr. var. rhombifolia Kitag. in Rep. Inst. Sci. Res. 3:158(Lineam. Fl. Mansh.)t. 5.1939;刘慎谔等主编. 东北木本植物图志:119. 1955;丁宝章等主编. 河南植物志. 1:186. 1981;*Populus simonii* Carr. f. *rhombifolia*(Kitag.)C. Wang et Tung,中国植物志.20(2):27. 1984;李淑玲,戴丰瑞主编. 林木良种繁育学:285. 1960;内蒙古植物志.1:174. 1985;徐纬英主编. 杨树:45. 1988;黑龙江树木志:115. 图版 25:3~5. 1986;中国主要树种造林技术:349. 1981;辽宁植物志(上册):193. 1988;王胜东,杨志岩主编. 辽宁杨树:27. 2006。

本变种叶狭菱形,较小,先端渐尖,基部楔形。

产地:中国辽宁、甘肃、陕西省。本种在河南分布于伏牛山区卢氏、栾川等县。模式标本,采于辽宁南部旅大市金县大和尚山。

2.4 洛宁小叶杨(河南植物志) 变种

Populus simonii Carr. var. luoningensis T. B. Chao(T. B. Zhao),丁宝章等主编. 河南植物志. 1:186. 1981;李淑玲,戴丰瑞主编. 林木良种繁育学:286. 1996。

本变种树冠倒卵球状;侧枝粗大,呈 25°~45°角着生。树皮灰白色,较光滑。小枝灰褐色。芽暗红色。叶菱形,或椭圆形,长 6.2~7.3 cm,宽 3.1~3.3 cm,先端渐尖,基部渐狭,表面绿色,背面灰白色。雌蕊子房长卵球状,具明显的小瘤状突起,柱头 2 裂;花盘盘形,具长柄。

产地:河南洛宁县。1972 年 2 月 5 日。卫廷耀,无号(模式标本 Typus var. ! 存河南农学院园林系)。

2.5 垂枝小叶杨(河南植物志) 垂杨(中国树木分类学) 弯垂小叶杨(青海木本植物志) 变种

Populus simonii Carr. var. pendula Schneid. in Sarg. Pl. Wils. Ⅲ:22. 1916;Hao in Contr. Inst. Bot. Nat. Acad. Peiping, 3(5):236. 1935;陈嵘著. 中国树木分类学:118. 1937;中国植物志. 20(2):26~27. 1980; *Populus simonii* Carr. var. *pendula*(Schneid.)Rehd.,丁宝章等主编. 河南植物志. 1:186. 1981;李淑玲,戴丰瑞主编. 林木良种繁育学:285. 1996;中国主要树种造林技术:349. 1981;*Populus simonii* Carr. f. *nutans* S. F. Yang et C. Y. Yang,青海木本植物志:68. 1987;孙立元等主编. 河北树木志:68. 1997;徐纬英主编. 杨树:45~46. 1988。

本变种树冠大;侧枝平展。小枝细长,常下垂,具棱,或略有棱。

产地:中国湖北、甘肃、青海、四川等省。河南伏牛山区的栾川、卢氏、嵩县、鲁山、新密等县也有分布;生于山沟及溪旁。其枝细长下垂,树形美观,可作庭院观赏及行道树。

2.6 辽东小叶杨(中国植物志) 辽东杨(东北木本植物图志) 变种 图 41:1~2

Populus simonii Carr. var. liaotungensis(C. Wang et Tung)C. Wang et Tung,中国植物

志.20(2).27. 图版6:6. 1984;李淑玲,戴丰瑞主编. 林木良种繁育学:285. 1996;刘慎谔主编. 东北木本植物图志:119. 图版ⅩⅨ:1~4. 图版ⅩⅩ:40. 1955;徐纬英主编. 杨树:45. 图2-2-7(8). 1988;黑龙江树木志:115. 图版25:1~2. 1986;*Populus simonii* Carr. f. *liaotungensis*(C. Wang et Skv.) Kitag. Neo-Lineam. Fl. Mansh. 203. 1979;辽宁植物志(上册):193. 图版74:5. 1988;*Populus liaotungensis* C. Wang et Skv. 徐纬英主编. 杨树:45. 1988;王胜东,杨志岩主编. 辽宁杨树:27. 2006。

　　本变种短枝叶脉被短柔毛;叶柄被稀柔毛。果序轴、果柄被短柔毛。

图41　1~2.辽东小叶杨 Populus simonii Carr. Var. liaotungensis(C. Wang et Skv.)C. Wang et Tung;
3~5.菱叶小叶杨 Populus simonii Carr. f. rhombifolia(Kitag.)C. Wang et Tung(引自《黑龙江树木志》)

　　产地:辽宁、河北、内蒙古等地。模式标本,采于辽宁金县。

　　2.7　圆叶小叶杨(植物研究)　变种

Populus simonii Carr. var. rotundifolia S. C. Lu ex C. Wang et Tung,植物研究,2(2):116. 1982;中国植物志.20(2):26. 1984;李淑玲,戴丰瑞主编. 林木良种繁育学:285. 1996;徐纬英主编. 杨树:45. 1988;孙立元等主编. 河北树木志:68. 1997。

　　落叶小乔木。短枝叶近圆形、倒卵圆形,革质,先端近圆形,表面暗绿色,背面苍白色。产地:内蒙古。模式标本,采于内蒙古赤峰。

　　2.8　宽叶小叶杨(植物研究)　变种

Populus simonii Carr. var. latifolia C. Wang et Tung,植物研究,2(2):116. 1982;中国植物志.20(2):27. 图版6:8. 1984;徐纬英主编. 杨树:44~45. 1988;赵天锡,陈章水主编. 中国杨树集约栽培:21. 1994;李淑玲,戴丰瑞主编. 林木良种繁育学:285. 1996;王胜东,杨志岩主编. 辽宁杨树: 27. 2006。

　　落叶乔木,干高而直。小枝被毛。短枝叶菱-宽卵圆形,宽而短,先端短尖,基部宽楔形,表面中脉被短柔毛;叶柄被短毛。

产地:辽宁鞍山一带。模式标本,采于辽宁。

2.9　短序小叶杨　新变种

Populus simonii Carr. var. brevi-amenta T. Y. Sun et M. H. Zhao ex T. B. Zhao,var. nov.

A typo foliis breviter ramulis rhombei-ovatis vel rhombei-ellipticis,ad costas et nervis lateralibus pubesentibus. inflorescentiis carpicis 2. 0 ~ 4. 0 cm longis, axialibus inflorescentiis carpicis pubescentibus. capsulis ovoideis 3 mm longis et circum 2 mm latis,pubescentibus.

Nei Monggal:Siziwangqi. 1982-06-06. T. Y. Sun 73616(capsulum).

本新变种与小叶杨原变种 Populus simonii Carr. var. simonii 区别:短枝叶菱-卵圆形,或菱-椭圆形,表面沿主脉被短柔毛。果序长 2.0~4.0 cm,果序轴被短柔毛;蒴果卵球状,长 3 mm,宽约 2 mm,被短柔毛。

产地:内蒙古四子王旗。1982 年 6 月 6 日。孙岱阳 73616(蒴果)。模式标本,采于内蒙古四子王旗,存内蒙古林学院。

2.10　塔型小叶杨(东北木本植物图志)　变种

Populus simonii Carr. vai. fastgiata Schneid. in Sarg. Pl. Wils. Ⅲ:22. 1916;Hao in Contr. Inst. Bot. Nat. Acad. Peiping,3:236. 1935;陈嵘著. 中国树木分类学:118. 1937;刘慎谔等主编. 东北木本植物图志:119. 1955;丁宝章等主编. 河南植物志. 1:186. 1981;中国植物志.20(2):26. 1984;李淑玲,戴丰瑞主编. 林木良种繁育学:285. 1996;徐纬英主编. 杨树: 45~46. 1959;中国主要树种造林技术:349. 1981;孙立元等主编. 河北树木志: 68. 1997;辽宁植物志(上册):192. 1988;河北植物志 第一卷:231. 1986;山东植物志 上卷:877. 1990;王胜东,杨志岩主编. 辽宁杨树:27. 2006。

本变种树冠塔形;侧枝向上直伸,与主干成锐角。小枝近直立,锐角开展,略有角棱,或近圆柱状。

产地:中国辽宁、河北、山东及北京。在河南洛宁、陕县等县有分布。生长环境同正种。树形美观,冠小,可作观赏及农田防护林带的造林树种。

变型:

2.1　毛果小叶杨(青海木本植物志)　变型　图 42

Populus simonii Carr. f. obovata S. F. Yang et C. Y. Yang,青海木本植物志:67~68. 图 42. 1987。

落叶乔木,树高 15.0~20.0 m。树冠卵球状。树皮灰褐色,沟裂。小枝细长;萌枝具角棱,红褐色,无毛。芽细长,褐色,先端尖,稍被有黏质。长、萌枝叶倒卵圆形,先端短渐尖,基部楔形,脉带红色;短枝叶菱-倒卵圆形,或菱-椭圆形,中部以上最宽,长 4.0~12.0 cm,宽 3.0~8.0 cm,先端急尖,基部楔形至狭圆形,边缘具细钝齿,无缘毛,表面绿色,背面淡绿白色,叶脉 5~7 对,带红色;叶柄圆柱状。雄花序长 2.0~5.0 cm;雄蕊 8 枚;苞片边缘齿裂。雌花序长 3.0~6.0 cm;子房被毛,柱头 2 裂。果序轴被毛;蒴果小,被疏毛,成熟后 2~3 瓣裂。花期 4~5 月;果成熟期 5~6 月。

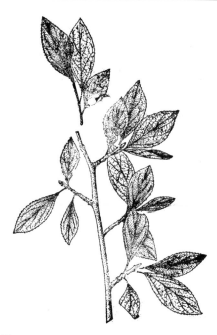

图42　毛果小叶杨 Populus simonii Carr. f. obovata S. F. Yang et C. Y. Yang
（引自《青海木本植物志》）

产地：青海、内蒙古等。河南伏牛山区洛宁、栾川等县有分布。模式标本，采于青海。

2.2　扎鲁小叶杨（植物研究）　变型

Populus simonii Carr. f. robusta C. Wang et Tung，植物研究，2（2）：117. 1982；中国植物志.20（2）：26. 1984；李淑玲，戴丰瑞主编. 林木良种繁育学：285. 1996；徐纬英主编. 杨树：45. 1988；赵天锡，陈章水主编. 中国杨树集约栽培：21. 1994。

本变型树冠狭卵球状；侧枝斜展。树干通直，圆满。

产地：内蒙古哲理木盟扎鲁特旗。模式标本，采于内蒙古扎鲁特旗。

2.3　短毛小叶杨（植物研究）　变型

Populus simonii Carr. f. brechychaeta P. Yu et C. F. Fang，植物研究，4（1）：123. 1984；内蒙古植物志：174. 1985。

本变型由于胎座和胎座周围的毛不发育；围着种的毛很短、很少。果实成熟后，不吐"杨絮"。

产地：内蒙古哲里木盟库伦旗。模式标本，采于内蒙古哲里木盟库伦旗。

3. 青甘杨（中国植物志）　青海杨（四川植物志）　图43

Populus przewalskii Maxim. in Bull. Acad. Sci, St. Petersb. 27：540. 1882；中国植物志.20（2）：29. 图版6：1~4. 1984；四川植物志.3：55~56. 图版21：1~2. 1984；青海木本植物志：71~73. 图46. 1987；徐纬英主编. 杨树：46. 图2-2-7（1~4）. 1988；*Populus simonii* Carr. var. *przewalskii*（Maxim.）C. Wang et Tung；*Populus suaveolens* Fisch. var. *przewalskii*（Maxim.）Schneid. in Sarg. P1. Wils. Ⅲ：32. 1916；Hao in Contr. Inst. Bot. Nat. Acad. Peiping, 3：237. 1935；*Populus simonii* Carr. f. *przewalskii*（Maxim.）Rehd. in Journ. Arn.

Arb. 12:66. 1931。

　　落叶乔木,树高可达 20.0 m。树干挺直;树皮灰白色,较光滑,下部色较暗,有沟裂。小枝细,黄绿色,无毛,具棱。短枝叶椭圆-卵圆形、菱-卵圆形,长 3.5~7.0 cm,宽 2.0~3.5 cm,先端短渐尖至渐尖,基部宽楔形,或近圆形,边缘具圆腺锯齿,近基部全缘,表面深绿色,脉上被微细柔毛,背面粉绿色,脉上被毛,或无毛;叶柄纤细,圆柱状,长 1.2~2.5 cm,被密柔毛。雌花序细,长约 4.5 cm,花序轴被毛;子房卵球状,被密毛,柱头 2 裂,再分裂;花盘边缘全缘,或微具波状缺刻。果序长达 7.0 cm,果序轴密被柔毛。蒴果卵球状,密被柔毛,成熟后 2~3 瓣裂;果梗长 1~2 mm,密被刚毛状柔毛。蒴果成熟期 10 月。

　　本种与小叶杨 P. simonii Carr. 区别:蒴果卵球形,密被柔毛。

图 43　**青甘杨** Populus przewalskii Maxim. ［引自《中国植物志第二十卷》(第二分册)］
1. 带叶枝条,2. 雌花序,3. 子房,4. 蒴果

　　本种为我国特产杨树树种之一,分布于青海、甘肃、内蒙古等省区。多生于海拔 3 400 m 山麓溪流沿岸(青海阿坝县)。本种为我国西北地区绿化树种。模式标本,采自青海。

　　4. 小青杨(东北木本植物图志)　图 44

Populus pseudo-simonii Kitag. in Bull. Inst. Sci. Res. Manch. 3:601. 1939;刘慎谔主编. 东北木本植物图志:122~123. 图版ⅩⅩⅣ:1~5;图版ⅩⅩⅦ:44. 1955;秦岭植物志. 1(2):23~24. . 图 12. 1974;丁宝章等主编. 河南植物志. 1:184~185. 图版 213. 1981;牛春山主编. 陕西杨树:73~74. 图 27. 1980;中国植物志.20(2):29~30. 图版 8:10~11. 1984;*Populus lauriffolia* auct. non Ledeb;周汉藩. 河北习见树木图说:34. 1934;Hao in Contr. Inst. Bot. Nat. Acad. Peiping,3:234. 1935;陈嵘著. 中国树木分类学:117. 1937, p. p. ;山西省林学会杨树委员会. 山西省杨树图谱:99~100. 图 42. 照片 33. 1985;中国科学院植物研究所主编. 中国高等植物图鉴 补编 第一册:26. 图 8388. 1982;徐纬英主

编. 杨树:46. 48. 图2-2-8(10~11). 1988;赵天锡,陈章水主编. 中国杨树集约栽培:21. 图1-3-13. 1994;黑龙江树木志:112~113. 图版24:7. 1986;中国主要树种造林技术:345~348. 图45. 1981;新疆植物志. 1:152~153. 1992;王胜东,杨志岩主编. 辽宁杨树:27. 2006;孙立元等主编. 河北树木志:68~69. 图47. 1997;山西省林业科学研究院编著. 山西树木志:75~76. 图30. 2001;辽宁植物志(上册):193~194. 图版74:7~10. 1988;河北植物志 第一卷:233. 图177. 1986;王胜东,杨志岩主编. 辽宁杨树:27. 2006。

落叶乔木,树高可达20.0 m。树冠宽卵球状。树皮灰白色;皮孔菱形,老龄时浅沟裂。幼枝绿色,或淡褐绿色,具棱,萌枝棱更显著;小枝圆柱状,淡灰色,或黄褐色,无毛。叶芽圆锥状,较长,黄棕色,被黏质。短枝叶菱-椭圆形、菱-卵圆形、卵圆形,或卵圆-披针形,长4.0~9.0 cm,宽2.0~5.0 cm,最宽在叶的中部以下,先端渐尖,或短渐尖,基部楔形、宽楔形,或少近圆形,边缘具细密交错起伏的锯齿,具缘毛,表面深绿色,无毛,罕脉上被短柔毛,背面淡粉绿色,无毛;叶柄圆柱状,长1.5~5.0 cm,顶端有时被短柔毛;长、萌枝叶较大,长椭圆形,基部近圆形,边部波状皱曲;叶柄较短,绿色,或带红色晕,无毛。雄花序长5.0~8.0 cm。雌花序长5.5~11.0 cm;子房球状,或圆锥状,无毛,柱头2裂。蒴果近无柄,长圆球状,先端渐尖,成熟后2~3瓣裂。花期3~4月;果成熟期4~5(6)月。

产地:黑龙江、吉林、辽宁等。模式标本,采自黑龙江省。本种系小叶杨与青杨的杂种。

图44　小青杨 Populus pseudo-simonii Kitag.(引自《秦岭植物志》)
1. 果枝,2. 萌生叶,3. 雄花 ,4. 雌花

本种为我国特产树种之一,分布于黑龙江、吉林、辽宁、河北、陕西、山西、内蒙古、甘肃、青海及四川等省区。生于海拔2 300 m以下的山坡、山沟和河流两岸。河南伏牛山区的卢氏、栾川、嵩县、西峡等县有本种分布。

小青杨喜光,不耐阴。对寒冷气候、干旱瘠薄土壤有较强的适应能力,在绝对最低温-39.6 ℃的条件下,无冻害发生;在土壤肥沃条件下,早期(12年前)生长快,12年后生长较慢。

小青杨材质较软,可作建筑、家具等用,也可作为河岸、沟渠、道路、固沙造林树种。

5. 耿镇杨（山西省杨树图谱）

Populus cathayana Rehd. × P. simonii Carr.，山西省林学会杨树委员会. 山西省杨树图谱：101～103. 图43. 照片34. 1985。

落叶乔木,树高可达20.0 m。树冠紧密,窄卵球状。树干通直圆满;树皮灰褐色,皮孔菱形,散生。幼枝黄褐色,有棱。叶芽纺锤状,芽鳞被黏质。短枝叶卵圆形,长7.0～10.0 cm,宽4.5～6.5 cm,先端尖,基部圆形、宽楔形,边缘钝锯齿,表面暗绿色,背面灰绿色;叶柄侧扁,长4.0～7.0 cm,中间具凹槽。长枝叶椭圆形、倒卵圆形。雄花序长4.0～5.0 cm;雄蕊13～20 枚,花药红色;苞片裂片细长,深褐色。花期4月中、下旬。

产地:山西五台县耿镇大队至高洪口大队的清水河沿岸,海拔1 000～1 100 m。且具有耐寒、耐瘠薄、速生特性。据调查,18 年生的耿镇杨胸径31.6 cm,单株材积0.643 2 m³,比青杨分别大23.0 ％及48.0%。

6. 科尔沁杨（内蒙古植物志） 图45

Populus keresqinensis T. Y. Sun,内蒙古植物志 1:177. 图47. 1985。

落叶乔木,树高28.0 m。树皮不规则纵裂。当年生枝细柔,具光泽,有棱。叶芽细长而贴生,芽鳞光滑,被黏质。短枝叶卵圆形、长卵圆形、宽卵圆形,或椭圆-卵圆形,近革质,长3.0～7.0 cm,宽2.0～4.0 cm,先端渐尖至长渐尖,基部楔形、宽楔形,或圆形,边缘中部以上具疏生钝锯齿,表面暗绿色,沿中脉及侧脉疏生短毛,背面灰白色,无毛;叶柄长1.0～4.0 cm,沿槽疏被毛。长枝叶狭卵圆形、宽卵圆形、斜方形;根萌枝叶倒卵圆形,先端突短尖,或圆形,基部狭楔形,边缘中部具褐色腺齿,上面沿主脉具疏毛。苞片狭楔形,长3.0 mm,宽1.5 mm,边缘细条裂,或不规齿裂。雄蕊(3～)4～6(～10)枚。雌花序长4.0 cm。果序轴被毛。蒴果成熟后2 瓣裂;果柄长约1 mm,具疏毛。花期4月;果成熟期5～6月。

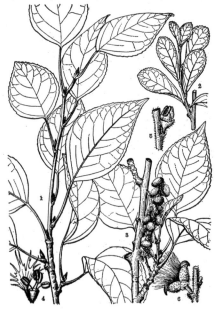

图45　科尔沁杨 Populus keresqinensis T. Y. Sun[引自《内蒙古植物志》(第一卷)]

1. 长枝叶,2. 萌枝叶,3. 果序枝、叶,4. 雄花及苞片,5. 雌蕊,6. 蒴果

本种为我国特产树种之一,分布于内蒙古、北京。在内蒙古哲盟科尔沁左翼后旗常形成大面积纯林。生于山谷、河旁、滩地,耐寒冷气候和瘠薄土壤。

木材是造纸等纤维工业的优良原料,也可作家具、农具等用。模式标本,采于内蒙古哲盟科尔沁左翼后旗大青沟。雄株采于北京卧佛寺。

7. 瘦叶杨(四川植物志)

Populus lancifolia N. Chao,四川植物志.3:51. 图版19. 285~286. 1985;*Populus lantifolia*(N. Chao)N. Chao et J. Liu,武汉植物学研究,9(3):229~238。

落叶乔木,树高可达8.0 m。当年生枝密被刚毛状柔毛,无纵棱。短枝叶披针形、卵圆-披针形、狭披针形,长5.0~8.5 cm,宽1.4~3.4 cm,先端长渐尖,基部楔形,或纯圆形,边缘具圆齿状腺锯齿,表面暗绿色,被微柔毛,背面苍白色,被微柔毛,侧脉5~7对,两面突起;叶柄纤细,圆柱状,长1.0~4.5 cm,被微柔毛。花盘全缘,或具不规则圆齿,无毛。果序长达16.0 cm,果序轴宽密被刚毛状柔毛。蒴果卵球状,长约4 mm,无毛,成熟后3~4瓣裂。花期3~4月;果成熟期6月。

本种为我国特产树种之一,分布于四川。模式标本,采于四川康定县榆林宫。生于海拔3 150 m。

木材是造纸等纤维工业的优良原料,也可作家具、农具等用。

8. 阔叶青杨(内蒙古植物志)　图46

Populus platyphylla T. Y. Sun,内蒙古植物志.1:172. 174. 图45. 1985。

落叶乔木,树高可达25.0 m,胸径50.0 cm。树皮乳白色,幼龄树干上的叶痕下面有3条维管束棱脊。当年生枝赤褐色,具棱;2年生枝黄褐色。叶芽长圆锥状,直立,暗褐色,芽鳞被黏质。短枝叶卵圆形、菱-卵圆形、宽卵圆形,长4.0~9.0 cm,宽3.5~7.0 cm,先端突短尖,或渐尖,基部宽楔形,或圆形,稀近截形,边缘具内曲腺锯齿,近基部处全缘,稀具齿,表面暗绿色,沿中脉及侧脉被毛,背面带白色,通常疏被毛;叶柄圆柱状,长2.0~6.0 cm,近基部被毛。长枝叶卵状圆形、宽卵圆形;萌枝叶倒卵圆形,倒卵圆-椭圆形,先端微尖,或短渐尖。雄花序长达5.0 cm;苞片表面有10~30条白色长毛,雄蕊12~24枚。果序长达10.0~12.0 cm,疏被毛;蒴果卵球状,长6~7 mm,具短柄,成熟后2~3(~4)瓣裂。

本种为我国特产树种之一,分布于内蒙古。模式标本,采于内蒙古大青山、蛮汗山。

木材是造纸等纤维工业的优良原料,也可作家具、农具等用。

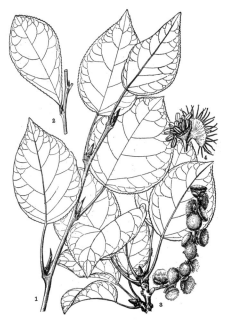

图46　阔叶青杨
Populus platyphylla T. Y. Sun
［引自《内蒙古植物志》(第一卷)］
1. 长枝叶,2. 萌枝叶,3. 果枝、叶, 4. 雄花

9. 康定杨(东北林学院植物研究室汇刊)

Populus kangdingensis C. Wang et Tung,东北林学院植物研究室汇刊,4:19. 1979;中国植物志.20(2):29. 图版6:9~10. 1984;武汉植物学研究,9(3):229~238;徐纬英主编. 杨树:46. 图2-2-7(9~10). 1988;四川植物志.3:50~51. 1985。

落叶乔木,树高10.0 m。树皮灰白色至灰色,纵裂。1年生小枝圆柱状,纤细,黄褐色至褐色,具棱,密被微柔毛。芽圆锥状,长近1.0 cm,无毛,暗赤褐色,被黏性。短枝叶菱-椭圆形、长椭圆-披针形,稀卵圆形,最宽处在中部,或近中下部,长3.0~9.0 cm,宽1.0~2.5(~5.0)cm,先端急尖、短渐尖,基部楔形,或狭楔形,边缘具密细腺锯齿,齿缘向下反卷,表面绿色,背面淡黄绿色,两面沿脉被短柔毛;叶柄长1.0~3.5 cm,被微柔毛。

本种为我国特产树种之一,分布于四川西部,生于海拔3 500 m的高原河边草地。模式标本,采于康定。

本种与小叶杨 P. simonii Carr. 区别:小枝、叶柄,叶脉均被毛。叶菱-椭圆形,边缘锯齿向下面卷曲。

10. 西南杨(四川植物志)　云南青杨

Populus schnerideri(Rehd.) N. Chao,四川植物志,3:50. 图版18:2. 1985;*Populus cathayana* Rehd. var. *schnerideri* Rehd. in Journ. Arn. Arb. 12(1):63. 1931;*Populus schneideri*(Rehd.)N. Chao,四川林业科技通讯,33. 19. Sepe 1979 et Fi,Sichuan. 3:50. 1985;*Populus qanidoensis* C. Wang et Taung in Acta Phycotax. Sin. 17(4):101. f. 1. Nob. 1979。

落叶乔木。当年生小枝灰紫色,具纵棱,密被刚毛状微柔毛;2年生枝灰褐色,密被毛;3年生枝淡褐色,密被毛。短枝叶卵圆形、狭卵圆形,长5.5~9.5 cm,宽3.0~5.5 cm,先端渐尖,基部圆形,边缘具圆锯状腺锯齿,表面暗绿色,沿中脉及侧脉被毛,背面带白色,两面中脉突起,密被柔毛,具缘毛;叶柄圆柱状,长1.5~4.5 cm,密被微柔毛;托叶线形,黄褐色,长约1.0 cm,早落。苞片近圆形,宽约3 mm,边缘细裂,无缘毛;花盘蝶状,径2~3 mm,全缘,无毛,宿存。果序长10.0~13.0 cm,果序轴密被柔毛;蒴果卵球状,径达5 mm,被弯曲长柔毛,成熟后3~4瓣裂。花期4月;果成熟期5~6月。

本种为我国特产树种之一,分布于云南及四川乡城、康定等县,生于海拔2 500~3 900 m。模式标本,采于云南永宁。

本种与青杨 P. cathayana Rehd. 区别:枝、叶、果序轴及果均密被毛。

木材是造纸等纤维工业的优良原料,也可作家具、农具等用。

变种:

10.1　西南杨　原变种

Populus schnerideri(Rehd.)N. Chao var. schnerideri

10.2　光果西南杨(四川植物志)　藏川杨(中国植物志)　变种

Populus schnerideri(Rehd.)N. Chao var. tibetica(Schneid.)N. Chao,四川植物志.3:50. 1985;*Populus szechuanica* Schneid. var. *tibetica* Schneid. in Sarg. Pl. Wils. Ⅲ:33. 1916;藏川杨 *Populus szechuanica* Schneid. var. *tibetica* Schneid. ,中国植物志.20(2):49. 1984。

本变种小,微具棱。芽和叶柄被短柔毛。短枝叶较小,卵圆形,基部圆形,先端渐尖,初两面被短柔毛,后仅沿脉被柔毛,或近无毛。子房及果无毛。模式标本,采于西藏西北部日通。

11. 昌都杨(植物分类学报)　图47

Populus qamdoensis C. Wang et Tung,植物分类学报,17(4):101. 图1. 1979;中国植物志. 20(2):51. 图版14. 1984;徐纬英主编. 杨树:65. 图2-2-15. 1988;西藏植物志. 1:419. 图128. 1983。

落叶乔木,树高25.0 m。树皮灰白色至灰色,纵裂。小枝圆柱状,黄褐色、黄灰色,近光滑,幼时被毛。芽被黏质。短枝叶卵圆形,长6.0~10.0 cm,宽2.5~7.0 cm,先端渐尖,基部圆形,边缘具细圆锯齿,具缘毛,表面暗绿色,沿脉被毛,背面淡绿色,无毛;叶柄圆柱状,长1.0~3.0 cm,被短柔毛。果序长达15.0 cm,果序轴无毛;蒴果卵球状,密被柔毛,果柄长达5 mm。成熟后2(~3)瓣裂。

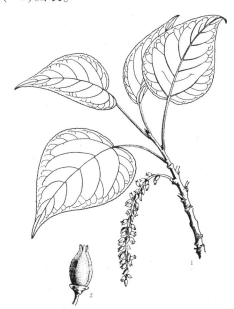

图47　昌都杨 Populus qamdoensis C. Wang et Tung[引自《西藏植物志》(第一卷)]
1. 雌花枝,2. 果

本种为我国特产树种之一,分布于西藏昌都、邦达至怒江一带。生于海拔3 400~3 800 m的河边。模式标本采于西藏日通。

本种与藏川杨 P. szechuanica Schneid. var. tibetica Schneid. 区别:小枝、叶柄,叶脉均被毛。叶边缘锯齿向下面卷曲。

12. 乡城杨(东北林学院植物研究室汇刊)

Populus xiangchengensis C. Wang et Tung,东北林学院植物研究室汇刊,4:22. 1979;中国植物志. 20(2):56. 1984;徐纬英主编. 杨树:68. 1959;四川植物志. 3:48. 1985。

落叶乔木,树高15.0~20.0 m,胸径1.0~1.5 m。小枝粗壮,暗紫褐色,具微棱;当年生小枝密被微柔毛及长柔毛。芽被柔毛。短枝叶卵圆形、宽卵圆形、椭圆-卵圆形,长

9.0~14.0 cm,宽 4.0~10.0 cm,先端渐尖、长渐尖,基部圆形、心形,边缘具细圆腺锯齿,具缘毛,表面暗绿色,沿中脉及侧脉被毛,背面苍白色,两面中脉突起,沿脉密被微柔毛及长柔毛;叶柄圆柱状,长达 1.4~4.0(~6.0)cm,密被微柔毛及长柔毛。雌株!花盘碟状,暗褐色,无毛,边缘全缘,或近全缘。果序长 8.0~16.0 cm,果序轴被柔毛;蒴果卵球状,被皱曲长柔毛,成熟后 2~4 瓣裂。果成熟期 7 月。

本种为我国特产树种之一,分布于云南、西藏和四川乡城至平武一带。生于海拔 2 050~3 900 m 的河岸地带。模式标本,采于乡城县。

本种与藏川杨 P. szechuanica Schneid. var. tibetica Schneid. 区别:蒴果密被茸毛。本种与川杨 Populus szechuanica Schneid. 区别:小枝、叶柄、叶脉、果序轴、蒴果均被毛。

13. **长叶杨**(东北林学院植物研究室汇刊) 图 48:1~2

Populus wuana C. Wang et Tung,东北林学院植物研究室汇刊,4:33. 图版 4:1~2. 1979;中国植物志.20(2):58. 图版 18:1~2. 1984;徐纬英主编. 杨树:70. 图 2-2-19(1~2). 1988;西藏植物志 第一卷:421~422. 1983。

落叶乔木,树高 30.0 m,胸径 1.0 m。树皮浅灰色,条裂。枝具棱,暗褐色;小枝被黄褐色毛,后渐脱落。芽圆锥状,基部芽鳞被毛,先端光滑,暗紫色,具黏质。短枝叶革质,卵圆-披针形至宽披针形,长 8.0~18.0 cm,宽 3.0~10.0 cm,先端长渐尖,基部浅心形至圆形,边缘密具腺锯齿,齿微下卷,具缘毛,表面绿色,被短柔毛,沿中脉及侧脉密被短柔毛,背面白色,被短柔毛,沿中脉及侧脉密被短柔毛,边缘具缘毛;叶柄圆柱状,长 2.0~4.5 cm,密被柔毛。果序长达 30.0 cm,果序轴初被毛,后无毛;蒴果卵球状,长达 1.0 cm,径 8 mm,成熟后 4~5 瓣裂。果熟期 9 月。

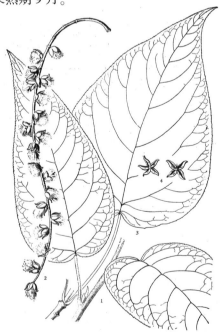

图 48 1~2. 长叶杨 Populus wuana C. Wang et Tung:1. 叶枝,2. 果序;
3~4. 五瓣杨 P. yuana C. Wang et Tung:3. 叶枝,4. 蒴果[引自《中国植物志第二十卷》(第二分册)]

本种为我国特产树种之一,分布于西藏东部,生于林缘、溪边。模式标本,采于西藏波密。

本种与青杨 P. cathayana Rehd. 区别:枝、叶、果序轴及果均密被毛。木材是造纸等纤维工业的优良原料。也可作家具、农具等用。

14. 五瓣杨(东北林学院植物研究室汇刊)　图48:3~4

Populus yuana C. Wang et Tung,东北林学院植物研究室汇刊,4:24. 图版4:3~4. 1979;中国植物志.20(2):58. 60. 图版18:3~4. 1984;徐纬英主编. 杨树:70. 74. 图2-2-19(3~4). 1988。

落叶乔木,树高 30.0 m,胸径 2.0 m。树皮黑色,纵裂。枝粗壮,灰褐色至褐色;小枝灰褐色,具棱,光滑。短枝叶卵圆形至椭圆-卵圆形,长 16.0~23.0 cm,宽 10.0~15.0 cm,先端渐尖至长渐尖,基部狭心形至圆形,边缘密具浅腺锯齿,表面暗绿色,无毛,沿脉被短柔毛,背面灰白色,沿脉被短柔毛;叶柄圆柱状,长 5.0~10.0 cm,无毛。果序长达 35.0 cm,果序轴无毛;蒴果卵球状,近无柄。成熟后(4~)5 瓣裂。花期 5 月。

产地:本种为我国特产树种之一,分布于云南西北部。生于海拔 2 000 m 的河岸地带。模式标本,采于云南中甸。

本种与德钦杨 Populus haoana Cheng et C. Wang 区别:枝、芽、叶两面密被柔毛。蒴果大,初密被线毛,4 瓣裂。而与滇杨 Populus yunnanensis Dode 区别:叶两面脉被毛,基部狭心形。果序长达 35.0 cm;蒴果成熟后(4~)5 瓣裂。

15. 德钦杨(东北林学院植物研究室汇刊)　图49:1~3

Populus haoana Cheng et C. Wang,东北林学院植物研究室汇刊,4:17. 图版1:1~3. 1979;中国植物志.20(2):53. 图版16:1~3. 1984;徐纬英主编. 杨树:67. 68. 图2-2-17(1~3). 1988。

落叶乔木,树高 20.0 m。树皮灰色,光滑。小枝粗壮,暗褐色,被毛,幼时更密。芽被毛,微有黏质。短枝叶卵圆形至卵圆-长椭圆形,长 10.0~18.0 cm,宽 5.0~11.0 cm,先端短渐尖,常扭曲,基部心形,边缘具细腺锯齿,表面暗绿色,沿脉被柔毛,背面苍白色,被疏毛,沿脉密被柔毛;叶柄圆柱状,密被柔毛,长 4.0~7.0 cm。果序长达 18.0cm,果序轴被柔毛;蒴果卵球状,幼时密被茸毛,后渐脱落,近无柄,成熟后 3~4 瓣裂。

产地:本种为我国特产树种之一,分布于云南西北部。生于海拔 2 200~3 600 m 的林中。模式标本,采于云南德钦。

本种与藏川杨 Populus szechuanica Schneid. var. tibetica Schneid. 区别:叶大。幼枝、叶柄、叶脉、果序轴基部均密被毛。木材是造纸等纤维工业的优良原料,也可作家具、农具等用。

变种:

15.1　德钦杨　原变种

Populus haoana Cheng et C. Wang var. haoana

15.2　大果德钦杨(东北林学院植物研究室汇刊)　变种　图49:4~5

Populus haoana Cheng et C. Wang var. macrocarpa C. Wang et Tung,东北林学院植物研究室汇刊,4:18. 图版1:4~5. 1979;中国植物志.20(2):53. 图版16:4~5. 1984;徐纬

英主编. 杨树:68. 图 2-2-17(4~5). 1988。

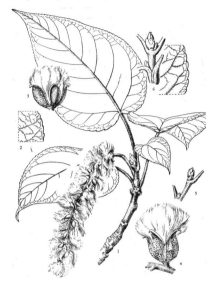

图 49　1~3.**德钦杨** Populus haoana Cheng et C. Wang var. haoana:
1. 果枝,2. 叶部分放大示脉被柔毛,3. 蒴果;

4~5. 大果德钦杨 P. haoana Cheng et C. Wang var. macro carpa C. wang et Tung:
4. 蒴果示果柄粗壮和果序轴均被密毛,5. 小枝;

6~7. 大叶德钦杨 P. haoana Cheng et C. Wang var. megaphylla C. Wang et Tung:
6. 小枝,7. 叶部分放大示叶缘为圆锯齿[引自《中国植物志第二十卷》(第二分册)]

本变种小枝较细,赤褐色。短枝叶较小,两面沿脉被疏毛。果序轴粗。蒴果大,长 1.2 cm,径 1.0 cm;果柄粗,被密毛。

产地:本种分布云南西北部、四川东南一带山地,生于海拔 3 000~3 300 m 的山谷、沟旁。模式标本,采于云南德钦。

15.3　大叶德钦杨(东北林学院植物研究室汇刊)　变种　图 49:6~7

Populus haoana Cheng et C. Wang var. megaphylla C. Wang et Tung,植物研究,2(2): 118. 1982;中国植物志. 20(2):53.56. 图版 16:6~7. 1984;徐纬英主编. 杨树:68. 图 2-2-17(6~7). 1988。

本变种枝具沟槽。小枝、叶柄光滑。短枝叶大,长达 22.0 cm。长枝叶长达 35.0 cm,边缘具圆腺锯齿。果序长达 40.0 cm,果序轴被柔毛;蒴果卵球状,具短柄。

产地:本变种分布云南西部,生于海拔 2 300~2 700 m 的沟边杂木林中。模式标本,采于云南维西。

15.4　小果德钦杨(东北林学院植物研究室汇刊)　变种

Populus haoana Cheng et C. Wang var. microcarpa C. Wang et Tung,东北林学院植物研究室汇刊,4:18. 1979;中国植物志. 20(2):56. 1984;徐纬英主编. 杨树:68. 1988。

本变种短枝叶圆-卵圆形,基部深心形。果序细、短,长 8.0 cm,无毛;蒴果小,长 5 mm,光滑。

产地:本变种分布云南西北部,生于海拔 3 200 m 的山谷、沟旁。模式标本,采于云南中旬。

16. 冬瓜杨(中国高等植物图鉴)　　大叶杨(河南)　太白杨(秦岭植物志)　　图50

Populus purdomii Rehd. in Journ. Arn. Arb. 3:225. 1922;Hao in Contr. Inst. Bot. Nat. Acad. Peiping,3(5):238. 1935;中国高等植物图鉴.1:355. 图709. 1972;秦岭植物志.1(2):21~23. 图10. 1974;丁宝章等主编. 河南植物志. 1:183~184. 1981;牛春山主编. 陕西杨树:75~76. 图28. 1980;中国植物志.20(2):32. 34. 图版7:7~9. 1984; 17;徐纬英主编. 杨树:50~51. 图2-2-9(7~9). 1988;四川植物志.3:51. 图版21:1. 1985;*Populus szechuanica* Schneid. var. *rockii* Rehd. in Journ. Arn. Arb. 13(4):386. 1932,syn. nov.;青海木本植物志:71. 图45. 1987;山西省林业科学研究院编著. 山西树木志:78. 图32. 2001。

落叶乔木,树高可达30.0 m。树皮幼时灰绿色,老龄时暗灰色,片状剥裂。小枝圆柱状,幼时淡黄棕色,无毛。芽急尖,无毛,被黏质。短枝叶卵圆形,或宽卵圆形,长7.0~14.0 cm,宽6.0~8.5 cm,先端渐尖,基部圆形,或近心形,边缘具细锯齿,或圆钝齿,齿端具腺点,具缘毛,表面绿色,具光泽,脉突起,疏被柔毛,背面带白色,脉常无毛,后渐脱落;叶柄圆柱状,长2.0~5.0 cm;长、萌枝叶长卵圆形,长达25.0 cm,宽达13.0 cm,先端渐尖,基部圆形,或近心形,边缘具细锯齿,或圆钝齿,齿端具尖头,表面绿色,具光泽,中脉突起,具疏柔毛,背面带白色,主脉常无毛;叶柄圆柱状,长2.0~5.0 cm。雄花序长达5.0~10.0 cm;雄蕊30~40枚。果序长达11.0(~13.0)cm,无毛;蒴果卵球状,无梗,或近无梗,成熟后3~4瓣裂。花期4~5月;果成熟期5~6月。

模式标本,采自陕西太白山。

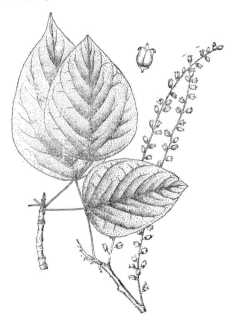

图50　冬瓜杨 Populus purdomii Rehd.（引自《秦岭植物志》）

产地:本种为我国特产树种之一,分布于河北、陕西、甘肃、湖北及四川等省。生于海拔(700~)1 000~2 600 m 的山地或沿溪两旁,成小片纯林,或与山杨成片状混交林,或散生于杂林中。河南伏牛山区的卢氏、栾川、嵩县、南召、西峡等县有本种分布。在低海拔地区生长不良。如1972~1974 年,作者从河南卢氏县淇河林场将冬瓜杨引入河南郑州后,生长不良:苗干弯,呈匍匐状,病虫危害严重。在河南卢氏县淇河林场河谷地段上的土壤肥沃处,生长很快,常有胸径达1.0 m 左右的大树。木材材质较软,可作建筑、家具、造纸等用,也可作为深山区河岸、沟渠造林树种。

变种:

16.1　冬瓜杨　原变种

Populus purdomii Rehd. var. purdomii

16.2　楸皮杨　新改隶组合变种

Populus purdomii Rehd. var. ciupi(S. Y. Wang)T. B. Chao(T. B. Zhao)et H. B. Weng,var. transl. nova;*Populus ciupi* S. Y. Wang。丁宝章等主编. 河南植物志.1:182~183. 图210. 1981。

本新改隶组合变种树皮灰褐色,或黑褐色,条状纵裂,似楸树皮,故称"楸皮杨"。雌花子房卵圆-锥状,表面具点状突起,柱头4 裂。蒴果三角-圆球状,表面不平,长5 mm,成熟后通常3 瓣裂。

产地:河南。模式标本,采于卢氏县淇河林场。生于海拔1 000 m 以上的山谷溪旁,或杂木林中。

16.3　光皮冬瓜杨(中国植物志)　变种

Populus purdomii Rehd. var. rockii(Rehd.)C. F. Fang et H. L. Yang,中国植物志.20(2):34. 1984;*Populus szechuanica* Schneid. var. *rockii* Rehd. in Journ. Arn. Arb. 13:386. 1932;徐纬英主编. 杨树:51. 1988;青海木本植物志:71. 1987。

本变种树皮光滑,不呈片状剥裂。

产地:模式标本,采于甘肃东南部。

17. **伊犁杨**(中国植物志)　图51

Populus iliensis Drob. in Not. Syst. Herb. Inst. Bot. Sect. Uzbek. Sci. URSS,6:12. 1941;Not. Syst. Herb. Inst. Bot. Acad. Sc. Kazachst. 4:37. 38. 1966;Ф. Л. Казах. 3:44. 1960,pro. syn. *Populus kanjilaliana* Dode;Consp. Fl. A s. Med. 3:10. 1972,pro. syn. *Populus afghanica*(Aitch & Hemsl.)C. Schneid. ;中国植物志.20(2):44. 46. 图版21:3~7. 1984;徐纬英主编. 杨树:61. 图2-2-13(5~8). 1988;新疆植物志.1:142. 145. 图版8. 1992。

落叶乔木,树高10.0~15.0 m。树皮灰色,纵裂。1 年生小枝圆柱状,褐色,被细线毛,或光滑。2~3 年生淡褐色。短枝叶卵圆形,长3.0~7.0 cm,宽2.0~5.0 cm,先端短渐尖,基部圆形,或宽楔形,中部最宽,稀上部最宽,边缘具细锯齿,初具缘毛,表面绿色,背面淡绿色;叶柄侧扁,长2.0~4.0 cm。长、萌枝叶卵圆形、宽卵圆形,长3.0~7.0 cm,宽3.0~6.0 cm,中部以上最宽,先端突尖,或短渐尖,常扭曲,基部宽楔形、圆形、截形,边缘具密腺齿,初被缘毛,表面绿色,背面淡绿色,沿脉被柔毛;叶柄侧扁,初被短柔毛。花盘圆形,黄白色,具花柄,3~4 mm。果序长5.0~10.0 cm,果序轴光滑,或被短柔毛;蒴果卵球状,无毛,长 6 mm,宽 4 mm,成熟后 2(~3)瓣裂。花期 4~5 月;果成熟期 6 月。

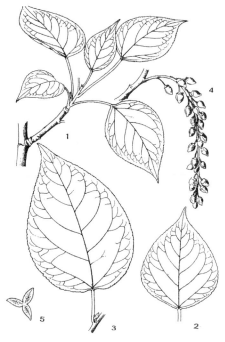

图 51 伊犁杨 Populus iliensis Drob.(引自《新疆植物志》)
1. 枝叶,2. 叶,3. 萌枝叶,4. 果序枝,5. 蒴果瓣裂

产地:新疆伊犁河谷地带。

本种与阿富汗杨 P. afghanica(Ait. et Hemsl.)Schneid. 区别:叶大,长于宽,基部圆形,边缘无半透明边。而与密叶杨区别:叶大,边缘具浅圆齿;叶柄圆柱状。长枝叶披针形、宽披针形。蒴果 3 瓣裂。

18. **黑龙江杨**(东北木本植物图志) 图 52

Populus amurensis Kom. in Journ. Bot. de I'URSS,5:510. 1934;id. Fl. URSS,5:240. 1936;刘慎谔主编. 东北木本植物图志:124. 1955;中国植物志. 20(2):39. 41. 1984;徐纬英主编. 杨树:57. 1988;黑龙江树木志:91. 图版 18:1~4. 1986。

落叶乔木。树皮灰白色。小枝圆柱状,赤黄色,具棱,无毛。短枝叶近圆形、宽卵圆形,长 4.5~7.0 cm,宽 2.0~4.0 cm,先端短渐尖,基部圆形,或心形,边缘细锯齿,表面绿色,沿脉密被短柔毛,背面白色,沿脉密被短柔毛;叶柄长 2.0~3.0 cm,密被短柔毛。雌花序长 6.0~7.0 cm,花序轴密被白色柔毛。柱头 4 裂。果序长 9.0~10.0 cm,果序轴疏被白色柔毛。蒴果球状,长约 5 mm,疏被白色丝状毛,近无柄,成熟后 4 瓣裂。花期 4~5 月;果成熟期 6 月。

产地:本种分布于黑龙江流域、内蒙古东部。俄罗斯远东地区有分布。模式标本,采于黑龙江流域。

图 52　黑龙江杨 Populus amurensis Kom.（引自《黑龙江树木志》）
1. 部分枝、叶,2. 果序,3. 幼果,4. 苞片

19. **柔毛杨**(中国植物志)　图 53

Populus pilosa Rehd. in Am. Mus. Novit. No. 29,2:f. 1. 1927;Фл. СССР,5:240. 1936;Ф. Л. Казах. 3:45. 1960;A. Skv. in Consp. Fl. As. Med. 3:8. 1972, pro. syn. P. laurifolia Ldb.;中国植物志.20(2):44. 图版 10:7~8. 1984;徐纬英主编. 杨树:58. 图 2-2-12(7~8). 1988;新疆植物志.1:158. 图版 39:3. 1992。

落叶乔木,树高 5.0~12.0 m。树皮白灰色,深纵裂。1 年生小枝圆柱状,粗壮,节间短,被密毛。3 年生枝黄白色,无毛。芽被黏液,被柔毛。短枝叶卵圆形、宽卵圆形,长 4.5~8.0 cm,宽 4.0~6.0 cm,先端短渐尖,基部浅心形、圆形,或截形,边缘具圆波状锯齿,表面绿色,被毛,背面黄白色、白色,沿脉被毛;叶柄近圆柱状,长 1.0~2.5(~4.0)cm,密被黄毛。苞片宽大于长;花盘边缘具波状齿;果序长 5.0~8.0 cm,果序轴被毛;蒴果卵球状,被毛,径 4~5 mm,无柄,成熟后 2 瓣裂。花期 5 月;果成熟期 6 月。

产地:新疆北部阿尔泰山。生于海拔 1 600~2 300 m 阿尔泰山河谷。模式标本,采于阿尔泰。

本种与苦杨 P. laurifolia Ledeb. 区别:叶短而宽,卵圆形、宽卵圆形。蒴果卵球状,被毛。

变种:

19.1　柔毛杨　原变种

Populus pilosa Rehd. var. pilosa

19.2　光果柔毛杨(中国植物志)　变种

Populus pilosa Rehd. var. leiocarpa C. Wang

图 53　柔毛杨 Populus pilosa Rehd.
[引自《中国植物志第二十卷》(第二分册)]
1. 叶枝,2. 放大被毛

et Tung,植物研究,2(2):116. 1982;中国植物志.20(2):44. 图版 10:9~10. 1984;徐纬英主编. 杨树:58. 60. 图 2-2-12(9~10). 1988。

本变种大乔木。蒴果光滑,无毛,具短柄。

产地:新疆。生于海拔 2 400 m 处混交林中。阿尔泰山河谷有分布。模式标本,采于托木尔峰。

20. 帕米尔杨(中国植物志)

Populus pamierica Kom. in Journ. Bot. URSS,19:510. f. 3. 1934;Kom. Fl. URSS,5:236. 1936;中国植物志.20(2):44. 图版 11. 1984;徐纬英主编. 杨树:60~61. 图 2-2-13(1~4). 1988;新疆植物志.1:156. 158. 图版 41. 1992。

落叶乔木,树高 10.0~15.0 m。树皮灰色,纵裂。1 年生小枝圆柱状,淡灰黄色、淡褐色,具棱,被柔毛。短枝叶圆形,长 5.0~8.0 cm,长宽近相等,先端突尖,基部圆形,或宽截形,边缘具波状粗锯齿,具细缘毛,表面绿色,背面淡绿色,沿脉微被柔毛;叶柄圆柱状,长3.0~7.0 cm,被柔毛。长枝叶长椭圆形,先端短渐尖,基部截形,无毛,边缘具近重锯齿,齿深、先端尖。果序长 6.0 cm,果序轴被毛;蒴果卵球状,被毛,长 4 mm,无柄,成熟后 3 瓣裂。花期 5 月;果熟期 6 月。

产地:新疆阿克陶。生于海拔 1 800~2 000 m 的河谷沿岸。俄罗斯有分布。模式标本,采自帕米尔。

本种与柔毛杨 Populus pilosa Rehd. 区别:小枝具棱。叶近圆形,基部圆形,或宽截形,边缘波状粗锯齿。叶柄长 3.0~7.0 cm。

变种:

20.1　帕米尔杨　原变种

Populus pamierica Kom. var. pamierica

20.2　阿合奇杨　变种

Populus pamierica Kom. var. akqiensis C. Y. Yang,新疆植物志 1:158. 305~306. 1992。

本变种 1 年生枝淡褐色,密被茸毛。芽鳞密被茸毛。短枝叶卵圆形,长 7.0~9.0 cm,宽 5.0~6.0 cm,中部最宽,基部楔形,边缘具粗细不整齐锯齿;叶柄圆柱状,几与叶等长,或长于叶片。果序轴被茸毛。蒴果成熟后瓣裂。

产地:新疆阿合奇。生于海拔 1950 m 河旁。模式标本,采于新疆阿合奇。

21. 亚东杨(植物分类学报)　图 54:1~2

Populus yatungensis(C. Wang et Tung)C. Wang et Tung,中国植物志.20(2):60. 图版 19:1~2. 1984;*Populus yunnanensis* Dode var. *yatungensis* C. Wang et Tung,植物分类学报,12(2):192. 图版 49:2.1974;西藏植物志.1:422. 图 129:1~2.1983;徐纬英主编. 杨树:74. 图 2-2-20(1~2). 1988。

落叶乔木,树高 10.0 m。树皮灰绿色至淡黄色,纵裂。1 年生小枝圆柱状,黄褐色至黄褐色,幼时紫褐色,具棱,被淡黄色长柔毛。芽紫色,被柔毛,具黏质。短枝叶卵圆形、宽卵圆形,长 14.0~16.0 cm,宽 6.0~11.0 cm,先端渐尖至长渐尖,基部浅心形至心形,边缘具细腺锯齿,表面暗绿色,背面苍白色,两面沿脉疏被柔毛;叶柄圆柱状,长 4.0~7.0 cm,

被长柔毛;叶柄顶端具腺体。果序长达 22.0 cm,果序轴粗壮,带紫红色,基部被毛;蒴果
卵球状,无毛,常具短柄,成熟后 4 瓣裂。

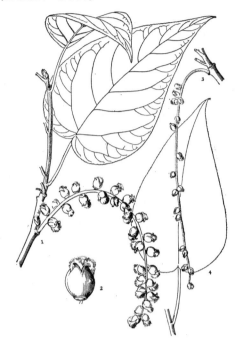

图 54 1~2.亚东杨 Populus yatungensis(Wang et Fu)C. Wang et Tung:1.果枝,2.果;

3~4.毛轴亚东杨 P. yatungensis(Wang et Fu)C. Wang et Tung var. trichorachis C. Wang et Tung:

3.幼果序,4.叶[引自《西藏植物志》(第一卷)]

产地:西藏亚东至隆子一带。本种为我国特产树种之一,分布于生于海拔 2 400~
3 600 m 的山坡。模式标本,采于西藏亚东地区。

本种与滇杨 P. yunnanensis Dode 区别:幼枝、叶柄、叶脉均被柔毛。蒴果具短柄。

变种:

21.1 亚东杨(植物研究) 原变种

Populus yatungensis(C. Wang et Tung)C. Wang et Tung var. yatungensis

21.2 圆齿亚东杨(植物研究) 变种

Populus yatungensis(C. Wang et Tung)C. Wang et Tung var. crenata C. Wang et Tung,
植物研究,2(2):115. 1982;中国植物志.20(2):60. 图版 19:5. 1984;徐纬英主编. 杨树:
74. 图 2-2-20(5). 1988。

本变种短枝叶幼时背面及叶柄被粗柔毛,后渐脱落,先端渐尖至长渐尖,基部深心形,
边缘具圆锯齿。

产于西藏。模式标本,采于江孜勒奇。

21.3 毛轴亚东杨(植物分类学报) 变种   图 54:3~4

Populus yatungensis(C. Wang et Tung)C. Wang et Tung var. trichorachia C. Wang et
Tung,植物分类学报,17(4):102. 图 2:5. 1979;中国植物志.20(2):60. 图版 19:3~4.
1984;徐纬英主编. 杨树:74. 图 2-2-20(3~4). 1988;西藏植物志 第一卷:422. 图 129:

1~2. 1983。

　　本变种短枝叶边缘具细圆锯齿。果序轴被柔毛;蒴果卵球状,无毛,或被柔毛。

　　产地:云南西北、四川南部、西藏。模式标本,采于云南德钦。

　　22. 密叶杨(中国植物志)　云南白杨(中国高等植物图鉴)　图 55

Populus talassica Kom. in Journ. Bot. URSS. 19:509. 1934;Φ. Л. CCCP. 5:237. 1936;Φ. Л. Ka3a. 3:49. 1960;A. Skv. in Consp, Fl. A s. Med. 3:9. 1973;id. Fl. URRSS,5:237. 1936;中国植物志.20(2):46~47. 图版 10:1~3. 1984;中国科学院植物研究所主编. 中国高等植物图鉴 补编 第一册:26. 图 8389. 1972;徐纬英主编. 杨树:61~62. 图 2-2-12(1~3). 1988;新疆植物志.1:155. 156. 图版 40. 1992;*Populus densa* Kom. in 1. c. 19:510. f. 4. 1934;id. 1. c. 5:237. 1936;*Populus cathayana* acut. non Rehd. ;Pojak. in Fl. Kazakhst. 3:49. 1936。

　　落叶乔木,树高可达 20.0 m。树冠开展。树高可达 20.0 m。树皮灰绿色。小枝圆柱状,灰色,无毛;当年生枝棕褐色;长枝棕褐色,或灰色,具棱,初被毛,后渐无毛;叶痕常被短茸毛。短枝叶卵圆形,或卵圆-椭圆形,长 5.0~8.0 cm,宽 3.0~5.0 cm,先端渐尖,基部楔形、宽楔形圆形,或圆形,表面淡绿色,无毛,背面色较淡,沿脉疏被毛,边缘具浅圆齿;叶柄圆柱状长 2.0~4.0 cm,近无毛;长枝叶披针形至宽披针形,长 5.0~10.0 cm,宽 1.5~3.0 cm,基部楔-圆形,或圆形。雄花序长 3.0~4.0 cm,花序轴无毛;雄蕊花药紫色;果序长 5.0~6.0(~10.0)cm,果序轴疏被毛,基部较密。蒴果卵球状,长 5~8 mm,成熟后 3~4 瓣裂,裂片卵圆形,无毛,多皱纹,具短柄,被茸毛。花期 5 月;果熟期 6 月。

图 55　密叶杨 Populus talassica Kom. (引自《新疆植物志》)
1. 果枝及叶,2. 蒴果,3. 叶缘

　　产地:中国新疆天山中部至西部,俄罗斯中亚地区有分布。生于海拔 500~1 800 m 的山前河谷地带。木材可作火柴杆、牙签及工艺品等用;常栽培为行道树。模式标本,采自俄罗斯中亚地区的塔拉斯阿拉套山。

　　本种与苦杨 Populus laufifolia Ledeb. 区别:小枝近光滑,或疏被毛。叶较窄小,沿脉疏被毛,或无毛。蒴果较大。

变种：

22.1　密叶杨　原变种

Populus talassica Kom. var. talassica

22.2　托木尔峰密叶杨（新疆植物志）　变种

Populus talassica Kom. var. tomortensis C. Y. Yang,新疆植物志. 1:156. 305. 1992;
Populus pilosa Rehd. var. *leiocarpa* C. Wang et Tung,Bull. Bot. Research,2(2):116. 1982;
中国树木志. 2:1984. 1985。

本变种短枝叶宽卵圆形,基部圆形,或微心形。小枝、叶柄、叶脉、果序轴密被茸毛。

产地:中国新疆阿克苏、温宿。模式标本,采自新疆阿克苏。

22.3　心叶密叶杨（新疆植物志）　变种

Populus talassica Kom. var. cordata C. Y. Yang,新疆植物志. 1:156. 305. 1992。

本变种小枝褐色、淡褐色。短枝叶心形,长 7.0~12.0 cm,宽 7.0~9.5 cm,基部圆形,
或心形;叶柄无毛。

产地:中国新疆精河三台林场。模式标本,采自新疆精河三台林场。

本变种与柔毛杨 P. pilosa Rehd. 区别:枝、叶无毛。

23. 东北杨（东北木本植物图志）　图 56

Populus girinensis Skv. in Not. Trees &
Shrubs 10:337. f. 7. 1929;刘慎谔主编. 东北
木本植物图志:127. 图版31:1~3. 5. 1955;中
国植物志. 20(2):34~35. 图版8:3~4. 1984;
徐纬英主编. 杨树:51. 53. 图 2-2-8(3~4).
1988;黑龙江树木志:104. 图版22:4~5. 1986。

落叶乔木,树高 12.0 m,胸径 0.45 cm。树
冠长卵球状。树皮沟裂。小枝圆柱状,微被短
柔毛。芽有黏质,微被短柔毛。短枝叶宽卵圆
形,或长卵圆形,长 6.5~9.0 cm,宽 2.8~6.0
cm,先端短渐尖,基部近心形,表面暗绿色,背
面带白色,两面沿脉被短柔毛;叶柄长 3.0~4.0
cm,微被短柔毛。雌花序长 10.0~14.0 cm,花
序轴无毛;蒴果长卵球状,无毛,长 1.1 cm,径 7
mm,近无柄,成熟后 3 瓣裂。花期 4 月;果成熟
期 5 月。

产地:吉林、黑龙江。本种为我国特产树种
之一。模式标本,采于黑龙江哈尔滨。

本种叶宽卵圆形、花序轴无毛,与大青杨
P. ussuriensis Kom. 相区别:叶宽卵圆形。花序
轴无毛。

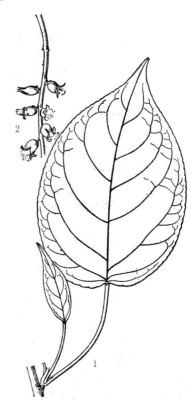

图 56　东北杨 Populus girinensis Skv.
［引自《中国植物志第二十卷》（第二分册）］
1.叶枝,2. 果序示无毛

变种:

23.1　东北杨(东北木本植物图志)　原变种

Populus girinensis Skv. var. girinensis

23.2　楔叶东北杨(东北木本植物图志)　变种

Populus girinensis Skv. var. ivaschkevitchii Skv. ,刘慎谔等. 东北木本植物图志:127. 551. 图版31:4. 1955;中国植物志. 20(2):35. 1984;徐纬英主编. 杨树:53. 1988;黑龙江树木志:104. 1986。

本变种芽无毛,叶基部楔形。

产地:吉林、黑龙江。模式标本,采于黑龙江哈尔滨。

24. **玉泉杨**(东北木本植物图志)　图57

Populus nakaii Skv. in Not. Trees & Shrubs 6:336. f. 6. 1929;刘慎谔主编. 东北木本植物图志:126. 图版30:1~2. 1955;中国植物志. 20(2):35. 图版8:1~2. 1984;徐纬英主编. 杨树:53. 图2-2-8(1~2). 1988;黑龙江树木志:108. 图版22:1~3. 1986。

落叶乔木,树高13.0 m。树皮灰色,基部沟裂。小枝圆柱状,绿色,后变黄灰色,无毛。芽有黏质,无毛。短枝叶卵圆形至卵圆-披针形,长4.0~6.5 cm,宽1.5~2.3 cm,先端渐尖,基部近心形,表面深绿色,背面带白色,边缘具腺状细圆齿、微锯齿,被缘毛,或无毛;叶柄长1.2~2.5 cm,稀被长柔毛。果序长8.0~10.0 cm,花序轴被短柔毛;蒴果长卵球状,成熟后3瓣裂。花期4月;果熟期5月。

图57　玉泉杨 Populus nakaii Skv. (引自《黑龙江树木志》)
1. 果枝,2. 三瓣蒴果,3. 四瓣蒴果

产地:吉林、黑龙江、辽宁、河北。栽培种。模式标本,采于黑龙江哈尔滨玉泉。

本种叶较窄,卵圆形至卵圆-披针形,与大青杨 P. ussuriensis Kom. 相区别;叶较窄。

花序轴被短柔毛,与东北杨 P. girinensis Skv. 相区别。

25. 兴安杨(东北木本植物图志)　图 58

Populus hsingganica C. Wang et Skv. ,刘慎谔主编. 东北木本植物图志:124~125. 图版 26:1~3. 图版 26:4~6. 1955;中国植物志. 20(2):37. 图版 8:7~8. 1984;徐纬英主编. 杨树:54. 图 2-2-8(7~8). 1988;黑龙江树木志:104. 105. 图版 21:1~3. 1986; *Populus suaveolens* auct. non Fisch. ; Kitag. Neo – Lineam. Fl. Mansh. 203. 1979;内蒙古植物图志:172. 图版 44:4~5. 1985。

落叶乔木,树高 20.0 m。树皮绿灰色,基部深沟裂。小枝圆柱状,灰褐黄色、赤褐色,无毛。芽长圆体状,有黏质,芽鳞边缘具缘毛。短枝叶圆形、圆-心形,稀卵圆形,长 3.0~10.0 cm,宽 2.0~9.0 cm,先端短渐尖,常扭曲,基部心形、圆形,表面暗绿色,脉上疏被短柔毛,背面淡绿色,脉上无毛,边缘具细锯齿,被缘毛;叶柄长 1.5~3.5 cm,无毛。雄花序长 4.0~8.0 cm,花序轴无毛;雄蕊 30~40 枚;果序长 13.0~16.0 cm,果序轴无毛;蒴果成熟后 3 瓣裂。花期 5 月;果熟期 5 月至 6 月初。

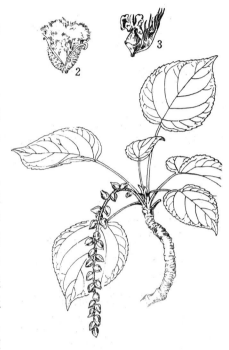

图 58　兴安杨
Populus hsingganica C. Wang et Skv.
(引自《黑龙江树木志》)

产地:内蒙古、河北、黑龙江等省区。模式标本,采于黑龙江大兴安岭巴林站。

变种:

25.1　兴安杨(东北木本植物图志)　原变种

Populus hsingganica C. Wang et Skv. var. hsingganica

25.2　毛轴兴安杨(植物研究)　变种

Populus hsingganica C. Wang et Skv. var. trichorachis Z. E. Chen,植物研究,8(1):115. 1988。

本变种小枝被短柔毛。叶柄、果序轴被柔毛。叶两面脉上被毛。蒴果成熟后 3~4 瓣裂。

产地:中国内蒙古。模式标本,采于武川。

26. 梧桐杨(东北林学院植物研究室汇刊)　图 59

Populus pseudomaximowiczii C. Wang et Tung,东北林学院植物研究室汇刊,4:20. 图版 2. 1979;中国植物志. 20(2):47. 图版 12. 1984;徐纬英主编. 杨树:62. 1988;河北植物志 第一卷:232(图 176). 1986;孙立元等主编. 河北树木志:69~70. 图 48. 1997;山西省林业科学研究院编著. 山西树木志:76. 2001;河北植物志 第一卷:232. 图 175. 1986。

落叶乔木,树高 15.0 m。树皮灰色,被白霜。小枝粗壮,细圆柱状,黄赤褐色、赤褐色,无棱,无毛。芽大,圆锥状,长 2.0 cm,芽鳞褐色,被黏质。短枝叶卵圆形、宽卵圆形,长 7.0~14.0 cm,宽 4.0~11.0 cm,先端突尖、短渐尖,常扭曲,基部浅心形、近圆形,表面暗绿色,脉隆起,被短柔毛,背面苍白色,边缘具圆锯齿,边缘具缘毛,两面沿网脉被白色长柔毛;叶柄圆柱状,长 3.0~7.0 cm,被疏毛。雄花序长 3.0~5.0 cm,花序轴被毛;苞片褐色,边缘丝裂,无毛。果序长达 15.0 cm,果序轴无毛;蒴果卵球状,被柔毛,沿缝线较密,无柄,成熟后(2~)3 瓣裂。花期 4 月;果成熟期 6 月。

图 59　梧桐杨 Populus pseudomaximowiczii C. Wang et Tung(引自《河北植物志》)

产地:河北兴隆雾灵山和陕西关山一带。生于海拔 1 000~1 600 m 地带山林中。本种为我国特产树种之一,分布于模式标本,采于河北兴隆雾灵山。

变型:

26.1　梧桐杨　原变型

Populus pseudomaximowiczii C. Wang et Tung f. pseudomaximowiczii

26.2　光果梧桐杨(东北林学院植物研究室汇刊)　变型

Populus pseudomaximowiczii C. Wang et Tung f. glabrata C. Wang et Tung,东北林学院植物研究室汇刊,4:21. 1979;中国植物志.20(2):47. 1984;徐纬英主编. 杨树:62. 1988;孙立元等主编. 河北树木志:70. 1997。

本变型蒴果光滑。

产地:河北。模式标本,采于河北承德。

注:本系塔拉斯杨 P. talassica Kom. 中国不产。

27.　**青杨**(救荒本草、河北习见树木图说)　图 60

Populus cathayana Rehd. in Journ. Arn. Arb. 12(1):59. 1931;Man. Cult. Trees & Shrubs,77. 1940;周汉藩. 河北习见树木图说. 37. 1934;陈嵘著. 中国树木分类学:119. 图 90. 1937;刘慎谔主编. 东北木本植物图志:121~122. 图版ⅩⅩⅡ:43. 图版ⅩⅩⅢ:1~6. 1955;中国高等植物图鉴:354. 图 708. 1982;秦岭植物志 1(2):24~25. 图 14. 1974;丁宝章等主编. 河南植物志. 1:184. 图 212. 1978;牛春山主编. 陕西杨树:70~72. 图 25. 1980;中国植物志.20(2):31~32. 图版 7:1~4. 1984;山西省林学会杨树委员会. 山

西省杨树图谱:42~45. 120. 图 18、19. 照片 11. 1985;内蒙古植物志. 1:177. 图 44,图 1~3. 1985;徐纬英主编. 杨树:49~50. 图 2-2-9(1~4). 1988;赵天锡,陈章水主编. 中国杨树集约栽培:21. 图 1-3-12. 508. 1994;中国主要树种造林技术:338~344. 图 44. 1978;四川植物志.3:55. 图版 20:3. 1984;新疆植物志.1:152. 1992;中国科学院植物研究所编纂. 中国植物照片集. I:32. 1959;青海木本植物志:69~71. 图 44. 1987;王胜东,杨志岩主编. 辽宁杨树:27. 2006;孙立元等主编. 河北树木志:71~72. 图 51. 1997;山西省林业科学研究院编著. 山西树木志:76~77. 图 31. 2001;辽宁植物志(上册):195~196. 图版 73:57-10. 1988;北京植物志 上册:79. 图 98. 1984;河北植物志 第一卷:233~234. 图 178. 1986;王胜东,杨志岩主编. 辽宁杨树:27. 2006。

　　落叶乔木,树高可达 30.0 m。树冠宽卵球状。树皮灰绿色、青绿色,初光滑,老龄时暗灰色,沟裂。小枝圆柱状,有时具角棱,幼时橄榄绿色,后边为橙黄色至灰黄色,无毛。芽圆锥状,先端尖,紫褐色,或黄褐色,被黏性。短枝叶卵圆形、椭圆-卵圆形,或狭卵圆形,长 6.0~10.0 cm,宽 3.0~7.0 cm,最宽处在中部以下,先端渐尖,基部圆形,稀心形,边缘具圆钝腺锯齿,表面亮绿色,背面绿白色,无毛,叶脉两面隆起,尤以背面为显著;叶柄圆柱状,长 2.0~7.0 cm,无毛;长、萌枝叶卵-长圆形,长 10.0~20.0 cm,宽 5.0~15.5.0 cm,表面深绿色,无毛,先端短尖,基部心形,边缘具圆钝锯齿;叶柄长 1.0~3.0 cm,圆柱状,具沟纹,带红色,无毛。雄花序长 5.0~6.0 cm;雄蕊 30~35 枚,花药黄色;苞片条裂,先端褐色。雌花序长 4.0~5.0 cm;子房卵球状,绿色,柱头 2~4 裂。果序长 10.0~20.0 cm;蒴果卵球状,长 6~9 mm,成熟后 3 瓣裂,稀 4 瓣裂,或 2 瓣裂。花期 3~4 月;果成熟期 5~6 月。模式标本,Wils. 2164(isotype),采于四川茂功、汉源县。

图 60　青杨 Populus cathayana Rehd. (引自《中国主要树种造林技术》)

1.果枝叶,2.雌蕊,3.苞片

　　本种为我国特产树种之一,分布于东北、华北、西北及四川、云南等省区。海拔 800~3 000 m 的沟谷、溪旁和阴坡山麓有天然纯林。性喜凉、湿润,或干燥、寒冷气候,为中国北方习见树种。河南伏牛山区的灵宝、卢氏、栾川、嵩县、西峡、南召等县有分布。青海东部人工林较多。在河谷滩地,土壤深厚、肥沃、湿润的条件下,生长很快,23年生的青杨林1 km² 蓄积802.5 m³;在土壤干旱、瘠薄的条件下,生长很慢,19年生的青杨林1 km² 蓄积27.0 m³。同时,根系发达,种子天然更新能力强,是营造水土保持林、水源涵养林的优良树种之一,也是黄土高原地区护岸林和沟底造林树种。

青杨木材质松软、柔韧,结构细,纹理匀细,边材黄白色,心材灰褐色,可作建筑、家具、造纸等用。

变种:

27.1 青杨 原变种

Populus cathayana Rehd. cathayana

27.2 宽叶青杨(秦岭植物志) 变种

Populus cathayana Rehd. var. latifolia(C. Wang et C. Y. Yu)C. Wang et Tung,中国植物志. 20(2):32. 1984;P. cathayana Rehd. f. latifolia C. Wang et C. Y. Yu,秦岭植物志.1(2):25. 597. 1974;丁宝章等主编. 河南植物志. 1:184. 1978;徐纬英主编. 杨树:50. 1959;赵天锡,陈章水主编. 中国杨树集约栽培:508. 1994;青海木本植物志:71. 1987。

本变种叶为宽卵圆形,或卵圆形,长4.5~9.5 cm,宽3.5~8.5 cm,先端突尖,短而扭旋,基部圆形,或微心形。

产地:中国甘肃南部、青海东部。生于海拔1 800 m左右的山谷中。河南伏牛山区的卢氏、栾川等县有分布。模式标本,采于甘肃天水小陇山一带。

27.3 垂枝青杨(河南农学院学报) 变种

Populus cathayana Rehd. var. pendila T. B. Chao(T. B. Zhao),河南农学院学报,2:5~6. 1980;丁宝章等主编. 河南植物志. 1:184. 1981;赵天锡,陈章水主编. 中国杨树集约栽培:509. 1994;中国主要树种造林技术:338. 1981。

本变种侧枝开展,梢部弓形下垂。树皮灰绿色,光滑。小枝细长,具棱,下垂至地面。短枝叶椭圆-卵圆形、卵圆形,边缘具腺锯齿,有缘毛,基部无齿;叶柄顶端被毛。

产地:河南伏牛山区。1977年5月20日,卢氏县瓦窑公社,赵天榜,775101、775102(模式标本 Tupua var. ! 存河南农学院园林系)。

27.4 长果柄青杨(植物研究) 变种

Populus cathayana Rehd. var. pedicellata C. Wang et et Tung,植物研究,2(2):117. 1982;中国植物志.20(2):32. 1984;P. cathayana Rehd. f. pedicellata C. Wang et C. Y. Yu,秦岭植物志.1(2):25. 1974;徐纬英主编. 杨树:50. 1959;赵天锡,陈章水主编. 中国杨树集约栽培:508. 1994;孙立元等主编. 河北树木志:72. 图52. 1997;山西省忻县地区林业工作站等编. 青杨:16~17. 1975。

本变种树冠近塔形;侧枝呈45°角开展。树干通直;树皮灰绿色;皮孔菱形,多散生。小枝下垂。芽及幼嫩部分被黏质。短枝叶卵圆形,表面青绿色,沿脉被疏柔毛,背面苍白色,基部楔形,边缘具腺锯齿。雌株! 雌花序长12.0~15.0 cm;柱头2裂。果序长12.0~15.0 cm;蒴果长卵球状,长12 mm,先端微弯,果柄长5 mm,成熟后2瓣裂,稀3~4瓣裂。

花期4月中、下旬;果成熟期5月下旬。

　　产地:模式标本,采于河北怀柔县。

　　27.5　白皮青杨(中国主要树种造林技术)　**变种**

　　Populus cathayana Rehd. var. cana T. Y. Sun et Sh. Qu. Zhou,白皮青杨(无性系)赵天锡,陈章水主编. 中国杨树集约栽培:509. 1994;中国主要树种造林技术:338. 1981。

　　本变种树干通直;树皮光滑,被白粉。短枝叶圆形、三角-卵圆形,先端尾尖、渐尖,或长渐尖,基部通常心形、宽楔形,两面被疏毛,边缘具细内曲腺锯齿;叶柄顶端具腺体。萌枝叶倒卵圆-椭圆形,基部通常钝,或近圆形。雄蕊20~57枚。

　　产地:内蒙古。武川县。1973年6月25日,孙岱阳,73602(果)。模式标本,采于内蒙古武川县。

　　变型:

　　27.1　圆果青杨　变型

　　Populus cathayana Rehd. f. yuanguo T. S. Zhao,圆果青杨(无性系)赵天锡,陈章水主编. 中国杨树集约栽培:509. 1994;中国主要树种造林技术:338. 1981;山西省忻县地区林业工作站等编. 青杨:1975,16。

　　树冠长圆锥状;侧枝呈45°角开展。树干通直;树皮灰绿色;皮孔菱形,呈2~多数呈横向连生。小枝淡黄色。短枝叶长8.5 cm,表面鲜绿色,背面苍白色,先端渐尖,基部圆形,边缘具腺锯齿;叶柄长7.0 cm。雌株!雌花序长7.0 cm左右;苞片上部裂片棕黄色。果序粗大,长达16.0 cm。蒴果桃状、球状,成熟后4瓣裂。花期4月中旬;果成熟期6月上旬。

　　产地:山西。分布于山西海拔1 300~2 000 m的山区。且具有耐寒、速生特性,如分布在高山河谷的15年生圆果青杨树高16.6 m,胸径25.0 cm,单株材积0.432 0 m³。模式标本,采于山西。

　　无性系:

　　27.1　青杨74♂　无性系

　　Populus cathayana Rehd. cl. ' Cathayana 74♂',赵天锡,陈章水主编. 中国杨树集约栽培:508~509. 1994。

　　树干通直,速生;树片皮灰绿色,光滑。

　　产地:青海高原,多见于海拔2 300 m以上的地带,在年平均气温1~3 ℃地区生长良好的一个类型。

　　28. 三脉青杨(东北林学院植物研究室汇刊)

　　Populus trinervis C. Wang et Tung,东北林学院植物研究室汇刊,4:23. 图版3:1~2. 1979;中国植物志.20(2):34. 图版7:5~6. 1984;徐纬英主编. 杨树:51. 图2-2-9(5~6). 1988;四川植物志.3:56. 58. 1985。

　　落叶乔木,树高12.0 m。树皮灰色,沟裂。小枝纤细,圆柱状,黄褐色、赤褐色,无毛。短枝叶卵圆形、宽卵圆形,长4.0~7.0 cm,宽2.5~5.0 cm,先端长尾尖、长渐尖,基部圆形,表面绿色,脉隆起,微被短柔毛,背面灰白色,脉上无毛,边缘具浅圆腺锯齿,近基部全缘,基部3出弧形脉;叶柄圆柱状,长2.0~4.0 cm,初被毛,后无毛。果序长达15.0 cm,果序轴无毛;蒴果长卵球状,长达 5 mm,成熟后 2 瓣裂。花期 3 月;果熟期 4 月。

产地:四川(大金、冕宁、九龙一带)。生于海拔 2 100~3 000 m 地带。模式标本,采于大金县。本种为我国特产树种之一。

变种:

28.1　三脉青杨　原变种

Populus trinervis C. Wang et Tung var. trinervis

28.2　石棉杨(四川植物志)　变种

Populus trinervis C. Wang et Tung var. shimianica Z. Wang et N. Chao,四川植物志.3:58. 285. 图版 21:3~4. 1985。

本变种果柄较长,长 2~4 mm。

29. 辽毛果杨　275 号杨(陕西杨树)　新组合杂种杨

Populus maximowiczii Henry × Populus trichocarpa T. B. Zhao et Z. X. Chen,sp. comb. nov. ,*Populus* hybrida 275,牛春山主编. 陕西杨树:79. 图 31. 1980。

Sp. × comb. nov. characteristicis formis et characteristicis formis Populus hybrida 275 aequabilis.

形态特征与 275 号杨形态特征相同。

产地:美国。

品种:

29.1　275 号杨(陕西杨树)　图 61

Populus hybrida 275(Populus maximowiczii Henry × Populus trichocarpa Torr. et Groy) ,牛春山主编. 陕西杨树:79. 图 31. 1980。

落叶乔木。树冠开展;侧枝稀疏,呈 45°~90°角开展。树干多弯曲;树皮上部灰绿色,平滑,下部灰色,浅纵裂。小枝圆柱状,微具棱,微被短柔毛,或无毛,绿色。芽圆锥状,紫褐色,被黏质。短枝叶椭圆形,长 5.5~13.0 cm,宽 2.2~7.0 cm,先端急尖,基部楔形,表面暗绿色,沿脉被短柔毛,背面苍白色,沿脉被短柔毛,主脉较密,边缘具细腺锯齿和缘毛,老时无缘毛;叶柄圆柱状,长 1.0~5.5 cm,上面具沟槽,疏被柔毛。

产地:美国。本杂种系 1960 年由西安植物园从波兰高力克树木园引入我国。该园又引自美国。

Ⅱ. 缘毛杨系　新组合系

Populus Ser. Ciliata(Khola et Khuran.)T. B. Zhao et Z. X. Chen,ser. comb. nov. ,*Populus* Sect. *Ciliata* Khola et Khuran. 1982.

Series nov. follis margine dense ciliis.

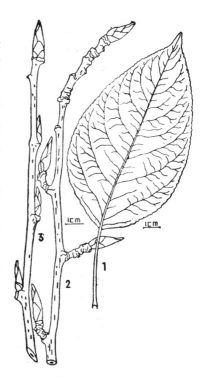

图 61　275 号杨

Populus hybrida 275(引自《陕西杨树》)

1. 叶,2. 短枝及芽,3. 长枝及芽

　　本系短枝叶卵圆-心形,表面暗绿色,无毛,背面灰绿色,沿脉被无毛,边缘具腺状圆锯齿,密具被缘毛;叶柄圆柱状。雄花序轴无毛;雌花序轴无毛,有时疏被毛。蒴果成熟后4瓣裂。

　　系模式:缘毛杨 Populus ciliata Wall.。

　　本系有 1 种、4 变种。

1. 缘毛杨(西藏植物名录)　图 62:1

Populus ciliata Wall. apud. Royle. Ⅲ. Bot. Himal. 1:346. et 2:t. 84a or 98. f. 1. 1839;Schneid. in Sarg. Pl. Wils. Ⅲ:31. 1916;Hao in Contr. Inst. Bot. Nat. Acad. Peiping,3:233. 1935;西藏植物名录:43. 1980;西藏植物志.1:416. 图 125:1.1983;中国植物志.20(2):56. 58. 图版 17:1. 1984;中国科学院植物研究所主编. 中国高等植物图鉴 补编 第一册:22. 图 8383. 1982;徐纬英主编. 杨树:68. 70. 图 2-2-18(1). 1988;西藏植物志 第一卷:416.图 125:1. 1983。

　　落叶乔木,树高 20.0 m。树皮灰色。老枝无毛;小枝圆柱状,暗色;幼枝被无毛。芽大,卵球状,长过 2.0 cm,通常无毛,有时被毛,具黏质。短枝叶卵圆-心形,长 10.0~15.0 cm,宽 8.0~12.0 cm,先端急尖,基部心形,或圆形,边缘具腺状圆锯齿,表面暗绿色,无毛,背面灰绿色,沿脉被无毛,边缘密具缘毛;叶柄圆柱状,长达 5.0~12.0 cm,被柔毛。雄花序长 6.0 cm,花序轴无毛;雌花序长达 22.0 cm,花序轴无毛,有时疏被毛。蒴果具长 5~10 mm 柄,成熟后 4 瓣裂。花期 5 月;果成熟期 6 月。

图 62　1.缘毛杨 Populus ciliate Wall. ex Royle:雌花序;

2~3 吉隆缘毛杨 P. ciliata Wall. ex Royle var. gyirongensis C. Wang et Tung

[引自《西藏植物志》(第一卷)]

　　产地:西藏、云南。印度、锡金、不丹、尼泊尔、巴基斯坦等国有分布。模式标本,采于西藏。

变种：

1.1　缘毛杨(西藏植物名录)　原变种

Populus ciliata Wall. var. ciliata

1.2　金色缘毛杨(中国植物志)　变种

Populus ciliata Wall. var. aurea Marq. et Shaw in Journ. Linn. Soc. 48：223. 1929；中国植物志. 20(2)：58. 1984。

本变种幼叶背密被金色茸毛。

产地：西藏。生于海拔2 900 m地带山区。模式标本,采于则拉宗。

1.3　吉隆缘毛杨(植物分类学报)　变种　图62：2~3

Populus ciliata Wall. var. gyirongensis C. Wang et Tung,植物分类学报,17(4)：102. 图2：3~4. 1979；西藏植物名录：43. 1980；西藏植物志. 1：416. 图125：2-3. 1983；中国植物志. 20(2)：58. 图版17：4~5. 1984；徐纬英主编. 杨树：70. 图2-2-18(4~5). 1988。

本变种小枝、叶两面沿脉、叶柄、花序轴被茸毛。

产地：西藏。生于海拔2 400 m地带山区杂木林中。模式标本,采于吉隆县江村。

1.4　维西缘毛杨(东北林学院植物研究室汇刊)　变种

Populus ciliata Wall. var. weixi C. Wang et Tung,东北林学院植物研究室汇刊,4：25. 图版3：3~4. 1979；中国植物志. 20(2)：58. 图版17：2~3. 1984；徐纬英主编. 杨树：70. 图2-2-18(2~3). 1988。

本变种果序轴及蒴果被毛。果序长达20.0 cm以上。叶宽卵圆形,先端短渐尖至长渐尖。

产地：云南西北部。生于海拔2 200~2 300 m地带。模式标本,采于维西。

Ⅲ. 甜杨系

Populus Ser. suaveolentes Kom. Fl. URSS,5：238. 1936。

本系幼枝圆柱状,光滑,或稍具棱,没有栓翅。叶表面具皱纹,边缘具圆齿状锯齿,具缘毛；叶柄很短。蒴果无毛,近无柄,成熟后3瓣裂。

系模式：甜杨 Populus suaveolens Fisch.。

本系有6种、5变种。

1. **甜杨**(东北木本植物图志)　西伯利亚白杨(中国树木分类学)　图63

Populus suaveolens Fisch. in Allg. Gartenzeit. 9：404. 1841；Rehd. in Journ. Arn. Arb. 12：67. 1931；Hao in Contr. Inst. Bot. Nat. Acad. Peiping, 3：236. 1935；Kom. Fl. URSS, 5：238. t. 10. 1936；陈嵘著. 中国树木分类学：118. 1937；刘慎谔主编. 东北木本植物图志：125. 图版27：47. 图版2.8：1. 2. 4. 1955；秦岭植物志. 1(2)：22. 1974；中国植物志. 20(2)：35. 37. 图版8：9. 1984；内蒙古植物志. 1：170. 图版43：3~4. 1985；*Populus suaveolens* auct. non Linn.：Pall. Fl. Ross. 1：67. 5. t. 41. (excl. fig. B)1784；丁宝章等主编. 河南植物志. 1：186~187. 图215. 1981；*Populus balsamifera* Linn. var. *suaveolens* Loudon, Arb. Brit. 3：1674. 1838；徐纬英主编. 杨树：53~54. 图2-2-8(9). 1988；黑龙江树木志：115. 117. 图版22：6~8. 1986；山西省林学会杨树委员会. 山西省杨树图谱：121. 1985。

　　落叶乔木,树高可达 30.0 m;树冠长卵球状。树皮幼时灰绿色,平滑,老龄时,暗灰色,沟裂。小枝圆柱状,灰色、灰褐色,微被短柔毛。芽较长,褐色,被黏性。短枝叶纸质,卵圆形、椭圆形、椭圆-长卵圆形,或倒卵圆-椭圆形,长 5.0~12.0 cm,宽 2.0~5.5 cm,先端突渐尖,或短渐尖,常扭曲,基部圆形,或近心形,边缘具圆齿状锯齿,具缘毛。长枝,较大,有长达 18.0 cm,基部近心形,表面暗绿色,背面灰白色,具 3~5 掌状脉,脉上及近基部微被短柔毛;叶柄圆柱状,无毛,或稍被短柔毛。雄花序长 4.0~5.0 cm。雌花序长 6.0~8.0 cm;子房圆锥状,无毛,花柱 3 深裂,柱头宽卵圆体状,或肾状,有波状边缘。果序长 10.0 cm;蒴果无毛,近无柄,成熟后 3 瓣裂。花期 5 月;果熟期 6 月。

图 63　甜杨 Populus suaveolens Fisch.（引自《东北木本植物图志》）
1. 短枝叶,2. 叶缘,锯齿

　　产地:中国内蒙古东部、大兴安岭。多生于河流两岸。俄罗斯、土耳其有分布。木材白色,质轻,气干容重 0.406 g/cm³,可作火柴杆、牙签及工艺品等用;常栽培为行道树。模式标本,采自俄罗斯外贝加尔地区。

2. 滇杨(中国树木分类学)　　云南白杨(中国高等植物图鉴)　　图 64

Populus yunnanensis Dode in Bull. Soc. Nat. Autun. 18:221. t. 12:103a (Extr. Monogr. Ined. Populus 63. t. 12. f. 103a). 1905 et in Fedde, Rep. Sp. Nov. 3:356. 1907;Hand-Mazz. Symb. Sin. 7:57. 1929;Schneid. in Sarg. Pl. Wils. Ⅲ:34. 1916;Hao in Contr. Inst. Bot. Nat. Acad. Peiping, 3(5):234. 1935;Rehd. Man. Cult. Trees & Shrubs. 76. 1951;陈嵘著. 中国树木分类学:117. 1937;中国高等植物图鉴. 1:354. 图 707. 1972;丁宝章等主编. 河南植物志. 1:183. 图 211. 1981;中国植物志. 20(2):49. 51. 图版 13:4~5. 1984;四川植物志. 3:53. 1985;徐纬英主编. 杨树:63. 65. 图 2-2-14 (4~5). 1988;赵天锡,陈章水主编. 中国杨树集约栽培:22. 图 1-3-15. 1994;中国主要树种造林技术:369~372. 图 49. 1978;冯国楣等. 云南的造林树:97. 1954;山西省林学会杨树委员会. 山西省杨树图谱:122. 1985。

　　落叶乔木,树高可达 20.0 m。树皮灰色、灰褐色、绿褐色,不规则,纵裂。小枝幼时有棱角,紫褐色,无毛;老枝圆柱状,紫棕色。芽椭圆体状,无毛,先端尖,被黏性。短枝叶纸质,卵圆形、椭圆-卵圆形、宽卵圆形或三角-卵圆形,长 5.0~16.0 cm,宽 2.0~7.5 cm,先端渐尖,或尾尖,基部圆形,或宽楔形,表面绿色,有光泽,沿中脉稍被柔毛,背面灰白色,被柔毛,边缘具腺细圆齿,初被缘毛,后无毛;叶柄长 1.0~4.0 cm,粗壮,带红色。长枝叶卵圆形,较大,长 7.5~17.0 cm,宽 4.0~12.0 cm,先端长渐尖,或钝尖,基部圆形,或浅心形,稀楔形,表面绿色,有光泽,沿中脉稍被柔毛,背面灰白色,脉红色;叶柄长 2.0~9.0 cm,或与叶片近等长。雄花序长 12.0~20.0 cm,花序轴无毛;雄蕊 20~40 枚,花药黄色;苞片掌状,膜质,赤褐色,先端丝状条裂;花盘边缘波状。雌花序长 10.0~15.0 cm;子房近球状,花柱短。蒴果成熟后 3~4 瓣裂,近无柄。花期 4 月上旬;果熟期 4 月中下旬。

图 64　滇杨 Populus yunnanensis Dode(引自《中国主要树种造林技术》)
1. 叶枝,2. 雄花枝

产地:本种为我国特产树种之一,分布于云南、贵州、四川等省。模式标本,采自云南省。生于海拔 1 200~2 900 m 的山地。适生于长江流域以南西南部山区。河南有栽培。性喜温暖气候,耐湿热,要求年平均气温 8~18 ℃,年平均降水量 600~1 300 mm,空气相对湿度 70.0%,在河谷两岸土壤肥沃、湿润的地方生长很快。河南洛宁县栽培的滇杨 11 年生平均树高 16.6 m,平均胸径 28.1 cm。木材白色,质轻,气干容重 0.406 g/cm³,可作火柴杆、牙签及工艺品等用;常栽培为行道树。

变种:

2.1　滇杨(中国树木分类学)　原变种

Populus yunnanensis Dode var. yunnanensis

2.2　长果柄滇杨(植物研究)　变种

Populus yunnanensis Dode var. pedicellata C. Wang et Tung,植物研究,2(2):115. 1982;中国植物志.20(2):51 . 1984;徐纬英主编. 杨树:65. 1988。

本变种叶背面沿脉被短柔毛。蒴果具长柄,柄长达 4 mm。

产地:云南、四川。模式标本,采于云南德钦。生于海拔 3 500~3 700 m 地带杂木林中。

2.3　小叶滇杨(植物研究)　变种

Populus yunnanensis Dode var. microphyllata C. Wang et Tung,植物研究,2(2):115. 1982;中国植物志.20(2):51 . 1984;徐纬英主编. 杨树:65. 1988。

本变种小枝细。明显具纵棱。叶小,长达 6.0 cm,宽达 5.0 cm,幼叶柄、脉被柔毛。长枝叶倒卵圆形;叶柄极短。

产地:云南维西至永胜(永北)一带。模式标本,采于永胜。生于海拔 2 200~2 300 m 地带。

3. 川杨(中国树木分类学)　图65

Populus szechuanica Schneid. in Sarg. Pl. Wils. Ⅲ:20. 1916;Rehd. Man. Cult. Trees & Shrubs. 87. 1927;Hao in Contr. Inst. Bot. Nat. Acad. Peiping, 3(5):232. 1935;陈嵘著. 中国树木分类学:117. 1937;秦岭植物志.1(2):24. 图 13. 1974;丁宝章等主编. 河南植物志. 1:183. 1981;牛春山主编. 陕西杨树:76. 图 29. 1980;中国植物志.20(2):49. 图版13:1~3. 1984;中国科学院植物研究所主编. 中国高等植物图鉴 补编 第一册:25. 图 8387. 1982;徐纬英主编. 杨树:63. 图 2-2-14(1~3). 1988;四川植物志.3:53. 图版20:2. 1985;中国科学院植物研究所编纂. 中国植物照片集. Ⅰ:32. 1959。

落叶乔木,树高可达 40.0 m。树皮灰白色,上部光滑,下部粗糙、开裂。小枝幼时粗壮,具棱角,绿褐色、淡紫色,无毛;老枝圆柱状,黄褐色,后灰色。芽无毛,先端尖,被黏性。幼叶带红色,表面白色,无毛。短枝叶纸质,宽卵圆形、卵圆形,或卵圆-披针形,长 8.0~18.0 cm,宽 5.0~15.0 cm,先端短渐尖,基部圆形、浅心形,或楔形,表面浓绿色,沿中脉基部被短柔毛,背面灰白色,无毛,或稍被短柔毛,边缘具腺锯齿和缘毛;叶柄长 2.5~8.0cm,粗壮,无毛。长枝叶卵圆-椭圆形,较大,长 11.0~28.0 cm,宽 5.0~11.0 cm,先端短渐尖,或急尖,基部圆形,或浅心形,表面绿色,边缘具圆腺锯齿。果序长 10.0~20.0 cm,或更长,果序轴无毛。蒴果卵球状,长 6~9 mm. 成熟后 3~4 瓣裂,近无柄。花期4~5月;果熟期5~6月。

图65 川杨 Populus szechuanica Schneid.
[引自《中国高等植物图鉴》补编(第一册)]
1. 枝叶,2. 果序,3. 开裂的果实

产地:云南、甘肃、四川、陕西省。模式标本,Wils. 2163,采自四川汶川巴郎山。本种为我国特产树种之一,分布于生于海拔 1 100~4 600 m 的山地,常与云杉形成混交,或形成块状纯林。木材白色,质轻,可作民用材、火柴杆、牙签及工艺品等用;常栽培为行道树。

变种:

3.1　川杨　原变种

Populus szechuanica Schneid. var. szechuanica

3.2　藏川杨(西藏植物名录)　高山杨(中国树木分类学)　变种

Populus szechuanica Schneid. var. tibetica Schneid. in Sarg. Pl. Wils. Ⅲ:33. 1916;

Hao in Contr. Inst. Bot. Nat. Acad. Peiping, 3(5):233. 1935;西藏植物名录:44. 1980;西藏植物志. 1:419～420. 1983;中国植物志. 20(2):49. 1984;陈嵘著. 中国树木分类学:117. 1937;徐纬英主编. 杨树:63. 1988。

本变种小枝微具棱。幼叶两面被短柔毛,后仅脉上被柔毛,或近光滑。芽、叶柄被短柔毛。

产地:四川和西藏。模式标本,采于西藏西北部。生于海拔 2 200～4 500 m 的高山地带。

4. **辽杨**(中国树木分类学) 马氏杨(杨树及其栽培) 图66

Populus maximowiczii Henry in Gard. Chron. Ser. 3,53:198. f. 89. 1913;Schneid. in Sarg. Pl. Wils. Ⅲ:32. 1916;Nakai,Fl. Sylv. Kor. 18:199. f. 50. 1930;Kom. Fl. URSS, 5:238. 1936;Rehd. Man. Cult. Trees & Shrubs,ed. 2,78. 1940;陈嵘著. 中国树木分类学:119. 图89. 1937;刘慎谔主编. 东北木本植物图志:127～128. 1955;中国高等植物图鉴. 1:355. 图710. 1982;秦岭植物志. 1(2):22. 1974;丁宝章等主编. 河南植物志. 1:185～186. 1978;牛春山主编. 陕西杨树:77～79. 图30. 1980;中国植物志. 20(2):38～39. 图版9:1～2. 1984;山西省林学会杨树委员会. 山西省杨树图谱:45. 照片12. 1985;徐纬英等. 杨树:130～131. 图74. 1959;*Populus suaveolens* auct. non Fisch.;Maxim. in Bull. Soc. Nat. Mosc. 54:52. 1879,quoad b. et c.;Kom. in Acta Hort. Petrop. 22:17(Fl. Mansh. 2). 1904,p. p.;Nakai in Journ. Coll. Sic. Tokyo,30:221. 1911;*Populus balsamifera* Linn. var. *suaveolens* auct. non Loudon;Shiras. Icon. Ess. For. Jap. 1:37. t. 18:11～24. 1900;内蒙古植物志. 1:168. 图版42,图1. 1985;徐纬英主编. 杨树:56. 图2-2-10 (1～2). 1988;王胜东,杨志岩主编. 辽宁杨树:28. 2006;孙立元等主编. 河北树木志:70～71. 图49. 1997;山西省林业科学研究院编著. 山西树木志:74～75. 图29. 2001;辽宁植物志(上册):196. 图版75:5. 1988;北京植物志 上册:78～79. 图97. 1984;山西省林学会杨树委员会. 山西省杨树图谱:121. 1985;(第二次修订本)(苏)П. Л. 波格丹诺夫著. 杨树及其栽培. 薛崇伯、张廷桢译. 28. 1974;王胜东,杨志岩主编. 辽宁杨树:28. 2006。

落叶乔木,树高可达 30.0 m。树皮幼时灰绿色、淡黄灰色,平滑(幼树皮浅红褐灰色。杨树及其栽培);老龄时树皮灰色,深沟裂。小枝圆柱状,粗壮,密被短柔毛,初淡红色,后变灰色。芽圆锥状,光亮,被黏质。短枝叶倒卵圆-椭圆形、椭圆形,椭圆-宽卵圆形、宽卵圆形,长 5.0～14.0 cm,宽 3.0～6.0 cm,先端短渐尖、急尖,常扭曲,基部近圆形、近心形,表面浓绿色,有皱纹,或近平滑,

图66 辽杨 Populus maximowiczii Hery
(引自《北京植物志》上册)

沿脉被短柔毛,背面苍白色,沿脉被短柔毛,边缘具腺圆锯齿和缘毛;叶柄圆柱状,长 1.0～4.0 cm,疏被柔毛。长、萌枝叶大、宽卵圆形、长宽卵圆形;叶柄短。雄花序长 5.0～10.0 cm,花序轴无毛;雄蕊 30～40 枚;苞片尖裂,边缘具长缘毛。雌花序细长,花序轴无毛。果序长 10.0～18.0 cm。蒴果卵球状,无柄,或近无柄,无毛,成熟后 3～4 瓣裂。花期 4～5 月;果成熟期 5～6 月。

产地:中国吉林、辽宁、河北、陕西、内蒙古等省区。生于海拔 500～2 000 m 的山地。朝鲜、日本、俄罗斯东部有分布。性耐寒、喜光、喜冷湿气候,多生长在河谷两岸土壤肥沃、湿润的地方, 生长很快。木材白色,质轻,纹理直,可作火柴杆、胶合板、造纸等用。

5. 热河杨(东北木本植物图志)　　图 67

Populus manshurica Nakai in Rep. First. Sci. Exped. Manch. 4(4):73. 1936;刘慎谔主编. 东北木本植物图志:119～120. 图版 XⅦ:39. 图版 XⅧ:1～3. 1955;中国植物志. 20(2):67. 1984;*Populus simonii* Carr. var. *manshurica*(Nakai)Kitagawa,Neo-Linneam. Fl. Mansh. 1979;辽宁植物志(上册):200. 1988。

落叶乔木。幼枝圆柱状,灰黄灰色,无毛;萌枝叶具明显腺点。芽长椭圆-圆锥形,长 8～14 mm,先端急尖,暗色, 被黏质。短枝叶菱-三角形、菱-椭圆形、宽菱卵圆形、宽卵圆形,长 7.5 cm,宽 5.5 cm,先端渐尖,基部近圆形、楔形,表面绿色,无皱纹,背面淡绿色,无毛,边缘具圆齿状锯齿,具缘毛,或无缘毛;叶柄圆柱状,长 1.7～5.2 cm。

产地:中国辽宁西部、内蒙古东部。模式标本,采自内蒙古赤峰与辽宁建平之间。其性耐寒、喜光、喜冷湿气候,多生长在河谷两岸土壤肥沃、湿润处。

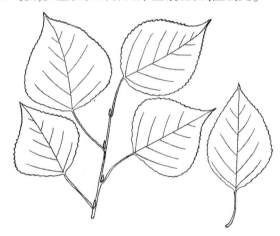

图 67　热河杨 Populus manshurica Nakai(引自《东北木本植物图志》)

Ⅳ. 香脂杨系

Populus Ser. balsamiferae Dode in species novae ex "Extralis dune monog raphie inedited du genre populus"

幼枝具棱角,以后变为圆柱状,褐色。幼枝、幼叶、芽被香脂味黏液。

系模式:香脂杨 Populus balsamifera Linn.。

本系有 4 种、1 品种。

1. 香脂杨

Populus balsamifera Linn. ,杨树及其栽培(第二次修订本)(苏)П. Л. 波格丹诺夫著. 薛崇伯、张廷桢译. 28. 图 7. 1974。

落叶乔木。萌枝梢端具微棱。短枝叶卵圆形,先端渐尖,基部圆形、楔形、截形;长枝叶圆形,先端渐尖,基部圆形。

产地:俄罗斯。

2. 毛果杨(山西省杨树图谱)

Populus trichocarpa Torr. et Groy. ,山西省林学会杨树委员会. 山西省杨树图谱:121. 1985;杨树及其栽培(第二次修订本)(苏)П. Л. 波格丹诺夫著. 薛崇伯、张廷桢译 28. 1974。

幼树树皮呈膜状薄片脱落。长、萌枝微具棱。叶长卵圆形至宽披针形,表面鲜绿色,具光泽,背面苍白色,无光泽,主脉微红色。

产地:美国、欧洲。

3. 大青杨(东北木本植物图志)　　图 68

Populus ussuriensis Kom. in Journ. Bot. URSS,19:510. 1934;id. Fl. URSS. 5:239. 1936;刘慎谔主编. 东北木本植物图志:125~126. 图版 XXXIX:1~7. 图版 XXXIII:48. 1955;中国植物志. 20(2):39. 图版 9:3~4. 1984;*Populus maxcimowiczii* Henry var. *barbinervis* Nakai,Fl. Sylv. Kor. 18:201. t. 4. 1930;Kitag. in Rep. Inst. Sci. Res. 3:157. 1939;id Neo-Lineam. Fl. Mansh. 203. 1979;中国科学院植物研究所主编. 中国高等植物图鉴 补编 第一册:1983,23. 图 8384;徐纬英主编. 杨树:56. 图 2-2-10(3~4). 1988;黑龙江树木志:117~118. 图版 22:3~6. 1986;中国主要树种造林技术:365~368. 图 48. 1978;王胜东,杨志岩主编. 辽宁杨树:28. 2006;赵毓棠主编. 吉林树木志:104~105. 图 37. 2009;辽宁植物志(上册):197~198. 图版 75:6~7. 1988;山西省林学会杨树委员会. 山西省杨树图谱:122. 1985;王胜东,杨志岩主编. 辽宁杨树:28. 2006。

落叶乔木,树高 30.0 m,胸径 1.0~2.0 m。树冠卵球状。树皮幼时灰绿色,较光滑,老时暗灰色,纵沟裂。幼枝圆柱状,灰绿色,稀红褐色,被短柔毛。芽圆锥状,先端长尖,褐色,有黏质。短枝叶椭圆形、宽椭圆形至近圆形,长 5.0~12.0 cm,宽 3.0~7.0(~10.0)cm,先端突渐尖,扭曲,基部近心形,或圆形,表面暗绿色,背面微白色,两面沿脉密被,或疏被柔毛;叶柄长 1.0~4.0 cm,被密被毛。花序长 12.0~18.0 cm,花序轴密被短毛;苞片黄褐色,裂片褐色,花盘杯状;雄蕊

图68　大青杨 Populus ussuriensis Kom.
[引自《中国高等植物图鉴》补编(第一册)]
1. 枝、叶和放大的叶缘,2. 果序

约 15 枚;雌花序长约 9.0 cm,花序轴无毛,或在花序轴基部疏被白色短柔毛,有花柄。果序长 10.0~12.0 cm;蒴果无毛,近无柄,长约 7 mm,成熟后 3~4 瓣裂。花期 5 月中、下旬;果熟期 5 月中旬至 6 月下旬。

本种小枝、叶两面、叶柄、花序轴基部均密被毛,与辽杨 P. maximowiczii A. Henry 相区别。本种落叶叶面变黑,而与辽杨、香杨 P. koreana A. Rehd. 落叶叶面赤褐色相区别。

产地:黑龙江等。模式标本,采于乌苏里江沿岸。本种分布于中国黑龙江、吉林、辽宁三省的东部山地,生于海拔 300~1 400 m 的山地河岸、沟谷坡地。俄罗斯远东地区和朝鲜有分布。且耐寒、喜光,速生,适于微酸性棕色森林土,或山地棕壤,是东北林区主要用材树种之一。据调查,最大株单株材积可达 10.0 m³。

4. **报春杨**　安德罗斯科金杨(陕西杨树)　杂交种　图 69

Populus maximowiczii Henry × Populus trichocarpa Torr. et Groy, *Populus 'Androscoggin'* (Populus maximowiczii Henry × Populus trichocarpa Torr. et Groy),牛春山主编. 陕西杨树:88~91. 图 36. 1980。

落叶乔木。树冠侧枝呈 60°~70°角开展。树干端直;树皮灰绿色;上部皮孔明显,下部浅纵裂。小枝极短,长约 2.5 cm,圆柱状,绿色、褐色,初被短柔毛,后无毛。芽被黏质。短枝叶椭圆形、卵圆-椭圆形,长 5.0~10.0 cm,宽 3.5~7.5 cm,先端急尖,稀扭转,基部圆形、微心形,表面鲜绿色,脉上被短柔毛,背面淡绿色,脉上被短柔毛,边缘具细密圆钝锯齿和缘毛;叶柄圆柱状,长 1.5~3.8 cm,被短柔毛。雌株! 雌花序长约 6.0 cm,花序轴深绿色,被白色疏柔毛;子房卵球状,深绿色,微被腺毛,柱头 4 深裂,褐色,密被疣点;花盘浅盘状,边缘全缘;苞片半圆形,膜质,淡黄绿色,边缘具不整齐线条状裂片,长约 2 mm,宽约 3

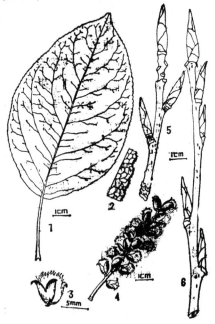

图 69　报春杨 Populus 'Androscoggin'(引自《陕西杨树》)

1. 叶,2. 叶缘,3. 开裂蒴果,4. 果枝,5. 短枝及芽,6. 长枝及芽

mm;无花柄。果序长 6.0~27.0 cm,花序轴疏被柔毛。蒴果卵球状、宽椭圆体状,被疣点,长 8~10 mm,径 6~7 mm,成熟后 3~4 瓣裂。果梗极短,长约 1 mm。花期 3 月;果成熟期 5月上旬。

产地:美国。本杂交种系辽杨与毛果杨的杂交培育而成。1960 年由西安植物园从波兰高力克树木园引入我国。该园又引自美国。

Ⅴ. 西伯利亚杨 × 苦杨杂种杨系　新杂种杨系

Populus × suaveoleni-laurifolia T. B. Zhao et Z. X. Chen,ser. hybr. nov.

Ser. × nov. characticis formis et characticis formis Populus moscowiensis Schroeder aequabilis.

Ser. × nov. Typus:Populus moscowiensis Schroeder.

Distribution:Pyccka.

形态特征与莫斯科杨形态特征相同。

本系模式种:莫斯科杨。

本系有 1 种。

1. 莫斯科杨

Populus moscowiensis Schroeder,(苏)П. Л. 波格丹诺夫著. 薛崇伯、张廷桢译. 杨树及其栽培(第二次修订本):30~31. 1974。

落叶乔木,树高 10.0~15.0 m。树冠卵球状。小枝圆柱状,黄褐色。叶芽圆锥状,淡绿色,被黄褐色黏质。短枝叶卵圆形、卵圆-椭圆形,长 13.0 cm,宽 11.0 cm,先端渐尖,基部近圆形,边缘具细锯齿,表面淡绿色,背面稍白色;叶柄圆柱状,长 2.0 cm,带红色。

产地:俄罗斯。

本种系西伯利亚杨 Populus suaveolens Fish. 与苦杨 Populus laurifolia Ledeb 杂交种。

Ⅵ. 川杨 × 青杨杂种系　新杂种杨系

Populus × szechuancii-laurifolia T. B. Zhao et Z. X. Chen,ser. hybr. nov.

Ser. × nov. characticis formis et characticis formis Populus pseudo-cathayana T. B. Zhao et Z. X. Chen aequabilis.

Ser. × nov. Typus:Populus pseudo-cathayana T. B. Zhao et Z. X. Chen.

Distribution:Henan.

形态特征与河南青杨形态特征相同。

本系模式种:河南青杨。

产地:河南。

本系有 1 种。

1. 河南青杨　新种　图 70

Populus pseudo-cathayana T. B. Zhao et Z. X. Chen,sp. nov.

Species Populus honanensis T. B. Zhao et C. W. Chiuan affinis, sed ramulinis teribus longe pendulis. foliis late ovatis,ovatis frontibus rare pilosis,apice acuminatis mucronatis,basi

dilute cordatis, rotundatis late cuneatis vel dilute cordati-rotundatis, margine orbicularibus mi-
nute serratis glandulis, plerumque cilistis. subbasium margine repandis; petiolis basi teribus in-
super saepe compressis frequenter rubris. foliis juvenilibus dilute luteis to dilute rubris. Femin
e-arboreis! capsulis magnis, denique maturis trifidis.

　　落叶乔木,树高15.0 m。树冠卵球状、长卵球状;侧枝开展。树皮灰绿色,光滑;皮孔
菱形,散生,明显。幼枝被短柔毛,后光滑;小枝圆柱状,灰绿色、黄绿色,常下垂;长枝梢部
常弯曲明显。短枝叶宽卵圆形、卵圆形,长7.0~13.0 cm,宽5.0~10.0 cm,表面绿色,主
脉、侧脉平,沿脉被短柔毛,后脱落,背面淡绿色,疏被柔毛,主脉、侧脉与细脉明显隆起,被
短柔毛,先端渐尖、短尖,基部浅心形、圆形、宽楔形,或浅心-近圆形,边缘具圆细腺齿,通
常被缘毛;近基部边缘波状,有半透明狭边;叶柄基部圆柱状,中上部以上侧扁,常带红色,
长3.0~5.0 cm,与叶片等长。长枝叶圆形、近圆形、椭圆形,长10.0~20.0 cm,宽8.0~
15.0 cm,先端渐尖,基部近心形,边缘细锯齿较密,具缘毛,基部波状,有半透明狭边,具缘
毛,表面绿色,背面淡绿色,两面沿脉被短柔毛,基部心形,通常具2~3圆形腺体和短柔
毛;叶柄近扁圆柱状,无毛,绿色,长3.0~7.0 cm,与叶片等长。幼叶淡黄绿色至淡红色。
雌株! 花序长约8.4 cm。果序长25.0~30.0 cm,果序轴光滑,无毛。蒴果较大,卵球状、
椭圆-长卵球状,长7~10 mm,嫩绿色,着生稀;果柄长2~4 mm,成熟后3瓣裂。花期4
月;果熟期5月。

　　本新种与河南杨 Populus honanensis T. B. Zhao et C. W. Chiuan 相似,但区别:小枝
圆柱状,常下垂;长枝梢部常弯曲明显。短枝叶宽卵圆形、卵圆形,两面疏被柔毛,先端渐
尖、短尖,基部浅心形、圆形、宽楔形,或浅心-近圆形,边缘具圆细腺齿,通常被缘毛;近基
部边缘波状;叶柄基部圆柱状,中、上部以上侧扁,常带红色。幼叶淡黄绿色至淡红色。雌
株! 蒴果较大,成熟后3瓣裂。

图70　河南青杨 Populus pseudo-cathayana T. B. Zhao et Z. X. Chen ex J. W. Liu

产地:河南卢氏县。本种系川杨与青杨的杂交种。赵天榜,No. 346。模式标本,采于河南卢氏县,存河南农业大学。

河南青杨生长快,5 年生树高 20.19 m,胸径 27.17 cm。

附录 起源不清或归属不清的杂种杨

1. 高力克 5 号杨(陕西杨树) 图 71

Populus kornik 5,牛春山主编. 陕西杨树:122. 图 55. 1980。

落叶乔木。树冠近长卵球状;侧枝呈 50°~60°角开展。树干多弯曲。幼枝嫩绿色,微被短柔毛 1 年生小枝圆柱状,绿褐色,光滑。芽紫褐色。短枝叶椭圆形,长 6.0~10.8 cm,宽 5.5~6.8 cm,先端急尖,基部宽楔形,或近狭圆形,边缘具细小腺锯齿和缘毛,基部边缘波状,表面黄绿色,几光滑,背面苍白色,或近粉白色,脉上微被柔毛;叶柄圆柱状,长 3.0~5.0 cm,上部具细槽和疏柔毛。下部光滑,无毛。

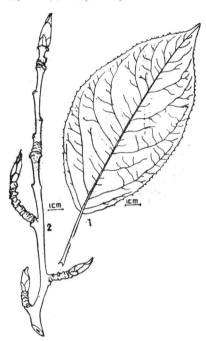

图 71 高力克 5 号杨 Populus kornik 5(引自《陕西杨树》)
1. 叶枝,2. 叶缘,3. 雄花序,4. 苞片,5. 雄花,6. 短枝

产地:波兰。本种系 1960 年由西安植物园引自波兰高力克树木园。

2. 高力克 22 号杨(陕西杨树) 图 72

Populus kornik 22,牛春山主编. 陕西杨树:122~123. 图 56. 1980。

落叶乔木。树冠开展;上部侧枝呈 50°~60°角开展,下部侧枝有时下垂。树干多弯曲;树皮青灰色,上部平滑,下部纵裂。幼枝微具棱,疏被短柔毛;1 年生小枝圆柱状,灰褐色,微具棱,初疏被短柔毛。芽鳞褐色,边缘淡褐色,中部绿色,富被黏质。短枝叶椭圆形,近革质,长 5.0~10.0 cm,宽 3.0~7.0 cm,先端渐尖、急尖,基部圆形,或近心形,稀宽楔形,边缘具细圆腺锯齿和密缘毛,表面暗绿色,具明显皱纹,脉上疏被短柔毛,基部较密,背面粉绿色,脉上被短柔毛;叶柄圆柱状,长 1.0~4.5 cm,上部具细槽,被较密短柔毛,下部光滑,无毛。雄株! 雄花序长 6.5~8.5 cm,花序轴无毛;苞片卵圆形,近菱形,褐色,边缘呈 2~3 回不整齐条裂。雌花序长约 3.5 cm;花盘斜杯状,边缘全缘;苞片深褐色,边缘具不整齐条裂,深褐色;花盘杯状,边缘全缘,或微波状;雄蕊花丝超出花盘。花期 3 月下旬。

产地:波兰。该种系 1960 年从波兰高力克树木园引入我国。

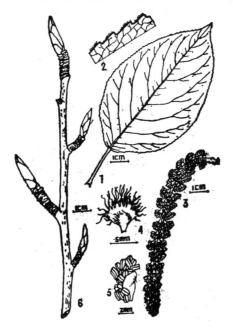

图 72　高力克 22 号杨 Populus kornik 22(引自《陕西杨树》)
1. 叶形,2.枝与芽

3. 极尔杨

Populus sp. ,高椿翔,高杰主编. 速生杨栽培管理技术:20. 2008。

树干通直;侧枝细、速生。

产地:匈牙利。本种系中国林业科学研究院韩一凡从匈牙利引进。

4. 桑迪杨

Populus sp. ,高椿翔,高杰主编. 速生杨栽培管理技术:20. 2008。

形态特征迎欧美杨,但倾向美洲黑杨。树干明显;侧枝细、速生。

产地:新西兰。本种系中国林业科学研究院韩一凡从新西兰引进。

5. 创性一号杨(速生杨栽培管理技术)

Populus sp. ,高椿翔,高杰主编. 速生杨栽培管理技术:26. 2008;郑世锴主编. 杨树丰产栽培:42. 2006。

树冠开展。树干通直;树皮皮孔长卵圆形,白色,分布均匀。长枝叶宽卵圆形,先端急尖,基部心形;短枝叶基部截形。苗干具 7 棱角。芽紫褐色,具橘黄色黏液。雄株!

产地:本种系中国林业科学研究院韩一凡用南抗杨与帝国杨杂交而成。

六、青大杂种杨亚属　新杂种杨亚属

Populus subgen. × tacamanaci-tomentosa T. B. Zhao et Z. X. Chen,subgen. nov.

Subgen. × nov. characteristicis formis et characteristicis formis Populus mainlingensis C. Wang et Tung aequabilis.

Ser. × nov. typus:Populus mainlingensis C. Wang et Tung.

Distribution:Xicang.

形态特征与米林杨形态特征相同。

产地:西藏。

本新杂种杨亚属 1 种。模式种:米林杨。

1. **米林杨**(植物分类学报)　图 73

Populus mainlingensis C. Wang et Tung,植物分类学报,17(4):102. 图 2:1~2. 197;中国植物志. 20(2):51. 53. 图版 15. 1984;徐纬英主编. 杨树:65~66. 图 2-2-16. 1988;西藏植物志. 1:417~419. 图 127:1~3. 1983。

落叶乔木,树高 20.0~30.0 m。树皮褐色。幼枝密被茸毛。芽长卵球状,光滑,具黏质。短枝叶卵-心形,长 10.0 cm,宽 8.0 cm,先端急尖,基部心形,边缘具细腺锯齿,表面暗绿色,沿脉彼被毛,背面苍白色,密被毛,边缘幼时具缘毛;叶柄圆柱状,长达 4.0 cm,密被毛。果序长达 15.0 cm,果序轴密被毛;花盘浅波状;苞片近圆形,赤褐色,先端条裂。蒴果卵球状,幼时密被茸毛,后渐脱落,近无柄,成熟后 4 瓣裂。花期 5 月;果熟期 7 月。

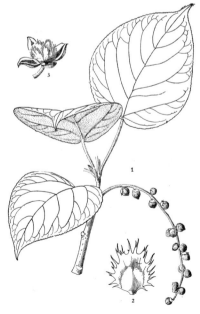

图 73　米林杨 Populus mainlingensis C. Wang et Tung[引自《西藏植物志》(第一卷)]

1. 雌花枝及叶,2. 苞片,3. 果(开裂)

产地:西藏。本种为我国特产树种之一,分布于西藏米林、林芝一带。生于海拔
3 000~3 800 m 的山坡、河边。模式标本,采于米林巴戈山沟。

七、青毛杂种杨亚属　　新杂种杨亚属

Populus subgen. × shanxiensis(C. Wang et Tung)T. B. Zhao et Z. X. Chen, subgen. nov.

Subgen. × nov. characteristicis formis et characteristicis formis Populus shanxiensis C. Wang et Tung aequabilis.

Subgen. × nov. typus:formis Populus shanxiensis C. Wang et Tung.

Distribution:Shanxi.

形态特征与米林杨形态特征相同。

本新杂种杨亚属模式种:青毛杨 Populus shanxicnsis C. Wang et Tung。

产地:山西。

本新杂种杨亚属 1 种。

1. 青毛杨(植物研究)

Populus shanxiensis C. Wang et Tung,植物研究,2(2):105. 1982;中国植物志. 20
(2):47. 49. 1984;山西省林业科学研究院编著. 山西树木志:73~75. 图 29. 2001;徐纬
英主编. 杨树:62~63. 1988。

落叶乔木,树高 15.0 m。树皮灰褐色、纵裂。小枝圆柱状,赤褐色、被柔毛,具棱。叶
芽圆锥状,芽鳞暗赤褐色,被黄褐色黏质,边缘具缘毛。短枝叶卵圆形至宽卵圆形,革质,
长 5.0~10.0 cm,先端短渐尖,基部心形,边缘具圆锯齿及缘毛,表面暗绿色,背面苍白色;
叶柄圆柱状,长 3.0~6.0 cm,被短柔毛,顶端具 2 腺体,腺体表面凹下。

产地:山西。

本种系青杨 Populus cathayana Rehd. 与毛白杨 Populus tomentosa Carr. 的天然杂交
种。本种分布在中国山西西部。模式标本,采自吕梁山区黑茶山附近。

八、青黑杂种杨亚属　　新杂种杨亚属

Populus subgen. × tacamanaci-nigra T. B. Zhao et Z. X. Chen,subgen. hybr. nov.

Subsect. nov. Populus Sect. Taeamahaecae Dode et Populus Sect. Aegirus Aschers hy-
bridis. parentibus inter Characteribus et multi-formis mediis.

Subgen. × nov. Typus:Populus × xiaohei T. S. Hwang et Liang.

Distribution:China.

本新亚属为青杨属与黑杨属种间杂种,具有两亲本特征和许多中间过渡类型。

亚属模式种:小黑杨 Populus × xiaohei T. S. Hwang et Liang。

产地:中国。

本新杂种亚属根据《国际植物命名法规》和《国际栽培植物命名法规》中有关不同属

间杂种成立新属和新种、优先律以及《国际栽培植物命名法规》中有关品种等规定,对该杂交属中种、变种及品种进行整理与调整。其结果该亚属共有 4 系、21 种、40 变种及 40 品种。

Ⅰ. 小黑杂种杨系　新组合杂种杨系

Populus Sect. × xiaohei(T. S. Hwang et Liang)T. B. Zhao et Z. X. Chen,sect. comb. nov.,*Populus × xiaohei* T. S. Hwang et Liang,植物研究,2(2):109. 1982。

本新组合杂种杨系有:大官杨、小黑杨、小钻杨等。

1. 大官杨(大官杨栽培技术)　大关杨　图 74

Populus× diaozhuanica W. Y. Hsü,丁宝章等主编. 河南植物志. 1:188. 图 218. 1981;河南农学院园林试验站编. 大官杨栽培技术:3~6. 图 19. 1973;Populus simonii Carr. × Populus nigra Linn. var. italica Möench;牛春山主编. 陕西杨树:106~108. 图 46. 1980;李淑玲等主编. 林木良种繁育学:287. 1960;山西省林学会杨树委员会. 山西省杨树图谱:108~109. 图 46. 照片 37. 1985;中国主要树种造林技术:406. 1978。

落叶乔木,树高可达 25.0 m。树冠圆锥状,或塔形,侧枝角度较小,常呈 45°角斜展。树干稍弯。幼树皮灰白色,光滑,老龄树干基部灰褐色,浅纵裂;皮孔分布密集,菱状;小枝圆柱状,幼嫩部分被乳白色黏液;长枝棱线明显。长枝叶三角−圆形、近圆形,先端短尖、渐尖,基部宽楔形至圆形,无毛;短枝叶形多变化,卵圆形、菱−卵圆形,长 4.0~9.0 cm,宽 5.0~5.0 cm,先端渐尖,基部楔形、近圆形,边缘具细锯齿,近基部全缘,表面绿色,沿脉有疏毛,背面淡绿色,无毛;叶柄黄绿色。雌株! 雌花序长 3.0~5.0 cm;子房三角−卵球状,嫩绿毛,柱头 2 裂;花盘漏斗状,边缘全缘、波状全缘,绿色。果序长 5.0~1.0 cm;蒴果三棱−卵球状,中部以上渐尖,绿色,成熟后 2 瓣裂。花期 3 月中下旬;果熟期 4 月下旬。

图 74　大官杨 Populus × dakuanensis W. Y. Hsü(引自《河南植物志》)
1. 叶、果枝,2. 雌花

产地:河南中牟县大官庄村。从 1962 年开始,河北、山东、安徽、北京等相继引种。且具有适应性强、耐干旱、耐寒等特性。在土层深厚、土壤肥沃的立地条件下,生长很快。10

年生树高 15.3 m,胸径 28.15 cm,单株材积 0.458 3 m³。大官庄杨生长进程如表 17 所示。且木材白色,纹理直,油漆、加工性能好,宜作民用材、造纸等原料。

表 17　大官杨生长进程

龄阶(a)		2	4	6	8	10	带皮
树高（m）	总生长量	6.50	10.50	12.50	14.50	15.0	
	平均生长量	2.08	2.63	2.08	1.81	1.53	
	连年生长量		2.00	1.00	1.00	0	40
胸径（cm）	总生长量	3.60	10.30	19.00	24.30	26.70	28.15
	平均生长量	1.80	2.58	3.17	3.04	2.67	2.81
	连年生长量		3.35	4.35	2.65	1.20	
材积（m³）	总生长量	0.0023	0.0465	0.1641	0.3500	0.3987	0.4583
	平均生长量	0.0012	0.0116	0.0240	0.0438	0.0399	0.0458
	连年生长量		0.0221	0.04588	0.0930	0.0242	

注:选自《大官杨栽培技术》。

2. 小黑杨(辽宁林业科技)　小叶杨 × 黑杨(陕西杨树)　图 75

Populus× xiaohei T. S. Hwang et Liang,植物研究,2(2):109. 1982;中国植物志. 20(2):66~67. 1984;山西省林学会杨树委员会. 山西省杨树图谱:110~113. 图 47. 照片 38. 1985;黑龙江树木志:118. 120. 图版 27:1~3. 1986;牛春山主编. 陕西杨树:104~106. 图 45. 1980;中国主要树种造林技术:400~403. 图 56. 1978;Populus 'Xiaohei',(P. simonii Carr. × P. nigra Linn. cv. 'Xiaohei'),徐纬英主编. 杨树:389~390. (照片 11~15). 1988;杨树遗传改良:5~7. 1991;赵天锡,陈章水等主编. 中国杨树集约栽培:410~411. 1994;中国主要树种造林技术:400~403. 图 56. 1986;李淑玲,戴丰瑞主编. 林木良种繁育学:284. 图 3-1-23. 1996;孙立元等主编. 河北树木志:77~78. 图 58. 1997;山西省林业科学研究院编著. 山西树木志:80~81. 图 36. 2001;辽宁植物志(上册):198~199. 图版 76:4. 1988。

落叶乔木,树高 25.0~30.0 m。树冠长卵球状;侧枝较多,呈 45°~80°角开展。树干通直,圆满,或稍弯;树皮灰绿色、灰白色,光滑,老龄树干基部有浅纵裂,暗灰褐色。短枝圆柱状,淡灰褐色,或灰白色。长萌枝具显著 8 棱,被乳白色、乳黄色黏质。叶芽圆锥状,微紫褐色,先端长渐尖,贴枝直立,被乳白色、乳黄色黏液;花芽牛角状,先端向外弯曲,多 3~4 枚集生,被有黏液。长、萌枝叶宽圆形,或菱-三角形,先端短渐尖,或突尖,基部圆形,或微心形,或宽楔形;叶柄近柱状,带红色,苗期枝端初发叶时,叶腋内含黄色黏质;短枝叶菱形、菱-椭圆形,或菱-卵圆形,长 4.0~8.0 cm,宽 2.3~4.5 cm,先端长尾状,或长渐尖,基部楔形,或宽楔形,边缘具钝锯齿和缘毛,近基部全缘,具极狭半透明边,表面亮绿色,背面淡绿色,光滑,沿主脉疏被短柔毛;叶柄先端侧扁,黄绿色,长 2.0~4.0 cm,无毛,或疏被短柔毛。雄花序长 4.5~5.5 cm;雄蕊 20~30 枚;花盘扇形,黄色;苞片纺锤形,黄色,先端褐色,条状分裂。雌花序长 5.0~7.0 cm;苞片黄色,先端褐色,2~3 裂,其上条状分裂;子房宽卵球状,柱头 2 裂;花盘浅杯状,边缘波状。果序长 7.5~9.0(~17.0)cm。蒴果卵圆-椭圆体状,具柄,成熟后 2 瓣裂;果梗长约 1 mm。花期 4 月;果成熟期 5 月。

产地:北京。

本种喜光,喜冷湿气候,喜生于土壤肥沃、排水良好的沙质壤土上,生长快,适应能力很强,具有较强的抗寒、抗旱、耐瘠薄、耐盐碱的生物学特性。中国黄河流域以北北方地区普遍栽培。其材质细密,色白,心材不明显,木材供造纸、火柴杆和民用建筑等用,是东北、华北及西北平原地区绿化树种。

本种是中国林业科学院林业科学研究所黄东森等人工杂交而育成。其亲本为 Populus simonii Carr. × Populus nigra Linn.。

图 75　小黑杨 Populus × xiaohei T. S. Hwang et Liang(引自《树木良种繁殖学》)

1. 枝叶,2. 果序枝叶,3. 苞片,4. 雄花,5. 雌花,6. 雌花序,7. 短枝及花芽,8. 叶缘

品种:

2.1　白城小黑杨(吉林林业科技)　小黑杨中林 60-15　(中国杨树集约栽培)

Populus × xiaohei(T. S. Hwang et Liang)T. B. Zhao et Z. X. Chen, 'Baichengxiaohei',cv. comb. nov.,*Populus × xiaohei* T. S. Hwang et Liang cv. 'Baichengxiaohei',吉林林业科技,2:5~13. 1983;赵天锡,陈章水等主编. 中国杨树集约栽培:410. 1994。

落叶乔木。树冠圆锥状,侧枝角度 45°。树干通直,尖削度小。幼龄树皮光滑,灰绿色,壮龄树皮浅纵裂,灰褐灰色。幼枝呈圆柱形。芽大,被黄色黏液;侧叶芽牛角状,向外弯曲。短枝叶大,菱-卵圆形、三角-卵圆形,长 5.5~9.0 cm,宽 2.5~8.0 cm,先端长渐尖,基部圆形、宽楔形,边缘具钝锯齿,近基部波状全缘,具半透明的狭边,表面绿色,沿脉有疏毛,有时近基部较密,背面淡绿色,无毛;叶柄近于扁平;幼叶红褐色,被黄色黏液。长枝叶大,菱-宽卵圆形,或三角-卵圆形。雄花序长 5.0 cm,雄蕊 20~25 枚,花药深红色;苞片大,长 6~7 mm,先端尖裂,裂片黑褐色。雄株!

产地:吉林。白城小黑杨是 1961~1982 年吉林省白城地区林业科学研究所金志明从小黑杨中选出培育而成。其亲本小叶杨 Populus simonii Carr. × 黑杨 Populus nigra Linn.。其生长快。据金志明等试验表明,8 年生白城小黑杨平均树高 13.0 m,平均胸径 15.8 cm,

单株材积 0.109 62 m³,比小青杨单株材积大 373.0%。且抗寒、耐旱,适于我国东北、内蒙古东南部、宁夏等地栽培。

2.2　小黑杨中林 60-1(中国杨树集约栽培)　品种

Populus × xiaohei(T. S. Hwang et Liang)T. B. Zhao et Z. X. Chen'Xiaoheizhonglin 60-1',cv. comb. nov.,*Populus × xiaohei* T. S. Hwang et Liang cv.'Xiaoheizhonglin 60-1',吉林林业科技,2:5 ~ 13. 1983;赵天锡,陈章水等主编. 中国杨树集约栽培:410. 1994。

形态特征:树干微弯;树皮光滑。雄株!

产地:北京。1960 年。选育者:黄东森。

2.3　双阳快杨(中国主要树种造林技术)　品种

Populus × xiaohei(T. S. Hwang et Liang)T. B. Zhao et Z. X. Chen'Shuonyangensis',cv. comb. nov.;*Populus shuoyangensis* S. Y. Shuan cv.'Shuonyangensis';双阳快杨,中国主要树种造林技术:404. 406. 1978。

落叶乔木。树冠塔形;侧枝呈 45°角开展。树干通直。幼树皮灰绿灰色,光滑,老龄基部暗灰色,纵裂。小枝圆柱状,棕黄色,疏被短柔毛,生长点被白色,或乳白色黏液。短枝叶菱-卵圆形、菱形,表面绿色,背面绿白色;叶柄侧扁,长 2.0~3.5 cm。雄株!雄花序长 6.5~10.0 cm。花期 5 月。

产地:北京。内蒙古、黑龙江、辽宁等地栽培很广。

2.4　八里庄杨(中国主要树种造林技术)　品种

Populus × xiaohei(T. S. Hwang et Liang)T. B. Zhao et Z. X. Chen'Balizhuangyang',cv. comb. nov.,八里庄杨,中国主要树种造林技术:406. 1978。

落叶乔木。树皮灰绿色,光滑。雌株!

本品种喜水、肥,不耐水湿,耐盐碱。

产地:山东泰安县八里庄。

3.　**小钻杨**(辽宁林业科技)　小美杨(中国主要树种造林技术)　图 76

Populus × xiaozhuanica W. Y. Hsü et Liang,植物研究,2(2):107. 1982;中国植物志. 20(2):62 ~ 63. 图版 22:7. 1984;李淑玲,戴丰瑞主编. 林木良种繁育学:286. 图 3-1-25. 1960;赵天锡,陈章水主编. 中国杨树集约栽培:23. 1994;黑龙江树木志:120. 122. 图版 26:1 ~ 3. 1986;中国主要树种造林技术:404. 图 57. 1986;孙立元等主编. 河北树木志:75~76. 图 56:1. 1997;山西省林业科学研究院编著. 山西树木志:78. 图 33. 2001;赵天锡等主编. 中国杨树集约栽培:23. 1994;辽宁植物志(上册):198. 图版 76:5. 1988;山东植物志 上卷:877. 图 574. 1990;王胜东,杨志岩主编. 辽宁杨树:33. 2006。

落叶乔木,树高可达 30.0 m。树冠圆锥状,或塔形;侧枝角度较小,常呈 45°角斜展。树干通直,或稍弯,尖削度小。幼树皮光滑,灰绿色、灰白色,或绿灰色,老龄树干基部浅裂,褐灰色;皮孔分布密集,菱状。幼枝呈圆柱状,微具棱,灰黄色,被毛。萌枝或长枝叶菱-三角形,稀倒卵圆形,先端突尖,基部宽楔形至圆形。短枝叶形多变化,菱-三角形、菱-椭圆形,或宽菱-卵圆形,长 3.0~8.0 cm,宽 2.0~5.0 cm,先端渐尖,基部楔形至宽楔形,边缘具腺锯齿,近基部全缘,具半透明的狭边,表面绿色,沿脉被疏毛,有时近基部较密,背面淡绿色,无毛;叶柄长 1.5~3.5cm,圆柱状,先端微扁,略有疏毛,至顶端较密,或光滑。雄花序长 5.0~6.0 cm,有花 75~80 朵;雄蕊 8~15 枚。雌花序长 4.0~6.0 cm;柱头 2 裂。果序长 10.0~16.0 cm。蒴果较大,卵球状,成熟后 2(~3)瓣裂。花期 4 月;果成熟期 5 月。

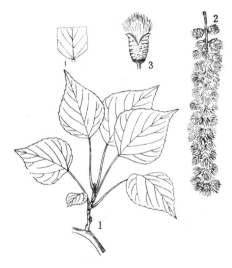

图 76　小钻杨 Populus xiaozhuanica W. Y. Hsu et Liang ex C. Wang et Tung(引自《黑龙江树木志》)
1. 枝叶,2. 果序,3. 蒴果

产地:内蒙古。

本杂种系小叶杨与钻天杨(Populus simonii Carr. × Populus nigra var. italica (Möench.)Koehne)的天然杂种。广泛栽培于辽宁、吉林、内蒙古东部,以及山东、江苏等省区。河南各地普遍栽培。模式标本,采自内蒙古赤峰。

附录:据王胜东、杨志岩在《辽宁杨树》一书中记载,小钻杨还有 10 个优良无性系,即兴城小钻杨(Populus × xiaozhuanica W. Y. Hsü et Liang'Xingcheng')、灯塔小钻杨(Populus × xiaozhuanica W. Y. Hsü et Liang'Dengta')、鞍杂小钻杨(Populus × xiaozhuanica W. Y. Hsü et Liang'Anza')、义县小钻杨(Populus × xiaozhuanica W. Y. Hsü et Liang'Yixian')、北镇小钻杨(Populus × xiaozhuanica W. Y. Hsü et Liang'Beizhen')、桓仁小钻杨(Populus × xiaozhuanica W. Y. Hsü et Liang'Huanren')、铁岭小钻杨(Populus × xiaozhuanica W. Y. Hsü et Liang'Teiling')、法库小钻杨(Populus × xiaozhuanica W. Y. Hsü et Liang'Faku')、喀左小钻杨(Populus × xiaozhuanica W. Y. Hsü et Liang'Kazuo')、昌图小钻杨(Populus × xiaozhuanica W. Y. Hsü et Liang'Changtu')。

品种:

3.1　锦县小钻杨(第十八届国际杨树会议论文集)　品种　图 77

Populus × xiaozhuanica(W. Y. Hsü et Liang)T. B. Zhao et Z. X. Chen'Jinxian',cv. comb. nov. ;*Populus × xiaozhuanica* W. Y. Hsü et Liang cv.'Jinxian',第十八届国际杨树会议论文集:41~48. 图 1. 1992。

落叶乔木,树高 24.0~27.0 m。树冠塔形;侧枝呈 35°~45°角斜展。树干通直;幼树皮灰绿色、灰白色,光滑,老龄基部基部灰褐色,沟裂。小枝圆柱状,黄绿色,梢部微具棱。芽长椭圆-圆柱状,赤褐色,被黏质。长枝叶大,菱-三角形,稀宽倒卵圆形;叶柄较短。短枝叶近簇生,菱形、菱-三角形、卵圆形、宽卵圆形,长 3.0~7.0 cm,最宽处在中下部,先端突锐尖、渐尖,基部楔形、宽楔形,稀圆形,边缘具钝锯齿,齿尖具不明显腺体,边部有时起波状,表面深绿色,具光泽,背面淡绿色;叶柄长 3.0~5.0 cm,先端渐侧扁。雌株! 雌花序长 8.0~9.0 cm,花序轴无毛。蒴果卵球状,黄绿色,先端渐尖,成熟后 2 瓣裂。花期 4 月;果熟期 5 月下旬。

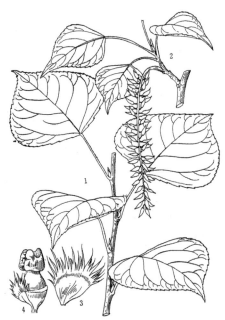

图 77　锦县小钻杨 Populus × xiaozhuanica(W. Y. Hsü et Liang)T. B. Zhao et Z. X. Chen cv.'Jinxian'
(引自《第十八届国际杨树会议论文集》)
1. 小枝叶,2. 果枝叶,3. 苞片,4. 雌花

产地:辽宁。内蒙古、黑龙江、辽宁,以及华北、西北地区栽培很广。锦县小钻杨系辽宁锦县林业局周玉石用从小钻杨中选出的优良无性系。且具有适应性强、耐干旱、耐寒、耐盐碱、抗病害等特性。在土层深厚、土壤肥沃的立地条件下,生长很快。18 年生树高22.4 m,胸径 47.3 cm,单株材积 1.499 4 m³。且木材白色,纹理直,油漆、加工性能好,宜作民用材、造纸等原料。

3.2　白城杨(研究报告)　品种

Populus× xiaozhuanica(W. Y. Hsü et Liang)T. B. Zhao et Z. X. Chen'Baicheng-2', cv. comb. nov. ;*Populus × xiaozhuanica* W. Y. Hsü et Liang cv.'Baicheng-2',山西省林学会杨树委员会. 山西省杨树图谱:135. 1985; *Populus baichensis* King,吉林省林科所情报室编印. 研究报告,4 号. 1962;徐纬英主编. 杨树:394. 1988(白城杨-1 号);李淑玲等主编. 林木良种繁育学:286~287. 1960;*Populus × baicheng*-2 Bai-Lin zh. M. Jin,赵天锡,陈章水等主编. 中国杨树集约栽培:446~447. 1994;中国主要树种造林技术:404. 1978;王胜东,杨志岩主编. 辽宁杨树:33~34. 2006。

落叶乔木,树高可达 15.0 m。树冠宽圆锥状;侧枝呈 45°角开展。树干通直。幼树皮绿灰色,老龄基部灰褐色,沟裂。小枝圆柱状,红棕色。长枝叶菱-三角形,长 5.5~7.5 cm,宽 5.5~8.5 cm,先端渐尖,基部楔形至圆形,边缘具小圆钝锯齿和半透明狭边,表深绿色,背面淡绿色,两面具气孔;叶柄圆柱状,长 2.0~8.0 cm;短枝叶菱-椭圆形、菱形,长 3.0~7.5 cm,宽 2.0~5.0 cm,先端渐尖、突尖、尾尖,有时扭曲,基部圆形、宽楔形。雄花序长 5.0~6.0 cm,雄蕊 8~15 枚(中国杨树集约栽培:记雄蕊 20 枚);雌花序长 3.0~6.0 cm;苞片裂片褐色。果序长 8.0~13.0 cm;蒴果卵球状,表面粗糙,成熟后 2 瓣裂。花期 5 月;果熟期 6 月。

产地:北京。内蒙古、黑龙江、辽宁等地栽培很广。本品种系吉林省白城地区林业科学研究所金志明等用小叶杨与钻天杨杂交培育而成。且具有适应性强、耐干旱、耐寒等特性。在土层深厚、土壤肥沃的立地条件下,生长很快。21 年生树高 19.0 m,胸径 37.1 cm,单株材积 0.841 24 m³。且木材白色,纹理直,油漆、加工性能好,宜作民用材、造纸等原料。

注:白城杨-2 优良无性系号是从白城杨中选出的优良品种。白城杨无形态特征记述。

3.3 '白林杨 1 号'(杨树) 品种

Populus × xiaozhuanica W. Y. Hsü et Liang cv. 'Bailin 1'(Populus × xiaozhuanica W. Y. Hsü et Liang × Populus nigra Linn.),徐纬英主编. 杨树:392. 1988;Populus 'Bailing 1'。

落叶乔木。树冠亚塔形;侧枝细,少。树干通直;树皮灰色,浅纵裂。小枝灰白色,圆柱状;幼枝顶被黄色黏液。短枝叶卵圆-三角形,质厚,表面深绿色。长枝叶卵圆-扁圆形,质厚,表面深绿色,光滑。雄株!雄花序短粗,长 5.5 cm,径 0.8 cm;雄蕊 35 枚,花药紫红色;苞片淡褐色。

产地:吉林。本品种系吉林省林业科学研究所金志明从小叶杨和钻天杨的天然杂种(24 号)与黑杨(来自阿尔泰)(Populus × xiaozhuanica W. Y. Hsü et Liang × Populus nigra Linn.)杂种实生苗选培而成。

其特性为:

(1) 耐干旱、速生。在年降水量 400 mm 的干旱地区长势明显优于小黑杨和小青杨,5 年生单株材积超过小黑杨 200.0%左右。

(2) 耐寒冷。1977 年 1 月平均气温-21.4 ℃,绝对最低气温-36.9 ℃条件下,无冻害发生。

3.4 '箭麻皮二白杨'(杨树) 新组合品种

Populus× xiaozhuanica(W. Y. Hsü et Liang)T. B. Zhao et Z. X. Chen 'Ⅰ-MP',cv. comb. nov. ;Populus × gansuensis G. Wang et H. L. Yang cv. 'Ⅰ-MP'),徐纬英. 杨树:398. 1988。

落叶乔木。树冠卵球状,或宽卵球状。侧枝与主干呈 25°~30°角开屏;主干通直。树皮灰绿色,光滑,皮孔明显,基部浅裂。小枝黄绿色、具棱。短枝叶卵圆形、心-卵圆形,长 4.0~6.0 cm,宽 2.5~3.5 cm,先端短尖,基部楔形、宽楔形,边缘具细锯齿;叶柄细长,扁柱状。

产地:甘肃。本新组合品种系从二白杨实生苗中选出的优良单株。培育者:刘榕等。

3.5　合作杨 8277(山西省杨树图谱)　新组合品种　图 78

Populus× xiaozhuanica(W. Y. Hsü et Liang)T. B. Zhao et Z. X. Chen'Opera 8277',
cv. comb. nov. ;*Populus × opera* W. Y. Hsü,牛春山主编. 陕西杨树:102~103. 图 43.
1980;*Populus × xiaozhuanica* W. Y. Hsü et Liang cv.'Opera 8277',山西省杨树图谱:106~
107. 图 45. 照片 36. 1983;李淑玲,戴丰瑞主编. 林木良种繁育学:286. 1960;P.'Opera
8277'(*Populus simonii* Carr. × *Populus pyramidalis* Salisb. cv.'Opera 8277')徐纬英主编.
杨树:387~389.（照片 11-14）. 1988。

落叶乔木,树高可达 20.0 m。树冠卵球状。树干直。幼树皮灰褐色,浅纵裂。小枝
圆柱状、细,微红色,具棱,幼嫩部分被米黄色黏液。顶芽圆锥状、深褐色、紫褐色,被黏
质。长枝棱线明显。长枝叶三角-圆形、近圆形,长 7.0~15.0 cm,宽 8.0~15.0 cm,先端
短尖、渐尖,基部宽楔形至圆形,无毛;短枝叶菱形、菱-卵圆形,长 2.5~6.5 cm,宽 1.8~
5.0 cm,先端短渐尖,基部宽楔形、近圆形、浅心形,边缘具细锯齿,近基部全缘,表面涂绿
色,背面淡绿色;叶柄黄绿色。雌株! 雌花序长约 4.0 cm;子房卵球状,柱头浅黄绿色,2
裂;花盘喇叭形,边缘波状全缘,绿色;苞片近匙-菱形、匙-三角形,先端褐红色,或黑褐
色。果序长 7.0~10.0 cm;蒴果卵球状,先端纯圆,黄绿色,成熟后 2 瓣裂。花期 3 月;果
熟期 4 月。

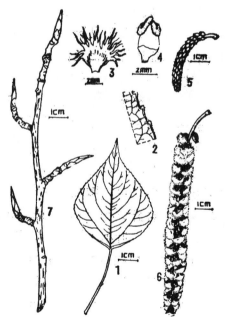

图 78　合作杨 8277 Populus × xiaozhuanica(W. Y. Hsü et Liang)
T. B. Zhao et Z. X. Chen'Opera 8277'(引自《陕西杨树》)
1. 叶,2. 叶缘,3. 苞片,4. 雌花,5. 雌花序, 6. 蒴果,7. 短枝及芽

产地:北京。本新组合品种系中国林业科学研究院用小叶杨与钻天杨杂交培育而成。
河北、山东、安徽、北京、山西等相继引种,且具有适应性强、耐干旱、耐寒等特性。在土层深
厚、土壤肥沃的立地条件下,生长很快,如表 18 所示。9 年生树高 15.7 m,胸径 33.5 cm,单

株材积 9.457 m³。且木材白色,纹理直,油漆、加工性能好,宜作民用材、造纸等原料。

表18　合作杨生长进程

龄阶(a)		1	2	3	4	5	6	7	8	9	带皮
树高(m)	总生长量	1.3	5.6	6.7	9.6	11.6	13.6	14.6	15.6	15.7	
	平均生长量		2.85	2.23	2.40	2.32	2.27	2.09	1.98	1.74	
	连年生长量		2.15	1.05	1.45	1.00	1.00	0.50	0.50	0.05	
胸径(cm)	总生长量	1.7	3.9	7.7	11.0	16.2	19.7	25.6	29.6	33.5	
	平均生长量		1.95	2.81	2.15	2.60	1.75	3.66	3.70	3.82	
	连年生长量		1.10	1.67	0.82	1.04	1.08	0.84	0.50	0.43	
材积(m³)	总生长量	0.000598	0.003344	0.14770	0.26040	0.82260	0.13672	0.23265	0.33254	0.40490	0.45700
	平均生长量		0.001672	0.073851	0.13020	0.16452	0.24454	0.33234	0.41569	0.45000	0.50667
	连年生长量		0.002786	0.011426	0.55270	0.11244	0.60172	0.12830	0.12486	0.00804	0.05887

注:摘自徐纬英主编.《杨树》:388. 1988。

3.6　小意杨(中国主要树种造林技术)　新组合品种

Populus × xiaozhuanica(W. Y. Hsü et Liang)T. B. Zhao et Z. X. Chen 'Xiaoyiyang', cv. comb. nov. ;*Populus × xiaozhuanica* W. Y. Hsü et Liang cv. 'Xiaoyiyang',中国主要树种造林技术:406. 1978。

落叶乔木。树冠极窄。幼树皮灰绿色,较光滑。侧枝较细,锐角斜上生长。壮龄树皮暗灰色,沟裂。雄株!

本新组合品种生长较快,11 年生树高 21.8 m,胸径 35.3 cm。极耐寒,在−36.6 ℃以下不受冻害。

产地:南京。本新组合品种系南京林学院人工培育。本杂种系小叶杨与钻天杨(Populus simonii Carr. × Populus nigra var. italica(Möench.)Koehne)的人工杂种。小意杨是小意杨 2 号的优良无性系。

3.7　赤峰杨(中国主要树种造林技术)　品种

Populus × xiaozhuanica W. Y. Hsü et Liang cv. 'Chifengensis',*Populus* × 'Chifengensis',李淑玲,戴丰瑞主编. 林木良种繁育学:287. 1960;中国主要树种造林技术:404. 1978;Populus × xiaozhuanica W. Y. Hsü et Liang cv. 'Chifengensis',*Populus xiaozhuanica* X. C. Lu cv. 'Chifengensis'赵天锡,陈章水等主编. 中国杨树集约栽培:467～468. 1994;*Populus* ×'Chifengensis'(Populus simonii Carr. × Populus pyramidalis Salisb. cv. 'Chifengensis')徐纬英主编. 杨树:393～394.(照片 11～19). 1988。

落叶乔木,树高可达 18.0 m。树冠圆锥状;侧枝较多,向上斜展。树干通直。幼树皮灰褐色,光滑,老龄树皮灰褐色,基部纵裂;皮孔菱状,分布密集。小枝圆柱状,细,灰绿色、灰黄色,微具棱。幼嫩部分被米黄色黏液。顶芽圆锥状,具微棱状,被黏质;花芽卵球状,常 2～5 枚着生小枝顶端,先端向外弯,被黏质。长枝叶菱-三角形、三角-圆形、倒卵圆形,先端渐尖,基部楔形至圆形,边缘具圆钝锯齿,表深绿色,背面淡绿色;叶柄圆柱状,长 2.0～8.0 cm;短枝叶菱-卵圆形,长 5.0～9.0 cm,宽 3.0～6.0 cm,先端渐尖,基部宽楔形,边缘具钝锯齿,表面深绿色,背面淡绿色,沿脉被短柔;叶柄侧扁,具红色晕。雄花序长5.0~6.0 cm,雄蕊 8~15 枚;雌花序长 4.5~7.0 cm;子房三角-卵球状,柱头 2 裂。果序长10.0~16.0cm;蒴果卵球状,成熟后 2 瓣裂。有雌雄同株、同花,或年度不同雌雄花性有变化。花期 5 月;果成熟期 6 月。

产地:内蒙古。

本品种系内蒙古自治区昭乌达盟林业科学研究所用小叶杨与钻天杨杂交培育而成。其中,有赤峰杨-34、赤峰杨-36、赤峰杨-17 号三个无性系在内蒙古赤峰市栽培很广,且具有适应性强、耐干旱(在年降水量 400 mm 时,赤峰杨年生长量超过当地所有杨树生长量)、耐寒(-31.4 ℃冻害)等特性。在土层深厚、土壤肥沃的立地条件下,生长很快。13年生树高 20.0 m,胸径 36.0 cm,单株材积 0.893 1 m³。且木材白色,纹理直,油漆、加工性能好,宜作民用材、造纸等原料。

3.8　赤峰杨 34 号(中国杨树集约栽培)　品种

Populus × xiaozhuanica W. Y. Hsü cv. ‘Chifengensis 34’, cv. comb. vov., *Populus × xiaozhuanica* W. Y. Hsü et Liang cv. ‘Chifengensis 34’,赵天锡,陈章水主编. 中国杨树集约栽培:23~24. 图 1-3-17. 1994。

落叶乔木。幼树皮灰褐色,光滑,老龄基部灰褐色,基部浅纵裂。长枝叶多三角-圆形,先端渐尖,基部楔形、圆形,边缘具锯齿;叶柄圆柱状。短枝叶多变,通常为菱-卵圆形。

产地:内蒙古。

本品种生长较快,有耐干旱、抗寒等特性。

3.9　赤峰杨 36 号(辽宁杨树)　品种

Populus × xiaozhuanica W. Y. Hsü cv. ‘Chifengensis 36’, cv. comb. vov., *Populus × xiaozuanica* W. Y. Hsu et Y. Liang cv. ‘Chifeng 36’,王胜东,杨志岩主编. 辽宁杨树:33~34. 2006。

落叶乔木。树冠圆锥状;侧枝较多,多斜上伸展。树干通直;幼时树皮灰绿色,光滑;大树皮灰褐色,基部浅纵裂;皮孔菱形,密集分布。

产地:内蒙古。内蒙古昭乌达盟林业科学研究所选育。其杂交亲本为:小叶杨 × 钻天杨。

3.10　美小 47 杨(山西省杨树图谱)　变种

Populus × xiaozhuanica W. Y. Hsü et Liang cv. ‘Meixiao 47’, Populus nigra Linn. var. italica(Möench.)Koehce × Populus simonii Carr. ‘Meixiao 47’,山西省林学会杨树委员会. 山西省杨树图谱:95~97. 图41. 照片32. 1985。

落叶乔木。树冠卵球状,或长卵球状。树干通直;树皮浅纵裂。短枝叶菱形,基部楔形,表面绿色,背面灰绿色;叶柄扁平,黄绿色。雌株! 苞片裂片不规则条裂,浅褐色。

产地:北京。本品种系中国林业科学研究院用钻天杨与小叶杨杂交培育而成。且具有适应性强、耐干旱、耐寒、耐盐碱、速生等特性,是“三北”地区营造用材林、农田防护林,以及城乡绿化的优良品种。

4. 二白杨(植物研究)　小美杨(中国主要树种造林技术)　图 79

Populus gansuensis C. Wang et H. L. Yang,植物研究,2(2):106. 图 1. 1982;中国植

物志.20(2)：41～42. 1984；小美杨 *Populus simonii* Carr. × *P. nigra* Linn. var. *italica*
(Möench.)Koehne,中国主要树种造林技术：377. 图51. 1978；青海木本植物志：68～69.
图43. 1987；徐纬英主编. 杨树：57～58. 图2-2-11. 1988；赵天锡,陈章水等主编. 中国
杨树集约栽培：21～22. 图1-3-14. 454. 1994；李淑玲,戴丰瑞主编. 林木良种繁育学：
284. 图3-1-24. 1996；青海木本植物志：68～69. 图43. 1987。

　　落叶乔木,树高20.0 m以上。树冠长圆-卵球状,倒卵球状,或窄球状。树皮青绿色、
灰白色,或灰褐色,光滑,老龄时基部纵裂,裂片宽而薄,老时沟裂。小枝黄褐色,具明显棱
线。短枝叶三角-卵圆形,或菱-卵圆形,先端渐尖,基部楔形,或宽楔形、圆形,边缘具小
钝齿,齿端具红色腺点,有半透明的边缘,表面深绿色,背面浅绿色；叶柄上部侧扁,下部扁
圆。长枝叶三角-圆形,先端尖,或短尖,基部圆形,有时具2个红色腺体,边缘呈微波状
卷曲。果序长3.0～10.0 cm。蒴果5月成熟期。

　　产地：甘肃。模式标本,采自甘肃。本种系小叶杨与箭杆杨的天然杂种。本种为我国
特产树种之一,分布于甘肃河西走廊地区,栽培历史悠久。

图79　二白杨 Populus gansuensis C. Wang et H. L. Yang(引自《树木良种繁殖学》)
1. 长枝叶,2. 雌花,3. 苞片,4. 雄花,5. 雄花序

　　产地：中国甘肃河西走廊黑河中下游的武威、张掖、酒泉等地。内蒙古等地有引种栽
培。模式标本,采于甘肃武威。本杂种系小叶杨 *Populus simonii* Carr. 与箭杆杨 *Populus
nigra* Linn. var. thevetina(Dode)Bean 的天然杂交种,且具有适应性强、耐干旱、耐寒、耐盐
碱等特性。在土层深厚、土壤肥沃的立地条件下,生长快。18年生树高17.0 m,胸径34.0
cm,单株材积0.766 9 m^3。且木材白色,纹理直,油漆、加工性能好,宜作民用材、造纸等
原料。

　　5. **中东杨**(东北木本植物图志)　　图80

Populus × *berolinensis* Dipp. In Mandb. Laubh. Berlin 2：210. 1892；Man. Cult. Trees
& Shribs,79. 1927；Фл. СССР,5：234. 1936；Fl. Europ. 1：55. 1964；Fl. Iran. Salic. 65：8.
1969；*Populus hybrida* (var.) *berolinensis* C. Koch. Wechenschr. Gart. Pflanzenk 8：1865；

Populus × *berolinensis* Dipp. in Mandb. Laubh. Berlin 2:210. 1892;刘慎谔主编. 东北木本植物图志:113~114. 图版 X:1~4. 图版 X II:33. 1955;中国植物志.20(2):69. 图版 22:1~2. 1984;徐纬英等. 杨树:151~155. 图版 94~102. 1959;徐纬英主编. 杨树:392~391. 1988;黑龙江树木志:93~94. 图版 19:1~4. 1978;中国科学院植物研究所主编. 中国高等植物图鉴 补编 第一册:20. 图 8379. 1972;内蒙古植物志.1:164. 167. 图版 41. 图 6. 1985;赵天锡,陈章水等主编. 中国杨树集约栽培:30. 图版 1-3-26. 1994;山西省林学会杨树委员会. 山西省杨树图谱:104~105. 图 44. 照片 35. 1985;新疆植物志.1:145. 1992;孙立元等主编. 河北树木志:76. 图 56:2~4. 1997;山西省林业科学研究院编著. 山西树木志:79~80. 图 34. 2001;辽宁植物志(上册):201. 1988;河北植物志 第一卷:234. 图 179. 1986。

　　落叶乔木,树高 150~25.0 m。树冠宽圆锥状;侧枝斜展。树皮灰绿色,老龄时暗灰色,基部沟裂。小枝圆柱状,黄灰色,棱线明显。叶芽长卵球状,先端长渐尖,无毛,青褐色,被黏质。短枝叶菱-卵圆形、卵圆形,长 7.0~12.0 cm,宽 4.0~7.0 cm,先端长渐尖,基部宽楔形、近圆形,边缘具内曲圆锯齿,近基部全缘,具极狭半透明边,无缘毛,表面深绿色,背面淡绿色、淡白色;叶柄圆柱状,黄绿色,疏被短柔毛。雄花 15~25 枚,花药黄色;苞片深褐色,具不规则细长条裂。雌花序长 4.0~7.0 cm。果序长 18.0 cm。蒴果无毛,具长柄,成熟 2 瓣裂。

图 80　中东杨 Populus×berolinensi[引自《河北植物志》(第一卷)]

产地:德国。

　　本种于 1870 年前栽培于德国柏林植物园。其起源:苦杨 Populus laurofolia Ledeb. 与钻天杨 Populus nigra Linn. var. italica(Möench.)Koehne 杂交种。本种在我国东北,尤以哈尔滨栽培最多。欧洲、亚洲各国也有栽培,生长良好。本种喜光,适应性强,耐干旱、耐寒冷气候,喜生于土壤肥沃、排水良好的沙质壤土上。是黑龙江黑河一带平原地区绿化、造林的较好树种。但是,害虫危害严重。

　　6. 哈青杨(东北木本植物图志)　　图 81

Populus charbinensis C. Wang et Skv. ,刘慎谔主编. 东北木本植物图志:120~121. 图

版ⅩⅩⅠ:1~5. 图版ⅩⅩⅡ:42. 1955,laps. Cal. herbinensis;中国植物志. 20(2):30~
31. 1984;中国科学院植物研究所主编. 中国高等植物图鉴 补编 第一册:1982,24~25.
图8386;徐纬英主编. 杨树:49. 图2-2-8(5~6). 1988;赵天锡,陈章水主编. 中国杨树
集约栽培:22. 图1-3-16. 1994;黑龙江树木志:100~101. 图版21:4~5. 1986;辽宁植物
志(上册):195. 1988。

　　落叶乔木,树高15.0~20.0 m。树冠卵球状。树皮幼时灰绿色,光滑,老龄时暗灰色,
沟裂。小枝圆柱状,微红褐色,微具棱,无毛。芽卵球状,先端长尖,褐色,有黏质。短枝叶
近圆形,稀卵圆形,先端短渐尖,基部圆形,或宽楔形,中部最宽,稀上部最宽,边缘上部具
细锯齿,下部全缘,具缘毛,表面绿色,脉上被短疏柔毛,背面淡绿色,无毛,幼时两面沿脉
被短疏柔毛;叶柄长4.0~4.5 cm,被毛。长、萌枝叶倒卵圆形,长5.0~6.5 cm,宽3.0~
4.2 cm,中部以上最宽,先端急尖,或短渐尖,基部宽楔形,边缘具细锯齿,密被缘毛,幼时
表面沿脉被短疏柔毛;叶柄圆柱状,长1.5~2.3 cm。雄花序长约6.0 cm,花序轴疏被短
毛;苞片黄褐色,裂片褐色;花盘杯状;雄蕊约15枚。雌花序长约9.0 cm,花序轴无毛,或
在花序轴基部疏被白色短柔毛,具花柄。果序长10.0~12.0 cm;蒴果无毛,成熟后2(~3)
瓣裂。花期4~5月;果成熟期6月。

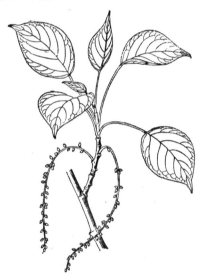

图81　哈青杨 Populus charbinensis C. Wang et Skv.
[引自《中国高等植物图鉴》补编(第一册)]

产地:本种为我国特产树种之一,分布于黑龙江。模式标本,采于黑龙江哈尔滨。
　　本种系小叶杨 Populus simonii Carr. 与中东杨 P. × berolinensis Dippel 的天然杂种。
变种:

6.1　哈青杨(东北木本植物图志)　原变种

Populus charbinensis C. Wang et Skv. var. charbinensis

6.2　厚皮哈青杨(植物研究)　变种

Populus charbinensis C. Wang et Skv. var. pachydermis C. Wang et Tung,植物研究,2
(2):117. 1982;中国植物志. 20(2):31. 1984;徐纬英主编. 杨树:49. 1988;赵天锡,陈章

水主编. 中国杨树集约栽培:23. 1994;黑龙江树木志:101. 1986;辽宁植物志(上册):195. 1988。

本变种树干基部皮厚,深裂。树冠卵球状,干通直。短枝叶边缘具缘毛;叶柄上面被短柔毛。

产地:黑龙江及辽宁北部,具有抗寒、耐干旱、抗盐碱、抗病虫害能力强、材质好、生长快等特性,是当地的主要造林树种。模式标本,采于黑龙江林甸县龙山村。

品种:

6.1 277 号杨(陕西杨树) 品种 图 82

Populus charbinensis C. Wang et Skv. cv. 'Hybrida 277', cv. comb. nov., *Populus hybrida* 277(Populus maximowiczii A. Henry × Populus berolinensis Dippel),牛春山主编. 陕西杨树:79~82. 图 32. 1980。

落叶乔木。树冠开展;侧枝呈 50°~80°角开展。树干多弯曲;树皮灰绿色,基部呈极浅纵裂。小枝圆柱状,淡褐色,幼时灰绿色。顶芽圆锥状,红褐色,被黏质。短枝叶菱-椭圆形、椭圆形、长卵圆形,长 4.5~9.0 cm,宽 2.5~6.0 cm,先端骤短渐尖、近针刺状,或急尖,有时扭转,基部狭心形、几圆形,稀楔形,表面深绿色,仅主脉基部微被短柔毛,背面淡粉绿色,沿脉被疏柔毛,两面侧脉微隆起,边缘具细密腺锯齿和初具缘毛,腺淡红色;叶柄圆柱状,长 1.0~3.5 cm,上面无沟槽,微被柔毛,顶端较密。雌花序长约 5.0 cm,花序轴无毛,或微被短柔毛;子房卵球状,柱头 2~3 裂;苞片褐色,常 2 回条裂,宽大于长,长约 4mm,宽约 5 mm;花盘杯状,边缘近全缘。果序长 10.0~14.0 cm,果序轴无毛;蒴果被小疣点,长 7~8 mm,成熟后 2~3 瓣裂;果柄极短,长约 2 mm。花期 4 月;果成熟期 5 月上旬。

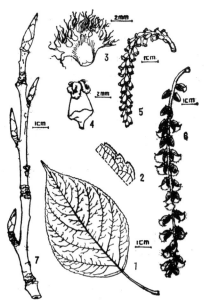

图 82 277 号杨 Populus charbinensis C. Wang et Skv. cv. 'Hybrida 277'(引自《陕西杨树》)
1. 叶,2. 叶缘,3. 苞片,4. 雌花,5. 幼果序,6. 果序,7. 短枝及芽

产地:美国。本品种系1960年由西安植物园从波兰高力克树木园引入我国。该园又引自美国。

6.2　日内瓦杨(陕西杨树)　品种　图83

Populus charbinensis C. Wang et Skv. cv. 'Geneva', cv. comb. nov. , *Populus* 'Geneva' (Populus maximowiczii Henry × Populus berolinensis Dippel) , 牛春山主编. 陕西杨树: 82~86. 图34. 1980。

落叶乔木。树冠近长卵球状;侧枝呈45°~50°角开展。树干端直;树皮上部灰白色;皮孔明显,下部灰褐色,呈浅纵裂。小枝圆柱状,绿色、灰绿色,密被短柔毛,微具棱。短枝叶椭圆形,长8.0~11.0 cm,宽4.0~8.0 cm,先端急尖,稀扭转,基部圆形,表面绿色,仅主脉基部被短柔毛,背面淡绿色,无毛,边缘波状具细圆锯齿,无缘毛,或稀具缘毛;叶柄圆柱状,长2.0~3.8 cm,微被短柔毛。雌株! 雌花序长约11.0 cm,花序轴被短柔毛;子房卵球状,淡黄绿色,具疣点,无花柱,柱头2裂,又分2裂,褐色;苞片倒卵圆形,淡黄绿色,后近白色,边缘具不整齐丝状条裂,褐色,长2.5~3.5 mm,宽2~3 mm,基部渐狭呈柄状;花盘杯状,淡黄绿色,边缘全缘,或微波状。

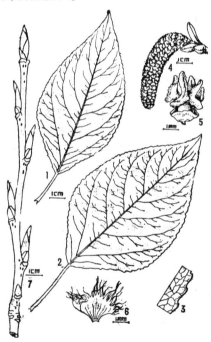

图83　日内瓦杨 Populus charbinensis C. Wang et Skv. cv. 'Geneva' (引自《陕西杨树》)

1~2. 叶,3. 叶缘,4. 雌花序,5. 雌花, 6. 苞片,7. 长枝及芽

产地:美国。本品种系1960年由西安植物园从波兰高力克树木园引入我国。该园又引自美国。

6.3　牛津杨(陕西杨树)　品种　图84

Populus charbinensis C. Wang et Skv. cv. 'Oxford', cv. comb. nov. , *Populus* 'Oxford' (Populus maximowiczii Henry × Populus berolinensis Dippel) , 牛春山主编. 陕西杨树:86~88. 图35. 1980。

落叶乔木。树冠近长卵球状;侧枝呈 45°~50°角开展。树干端直;树皮上部灰绿色;皮孔明显,下部灰褐色,呈细纵裂。小枝圆柱状,绿色,初被短柔毛,后无毛,微具棱。短枝叶宽椭圆形、卵圆形、菱状椭圆形,长 7.0~8.5 cm,宽 5.0~6.5 cm,先端急尖,或突短渐尖,基部圆形,表面绿色,仅主脉基部被短柔毛,背面淡绿色,通常无毛,稀被个别毛,边缘具细密圆钝锯齿,稀具缘毛;叶柄圆柱状,长 2.5~5.5 cm,被短柔毛。雌株! 花盘盘状,边缘全缘。果序长 25.0~27.0 cm,花序轴疏被脱落性柔毛,上部几无毛。蒴果卵球状,黄绿色,具柄,长约 8 mm,径约 7 mm,成熟后 3~4 瓣裂。果梗极短,长约 1 mm。花期 4 月;果成熟期 4 月下旬至 5 月上旬。

产地:美国。本品种系 1960 年由西安植物园从波兰高力克树木园引入我国。该园又引自美国。

6.4　194 杨(陕西杨树)　品种　图 85

Populus charbinensis C. Wang et Skv. cv. ‘Oxford’, cv. comb. nov., *Populus hybrida* 194 (Populus maximowiczii Henry × Populus berolinensis Dippel), 牛春山主编. 陕西杨树: 94~95. 图 3. 1980。

落叶乔木。树冠近球状;侧枝呈 60°角开展。树干上部绿色,下部淡褐色,纵裂。小枝圆柱状,淡绿褐色,初微被短柔毛。短枝叶卵圆形,长 5.5~8.0 cm,宽 3.4~5.8 cm,先端短渐尖、急尖,基部狭心形,表面绿色,主脉上被短柔毛,背面苍白色,脉上被短柔毛,后渐脱落,边缘具密细圆钝腺锯齿,稀具缘毛;叶柄圆柱状,长 2.0~3.0 cm,上面被短柔毛。雄株! 雄花序长 4.0~7.0 cm;雄蕊花丝白色,超出花盘;花盘浅盘状,边缘全缘;苞片近半圆形,膜质,褐色,先端边缘具整齐的 2 回线条状裂片,长约 2 mm,宽约 3 mm,基部宽楔形;花梗长约 1 mm。

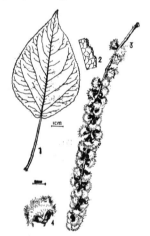

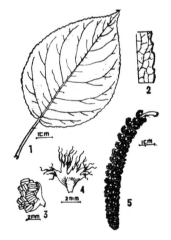

图 84　牛津杨 Populus charbinensis C. Wang
et Skv. cv. Oxford’(引自《陕西杨树》)
1. 叶,2. 叶缘,3. 果序,4. 开裂蒴果

图 85　194 杨 Populus charbinensis C. Wang
et Skv. cv. ‘Geneva’(引自《陕西杨树》)
1. 叶,2. 叶缘,3. 雄花,4. 苞片,5. 雄花序

产地:美国。本品种系 1960 年由西安植物园从波兰高力克树木园引入我国。该园又引自美国。

7. **罗彻斯特杨**(陕西杨树) 新改隶组合杂交变种 图86

Populus maximowiczii Henry × P. nigra Linn. var. plantierensis(?)T. B. Zhao et Z. X. Chen var. rochester T. B. Zhao et Z. X. Chen,var. comb. nov. ;*Populus*'Rochester'(Populus maximowiczii Henry × 普兰特黑杨 Populus nigra Linn. var. plantierensis),牛春山主编. 陕西杨树:91~94. 图37. 1980。

落叶乔木。树冠卵球状;侧枝呈40°角开展。树干端直;树皮灰绿色;皮孔不明显,下部稍浅纵裂。小枝圆柱状,紫褐色,无毛。芽褐色,被黏质。短枝叶卵圆-椭圆形、卵圆形,长6.0~9.5 cm,宽4.0~6.2 cm,先端短急尖,基部心形,表面绿色,脉上被短柔毛,背面苍白色,脉上被短柔毛,边缘具细圆钝腺锯齿和显著缘毛;叶柄圆柱状,长2.5~3.2 cm,被短柔毛。雌株! 花盘浅盘状,边缘波状全缘;苞片横带状,膜质,褐色,先端边缘具不整齐线条状裂片,长约2 mm,宽约3 mm,基部新月形,或镰形。果序长7.0~14.0 cm,花序轴被柔毛。蒴果长卵球状,先端尖锐,密被疣点,长约6 mm,径约4 mm,成熟后2~3瓣裂。果梗极短,长约1 mm。

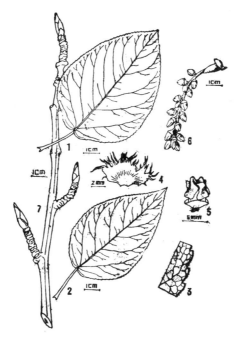

图86 罗彻斯特杨

Populus maximowiczii Henry × P. nigra Linn. var. plantierensis(?)T. B. Zhao et Z. X.

Chen var. rochester T. B. Zhao et Z. X. Chen(引自《陕西杨树》)

1~2. 叶,3. 叶缘,4. 苞片,5. 雌花,6. 果序,7. 枝及芽

产地:美国。本新改隶组合杂交变种系1960年由西安植物园从波兰高力克树木园引入我国。该园又引自美国。

8. **小青黑杨**

Populus pseudo-simonii Kitagawa × Populus nigra Linn. ,黑龙江树木志:113. 1986;山西省林学会杨树委员会. 山西省杨树图谱:134. 1985。

落叶乔木。树冠圆锥状。树干直;树皮灰绿色、灰黄色,初具疣状凸起,浅纵裂。长枝叶大,菱-三角形,先端短尖,基部近圆形,边缘具内曲细腺锯齿,表面黄绿色;叶柄长为叶片 1~2,无毛。短枝叶菱-三角形、菱-卵圆形,长 5.0~9.0 cm,宽 3.0~9.0 cm,先端长渐尖、突尖,基部宽楔形、楔形,边缘具细锯齿,具半透明狭边,表面绿色。雌株! 雌花序长 3.5~5.0 cm;子房柱头 2 裂,淡绿色;苞片大,淡绿色,先端及裂片浅褐色。果序长 9.0~11 cm。蒴果菱-卵球状,先端弯钝,长 6~7 mm。花期 3 月;果实成熟期 4 月下旬。

产地:北京。

本杂交种系中国林业科学研究院用小青杨 Populus × pseudo-simonii Kitagawa × 黑杨 Populus nigra Linn. 杂交培育而成。具有适应性强、耐干旱、耐寒等特性。在土层深厚、土壤肥沃的立地条件下,生长快。8 年生树高 18.0 m,胸径 21.3 cm,单株材积 0.246 93 m³。其木材白色,纹理直,油漆、加工性能好,宜作民用材、造纸等原料。

9. 小青钻杨　小青杨 × 美杨(陕西杨树)

Populus× pseudo-simonii Kitagawa × P. nigra Linn. var. italica(Möench.) Koenchne; *Populus pseudo-simonii* Kitagawa × *Populus pyramidalis* Salisb. , 牛春山主编. 陕西杨树:103~104. 图 44. 1980;山西省林学会杨树委员会. 山西省杨树图谱:135. 1985。

落叶乔木。树冠圆柱状;侧枝较细,呈 45°角开展。树干直。叶芽圆锥状,青色、红棕色,被黏质。花芽长 1.5 cm,先端外曲,红棕色,被黏质。长枝叶大,三角形、三角-卵圆形,先端渐尖,基部截形、楔形、圆形,两侧偏斜,边缘具锯齿;叶柄无毛。短枝叶菱-卵圆形,长 4.0~9.7 cm,宽 2.7~5.5 cm,先端渐尖,基部楔形、近圆形,边缘具细锯齿;叶柄长 2.5~4.5 cm。雄株! 雄花序长 5.0 cm;雄蕊 8~21 枚,花药红色;苞片先端及裂片棕褐色;花盘盘状。

产地:北京。

本杂交种系中国林业科学研究院用小青杨 Populus pseudo-simonii Kitagawa × 黑杨 Populus nigra Linn. 杂交培育而成。具有适应性强、耐干旱、耐寒等特性。在土层深厚、土壤肥沃的立地条件下,生长快。11 年生树高 20.0 m,胸径 24.5 cm,单株材积 0.408 62 m³。且木材白色,纹理直,油漆、加工性能好,宜作民用材、造纸等原料。

10. 哈美杨 67001 号(第十八届国际杨树会议论文集)

Populus charbiensis C. Wang et Skv. × P. pyramidalis Salisb. ,第十八届国际杨树会议论文集:49~51. 1992。

落叶乔木,树高 15.0 m。树冠长卵球状;侧枝呈 40°~60°开展。树干通直;下部树皮灰褐色,浅纵裂,上部淡灰绿褐色、灰白色;皮孔菱形,散生,明显。小枝圆柱壮,灰绿色、绿色,光滑,无毛;幼枝微具棱。叶芽圆锥状,先端尖,芽鳞红褐色,离生,被黄褐色半透明的黏液。短枝叶卵圆形,长 8.0~10.0 cm,宽 5.0~6.0 cm,先端渐尖,基部楔形,边缘具半透明狭边,上中部具细圆锯齿,并有波状皱褶,基部波状,表面深绿色,具光泽,背面灰绿色、绿白色,无毛;叶柄侧扁,长 4.0~5.0 cm,微显红色,顶端无腺体。雌株! 果序长 10.0~20.0 cm。蒴果瘦桃实状,成熟后 2~4 瓣裂。

产地:甘肃。本杂交种系甘肃农业大学刘榕等从中国林业科学研究院林业科学研究所采用哈尔滨杨 Populus charbinensis C. Wang et Skv. × 钻天杨 Populus pyramidalia Salisb. 杂交杂混合系中选出的优株培育而成。生长快,17 年生树高 19. 3 m,胸径 34. 45 cm,单株材积 0. 558 8 m³,而当地同龄的乡土树种二白杨树高 9. 20 m,胸径 13. 26 cm,单株材积 0. 052 5 m³。同时,还具有耐寒冷、耐干旱、耐瘠薄等特性。适宜在甘肃武威、临夏等地区栽培。

11. 小钻加杨

Populus simonii Carr. × *Populus nigra* Linn. var. italica(Möench.) Koenchne

落叶乔木。树冠圆柱状;侧枝近轮生,枝层明显。树干直;树皮灰绿色、灰白色,光滑,被蜡质层;皮孔菱形,灰白色,散生,少 2~4 个连生;基部灰褐色,纵裂。小枝青绿色、黄绿褐色;长枝灰绿色、灰褐色,具棱,被黄褐色黏质。长枝叶大,三角-卵圆形、三角形,长 6.5~11.5 cm,宽 6.0~11.0 cm,先端短渐尖,基部浅心形、近圆形,边缘具内曲细腺锯齿,表面青绿色,背面淡绿色;叶柄长 4.0~6.0 cm。短枝叶菱形、卵圆形,灰褐色,长 5.0~8.5 cm,宽 3.0~4.7 cm,先端锐尖,基部楔形、近圆形,边缘具细锯齿,表面绿色。雄株! 雄蕊 12~21 枚。雌花序长 5.0~6.0 cm,花序轴疏被毛, 稀无毛,具花 15~20 朵。雌花序长 1.5~2.0 cm,花序轴疏被毛;苞片先端黑褐色;花盘盘形,边缘波状全缘、缺刻。花期 4 月。

产地:北京。

小钻加杨系中国林业科学研究院用小叶杨 Populus simonii Carr. ×[钻天杨 Populus nigra Linn. var. italica(Möench.) Koenchne 、欧美杨 Populus × euramericana (Dode) Guinier]杂交培育而成。

本杂交变种多在中国华北、东北、内蒙古及西北地区很广。具有适应性强、耐干旱、耐寒、耐盐碱等特性。在土层深厚、土壤肥沃的立地条件下,生长快。8 年生树高 18. 0 m,胸径 21. 3 cm,单株材积 0. 246 93 m³。且木材白色,纹理直,油漆、加工性能好,宜作民用材、造纸等原料。

Ⅱ. 黑小杂种杨系　新杂种杨系

Populus Ser. × heixiao T. B. Zhao et Z. X. Chen,ser. nov.

Populus Sect. × nov. Populus nigra Linn. et P. simonii Carr. sp. hybridis.

Populus Sect. × nov. Typus:Populus × xiaohei T. S. Hwang et Liang.

Distribution:Beijing.

形态特征与黑小杨形态特征相同。

本新杂种杨系模式种:黑小杨。

产地:北京。

本新杂种杨系有 5 杂交种、19 品种。

1. 黑小杨

Populus× heixiao T. S. Huang et al. (Populus nigra Linn. × Populus simonii Carr.),赵天锡,陈章水等主编. 中国杨树集约栽培:426. 1994;山西省林学会杨树委员会. 山西省杨树图谱:130. 1985。

落叶乔木。树冠圆锥状、圆柱状,侧枝角度 35°~45°开展。树干通直;幼龄树皮暗灰色,壮龄树皮基部浅纵裂,褐灰色。幼枝圆柱状,黄褐色,无棱。芽长卵球状,先端渐尖,微红褐色,被黄色黏质;花芽牛角状,向外弯曲。短枝叶多变,菱形、菱-卵圆形,长 4.4~9.6 cm,长宽比 120.0%~129.0%,主脉肉色,先端长渐尖,基部宽楔形,边缘具圆锯齿和半透明的狭边,表面绿色,背面淡绿色;叶柄绿色,无毛,顶端具 2 枚以上腺体。雄花序长 8.0~10.0 cm;雄蕊 20~30 枚。雌花子房球状,柱头 2 裂。果序长 7.0~12.0 cm;蒴果成熟后 2 瓣裂。

产地:北京。

本杂交种是中国林业科学院林业科学研究所黄东森等选育而成。其亲本为:Populus nigra Linn. × Populus simonii Carr.。它具有速生、抗寒、抗病等特性。在绝对最低气温-42 ℃下,可以越冬。速生,据河北顺义引河林场试验,12 年生黑小杨(3.0 m × 3.0 m)平均树高 18.0 m,平均胸径 29.0 cm,单株材积 0.438 3 m³。

品种:

1.1　中林三北 1 号杨(阔叶树优良无性系图谱)　中赤黑小杨-♂　中林三北 1 号杨　品种

Populus × heixiao T. S. Huang et al. 'Zhong Lin 'San Bei-1', cv. conb. nov., *Populus × heixiao* cv. 'Zhong Lin 'San Bei-1',阔叶树优良无性系图谱:7~10. 158. 图 3. 1991;杨树遗传改良:27~33. 1991;中林三北 1 号杨(*Populus* × heixiao cv. Zhong Lin 'San Bei-1'),赵天锡,陈章水等主编. 中国杨树集约栽培:426. 1994.

落叶乔木。树冠圆锥状,侧枝角度 35°~45°开展。树干通直;幼龄树皮光滑,灰褐色,壮龄树皮基部浅纵裂,褐灰色。幼枝呈圆柱状,黄褐色,无棱。芽长卵球状,先端渐尖,褐红色,被黄色黏液;花芽牛角状,向外弯曲。短枝叶多变,菱形、菱-卵圆形,长 5.0~10.0 cm,宽 4.0~8.0 cm,先端长渐尖,基部楔形,边缘具圆锯齿,近基部波状全缘,具半透明的狭边,表面绿色,背面淡绿色;叶柄近于侧扁,与叶片等长。雄花序长 3.0~4.0 cm,雄蕊 20~30 枚,花药深红色,苞片淡褐色,先端线状条裂。雌花子房球状,柱头 2 裂,黄色;苞片紫褐色,先端线状深裂。雌雄皆有败育现象。果序长 7.0~12.0 cm;蒴果桃实状,长 4~5 mm,成熟后 2 瓣裂。

产地:北京、黑龙江、山西、陕西、吉林等省均有栽培。

中林'三北'1 号杨是中国林业科学研究院、内蒙古赤峰市林业科学研究所和赤峰八家杨树良种场协作,从小黑杨中选育而成的。其亲本为:Populus nigra Linn. × Populus simonii Carr.。1988 年,内蒙古赤峰鉴定为中赤黑小杨-♂。1990 年,国家林业部鉴定为中林三北 1 号杨。

中林三北 1 号杨特性:① 速生。25 年生树高 27.0 m,胸径 45.0 cm,单株材积 1.908 0 m³,比小叶杨单株材积大 586.0%。② 材优。容重 0.428 g/cm³,优于小黑杨与小叶杨相近。木纤维平均长 1 041.0 μm,平均宽 29.8 μm,长宽比 45.4。③ 抗寒冷。在黑龙江虎林县绝对最低气温-42 ℃,可安全越冬。④ 适应性强。可在黑龙江三江平原、西北、华北地区栽培。

2. **南林黑小杨** 'NL-80105'　南林杨　品种

Populus × nanlin M. X. Wang et al. cv. 'NL-80105',李淑玲,戴丰瑞主编. 林木良种繁育学:283. 1996;欧洲黑杨 Populus nigra Linn. × 小叶杨 Populus simonii Carr.,山西省

林学会杨树委员会. 山西省杨树图谱:130. 1985。

形态特征:雄株! 树皮灰褐色,深纵裂。叶菱-卵圆形,基部宽楔形,锯齿较密,具缘毛。雄株! 雄蕊 70~75 枚。

产地:南京。选育者:叶培忠。

3. 南林黑小杨'NL-80106' 南林杨-1 品种

Populus × nanlin M. X. Wang et al. cv. 'NL-80106',李淑玲,戴丰瑞主编. 林木良种繁育学:283. 1996;欧洲黑杨 Populus nigra Linn. × 小叶杨 Populus simonii Carr. ,山西省林学会杨树委员会. 山西省杨树图谱:130. 1985。

形态特征:树皮灰褐色,浅纵裂。叶菱-卵圆形,基部宽楔形,锯齿较密,具缘毛。雌株! 柱头 4 裂。

产地:南京。选育者:叶培忠。

4. 南林黑小杨'NL-80121' 南林杨-2 品种

Populus × nanlin M. X. Wang et al. cv. 'NL-80121',李淑玲,戴丰瑞主编. 林木良种繁育学:283. 1996;欧洲黑杨 Populus nigra Linn. × 小叶杨 Populus simonii Carr. ,山西省林学会杨树委员会. 山西省杨树图谱:130. 1985。

形态特征:树皮灰色,浅纵裂。叶三角-心形,基部心形,边缘细锯齿,无缘毛。雄株! 雄株 42 枚。

产地:南京。选育者:叶培忠。本品种由南京林业大学选育而成。其亲本为:Populus nigra Linn. × Populus simonii Carr. 。

5. 跃进杨 图 87

Populus × velox W. Y. Hsü(*Populus pyramodalis* Salisb. × Populus yunnanensis Dode),牛春山主编. 陕西杨树:98~99. 图 40. 1980。

落叶乔木。树冠卵球状,或近圆锥状;侧枝呈 70°~90°角开展。树皮灰棕色、绿褐色,光滑;皮孔菱形,散生,明显。小枝圆柱状,具棱。叶芽椭圆体状,棕红色、暗褐色,被黏质。短枝叶心形、宽卵圆形、圆形,长 4.5~9.5 cm,宽 3.5~7.8 cm,先端短渐尖,基部心形、宽楔形,稀圆形,边缘具细腺锯齿,具缘毛,基部波状,表面绿色,主脉基部被短柔毛,背面淡绿色,脉上被短柔毛;叶柄侧扁,常带红色,被短柔毛,长 2.0~4.2 cm。幼叶红色为显著特征。雄株! 雄花序长 6.0 cm;雄蕊花丝超出花盘;花盘淡黄绿色,边缘全缘、微波状全缘;苞片褐色,基部渐狭,透明,边缘具二回不整齐条裂。花期 3 月下旬。花期 4 月;果熟期 5 月。

产地:北京。

本杂交种系由中国林业科学研究院采用钻天杨 Populus nigra Linn. var. italica(Möench.)Koechne × 滇杨 Populus yunnanensis Dode 杂交培育而成。河南洛宁县有引种栽培。豫东平原地区栽培。

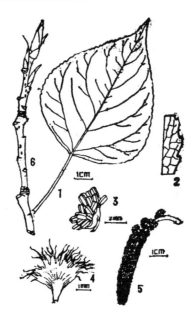

图 87　跃进杨 Populus × velox W. Y. Hsü(引自《陕西杨树》)
1. 叶,2. 叶缘,3. 雄花,4. 苞片,5. 雄花序,6. 花芽枝

6. 箭杆杨 × 黑龙江杨　美 × 黑龙江杨(山西省杨树图谱)　杂交变种

Poppulus nigra Linn. var. thevestina(Dode)Bean × Populus armurensis Kom. ,山西省林学会杨树委员会. 山西省杨树图谱:90~91. 图 39. 照片 30. 1985。

落叶乔木,树高 15~20 m。树冠圆锥状,窄小;侧枝细,轮生。树干通直;树干上部树皮光滑,褐绿色,基部稍纵裂。短枝叶扁菱形,长 7.0~8.5 cm,宽 7.5~8.0 cm,先端急尖,基部楔形,边缘具钝锯齿,边部波状起伏,表面绿色;叶柄上部侧扁,基部柱状,稍带红色,长 4.0~5.0 cm。雌株! 花苞片细、短、白色,裂片黑色;柱头 2 裂,黄色。

本杂交变种适应性强,其生长较快,9 年生平均树高 14.1 m,平均胸径 22.1 cm,平均单株材积 0.238 0 m³。

7. 箭杆杨 × 小叶杨　杂交变种

Populus nigra Linn. var. italica(Möench.) Koench × Populus simonii Carr. ;牛春山主编. 陕西杨树:101~102. 图 42. 1980。

落叶乔木。树冠小,狭卵球状;侧枝约呈 40°角开展。树干端直;树皮灰绿色,基部呈密浅纵裂;皮孔明显。1 年生枝淡黄绿色,微具棱,光滑。腋芽紧贴,先端微离生,椭圆-锥状;顶芽常 2~4 簇生,反曲,牛角状,先端急尖(花芽),几无黏质,仅内部鳞片稍具黏质;顶生叶芽纺锤状,棕色,长约 1.5 cm,芽鳞片 6~10 枚,具黏质。短枝叶宽椭圆形、长卵圆形、或菱形,仅在长枝顶端几圆形,或宽菱形,先端短渐尖,基部楔形、宽楔形,或几圆形,长 3.0~6.0 cm,宽 2.3~4.5 cm,常中部最宽,表面绿色,背面淡绿色,光滑,边缘具细钝锯齿,齿端具紫色腺体,无缘毛;叶柄纤细,圆柱状,光滑,长 1.5~3.5 cm。雄株! 雄花序长约 4.5 cm,花序轴光滑;苞片长宽各 4.5 cm,黑褐色,光滑,线状条裂;花盘斜杯状,边缘全缘;雄蕊多数,花丝超出花盘。

本杂交变种由原西北林学院林学系育成。河南修武等县有引种。该杂种具有适应性强、树冠冠小、树干通直、生长快等特性,是平原地区农田林网化建设中的一个良种。

品种:

7.1　'麻皮二白杨'(杨树)　品种

Populus × gansuensis G. Wang et H. L. Yang cv.'Ⅰ–MP',徐纬英主编. 杨树:398.(照片11~23). 1988;赵天锡,陈章水等主编. 中国杨树集约栽培:22. 456. 1994。

落叶乔木。树冠窄卵球状;侧枝呈20°~25°角开展。树干通直;树皮灰褐色,麻裂,裂纹浅。小枝灰绿色,光滑;长枝深绿色,具棱。叶芽圆锥状,紧贴,先端钝尖,无黏质。短枝叶卵圆形、宽卵圆形,长4.0~6.0 cm,宽2.5~3.5 cm,先端短尖、渐尖,基部楔形,或宽楔形,边缘具钝锯齿,表面深绿色,背面淡绿色;叶柄微带红色。

产地:甘肃。本品种系刘榕等用箭杆杨 Populus nigra Linn. var. thevetina(Dode)Bean 与小叶杨 Populus simonii Carr. 杂交培育而成。

8. **民和杨**(青海木本植物志)　图88

Populus minhoensis S. F. Yang et H. F. Wu,青海木本植物志:77. 图50. 1987。

落叶乔木,树高20.0 m以上。树冠窄圆锥状;侧枝细,枝角小,枝层明显。树皮灰褐色,浅纵裂。1年生枝绿色,具棱。多年生灰白色。长枝叶三角–卵圆形至菱–卵圆形;叶柄细,先端侧扁,片2~3 cm,微被疏毛,绿色,受光面淡红色。短枝叶菱–卵圆形,长5.0~7.0 cm,宽2.5~3.5 cm,先端渐尖,基部楔形,边缘具细锯齿和缘毛,叶脉微被疏毛。雌花序长1.5~2.0 cm,花序轴被疏毛;子房宽卵球状,光滑,柱头2裂;花盘浅钟状,绿色;苞片宽椭圆形,棕色,先端尖裂,裂片浅棕色。果序长7.0~9.0 cm,果序轴疏被毛。蒴果卵球状,绿色,疏被毛,具短柄,成熟后2瓣裂。花期4月上旬;果成熟期5月下旬至6月上旬。

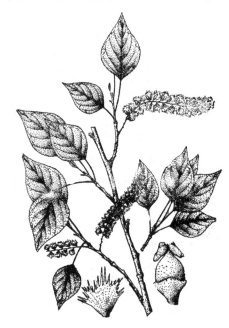

图88　民和杨
Populus minhoensis S. F. Yang et H. F. Wu
(引自《青海木本植物志》)

产地:青海民和县川口镇。1985年5月22日,驼岭等,标本号85496(模式标本 Typus! 存青海省农林科学院林业研究所标本室)。本杂种系箭杆杨 Populus nigra Linn. var. thevetina(Dode)Bean 与毛果小叶杨 Populus simonii Carr. f. obovata S. F. Yang et C. Y. Yang 的杂交种。该杂种生长快,抗病虫能力强。

9. **北京杨**(植物研究)　图89

Populus × beijingensis W. Y. Hsü,植物研究,2(2):111. 1982;中国志物志.20(2):67. 69. 图版22:6. 1984;牛春山主编. 陕西杨树:99~101. 图41. 1980;河南植物志.1:187~188. 图217. 1981;王遂义主编. 河南树木志:62. 1994;黑龙江树木志:91~93. 图版

27：4. 1994；Populus'Beijingensis'（Populus pyramidalis Möench × Populus cathayana Rehd. cv.'Beijingensis'）徐纬英主编. 杨树：370～378. 1988；赵天锡，陈章水等主编. 中国杨树集约栽培：400～409. 1994；黑龙江树木志：91. 93. 图版27：4. 1986；*Populus pekinensis* W. Y. Hsü，山西省林学会杨树委员会. 山西省杨树图谱：92～94. 图40. 照片31. 1985；［Populus nigra Linn. var. italica（Möench.）Koehne × Populus cathayana Rehd.］；中国主要树种造林技术：396～399. 图55. 1978；青海木本植物志：75～76. 图48. 1987；王胜东，杨志岩主编. 辽宁杨树：34. 2006；孙立元等主编. 河北树木志. 76～77. 图57. 1997；山西省林业科学研究院编著. 山西树木志：81～83. 图36. 2001；赵天锡，陈章水等主编. 中国杨树集约栽培：400～401. 1994；辽宁植物志（上册）：200. 1988；*Populus × beijingensis* W. Y. Hsü et C. Wang et S. L. Thung，王胜东，杨志岩主编. 辽宁杨树：34. 2006。

　　落叶乔木。树冠卵球状，或近塔形；侧枝呈30°～80°角开展。树干直；树皮绿灰色、灰绿色，光滑；皮孔圆形，或长椭圆形，密集，老龄时树干基部纵裂。小枝圆柱状，褐色，无棱；萌枝梢部绿色，带红晕，微具棱，被白色黏液。腋芽圆锥状，先端外曲，淡褐色、暗红色，被黏质。长、萌枝叶宽卵圆形、心形，或三角-近圆形，先端短渐尖、渐尖，基部心形、截形，或宽截形，边部波状皱曲，具圆锯齿和半透明狭边，缘毛稀疏；短枝叶卵圆形，长7.0～9.0 cm，先端渐尖，或长渐尖，基部圆形，或宽楔形，表面鲜绿色，具光泽，疏生白色点状星状毛，背面青白色、淡绿色，疏被柔毛；叶柄侧扁，长2.0～4.5 cm，顶端具腺体。雄株！雄花序长2.5～3.0 cm；雄蕊18～21（～32）枚；苞片淡褐色，长4 mm，具不整齐丝状条裂。花期3月。

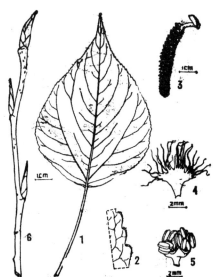

图89　北京杨 Populus × beijingensis W. Y. Hsü（引自《陕西杨树》）
1. 叶，2. 叶缘，3. 雄花序，4. 苞片，5. 雄花，6. 长枝及芽

　　产地：北京。华北、西北和东北等地区有引种栽培。本杂种由中国林业科学研究院林业科学研究所徐纬英等采用钻天杨 P. nigra Linn. var. italica（Möench.）Koehne × 青杨 P. cthayana Rehd. 杂交培育而成。性喜光、喜温凉气候。在高温、多湿、气候寒冷、干旱、

瘠薄等处,生长不良。在土壤肥沃处,生长快。11 年生树高 22.0 m,平均胸径 36.6 cm。根据中国林业科学研究院研究试验,北京杨所选出的无性系中,以北京杨 3 号、北京杨 506 号、北京杨 8000 号、北京杨 0567 号生长快、适应性强。

附录:据徐纬英主编的《杨树》一书中记载,北京杨有以下 13 个品种:'北京杨 3'、'北京杨 4'、'北京杨 5'、'北京杨 6'、'北京杨 18'、'北京杨 92'、'北京杨 200'、'北京杨 243'、'北京杨 961'、'北京杨 0567'、'北京杨 603'、'北京杨 605'、'北京杨 8000 号'。

10. **中绥 4 号杨**(辽宁杨树)

Populus deltoides Batr. × P. cathayana Rehd. 'Zhongheifang-4',王胜东,杨志岩主编. 辽宁杨树:35. 2006。

乔木;树冠卵球状;侧枝轮生;树干通直;树皮灰绿色,光滑,基部纵裂、被白粉;皮孔线形,横向不规则排列。美观。雌株!

产地:黑龙江。本杂交品种系中国林业科学研究院林业研究所于 1978 年以美洲黑杨与青杨杂交 100 个多无性系中选育的。中绥 4 号杨具有速生、耐寒、抗性强的特性。

品种:

10.1　中绥 12 号杨(辽宁杨树)

Populus deltoides Batr. × P. cathayana Rehd. 'Zhongheifang-12',王胜东,杨志岩主编. 辽宁杨树:35. 2006。

乔木;树冠长卵球状;侧枝平展;树干略弯曲;树皮灰绿色,光滑。雄株!

产地:黑龙江。本杂交品种系中国林业科学研究院林业研究所于 1978 年以美洲黑杨与青杨杂交 100 个多无性系中选育的。中绥 12 号杨具有速生、耐寒、抗性强的特性。

10.2　中黑防 1 号杨(辽宁杨树)

Populus deltoides Batr. × P. cathayana Rehd. cv. 'Zhongheifang-1',王胜东,杨志岩主编. 辽宁杨树:34～36. 2006。

该杂种树干通直;树皮灰绿色,光滑、被白粉;皮孔线形,横向不规则排列。美观。雄株!

产地:黑龙江。是黑龙江省防护林研究所在引进的 150 个无性系中选育的。其杂交亲本:美洲黑杨与青杨。中黑防 2 号杨形态特征基本相似。其特性:速生、耐寒、抗性强。

11. **箭 × 二白杨**(杨树)　杂交品种

Populus × gansuensis G. Wang et H. L. Yang cv. 'Thevegansuensis'(*Populus thevedtima × Populus gansuensis* G. Wang et H. L. Yang cv. 'Thevegansuensis'),徐纬英主编. 杨树:398.(照片 11～24)1988;'箭二白杨'Populus 'Thevegansuensis',赵天锡,陈章水主编. 中国杨树集约栽培:456. 1994。

落叶乔木。树冠卵球状,或宽卵球状;侧枝呈 25°～30°角开展。树干通直;树皮灰绿色,光滑;皮孔明显,老龄时基部浅纵裂。小枝黄褐色,具棱。短枝叶卵圆形、心-卵圆形,长 4.0～6.0 cm,宽 2.5～3.5 cm,先端短尖,基部楔形,或宽楔形,边缘具细锯齿,表面绿色,背面淡绿色;叶柄圆柱状,细长。

产地:甘肃。

本杂交品种系甘肃农业大学刘榕等用箭杆杨 Populus nigra Linn. var. thevetina

（Dode）Bean 与二白杨 Populus gansuensis '1-MP.' 杂交培育而成。根据其造林试验,6 年生单株材积超过二白杨的 153.4%。

12. 无棱加青杨（植物研究）　杂交种

Populus × euramericana（Dode）Guinier × P. cathayana Rehd.,黑龙江树木志:100. 1986。

落叶乔木。树冠长卵球状。树皮黄绿色,光滑。长、萌枝叶等腰三角形,或三角-卵圆形,长 12.0~14.0 cm,宽 8.0~9.0 cm,先端渐尖,基部心形,边部具钝锯齿,有 3 条明显叶脉;叶柄近圆柱状,上面微红色,下面绿色。短枝叶卵圆形,长 8.0 cm,宽 7.0 cm,先端渐尖至短尾尖,基部心形,表面绿色,背面淡绿色,边部具细锯齿;叶柄近圆柱状,顶端无腺体。

产地:北京。

本杂交种由中国林业科学研究院林业科学研究所徐纬英等采用欧美杨 Populus × euramericana（Dode）Guinier × 青杨 Populus cthayana Rehd. 杂交培育而成。东北南部地区有栽培。性喜光、喜温凉气候。在土壤肥沃处,生长快。

13. 加列杨　杂交种

Populus × euramericana（Dode）Guinier × Populus lenigradensis Jabl.

落叶乔木。树冠卵球状;侧枝较开展。树干通直。小枝圆柱状,黄褐色。叶芽圆锥状,先端长渐尖,离生。短枝叶三角形,长 5.0~9.0 cm,宽 4.3~8.0 cm,先端长渐尖,基部截形、近截形,边缘具内曲锯齿,表面绿色,背面淡绿色,被黄色黏质;叶柄侧扁,长 4.0~7.0 cm。雌株! 雌果序长 15.0~20.0 cm;花盘淡黄绿色,边缘全缘、微波状全缘;苞片褐色,基部渐狭,透明。蒴果短圆锥状,成熟后 2 瓣裂。花期 3 月下旬至 4 月初。花期 4 月;果熟期 5 月中旬。

产地:北京。

本杂交种系由中国林业科学研究院采用欧美杨 Populus × euramericana（Dode）Guinier × Populus lenigradensis Jabl. 杂交培育而成。河南鄢城县有引种栽培。生长中等。

品种:

13.1　NL-80105 杨（阔叶树优良无性系图谱）　品种

Populus ×'Nanling 80105',阔叶树优良无性系图谱:48~50. 177. 图 22. 1991。

落叶乔木。树冠长卵球状;侧枝细,呈 40°~45°角开展,枝层明显。树皮灰褐色,深纵裂。短枝叶三角形、菱-卵圆形,长 3.8~6.0 cm,宽 3.2~6.0 cm,先端短尖,基部宽楔形,边缘锯齿较密,具缘毛,表面深绿色,疏被柔毛;叶柄侧扁,无毛,长 3.0~5.0 cm,与叶片等长。长枝叶扁三角形,长 7.5 cm,宽 8.0 cm,先端突尖,基部截形,表面深绿色,疏被柔毛;叶柄侧扁,长 5.0 cm,与叶片等长。雄株!

产地:南京。本品种系王明庥选育。其起源:Ⅰ-69 杨 × 小叶杨 Populus simonii Carr.。生长快,5 年生树高 20.19 m,胸径 27.17 cm。

13.2　NL-80106 杨（阔叶树优良无性系图谱）　品种

Populus ×'Nanling 80106',阔叶树优良无性系图谱:51~53. 178. 图 23. 1991。

落叶乔木。树冠卵球状;树皮褐色,浅纵裂。雌株! 雌花序长 11.5 cm;子房柱头

4 裂。

产地:南京。本品种系王明庥选育。其起源:I-69 杨 × 小叶杨 Populus simonii Carr.。

13.3 NL-80121 杨(阔叶树优良无性系图谱) 品种

Populus ×'Nanling 80121',阔叶树优良无性系图谱:57~59. 180. 图 25. 1991。

落叶乔木。树皮灰色,深纵裂。短枝叶三角-心形、三角形,长 7.5~13.0 cm,宽 7.8~12.5 cm,先端渐短尖,基部心形,边缘锯齿细,具缘毛;叶柄无毛,绿色,长 5.5~9.0 cm。雄株! 雄花序长 8.4 cm;雄蕊 42 枚。

产地:南京。本品种系王明庥选育。其起源:I-69 杨 × 小叶杨 Populus simonii Carr.。

Ⅲ. 小 × 黑 + 旱柳杂种杨系 新杂种杨系

Populus Ser. × Xiaoheihan T. B. Zhao et Z. X. Chen,ser. nov.

Sect. × nov. Populus simonii Carr. × P. nigra Linn. et + Salix matsudana Koidz. sp. hybridis.

Sect. × nov. subpyramidalibus. Ramulis cylindricis cinerei-viridibus angulis et minute caniculatis. foliis breviter ramulis rhombei-ovatibus ad lati-ovatibus,basi cuneatis,lati-cuneatis,margine seraatis.

Distribution:Beijing.

本新杂种杨系树冠近塔形;小枝圆柱状,灰绿色,具棱,有细浅槽。短枝叶菱-卵圆形至宽卵圆形,基部楔形、宽楔形,边缘具细锯齿。

产地:北京。

1. **群众杨**(中国主要树种造林技术) 杂交种 图 90

Populus × diaozhuanica W. Y. Hsü cv. 'Popularis',cv. comb. vov.,*Populus × xiaozhuanica* W. Y. Hsü et Liang cv. 'Popularis',*Populus ×*'Popularis';Populus simonii Carr. × Populus nogra Linn. var. italica(Möench.)Koehne,中国主要树种造林技术:410. 412~413. 图 58. 1978;山西省林学会杨树委员会. 山西省杨树图谱:114~116. 图 48~49. 照片 39. 1985;李淑玲,戴丰瑞主编. 林木良种繁育学:286. 1960;Populus 'Popularis' [Populus simonii Carr. × (Populus pyramidalis Salisb. + Salix matsudana Koidz.)]徐纬英主编. 杨树:378.~387.(照片 11:4~9)1988;赵天锡,陈章水等主编. 中国杨树集约栽培:391~399. 1994;Populus simonii Carr. × Populus nigra Linn. italica(Möench.)Koehne;中国主要树种造林技术:410~413. 图 58. 1978;青海木本植物志:77~78. 图 51. 1987;王胜东,杨志岩主编. 辽宁杨树:34. 2006。

落叶乔木,树高达 20.0 m。树冠近塔形;侧枝细,呈 35°~45°角开展。树干通直;幼树皮灰褐色,上部浅纵裂至光滑,基部褐色,粗糙,纵裂。小枝圆柱状,灰绿色,具棱,有细浅槽。芽小,长圆锥状,褐色,无黏质。长枝叶扁卵圆形至宽卵圆形,先端宽尖,基部截形至宽楔形;叶柄绿色,微被紫红色晕。短枝叶菱-卵圆形至宽卵圆形,基部楔形、宽楔形,边缘具细锯齿;叶柄绿色,扁至圆柱状。雄花序长 5.0~6.0 cm;雄蕊 15~28 枚,花药初粉红黄色,后变黄色;花盘盘状,黄白色;苞片匙-菱形、匙-倒三角形,2 裂,裂片先端红褐色、黑褐色,具短柄;雌株! 果序长 10.0~12.0 cm;蒴果卵球状,成熟后 2 瓣裂。花期 4 月;果成熟期 5 月。

产地:北京。内蒙古、黑龙江、辽宁,以及华北、西北地区栽培很广。本杂交种系中国林业科学研究院用小叶杨 Populus simonii Carr. 与(钻天杨 *Populus pyramidalis* Salisb. + 旱柳 Salix matsudana Koidz.)杂交培育而成。

群众杨具有速生、耐干旱、耐盐碱等特性。据中国林业科学研究院林业科学研究所试验,12 年生的群众杨单株材积 0. 523 5~0. 682 8 m³,比加杨单株材积大 209. 9%~273. 9%。且在土壤含盐率 0. 3%条件下,11 年生的群众杨树高 15. 0 m,胸径 30. 0 cm,单株材积 0. 478 0 m³,比加杨单株材积大 613. 0%。

注:群众杨 37、40、43 为雌株!

图 90　群众杨 Populus × *diaozhuanica* W. Y. Hsü cv. ' Popularis' (引自《中国主要树种造林技术》)
1. 叶、枝,2. 雄花枝,3. 苞片

2. 7501 杨　第十八届国际杨树会议论文集(中国部分)

Populus × 7501 Ling Chao-wen et al. ,7501 杨树杂种的选育(摘要)刊载:第十八届国际杨树会议论文集(中国部分):75. 1992。

乔木,树冠宽卵球状近塔形;侧枝与主干呈 35°~65°角开展。树皮灰绿色。1 年生苗,具明显棱。叶近三角形,先端渐尖,基部楔形,下部少基部叶微楔形,宽略大于长,表面绿色,光滑,无毛;叶柄较长,上端左右扁平,浅绿色,上面微紫。

起源:本杂种系山海关杨×小美旱杨的人工杂种。

产地:本杂种系河北省廊房地区农业科学研究所凌朝文、徐显盈和杨炳成选育。

7501 杨具有抗盐力强的特性。

Ⅳ. 西+加杨无性杂种杨系　新无性杂种杨系

Populus Ser. + suaueoleni-canadensis T. B. Zhao et Z. X. Chen,ser. + nov. ,П. Л. 波格丹诺夫用西伯利亚杨 Populus suaueolens Fish. + 新生杨 Populus × euramericana(Dode)

Guinier cv. 'Regenerata' 的无性杂种。

Ser. + nov. characteristicis formis et characteristicis formis Populus suaueolens Fish. + Populus × canadensis Möench. Aequabilis.

Ser. + nov. Typus：Populus suaueolens Fish. + Populus × canadensis Möench. cv. 'Regenerata'.

Distribution：Beijing.

本新无性杂种杨系的形态特征与西＋加杨形态特征相同。

本新无性杂种杨系模式种：西＋加杨。

1. **西＋加杨**(吉林林业科技) 杂交种

Populus suaueolens Fish. + Populus × canadensis Möench. cv. 'Regenerata',吉林林业科技,5：10～16. 照片. 1983。

落叶乔木。树冠圆柱状；侧枝开展。树干通直；树皮灰褐色、浅灰色，纵裂狭，浅而短。小枝圆柱状，浅棕黄色，光滑，无毛。短枝叶三角－卵圆形、卵圆形，长 4.0～9.0 cm，宽 3.5～7.0 cm，先端短渐尖、突尖，基部宽楔形、截形、近圆形，边缘具细腺锯齿，表面深绿色，无光泽，背面灰绿色；叶柄侧扁，长 2.2～5.0 cm。长枝叶变化大，三角－卵圆形、三角形、宽卵圆形，长 4.0～9.0 cm，宽 3.5～7.0 cm，先端短尖、渐尖，基部宽心形、截形、近圆形；叶柄侧扁。雌株！

产地：俄罗斯。

品种：

1.1 加型杨 品种

Populus + canadensi-suaueolens cv. 'Canadensis',吉林林业科技,5：10～16. 1983。

落叶乔木。树冠近西＋加杨。树皮浅灰色，开裂早，纵裂宽，深而长。短枝叶基部截形、宽截形。苗茎绿色，顶梢黏液多。长枝叶基部截形。雌株！

产地：俄罗斯。

1.2 西型杨 品种

Populus + canadensi-suaueolens cv. 'Suaueolens',吉林林业科技,5：10～16. 1983。

落叶乔木。幼龄树皮灰绿色，光滑；成龄树皮灰褐色。芽具西伯利亚杨香味。短枝叶披针形、长卵圆形，先端渐尖，基部心形、近圆形，边缘具小圆锯齿，表面皱褶。苗茎红褐色，顶梢无黏液；叶长卵圆形，基部浅心形。

产地：俄罗斯。

西＋加杨 3 种类型抗干旱力强。如 1975 年吉林白城市年降水量 195.3 mm,7～8 月降水量 52.0 mm,叶片脱落达 40.0%,仍能正常生长。且抗烂皮病。

2. **西＋黑杨** 无性杂种 No.1 （杨树及其栽培）

Populus + nigrosuaveolens Bogd.,П. Л. 波格丹诺夫著. 薛崇伯张廷桢译. 杨树及其栽培：80～87. 图 14、15. 1974。

该无性杂种系从接合处的愈伤组织形成 3 个枝条：①典型的黑杨枝条；②杂种枝条，叶宽椭圆形，像西伯利亚杨，而枝、形状、颜色、芽像黑杨；③典型的西伯利亚杨枝条。

该无性杂种系西伯利亚杨 Populus suaveolens Fisch.（砧木）+黑杨 P. nigra Linn.（接穗）。

附录：

1. 加拿大杨-西伯利亚杨无性杂种 No. 10 Populus canadenssuaveolens Bogd.

该无性杂种系从接合处的愈伤组织形成 3 个枝条：① 典型的砧木枝条；② 杂种类型；③ 典型的接穗枝条。

九、辽胡杂种杨亚属　　新杂种杨亚属

Populus Subgen. × Maximowiczi－euphraticae T. B. Zhao et Z. X. Chen, subgen. hybr. nov.

Subgen. × nov. characteristicis formis et characteristicis formis *Populus euphratica* Oliv. cv. 'Liaohu1－5' aequabilis.

Subgen. × nov. Typus：Populus × maximowiczi-euphratica T. B. Zhao et Z. X. Chen.

Distribution：China.

1. **辽胡**1-5 **号杨**（辽宁杨树）　新杂交种

Populus × maximowiczi-euphratica T. B. Zhao et Z. X. Chen, sp. hybr. nov. , *Populus euphratica* Oliv. cv. 'Liaohu1-5', 王胜东, 杨志岩主编. 辽宁杨树：35. 2006。

落叶乔木。树冠塔形；侧枝呈 45°~60°角开展。树干通直圆满。叶狭菱形，较小，先端渐尖，基部楔形。

产地：辽宁。辽宁省杨树研究所选育。其杂交亲本：青杨派辽杨与胡杨派间杂种。

十、健杨 + 毛白杨杂种亚属　　新杂种杨亚属

Populus Subgen. + Populus × euramericana(Dode)Guinier cv. 'Robusta + P. tomentosa Carr.' T. B. Zhao et Z. X. Chen, subgen. hybr. nov.

Subgen. × nov. characteristicis formis et characteristicis formis Populus × euramericana (Dode)Guinier cv. 'Robusta + P. tomentosa Carr.' aequabilis.

Subgen. × nov. Typus：Populus × euramericana(Dode)Guinier cv. 'Robusta + P. tomentosa Carr.'.

Distribution：Shandong.

形态特征与健杨 + 毛白杨形态特征相同。

本新杂种杨亚属模式种：健杨 + 毛白杨。

产地：山东。

1. **健杨 + 毛白杨**（山东林业科技）　杂交种

Populus × euramericana(Dode)Guinier cv. 'Robusta + P. tomentosa Carr.', 山东林业科技, 4：1983；植物研究, 10(2)：91~107. 1990。

健杨+毛白杨枝、芽、叶、花序轴及苞片被茸毛,与毛白杨相似;萌枝具棱。叶芽圆锥状;花芽卵球-锥状。短枝叶三角形,或三角-卵圆形、卵圆形,边缘具近整齐锯齿、波状齿牙。花盘碗形,似健杨;花药紫红色,似健杨;苞片匙-宽卵圆形,裂片披针形,介于健杨与毛白杨之间。

产地:山东。据李兴文等试验结果,毛白杨扦插成活率29.5%,5年生树高9.23 m,胸径7.25 cm;木纤维平均长876 μm,平均宽21.7 μm,长宽比77.4。健杨扦插成活率96.0%,5年生树高15.15 m,胸径18.02 cm;木纤维平均长933.6 μm,平均宽24.9 μm,长宽比80.6。健杨 + 毛白杨扦插成活率95.7%,5年生树高12.67 m,胸径14.54 cm;木纤维平均长924.0 μm,平均宽24.8 μm,长宽比77.4。

十一、黑杨亚属(新疆植物志)

Populus Subgen. Aigeiros(Duby)R. Kam. in DC. Bot. Gall. ed 2,1:427. 1828;新疆植物志.1:136. 138. 1992。

短枝叶三角形、正三角形、菱-卵圆形,罕近心形,先端长渐尖,或短尖,基部截形、心形,或宽楔形,边缘具钝圆锯齿、有半透明的狭边,两面绿色,被黄棕色黏质;叶柄长而侧扁。雄花序粗大,且长;雄蕊15~30枚,罕达60枚,花药近球形,或椭圆体形;柱头2~4裂,无花柱。蒴果成熟后2~4瓣裂,花盘宿存。

亚组模式:黑杨 Populus nigra Linn.。

本亚组在中国共有5种。

(一) 黑杨组(中国植物志)　欧亚黑杨组(新疆植物志)

Populus Sect. Aigeiros Duby in DC. Bot. Gall. ed 2, 1:427. 1828;Reichebach, Fl. Germ. Excurs. 173. 1830;Spach in Ann. Sci. Nat. Sér. 2. 15:31. 1841;牛春山主编. 陕西杨树:31. 1980;中国植物志.20(2):63. 1984;徐纬英主编. 杨树:74. 1988;赵天锡,陈章水主编. 中国杨树集约栽培:24. 1994;*Populus* Sect. *Euroasiatica*(Bugala)Yang,新疆植物志.1:138. 1992;孙立元等主编. 河北树木志:72. 1997;牛春山主编. 陕西杨树:31. 1980。

树皮纵裂早,稀光滑。长、萌枝光滑,通常无毛,具棱,或无棱。芽富黏质。短枝叶通常为三角-卵圆形,或菱-卵圆形,罕近心形,先端长渐尖,或短尖,基部截形、心形,或宽楔形,边缘具钝圆锯齿、有半透明的狭边,无缘毛,两面绿色,并均具气孔,被黄棕色黏质;叶柄长而侧扁,顶端无腺点。雄花序粗大,且长;雄蕊15~30枚,罕达60枚,花药近球状,或椭圆体状;子房具胚珠4~8枚,柱头2~4裂,无花柱。蒴果成熟后2~4瓣裂,花盘宿存。

亚组模式:黑杨 Populus nigra Linn.。

本亚组在中国共有5种。

Ⅰ. 黑杨系　欧亚黑杨系

Populus Ser. Nigra Dode(= Ser. *Earoasiaticae* Bugala)in Taxonomy of Euroasiatic Poplars related to Populus nigra Linn. 210. 1905。

　　小枝圆柱状,无棱线。短枝叶边缘具缘毛,或腺毛,通常具浅齿,或无齿;叶柄顶端无腺体。雄蕊 15~30 枚,细小,紫色。子房具胚珠 4~8 枚。

　　系模式:黑杨 Populus nigra Linn. 。

　　本系有 11 种。

　　1. **黑杨**(东北木本植物图志)　欧洲黑杨、欧亚黑杨(陕西杨树)　图91

　　Populus nigra Linn. Sp. Pl. 1034. 1753;Man. Cult. Trees & Shrubs,79. 1940;Ф. Л. CCCP,5:223. 1936;Ф. Л. Казах. 3:43. 1969;Gred Krussmann, Handbuch Laubgeholze Band 2:236. 1962;France in Fl. Europ. 1:55. 1964;Consp. Fl. As. Med. 3:9. 1972; Kom. Fl. URSS,5:228. t. 10:7. 1936;刘慎谔主编. 东北木本植物图志:114~115. 图版 IX Ⅰ:3. 4. 1955;Poljiak in Fl. Kazakhst. 3:43. 1960;丁宝章等主编. 河南植物志. 1: 189. 图219. 1981;牛春山主编. 陕西杨树:41~43. 图12. 1980;中国植物志.20(2):63~ 64. 图版20:1~2. 1984;山西省林学会杨树委员会. 山西省杨树图谱:36~38. 120. 图 14~15. 照片9. 1985;中国科学院植物研究所主编. 中国高等植物图鉴 补编 第一册: 20~21. 图8380. 1983;李淑玲,戴丰瑞主编. 林木良种繁育学:282. 图 3-1-21:1~2. 1960;徐纬英主编. 杨树:74~75. 图2-2-21(1~2). 1988;赵天锡,陈章水主编. 中国杨树集约栽培:26. 1994;黑龙江树木志:108. 109. 图版23:1~2. 1986;新疆植物志.1:138. 1992;孙立元等主编. 河北树木志:70~71. 图49. 1997;山西省林业科学研究院编著. 山西树木志:74~75. 图 29. 2001;辽宁植物志(上册):199. 1988;北京植物志 上册:80. 1984;郑世锴主编. 杨树丰产栽培:44. 2006。

　　落叶乔木,树高可达 30.0 m。侧枝开展;树冠椭圆体状;侧枝开展。树皮暗灰色,纵裂、沟裂。小枝圆柱状,淡黄色、暗灰色,或橘红色,无毛。芽长卵球状,赤竭色,富被黏质;花芽卵球状,先端向外弯。短枝叶菱形、菱-卵圆形、三角形,或菱-三角形,长 5.0~10.0 cm,宽 4.0~8.0 cm,先端长渐尖,基部截形,或宽楔形,边缘具圆锯齿,具半透明狭边,无缘毛,表面绿色,背面淡绿色,具黏质;叶柄侧扁,长 2.5~6.5 cm,具红晕,无毛;长、萌枝叶钝三角形,较大。雄花序长 4.0~6.0 cm,花序轴无毛;雄蕊 15~30 枚,花药紫红色;苞片膜质,淡褐色,先端尖裂呈线条状裂片,长 3~4 mm。雌花序长 6.0~8.0 cm;子房卵球状,无毛,具柄,柱头 2 裂。果序长 10.0~15.0 cm,果序轴无毛;蒴果卵球状,黄绿色,具柄,长 5~7 mm,径 3~4 mm,成熟后 2 瓣裂。花期 4~5;果成熟期 6 月。黑杨有时雌雄同株,甚至有雌雄同花现象。

图91 黑杨

Populus nigra Linn. (引自《河南植物志》)

1. 叶,2. 幼果序,3. 苞片

　　产地:新疆额尔齐斯河和乌伦古河流域,福海、北屯、布尔津、哈巴河向西到边境,是分布于我国的唯一的天然黑杨林区。东北、华北及西北各省(区)均有栽培。俄罗斯、阿富汗、伊朗,以及欧洲也有分布。喜光、耐寒、耐水湿、耐盐碱,喜生于河漫滩地的土壤肥沃处,常散生,有稀疏片林,常与苦杨 P. alaurifolia Ledeb.、银白杨 P. alba Linn.、额河杨 P. × jrtyschensis Ch. Y. Yang 混生。适宜在土壤湿润肥沃的河谷两岸和"四旁"栽植,生长快。木材轻软,可作建筑、家具和造纸原料。黑杨可配性高,是杂交育种的优良亲本。

变种:

1.1　黑杨　原变种

Populus nigra Linn. var. nigra

1.2　箭杆杨(中国植物志)　变种　图92

Populus nigra Linn. var. thevestina (Dode) Bean, Trees & Shrubs Brit. Isl. 2:217. 1914;Man. Cult. Trees & Shrubs, 79. 1940;Gerd Krussmann, Handb. Laubgeh. 2:233. 1962;*Populus thevestina* Dode in Bull. Soc. Amis des Arbres,52. 1903;idem, in Bull. Soc. Hist. Nat. Autun,18:210. Tab.,12. f. 80. 1905;Fedde,Rep. Sp. nov. 3:216. 1907;*Populus gracilis* A. Grossh. in Izw. Azerb. Fil. Akad. Nauk. SSSR,n. 6. 1940;*Populus usbekistianicia* Kom. ssp. *usbekistianicia* 'Afghanica'W. Bugala in Arboretum kornikie,12:164. 1967;*Populus nigra* Linn. var. *thevestina* cv. Hamoui,Poplars and Willows,33. 1979;秦岭植物志.1(2):18. 1974;丁宝章等主编. 河南植物志.1:189. 图220. 1981;牛春山主编. 陕西杨树:46~48. 1980;徐纬英等. 杨树:142~146. 图84~86. 1959;山西省林学会杨树委员会. 山西省杨树图谱:33~35. 120. 图13. 照片8. 1985;中国植物志.20(2):64. 66. 图版 20:3~41. 984;*Populus thevestina* Dode in Bull. Soc. Hist. Nat. Autun,18:210. t. 12. 80(Extr. Monogr. Ined. Populus,52). 1905;中国科学院植物研究所主编. 中国高等植物图鉴 补编 第一册:21~22. 图8381. 1983;李淑玲,戴丰瑞主编. 林木良种繁育学:282. 图3-1-21:3~4. 1960;内蒙古植物志.1:167. 图版41:4~5. 1985;徐纬英主编. 杨树:75~76. 1988;赵天锡,陈章水主编. 中国杨树集约栽培:26. 图1-3-20. 502~507. 1994;黑龙江树木志:111~112. 1986;中国主要树种造林技术:373~376. 图50. 1978;新疆植物志.1:140~141. 1992;河南农学院园林系编(赵天榜). 杨树:14~15. 1974;青海木本植物志:76~77. 图49. 1987;王胜东,杨志岩主编. 辽宁杨树:29. 2006;孙立元等主编. 河北树木志:73~74. 图54. 1997;山西省林业科学研究院编著.

图92　箭杆杨

Populus nigra Linn. var. thevestina(Dode)Bean

(引自《山东植物精要》)

1. 果枝、叶,2. 幼果

山西树木志:85~87. 图39. 2001;辽宁植物志(上册):200. 1988;北京植物志 上册:80.
1984;河北植物志 第一卷:236. 1986;山东植物志 上卷:881. 图576. 1990;王胜东,杨志
岩主编. 辽宁杨树:29. 2006。

落叶乔木,树高可达30.0m。树冠圆柱状、狭塔形;侧枝细小,呈20°~30°角着生。树
干笔直;树皮白色,光滑,老龄时基部纵裂。小枝细,圆柱状,近贴生于主干,灰白色,无毛。
芽三角-锥状,先端尖,被黏性;花芽椭圆体-锥状,先端尖,被黏性。短枝叶变化大,三角
形,或三角-卵圆形至菱-卵圆形,长4.0~9.8cm,宽3.5~6.5cm,表面绿色,背面浅绿色,
无毛,光滑,被黄色黏质;叶柄侧扁,绿色,无毛,光滑,被黄色黏质,长2.5~4.0cm。长、萌
枝叶三角形,宽大于长,先端短尖、短渐尖,基部宽、楔形、截形、近心形,或近圆形;边缘具
整齐钝锯齿;叶柄扁,常为绿色。雌花序长2.5~4.5cm;子房圆球状,绿色,柱头2裂;花
盘黄绿色,边缘波状。果序长6.0~12.0cm。蒴果圆球状,长约5mm,具短柄,成熟后2
瓣裂。花期4月;果成熟期5月。

产地:本变种在中国西北、华北各省区广为栽培。模式标本,采自北非。欧洲、北非、
俄罗斯也广为栽培。该变种至今未发现有野生。因其树冠小、树干直、根深而根幅小,多
栽培河道、路旁、渠岸。生长较快。箭杆杨木材松软,纹理通直,易加工,可作一般家具、电
杆、火柴杆、建筑、家具和造纸原料等用。箭杆杨可配性高,是杂交育种的优良亲本。但
是,天牛危害严重,应注意防治。

1.3　钻天杨(东北木本植物志)　美国白杨(中国树木分类学)　变种　图93

Populus nigra Linn. var. italica(Möench.)Koehne, Deutsche Dendr. 81. 1893;*Populus
italica* Möench., Verzeich. Ausl. Baume Weiss. 79. 1785;*Populus nigra* Linn. var. *Duroi*
Harbsk. Baume. 2:141. 1772;*Populus pyramidalis* Salisb. Prodr. Stirp. Chhap. Allert.
395. 1796;中国高等植物图鉴.1:356. 图711. 1982;牛春山主编. 陕西杨树:43~45. 图
13. 1980;丁宝章等主编. 河南植物志.1:189~190. 图221. 1981;中国植物志.20(2):
64. 图版20:5. 1984;裴鉴主编. 江苏南部种子植物手册:190~191. 图296. 1959;*Popu-
lus pyramidalis* Moench, Méth. Pl. 339. 1974;*Populus pyramidalis* Rozier, Cours. Agric. 7:
619. 1790~1805;Ф. Л. CCCP,5:230. 1936;Ф. Л. Kaзax. 3:43. 1969;刘慎谔主编. 东北
木本植物图志:114. 图版XⅢ:1~3. 1955;秦岭植物志.1(2):18. 1974;*Populus pyramid-
alis* Borkh. Handb. Forest-Bot. 1:541. 1800;陈嵘著. 中国树木分类学:120. 1937;内蒙
古植物志. 1:167~168. 1985;*Populus fastigiata* Poiret in Lamarck, Encycl. Méth. Bot. 5:
235. 1804;*Populus nigra* Linn. δ. *pyramidalis*(Bork.)Spach in Ann. Sci. Nat. Bot. Ser.
215:31. 1841;*Populus nigra* Linn. var. *sinensis* Carr. Rev. Hort. 1867:340. 1867;Contr.
Inst. Bot. Nat. Acad. Peip. 3:231. 1935;Hao in Contr. Inst. Bot. At. Acad. Peiping,3
(5):231. 1935;*Populus nigra* Linn. ssp. cv.'Italica'Bugala, Arbor. Kornickie 12:130.
1967;李淑玲,戴丰瑞主编. 林木良种繁育学:282. 图3-1-21:5~6. 1960;徐纬英主编.
杨树:76. 1988;赵天锡,陈章水主编. 中国杨树集约栽培:26. 1994;黑龙江树木志:110~
111. 图版23:7. 1986;山西省林学会杨树委员会. 山西省杨树图谱:29~32. 120. 图11~
12. 照片7. 1985;四川植物志.3:58. 1985;新疆植物志.1:139~140. 1992;王胜东,杨志
岩主编. 辽宁杨树:28. 2006;孙立元等主编. 河北树木志:74. 图55. 1997;山西省林业科

学研究院编著. 山西树木志: 84. 图 38. 2001;辽宁植物志(上册):199~200. 1988;北京植物志 上册: 80. 图 100. 1984;河北植物志 第一卷:235. 图 182. 1986;山东植物志 上卷:880~881. 1990;王胜东、杨志岩主编. 辽宁杨树:28. 2006。

　　落叶乔木,树高可达 30.0 m。树冠圆柱状;侧枝呈 20°~30°角向上伸展。树皮黑褐色,或暗褐色,老龄时纵裂。小枝圆柱状,黄褐色、黄棕色,或淡黄色,嫩枝有时疏生短柔毛。芽长卵球状,带红色,先端长尖,富被黏质。短枝叶菱-卵圆形,或三角-卵圆形,长5.0~10.0 cm,宽 4.0~9.0 cm,先端渐尖,基部宽楔形,或近圆形,边缘具钝锯齿,两面几同为绿色;叶柄上部微扁,长 2.0~4.5 cm;长、萌枝叶为宽三角形,通常宽大于长,先端短渐尖,基部截形,或宽楔形,边缘有钝锯齿;叶柄上部微扁,长与叶片近等。雄花序长 4.0~8.0 cm,花序轴无毛;雄蕊 15~30 枚。花期 4 月。

　　注:根据《黑龙江树木志》《陕西杨树》记载,关于钻天杨起源:① Bailey(1935)认为,钻天杨是在 1077~1720 年间发现于意大利的那布达平原(Lombardy Plain),称那布杨Lombardy poplar,或意大利杨,并认为起源于黑杨的一雄株芽变,而雌株树冠较大;② Zygnunt Pohl(1962)认为,"过去所说的起源于喜马拉雅山或阿富汗,并认为野生的说法,是完全错误的。因为这种说法实际是指的 Populus. usbekitanica Kom. cv. Afghanice,那是一种雌性品种,而钻天杨则是雄株,全系栽培,没有野生的。钻天杨约在 17 世纪或 18 世纪早期发现于意大利北部"。因此,"他(1956)认为,钻天杨雌株可能是黑杨和其他黑杨笋类杂交的杂种";③ T. R. Peaco(1952)认为,雌株是黑杨与钻天杨杂交而来的。

　　产地:原产意大利。中国长江、黄河流域广为栽培。北美洲、欧洲、高加索、地中海沿岸各国、西亚及中亚等地区均有栽培。本变种起源不清。有人认为,它是黑杨的一个无性系。根据文献记载,本变种只有雄株!

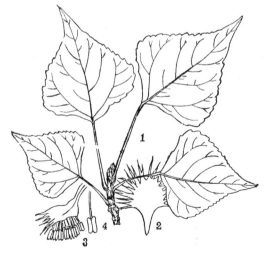

图 93　钻天杨 Populus nigra Linn. var. italica Moench.（引自《河南植物志》）

1. 枝、叶,2. 雄花苞片,3. 雄花,4. 雄蕊

　　钻天杨性喜光、抗寒、耐干旱气候,也耐水湿及轻盐碱地。钻天杨在土壤肥沃条件下,生长快。据在河南卢氏县调查,22 年生平均树高 18.1 m,平均胸径 35.5 cm,单株材积0.788 91 m³。但是,在河南其他各地生长差,虫害严重。材质松而轻,可作火柴杆及造纸

等用。

品种:

1.1　**红霞杨**(现代农业科技)　品种

Populus nigra Linn. 'Hongxia Yang',路夷坦等. 河南省彩业乔木新资源调查研究. 现代农业科技,13:135~137.144.

落叶大乔木,树皮纵裂。小枝圆柱状,黄褐色、黄棕色,或淡黄色,嫩枝有时疏生短柔毛。芽长卵球状,带红色,先端长尖,富被黏质。叶芽卵球状,半贴生。春季叶色为鲜红色,夏季叶为橘红色、金黄色、黄绿色,秋季叶为橘黄色。雄株!

产地:河南新密市。品种权单位为四川彩杨农林科技有限公司。选育者为张长城,申请号为 20120060。

2.　**优胜杨**(山西省杨树图谱)　箭杆杨 × 美杨③(陕西杨树)

Populus nigra Linn. var. thevestina(Dode)Bean × P. nigra Linn. var. italica(Möench.)Koehne,山西省林学会杨树委员会. 山西省杨树图谱:63~65. 图 29. 照片 20. 1985;Populus nigra Linn. var. thevestina(Dode)Bean × *Populus pyramidalis* Salisb.,牛春山主编. 陕西杨树:66~68. 图 23. 1980。

落叶乔木。树冠圆锥状、塔形,或卵球状,窄小;侧枝细小,呈 30°~50°角着生。树干微弯;树皮灰色;皮孔菱形,散生,老龄时基部较粗糙,纵裂。小枝圆柱状,绿黄色、黄褐色。芽褐色,被黏质。短枝叶三角形,或扁卵圆形,多菱形,长 4.5~7.0 cm,宽 2.8~4.5 cm,表面绿色,背面淡绿色、灰白色,先端长渐尖、渐尖,基部宽楔形、楔形,边缘具细钝腺锯齿;叶柄长 3.0~4.0 cm,侧扁,常为黄绿色。雄株! 雄蕊 15~21 枚(陕西杨树 22~28 枚),花药红色;苞片条状深裂,裂片黄褐色、深褐色,中下部淡黄色;花盘边缘波状。

本种系箭杆杨与钻天杨的杂种,具有适应性强,耐干旱、瘠薄等特性。

产地:陕西。西北林学院自育。

3.　**箭杆杨 × 黑杨**(陕西杨树)　箭 × 黑杨(山西省杨树图谱)　图 94

Populus nigra Linn. var. thevestina(Dode)Bean × Populus nigra Linn.,山西省林学会杨树委员会. 山西省杨树图谱:59~60. 图 27. 照片 18. 1985;牛春山主编. 陕西杨树:66~68. 图 23. 1980。

落叶乔木,树高可达 30.0 m。树冠圆柱状、塔形;侧枝细小,呈 30°角着生。树干通直;树皮白绿色、白色,光滑;皮孔菱形,多散生,老龄时基部纵裂。1 年生小枝圆柱状,绿色,具钝棱;2 年生小枝圆柱状,灰白色。芽淡褐色。短枝叶三角形、卵圆形、菱-卵圆形,长 5.0~8.5 cm,宽 3.5~8.0 cm,表面绿色,背面浅绿色,主脉稀被短柔毛,先端短渐尖、长渐尖,基部宽楔形、楔形,边缘具细钝腺锯齿和半透明狭边,稀具缘毛,被黄色黏质;叶柄侧扁,长 2.6~4.8 cm,常为黄绿色,稀被短柔毛。雌株! 雌花序长 4.5~5.5 cm;苞片裂片褐色;花盘边缘波状;子房球状,柱头 2 裂。果序长 11.0 cm。蒴果卵球状,成熟后 2 瓣裂;果梗长约 2 mm。花期 4 月上旬,果成熟期 5 月上旬。

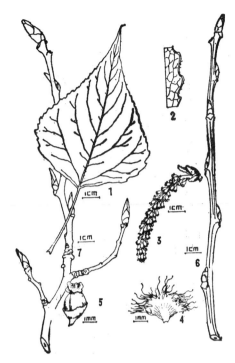

图94 箭杆杨 × 黑杨 Populus nigra Linn. var. thevestina(Dode)
Bean × Populus nigra Linn. （引自《陕西杨树》）
1. 叶形,2. 叶缘,3. 雌花序,4. 苞片,5. 雌花,6. 长枝及芽,7. 花芽枝

本杂交变种系箭杆杨与黑杨的杂种,具有耐干旱、瘠薄的特性,但光肩星天牛危害严重。产地:北京。1962 年,引自中国林业科学研究院。

变种:

3.1 **法杂杨**(山西省杨树图谱) 杂交变种

Populus nigra Linn. var. thevestina (Dode) Bean × Populus nigra Linn. var. italica (Möench.) Koehne,山西省林学会杨树委员会. 山西省杨树图谱:66~67. 124. 图 30. 照片 21. 1985。

落叶乔木。树冠宽卵球状;侧枝呈 60°~70°角着生。树干较直;树皮深灰色,基部粗糙,纵裂。1 年生小枝暗黄色;2 年生小枝灰色。芽褐绿色,被黄色黏质。长枝叶三角–宽卵圆形,革质,长 8.0~11.0 cm,宽 7.0~9.7 cm,表面暗绿色,先端渐尖,基部窄楔形,具 2 枚褐色腺体;短枝叶较小,先端宽渐尖,基部宽楔形。叶柄长 5.0~6.0 cm,侧扁,绿黄色,无毛。雌株!

产地:原产?。陕西有引种栽培。

本杂交变种系杂种起源,具有适应性强,耐干旱、瘠薄及速生等特性。6 年生树高 10. 14 m,胸径 15. 7 cm。

3.2 **'白林杨 2 号'**(杨树) 杂交变种

Populus nigra Linn. × Populus nigra Linn. var. italica (Möench.) Koehne, *Populus* 'Bailin 2',徐纬英主编. 杨树:392~391. 1988。

落叶乔木。树干通直。树皮灰褐色,纵裂。小枝灰白色,圆柱状。芽黄色,具黏液。短枝叶菱-三角形,先端尾尖,基部宽楔形;长枝叶卵圆-三角形。雄花序长 7.0 cm 左右,每序具小花 20 朵左右;雄蕊 25 枚左右,花药紫红色;苞片白色,较小,裂片褐色。

产地:本杂交变种系吉林省林业科学研究所金志明等用黑杨与钻天杨(Populus nigra Linn. × Populus nigra Linn. var. italica(Möench.)Koehne)杂交实生苗选培而成。其特性与白林杨 2 号'相似,即:① 耐干旱。在干旱瘠沙地上其生长与小黑杨相近。② 速生。在江湾湿润沙地上 5 年生单株材积超过小黑杨 200.0% 左右。③ 耐寒冷。1977 年 1 月平均气温-21.4 ℃、绝对最低气温-36.9 ℃条件下,无冻害发生。

4. 鲁第杨(河南植物志)　毛柄马里兰杨(中国植物志)　钻天杨雌株(通称)　卢加杨(陕西杨树)　图 95

Populus lloydii Henry,W. B. R. Laidlaw et al. ,B. Sc. D. Sc. Guido to British Harwoods. 217. t. 123. a. b. c. d. 1960;牛春山主编. 陕西杨树:115~117. 图 51. 1980;丁宝章等主编. 河南植物志. 1:190~191. 图 222. 1981;中国植物志.20(2):75~76. 1984;Populu × euramericana(Dode)Guinier cv.'Loydii'(Populus nigra Linn. var. betulifolia Torrey × Populus serotina Hastig)。

落叶乔木。树冠卵球状;侧枝呈 35°~45°角开展。树皮灰褐色,纵裂,常具瘤状大块。小枝圆柱状,淡绿褐色,无棱,初被短柔毛,后无毛。花芽椭圆体状,淡褐色,被黄棕色黏质,或无黏质。短枝叶宽三角形,或宽菱形,长 4.0~12.0 cm,宽 4.5~13.5 cm,先端渐尖,或短尖,基部截形,或近楔形,稀楔形,缘具细圆钝锯齿和具疏缘毛,表面暗绿色,背面浅绿色,光滑,被黄色黏液;叶柄侧扁,长 1.5~4.0 cm,被短柔毛。长、萌枝叶三角形,宽大于长,先端短尖,基部截形,或心形,长达 15.0 cm。雌株!雌花序长 2.5~5.0 cm;子房近球状,或卵球状,光滑,淡黄绿色,柱头极短,2 裂,少 3 裂;花盘杯形,淡黄绿色,具小突起,边缘全缘,或波状;苞片淡黄绿色,边缘条裂较深,背面微被短柔毛;花梗极短。果序长

图 95　鲁第杨 Populus lloydii Henry
(引自《河南植物志》)

10.0~15.0 cm。蒴果卵球状,黄绿色,先端钝,成熟后 2 瓣裂。花期 3 月下旬,果成熟期 4 月下旬。

原产欧洲。河南、河北及山东有栽培。本种生长较差,病虫害严重,但可配性高,与其他杨树杂交,易获得优势杂种,可作为杨树育种优质材料。

注:(1) 本种叶与钻天杨极为相似,树形、树干具疣、雌株,与钻天杨明显不同,故将鲁第杨作为种加以描述。通常国内学者都将此种作为黑杨的变种处理。

(2)据牛春山研究,鲁第杨原产欧洲。贝芮(Bailer,1935)认为,钻天杨起源于黑杨的一个变种 Populus nigra Linn. var. typica 的雄株芽变,而雌株(鲁第杨)树冠较大,是另一

起源,即 T. R. Peaco(1952)认为,雌株是黑杨与钻天杨杂交而来;W. B. R. Bugala 认为,
它是黑杨的一个变种(桦叶黑杨)与晚花杨杂交而来,即 P. nigra Linn. var. betulifolia
Torrey × P. nigra Linn. var. serotina。

5. 鲁第杨 × 黑杨 美杨 × 黑杨(陕西杨树) 杂交种

Populus lloydii Henry × Populus nigra Linn. ;*Populus pyramidalis* Salisb. × Populus nigra
Linn. ,牛春山主编. 陕西杨树:68~69. 图 24. 1980;丁宝章等主编. 河南植物志. 1:190~
191. 图 222. 1981;中国植物志. 20(2):75~76. 1984;山西省林学会杨树委员会. 山西省
杨树图谱:124. 1985。

落叶乔木。树冠卵球状;侧枝呈 30°角开展。小枝圆柱状,绿褐色、灰褐色。芽褐色,
被黄棕色黏质,或无黏质。短枝叶三角形,长 5.5~9.0 cm,宽 4.3~7.0 cm,先端长渐尖,
或短渐尖,基部截形,缘具圆钝腺锯齿,无缘毛,偶有缘毛,具半透明狭边,表面绿色,背面
浅绿色,光滑,被黄色黏液;叶柄侧扁,长 2.5~4.0 cm,顶端被短柔毛。长、萌枝叶三角形,
宽大于长,先端短尖,基部截形,或心形,长达 15.0 cm。雌株!

本杂交种系鲁第杨与黑杨的杂种,具有适应性强,耐干旱、瘠薄等特性。

产地:北京。1962 年,引自中国林业科学研究院。

6. 俄罗斯杨(山西省杨树图谱) 图 96

Populus × russkii Jabl. ,赵天锡、陈章水主编. 中国杨树集约栽培:28. 30. 图版 1-3-
24. 1994; Poppulus nigra Linn. var. thevestina(Dode) Bean × Populus nigra Linn. ,山西省
林学会杨树委员会. 山西省杨树图谱:61~62. 图 28. 照片 19. 1985;*Populus* 'Russkii',黑
龙江树木志:111. 图版 23:7. 1986。

落叶乔木,树高可达 20.0 m。树冠小,尖塔
状;侧枝呈 30°~40°角向上伸展。树干通直;树
皮暗黄色、灰褐色、灰白色,深纵裂。1 年生小枝
黄色;2 年生小枝灰黄色;3 年生小枝灰色,无棱。
芽紫色,被黏质,先端紧贴枝条。短枝叶三角形、
宽三角形或菱–卵圆形,长 5.5~7.0 cm,宽 4.0~
6.0 cm,先端渐尖至尾尖,基部宽楔–三角形、宽
三角形;叶柄侧扁,长 2.0~2.5 cm,顶端无腺体。
长枝叶三角形,长 7.0~10.0 cm,宽 6.0~8.0 cm,
先端渐尖,基部截形,边缘钝锯齿,无缘毛;叶柄
侧扁。雄花苞片白色,深裂,裂片黄色。

产地:俄罗斯。陕西有引种栽培。

本杂种系 A. C. 雅洛科夫用鲁第杨与黑杨
杂交实生苗选培而成。

本杂种具有速生、耐干旱、抗寒等特性,在东
北、内蒙古赤峰市等地有栽培。且适于土壤湿
润、肥沃地方栽培。且生长快,15 年生平均树高 19.5 m,平均胸径 23.2 cm,单株材积
0.389 8 m³,比小黑杨单株材积大 114.0%。

图 96 俄罗斯杨

Populus × russkii Jabl.

(引自《中国杨树集约栽培》)

1. 枝、叶,2. 苞片,3. 雄花

7. 少先队杨(中国杨树集约栽培)　　图 97

Populus × pioner Jabl. ,赵天锡,陈章水主编. 中国杨树集约栽培:30. 图版 1-3-25. 436. 1994;*Populus* 'Pioner',黑龙江树木志:111. 1986;山西省林学会杨树委员会. 山西省杨树图谱:124. 1985。

落叶乔木。树冠尖塔形;侧枝细,向上斜立,枝角小于 35°。树干通直;树皮幼浅灰白色,老龄时树干基部树皮深灰白色,浅纵裂。小枝圆柱状,灰白色,光滑。短枝叶卵圆形,长 5.0~10.0 cm,宽 4.0~7.0 cm,先端渐尖,基部楔形,边缘具波状钝锯齿;叶柄微侧扁,浅黄色,常有微红色晕。雌花序长 3.0~7.0 cm,花梗绿色,无毛;子房卵球状,黄绿色,柱头 2 裂;苞片三角形。雌株! 果序长 10.0~13.0 cm;蒴果长 1.0 cm 左右,卵球状,先端歪向一侧,成熟后 2 瓣裂。有性变及雌雄同花现象,但雄花很少。

图 97　少先队杨 Populus × pioner Jabl. (引自《中国杨树集约栽培》)

产地:俄罗斯。20 世纪 60 年代初引入中国。中国三北地区有栽培。

本杂种系 A. C. 雅洛科夫用钻天杨 *Populus pyramidalis* Borkh 与黑杨 *Populus nigra* Linn. 杂交实生苗选培而成。并具有速生、耐干旱、抗寒等特性,在东北、内蒙古赤峰市等地有栽培。适于土壤湿润、肥沃地方栽培。且生长快,17 年生平均树高 23.0 m,平均胸径 30.0 cm,单株材积 0.753 1 m^3。

8. 斯大林工作者杨(中国杨树集约栽培)

Populus× stalintz Jabl. ,赵天锡,陈章水主编. 中国杨树集约栽培:436. 1994;*Populus* 'Stalintz',黑龙江树木志:111. 1986;山西省林学会杨树委员会. 山西省杨树图谱:124. 1985。

落叶乔木。树冠较窄;侧枝梢部弯曲。长枝叶菱-卵圆形,先端渐尖至尾尖,基部宽楔形,边缘具疏锯齿;叶柄不为红色。雌株!

产地:俄罗斯。20 世纪 60 年代初引入中国。中国"三北"地区有栽培。

9. 阿富汗杨(中国植物志)

Populus afghanica(Ait. et Hemsl.) Schneid. in Sarg. Pl. Wils. Ⅲ:36. 1916;Contr.

Inst. Bot. Nat. Acad. Peip. 3:232. 1935;Fl. Iran. 65;6. 1969;Consp. Fl. As. Med. 3:
910. p. p. 1972;Hao in Contr. Inst. Bot. nAt. Acad. Peiping,3:232. 1935;*Populus nigra*
Linn. var. *afghanica* Ait. et Hemsl. in Journ. Linn. Soc. Bot. 18:96. 1980;Kom. Fl.
URSS,5:230. 1936;*Populus usbekistanica* Kom. ssp. *usbekistanica* cv.' Afghanica'W. Buga-
la,in Arboretum. Kornickie,12:164. 1967;中国植物志.20(2):69. 71. 1984;徐纬英主编.
杨树:76. 78. 1988;新疆植物志.1:141. 1992;杨树及其栽培(第二次修订本)(苏).П.
Л. 波格丹诺夫著. 薛崇伯、张廷桢译.22. 1974。

落叶乔木。树冠开展(树冠金字塔形。杨树及其栽培)。树皮淡灰色,基部深灰色。
小枝圆柱状,直立生长,淡黄褐色、淡黄色,微具棱,无毛,或微有毛。短枝叶倒卵圆形、卵
圆形,椭圆-菱形,或圆-卵圆形,长 2.0~5.0 cm,宽 4.0~5.0 cm,先端渐尖、短渐尖,基部
宽楔形,或近圆形、截形,边缘有钝圆锯齿,具半透明狭边,无缘毛,两面无毛,几同为绿色;
叶柄侧扁,无毛,或有时微被毛,与叶片近等长,或长于叶片。长枝叶为菱-卵圆形、倒卵
圆形,基部楔形。雄花序长约 4.0 cm,花序轴无毛,有时微被毛;雌花序长 5.0~6.0 cm,花
序轴无毛,有时微被毛;花柱短,柱头 2 裂。蒴果长 5~6 mm,成熟后 2 瓣裂;果柄长 4~5
mm。花期 4~5 月;果成熟期 6 月。

产地:我国新疆有天然分布。塔什库尔干沿叶尔羌河上游海拔 2 800~2 900 m 山地河
旁多散生;在皮山桑株乡海拔 1 800~1 900 m 山地河旁有片林分布。巴基斯坦、阿富汗、伊
朗、俄罗斯也有分布。性喜光、抗寒、不耐水湿及轻盐碱地。

变种:

9.1 阿富汗杨 原变种

Populus afghanica(Ait. et Hemsl.)Schneid. var. *afghanica*

9.2 喀什阿富汗杨(中国植物志) 毛枝阿富汗杨(新疆植物志) 变种

Populus afghanica(Ait. et Hemsl.)Schneid. var. *tadishistanica*(Kom.)C. Wang et Ch.
Y. Yang,中国植物志.20(2):71. 1984;徐纬英主编. 杨树:78. 1988;新疆植物志.1:
141~142. 1992;*Populus tadishistanica* Kom. in Journ. Bot. URSS,19:509. f. 2. 1934;*P.
opulus usbekistanica* Kom. ssp. *usbekistanica*(Kom.)Bugae in Arbor. Kornikie,12:
182. 1967。

本变种 1~2 年生枝、叶柄及果序轴被茸毛。

产地:本变种在我国新疆南部喀什河及其支流有分布。塔吉克斯坦也有分布。模式
标本,采自帕米尔。

9.3 尖叶阿富汗杨(新疆植物志) 变种

Populus afghanica(Ait. et Hemsl.)Schneid. var. cuneata Z. Wang et C. Y. Yang 新疆
植物志:1:141~142. 1992。

本变种短枝叶先端长尖,基部窄楔形。

产地:我国新疆叶城昆仑山林场有分布。模式标本,采自叶城昆仑山林场。

9.4 毛枝阿富汗杨(新疆植物志) 变种

Populus afghanica(Ait. et Hemsl.)Schneid. var. tadishistanica(Kom.)Z. Wang et C.
Y. Yang,新疆植物检索表. 2:26. 1983;新疆植物志.1:141 ~ 142. 1992;中国植物志.20

(2) 71. 1984; 中国树木志. 2: 2001. 1985; *Populus tadishistanica* Kom. in Journ. Bot. URSS. 5: 509. Fig. 2. 1934; *Populus usbekianica* Kom. subsp. *tadishistanica* (Kom.) Sugala in Arboretun Kornike, 12: 182. 1967; Fl. Iran. 65: 7. 1969.

本变种 1、2 年生枝、叶柄及果序轴均有茸毛。

产地: 我国新疆阿克陶。塔吉克斯坦也有分布。

10. 额河杨(新疆植物志) 图 98

Populus × *jrtyschensis* Ch. Y. Yang, 植物研究, 2(2): 112. 图 2. 1982; 中国植物志. 20(2): 67. 图版 21: 1~2. 1984; 中国主要树种造林技术: 377~379. 图 81. 1978; 青海木本植物志: 68~69. 图 43. 1987; 徐纬英主编. 杨树: 76. 图 2-2-21(3). 1988; 新疆植物志. 1: 142. 图版 37. 1992; 赵天锡, 陈章水主编. 中国杨树集约栽培: 24. 图 1-3-18. 1994。

落叶乔木。树皮淡灰色,基部不规则开裂。小枝淡黄褐色,被毛,稀无毛,具微棱。长枝叶三角形,或三角-卵圆形,长 7.0~8.0 cm,长宽近相等,先端短渐尖,基部截形,或近圆形,边缘近基部具纯锯齿。短枝叶卵圆形、菱-卵圆形、三角-卵圆形,长 5.0~8.0 cm,宽 4.0~6.0 cm,先端渐尖、长渐尖,基部楔形,或宽楔形,稀圆形、截形,边缘具腺圆锯齿、半透明狭边,表面绿色,两面沿脉疏被线毛,背面较密;叶柄上部微侧扁,被毛,稀无毛,与叶片等长。雄花序长 3.0~4.0 cm;雄蕊 30~40 枚,花药紫红色。雌花序长 5.0~6.0 cm,花序轴疏被毛,稀无毛,具花 15~20 朵。蒴果卵球状,具果柄,成熟后 2(~3)瓣裂。花期 5 月;果成熟期 6 月。

图 98　额河杨 *Populus* × *jrtyschensis* Ch. Y. Yang(引自《新疆植物志》)
1. 果序枝、叶, 2. 长枝下部叶

产地: 新疆。中国新疆额尔齐斯河及克朗河、布尔津河、哈巴河流域。模式标本,采于额尔齐斯河(北屯)。在河滩地和阶地上,能形成大面积纯林。适应性强,耐寒泛冷

(−44.8 ℃),对土壤要求不很严格,在冲积肥沃沙壤土上生长快。

11. 伊犁杨(新疆植物志) 图 51

Populus iliensis Drob. In Not. Syst. Herb. Inst. Bot. Uzbek. Ac. Sc. URSS 6:12. 1941;中国植物志. 20(2):44. 46. 图版 21:3~7. 1984;中国主要树种造林技术:377~ 379. 图 81. 1978;青海木本植物志:68~69. 图 43. 1987;徐纬英主编. 杨树:76. 图 2-2- 21(3). 1988;新疆植物志. 1:142. 图版 37. 1992;赵天锡,陈章水主编. 中国杨树集约栽 培:24. 图 1-3-18. 1994。

落叶乔木。树皮淡灰色,基部不规则开裂。小枝淡黄褐色,被毛,稀无毛,具微棱。长 枝叶三角形,或三角-卵圆形,长 7.0~8.0 cm,长宽近相等,先端短渐尖,基部截形,或近圆 形,边缘近基部具纯锯齿。短枝叶卵圆形、菱-卵圆形、三角-卵圆形,长 5.0~8.0 cm,宽 4.0~6.0 cm,先端渐尖、长渐尖,基部楔形,或宽楔形,稀圆形、截形,边缘具腺圆锯齿、半 透明狭边,表面绿色,两面沿脉疏被线毛,背面较密;叶柄上部微侧扁,被毛,稀无毛,与叶 片等长。雄花序长 3.0~4.0 cm;雄蕊 30~40 枚,花药紫红色。雌花序长 5.0~6.0 cm,花 序轴疏被毛,稀无毛,具花 15~20 朵。蒴果卵球状,具果柄,成熟后 2(~3)瓣裂。花期 5 月;果成熟期 6 月。

产地:新疆。中国新疆额尔齐斯河及克朗河、布尔津河、哈巴河流域。模式标本,采于 额尔齐斯河(北屯)。在河滩地和阶地上,能形成大面积纯林。适应性强,耐寒泛冷 (−44.8 ℃),对土壤要求不很严格,在冲积肥沃沙壤土上生长快。

(二)美洲黑杨组 美洲杨组(新疆植物志)

Populus Sect. Americanae(Buglala)Yang,新疆植物志. 1:145. 1992;*Populus* Subsect. *Americanae* Buglala in Arboretum Kornikie,12:30. 1967.

长、萌枝具明显的纵棱,常有栓质棱角。叶边缘具显著钩状齿,幼时边缘具缘毛;叶柄 顶端通常具 1~3 枚较大的腺体,稀具较多腺体。长、萌枝叶柄顶端腺体呈鳍叶。雄蕊多 数,具较大的暗红色花药。子房 3~4 室,柱头 3 裂,具胚珠 20 枚。

组模式:美洲黑杨 Populus deltoids Marsh.。

本组中国有 2 种。

Ⅰ. 美洲黑杨系

Populus Ser. Americanae Buglala in Taxonomy of the Euroasiatic Poplars related to *Populus nigra* Linn. 210. 1905.

小枝具明显的纵棱,或栓质棱角。叶边沿具钩状齿,幼时边缘具缘毛和腺毛;叶柄顶 端通常具 1~3 较大的腺体。长、萌枝叶柄顶端腺体呈鳍叶。雄蕊多数。子房 3~4 室,具 胚珠 20 枚。

系模式:美洲黑杨 Populus deltoids Marsh.。

本系中国共有 7 种:如美洲黑杨等。

1. 美洲黑杨 三角杨(河南植物志)

Populus deltoides Marsh. Arb. Am. 106. 1785. "deltoi";Man. Cult. Trees & Shrubs,

31. 1940；ф. л. CCCP，5：234. 1936；Gerd Krussmann，Handbich Laubgeholze，2：234. 1962；Fl. Europ. 1：55. 1964；W. B. R. Lsidlaw et al.，Guide to British Hardwoods，210～212. t. 118. 1960；Baum Satnd. Nordam. 194（transl. C. F. Hoffmann）. 1788. 'deltoides'；牛春山主编. 陕西杨树：33～34. 1980；丁宝章等主编. 河南植物志. 1：191. 图223. 1981；徐纬英等. 杨树：159. 1959；徐纬英主编. 杨树：392～393. 1988；李淑玲，戴丰瑞主编. 林木良种繁育学：282. 1960；赵天锡，陈章水主编. 中国杨树集约栽培：28. 1994；新疆植物志. 1：145～146. 1992；山西省林学会杨树委员会. 山西省杨树图谱：120. 1985。

落叶乔木。树冠长椭圆体状，或卵球状；侧枝粗大。树皮灰褐色，纵裂。小枝黄褐色，光滑，微具棱，或近圆柱形。腋芽圆锥状，先端外曲，黄褐色，或青褐色，被黏质。短枝叶三角形，长5.0～17.0 cm，宽4.0～15.5 cm，先端渐尖，基部楔形、宽楔形，或近圆形，边缘具钝粗锯齿，表面绿色，背面淡绿色；叶柄侧扁，长3.0～7.0 cm，黄绿色。长、萌枝叶较大，三角形，先端短尖；叶柄侧扁，顶端具明显腺点，萌枝叶柄顶端腺体为小鳍叶。雄花序长4.0～6.0 cm；雄蕊20～30枚。雌花序长3.0～5.5 cm；子房卵球状，黄绿色；花盘杯形，黄绿色，边缘波状；苞片卵圆形，裂片灰褐色。果序长15.0～18.0 cm；蒴果长卵球状，或短圆锥状，深绿色，成熟后2～3瓣裂。花期4月上中旬；果成熟期5月中旬。

产地：本种在河南郑州、洛阳等地有栽培。适用于"四旁"土壤湿润、肥沃地方栽培。根据作者在河南开封地区林场调查，10年生美洲黑杨平均树高16.9 m，平均胸径24.3 cm，单株材积0.369 96 m³，比加杨分别大126.2%、128.6%、139.8%。木材淡黄色，纹理直，易加工，可作建筑、造纸、人造纤维工业的原材料。

美洲黑杨生长特性如表19所示。

表19　美洲黑杨生长进程

龄阶(a)		1	2	3	4	5	6	7	8	9	10	11	12	带皮
树高(m)	总生长量	3.60	5.60	7.60	9.60	11.69	13.60	15.60	16.30	16.90	17.60	18.00	18.30	
	平均生长量	3.60	2.80	2.53	2.40	2.32	2.27	2.23	2.04	1.88	1.76	1.69	1.52	
	连年生长量		2.00	2.00	2.00	2.00	2.00	2.00	0.70	0.60	0.70	0.40	0.30	
胸径(cm)	总生长量	1.90	4.00	6.40	9.70	13.00	16.00	18.60	20.80	22.80	24.00	25.10	25.80	27.60
	平均生长量	1.90	2.00	2.13	2.43	2.60	2.67	2.66	2.68	2.53	2.40	2.28	2.15	
	连年生长量		2.10	2.42	3.30	3.30	3.00	2.60	2.20	2.00	1.20	1.10	0.70	
材积(m³)	总生长量	0.00073	0.00348	0.01057	0.03184	0.067043	0.11121	0.16922	0.22881	0.18758	0.33992	0.38432	0.43173	0.48551
	平均生长量	0.00073	0.00174	0.00352	0.00796	0.01341	0.01854	0.02417	0.02860	0.03195	0.03399	0.03584	0.3594	
	连年生长量		0.00275	0.00709	0.02127	0.03520	0.04417	0.05801	0.5959	0.05871	0.05234	0.04440	0.04741	
形数		1.380	0.500	0.432	0.455	0.435	0.476	0.390	0.413	0.415	0.427	0.461	0.450	

从表19中看出，树高生长8年前生长较快，连年生长量达2.0 m以上，8年以后连年生长量有所下降；胸径生长10年前生长较快，连年生长量2.0～3.3 cm，10年以后连年生长量有所下降；材积生长，从4年生生长速度加快，连年生长量由0.021 27 m³到12年生仍保持高速增长，即0.047 41 m³。

亚种:

1.1　美洲黑杨　原亚种

Populus deltoides Marsh. ssp. deltoides

1.2　密苏里美洲黑杨　密苏里三角杨(河南植物志)　亚种

Populus deltoides Marsh. ssp. missouriensis Henry Gard. Chron. Sér. 3,56:46. 1914;
Populus angulata Ait. var. *missouriensis* Henry in Elwes & Henry,Trees Gt. Brit. Irel. 7:
1811. 1913;牛春山主编. 陕西杨树:38~39. 图11. 1980;丁宝章等主编. 河南植物志. 1:
191. 1981;赵天锡,陈章水主编. 中国杨树集约栽培:28. 1994;山西省林学会杨树委员
会. 山西省杨树图谱:120. 1985。

落叶乔木。树冠卵球状;侧枝粗大,开展。树干直;树皮深灰褐色,深纵裂。雄花序长
74.0~12.0 cm;雄蕊30~60枚,花药黄色;花盘碗形,黄白色,边缘全缘;苞片卵圆-三角
形,先端丝裂。花期4月上、中旬。

产地:美国密苏里州。河南等地有栽培。适用于"四旁"土壤湿润、肥沃地方栽培。
根据作者在河南开封地区林场调查,10年生密苏里黑杨平均树高17.5 m,平均胸径
26.5 cm,单株材积0.398 76 m³,比加杨单株材积大145.9%。木材淡黄色,纹理直,易加
工,可作建筑、造纸、人造纤维工业的原材料。

1.3　念珠杨(陕西杨树)　亚种

Populs deltoides Marsh. subsp. monilifera Henry,牛春山主编. 陕西杨树:40. 1980;山
西省林学会杨树委员会. 山西省杨树图谱:120. 1985;赵天锡等主编. 中国杨树集约栽
培:28. 1994。

小枝稍具棱。叶近圆形,长宽约7.5 cm,先端长渐尖,基部具2枚腺点。长萌枝叶三
角形。雌株!

产地:?。陕西有栽培。

1.4　棱枝杨(陕西杨树)　亚种

Populs deltoides Marsh. subsp. angulata Ait. ,牛春山主编. 陕西杨树:40. 1980;赵天
锡等主编. 中国杨树集约栽培:28. 1994。

小枝具显著棱。叶近长心形,光滑,近先端呈肩状,基部长心形。长萌枝叶基部心形。

产地:?。陕西有栽培。本品种不耐寒。

1.5　中林2001杨(速生杨栽培管理技术)　杂交亚种

Populs deltoides Marsh. subsp. angulata Ait. × Populus deltoides Marsh. ssp. missou-
riensis Henry,高椿翔,高杰主编. 速生杨栽培管理技术:27. 2008。

侧枝较粗,枝角较大、较稀。树皮有青灰色、褐色、灰白色。苗干及灰青褐色,棱线长。
叶芽及幼牛顶端红褐色。叶大,边缘皱折。

产地:不详。我国北方省区有栽培。

品种:

1.1　Ⅰ-63杨　哈沃德杨(林木良种繁育学)　品种

Pupulus deltoides Marsh. cv. 'Harvarda'(Ⅰ-63/51),李淑玲,戴丰瑞主编. 林木良种
繁育学:283. 1960;赵天锡,陈章水主编. 中国杨树集约栽培:369. 1994;*Pupulus deltoides*

Marsh. cl. 'Harvarda',山西省林学会杨树委员会. 山西省杨树图谱:127. 1985;郑世锴主编. 杨树丰产栽培:35. 2006。

本品种1年生枝,具棱;棱面具深沟,无毛。叶宽近圆形,基部截形,或深心形,两侧耳状,先端急尖,中脉绿色,与第二侧脉夹角60°~69°;叶柄无毛。雄株! 具雄蕊≥41枚。

本品种由意大利引入我国。黄河以南地区栽培较广。

1.2　I-69杨　鲁克斯杨(林木良种繁育学)　品种

Populus deltoides Marsh. cv. 'Lux'(I-69/55),李淑玲,戴丰瑞主编. 林木良种繁育学:283. 1960;赵天锡,陈章水主编. 中国杨树集约栽培:369. 1994;赵天榜等主编. 河南主要树种栽培技术:1994,122~132. 图16. I-69/55;*Pupulus deltoides* Marsh. cl. 'Lux',山西省林学会杨树委员会. 山西省杨树图谱:128. 1985;郑世锴主编. 杨树丰产栽培:35. 2006。

本品种1年生枝具棱,棱间具中等沟槽,无毛。叶三角-近圆形,基部心形,先端微渐尖,中脉与第二侧脉角69°;叶柄顶端2枚腺体。雌株! 蒴东成熟后3~4瓣裂。

本品种系从意大利引入我国。生长快,适应性强。黄河以南广泛栽培。

1.3　I-476杨(山西省杨树图谱)　品种

Populus deltoides Marsh. cv. 'I-476',*Pupulus deltoides* Marsh. cl. 'Lux',山西省林学会杨树委员会. 山西省杨树图谱:129. 1985。

1.4　中保28号杨(杨树遗传改良)　品种

Populus deltoides Marsh. cv. 'Zhongzhu 28',杨树遗传改良:74~79. 1991。

本品种侧枝细。树干圆满通直。树皮粗,具浅纵裂。幼枝具棱。叶柄顶端具2枚不明显腺点。雌株!

本品种系从I-69杨×黑杨选培而成。7年生平均树高21.2 m,平均胸径34.9 cm,平均单株材积0.763 9 m³。

产地:河北。

1.5　中保115号杨(杨树遗传改良)　品种

Populus deltoides Marsh. cv. 'Zhongzhu 115',杨树遗传改良:74~79. 1991。

本品种树冠浓密;侧枝细,分枝角度小。树干圆满通直。树皮粗,具浅纵裂。幼枝具棱、细沟。叶柄顶端具2枚不明显腺点。雌株!

本杂种系从I-69杨实生苗×混合花粉(黑杨、钻天杨、加龙杨 Populus nigra Linn. cv. 'Blanc de garonne'、箭黑杨、小黑杨、俄罗斯杨 Populus pyramidalis Salisb. × Populus nigra Linn.)选培而成。

产地:河北。

中保115号杨6年生平均树高20.6 m,平均胸径30.5 cm,单株材形积0.573 2 m³。

1.6　中保95号杨(杨树遗传改良)　品种

Populus deltoides Marsh. cv. 'Zhongzhu 95',杨树遗传改良:74~79. 1991。

本品种树冠窄;侧枝细小。树干通直圆满。幼枝具棱。叶柄顶端具2枚不明显腺点。叶芽贴近枝条。雄株!

本品种系从I-69杨实生苗×(箭黑杨)选培而成。

产地:河北。

中保95号杨7年生平均树高17.8 m,平均胸径32.1 cm,单株材形积0.565 7 m³。

1.7　珍珠杨(南抗1号)(阔叶树优良无性系图谱)　品种

Populus deltoides Marsh. cv.'Zhenzhu',阔叶树优良无性系图谱:21~23. 168. 图13. 1991。

本品种树干微弯。短枝叶近圆形,先端急短尖,基部截形,叶脉部分红色;叶柄绿色,上部红色,微被柔毛。长枝叶大,长心形,先端短尖,基部浅心形,叶脉肉红色;叶柄红色,微被柔毛,顶端具2个腺体。雌株! 花期3月下旬;果熟期5月中旬。

产地:?。陕西有栽培。

本品种系用Ⅰ-69杨×Ⅰ-63杨杂交实生苗选培而成。

1.8　中驻2号杨(阔叶树优良无性系图谱)　品种

Populus deltoides Marsh. cv.'Zhongzhu 2',林业部科技司主编. 阔叶树优良无性系图谱:13. 160. 图5. 1991;杨树遗传改良:21. 1991

本品种树冠长椭圆体状;侧枝较细而短,多,呈50°角开展,成层性明显。树干通直圆满;树皮细纵裂,灰绿色。雄株!

产地:?。陕西有栽培。

本品种系用Ⅰ-69杨×Ⅰ-63杨杂交实生苗选培而成。

1.9　中驻6号杨(阔叶树优良无性系图谱)　品种

Populus deltoides Marsh. cv.'Zhongzhu 6',林业部科技司主编. 阔叶树优良无性系图谱:14. 161. 图6. 1991;杨树遗传改良:21~22. 1991。

本品种树冠狭圆锥体形;侧枝细而多。树干通直圆满。树皮纵裂。

产地:?。陕西有栽培。

本品种系用Ⅰ-69杨×Ⅰ-63杨杂交实生苗选培而成。

1.10　中驻8号杨(阔叶树优良无性系图谱)　品种

Populus deltoides Marsh. cv.'Zhongzhu 8',林业部科技司主编. 阔叶树优良无性系图谱:14. 162. 图7. 1991;杨树遗传改良:21. 1991。

本品种树冠小;侧枝较细,呈45°角开展,成层性明显。树干通直圆满;树皮微裂。雄株!

产地:?。陕西有栽培。

1.11　中驻26号杨(杨树遗传改良)　品种

Populus deltoides Marsh. cv.'Zhongzhu 26',杨树遗传改良:21~22. 1991。

本品种树冠长椭圆体状;侧枝较细而短,呈50°角开展,成层性明显。树干通直圆满;树皮细纵裂,灰绿色。雄株!

产地:?。陕西有栽培。

1.12　中汉15号杨(杨树遗传改良)　品种

Populus deltoides Marsh. cv.'Zhonghan 15',杨树遗传改良:21. 1991。

本品种树冠侧枝稍密。树干通直圆满;树皮幼时粗糙,或光滑。雄株!

产地:?。陕西有栽培。

1.13　中汉 17 号杨(阔叶树优良无性系图谱)　品种

Populus deltoides Marsh. cv.'Zhonghan 17',林业部科技司主编. 阔叶树优良无性系图谱:4～6. 157. 2. 1991;李淑玲等主编. 林木良种繁育学:283. 1960。

本品种树冠卵球状;侧枝枝层明显。树干通直;树皮幼时粗糙,或稍光滑。当年生萌枝具棱,幼梢浅红色。幼叶鲜绿色。顶芽被乳白色黏质。短枝叶多变,多心形,长 17.8 cm,宽 19.0 cm,先端急尖,基部心形,表面绿色;叶柄长 12.2 cm。雄株!

产地:?。陕西有栽培。

本品种系用 I -69 杨 × I -63 杨杂交实生苗选培而成。其特性如下:① 速生。5 年生树高 19.8 m,胸径 19.8 cm,单株材积 0.322 6 m³,比 I -69 杨大 66.0%、比 I -63 杨大 57.0%。② 材质好。容重 0.348 g/cm³;木纤维平均长 1 022 μm,宽 22 μm,长宽比 48.2,宜作造纸、胶合板用材。③ 适应性强。可在长江中下游平原地区栽培。

1.14　中汉 578 号杨(杨树遗传改良)　品种

Populus deltoides Marsh. cv.'Zhonghan 578',杨树遗传改良:21. 1991。

本品种树冠侧枝稍密。树干通直圆满;树皮粗糙。雌株!

产地:?。陕西有栽培。

1.15　中砀 3 号杨(杨树遗传改良)　品种

Populus deltoides Marsh. cv.'Zhongque 3',杨树遗传改良:22. 1991。

本品种树冠圆锥状;侧枝较稀。树皮深褐色,纵裂较深,粗糙。雄株!

产地:?。陕西有栽培。

1.16　中加 2 号杨(阔叶树优良无性系图谱)　品种

Populus deltoides Marsh. cv.'Zhongjia 2',林业部科技司主编. 阔叶树优良无性系图谱:19. 166. 图 11. 1991;杨树遗传改良. 21. 1991。

本品种树冠侧枝枝角小。树干通直;树皮细纵裂。雄株!

产地:?。陕西有栽培。

本品种系用 I -69 杨 × I -63 杨杂交实生苗选培而成。其特性如下:① 速生。8 年生树高 30.7 m,胸径 36.5 cm,单株材积 1.11 m³,比 I -69 杨大 71.0%、比 I -63 杨大 53.3%。② 材质好。容重 0.332 8 g/cm³;木纤维平均长 1 050 μm,宽 21.4 μm,长宽比 49.1,宜作造纸、胶合板用材。③ 适应性强。可在长江中下游平原地区栽培。

1.17　中潜 3 号杨(阔叶树优良无性系图谱)　品种

Populus deltoides Marsh. cv.'Zhongqian 3',林业部科技司主编. 阔叶树优良无性系图谱:20. 167. 图 12. 1991;杨树遗传改良:21. 1991。

本品种树干通直圆满;树皮纵裂较深。雌株!

产地:?。陕西有栽培。

本品种系用 I -69 杨 × I -63 杨杂交实生苗选培而成。其特性如下:① 速生。8 年生树高 27.6 m,胸径 37.3 cm,单株材积 1.265 1 m³。② 材质好。容重 0.373 g/cm³;木纤维平均长 1 045 μm,宽 202 μm,长宽比 50.9,宜作造纸、胶合板用材。③ 适应性强。可在长江中下游平原地区栽培。

1.18　55号杨(杨树遗传改良)　品种

Populus deltoides Marsh. cv.'55/65',杨树遗传改良:173.175.1991;张绮纹,苏晓华等著.杨树定向遗传改良及高新技术育种:138.1999;郑世锴主编.杨树丰产栽培:37.2006。

本品种树干通直圆满;树皮褐色,粗糙。当年生萌枝具明显棱。短枝叶很大,先端突尖,基部深心形,中脉肉色,与第二叶脉夹角60°。中部以上边缘具圆锯齿和有半透明的狭边。雌株!

产地:原南斯拉夫。本品种系1981年从原南斯拉夫引入我国。

1.19　2KEN8号杨(原63号杨)(杨树遗传改良)　品种

Populus deltoides Marsh. cv.'2KEN8',杨树遗传改良:174~175.1991;张绮纹,苏晓华等著.杨树定向遗传改良及高新技术育种:138.147.1999;郑世锴主编.杨树丰产栽培:37.2006。

本品种树冠窄,分枝少。树干通直;树皮黄褐色,深纵裂。当年生萌枝具明显棱。短枝叶先端突尖,基部心形,中脉肉色,与第二叶脉夹角51°~52°。中部以上边缘具圆锯齿和有半透明的狭边。雄株!

产地:意大利。本品种系1980年从意大利引入我国,编号为2KEN8。张绮纹、苏晓华等记为编号36号,也称36号杨。

1.20　553号杨(阔叶树优良无性系图谱)　品种

Populus deltoides Marsh. cv.'553',林业部科技司主编.阔叶树优良无性系图谱:42~44.175.图20.1991。

本品种侧枝轮生状,枝角约45°。树干通直;树皮粗糙,或稍光滑。当年生萌枝具明显棱,叶痕基部心形。短枝叶宽卵圆状心形,先端短尖,基部心形,边缘基部全缘,中部以上边缘具圆锯齿和有半透明的狭边。雌株!

本品种系1981年引自原南斯拉夫,系从Ⅰ-69杨×Ⅰ-63杨杂交实生苗选培而成。其特性如下:① 速生。8年生树高27.6 m,胸径37.3 cm,单株材积1.265 1 m³。② 材质好。容重0.373 g/cm³;木纤维平均长1 045 μm,宽202 μm,长宽比50.9,宜作造纸、胶合板用材。③ 适应性强。可在长江中下游平原地区栽培。

1.21　51号杨　'帝国杨'(中国杨树集约栽培)　品种

Populus deltoides Marsh. cv.'Imperial',赵天锡,陈章水主编.中国杨树集约栽培:516~517.照片23.1994。

本品种树冠塔形。树干通直;树皮灰褐色,较薄、较光滑。当年生萌枝具棱,无毛。短枝叶三角形,先端窄渐尖,基部圆楔形,主脉与第二叶脉夹角约55°,表面绿色;叶柄顶端无腺体,绿色,无毛。雄株!

产地:美国。

本品种系1983年由中国林业科学研究院林业科学研究所张绮纹从美国引入我国。其特性如下:速生。5年生树高12.48 m,胸径17.44 cm。

1.22　哈沃德杨　Ⅰ-63/51　品种

Populus deltoides Marsh. cl.'Harvard','Ⅰ-63/51',赵天锡,陈章水主编.中国杨

树集约栽培:369. 1994。

幼枝具棱与深沟,光滑,无毛。叶芽宽钝圆体状,长 3.7 mm,绿色,贴近枝条。叶先端突尖,基部截形-耳形,中脉绿色;叶柄绿色,光滑,无毛。雄株! 雄蕊 41 枚以上。蒴果成熟时 2 瓣裂。

产地:意大利。河南等省有栽培。

1.23　鲁克斯杨　Ⅰ-69/55　品种

Populus deltoides Marsh. cl. 'LUX','Ⅰ-69/55' 赵天锡,陈章水主编. 中国杨树集约栽培:369. 1994。

幼枝具棱与深沟,光滑,无毛。叶芽宽钝圆体状,长 3.7 mm,绿色,贴近枝条。叶先端突尖,基部截形-耳形,中脉绿色;叶柄绿色,光滑,无毛。雄株! 雄蕊 41 枚以上。蒴果成熟时 2 瓣裂。

产地:意大利。河南等省有栽培。

1.24　圣马丁杨　Ⅰ-72/58 杨　品种

Populus deltoides Marsh. cl. 'LUX','Ⅰ-72/58' 赵天锡,陈章水主编. 中国杨树集约栽培:369~370. 1994。

1 年生幼枝具棱与深沟,光滑;皮孔卵圆形,分布均匀。叶芽宽钝圆体状,长 4 mm,褐色,贴近枝条。叶先端突尖,基部微心形,中脉绿色;叶柄绿色,先端腺体数不定,表面被毛。雌株! 蒴果成熟时 2 瓣裂。

产地:意大利。河南等省有栽培。

1.25　红霞杨Ⅰ号　品种

Populus deltoides Marsh. cl. 'Hongxia-1'

"红霞杨"Ⅰ号(红黄杨、丹红杨、黄金杨)属美洲黑杨,叶片颜色从发芽期的鲜红色逐步变为橘红色、金黄色,下部叶片变为黄绿色,落叶期变为橘红色,叶柄、叶脉、干茎、新梢始终为紫鲜红色,色泽亮丽、多变,整个生育期,是中红杨、全红杨和其他彩叶树种无法比拟的,为世界罕见,观赏价值颇高。

产地:四川。20120060。选育人:张长城。单位:四川彩杨农林科技有限公司。

1.26　美东杨(陕西杨树)　品种

Populs deltoides Marsh. subsp. monilifera Henry cv. 'Virginiana',牛春山主编. 陕西杨树:40. 1980。

小枝具显著棱。叶近圆形,长宽 7.5~12.5 cm,中脉粗状,淡黄色,或近白色;叶柄长 6.0~8.7 cm。

产地:?。陕西有栽培。

十二、美洲黑杨 × 辽杨杂种杨亚属　新杂交杨亚属

Populus Subgen. × Deltoidi-maximowiczii (A. Herry) T. B. Zhao et Z. X. Chen,subgen. hybr. nov.

Subgen. × nov. characteristicis formis et characteristicis formis Populus deltoides Bartr. ×

Populus maximowiczii A. Herry aequabilis.

Subgen. × nov. Typus：Populus deltoides Bartr. × Populus maximowiczii A. Herry.

Distribution：Yadali.

本新杂交杨亚属形态特征与美洲黑杨×辽杨形态特征相同。

本新杂交杨亚属模式种：美洲黑杨×辽氏杨。

产地：意大利。

本新杂交杨亚属有 3 种、4 品种。

1. **美洲黑杨×辽杨** 美洲黑杨×马氏杨（速生杨栽培管理技术） 杂交种

Populus deltoides Bartr. × Populus maximowiczii A. Herry，高椿翔，高杰主编. 速生杨栽培管理技术：28. 2008。

树冠较窄，侧枝角较小开展。树干端直，基部呈方柱状；树皮灰白色，粗糙，浅纵裂；大树皮灰白色，有环状浅裂。叶长三角形。

产地：意大利。本杂种于 1984 年由中国林业科学研究院张绮纹引入我国。

2. **科伦 279 号杨**（陕西杨树） 杂交种

Populus× petrowskiana(Regel)Schneid. 牛春山主编. 陕西杨树：34. 1980。

小枝光滑。短枝叶卵圆形，先端骤短尖，基部圆形，或心形，几光滑，边缘无缘毛；叶柄圆柱状，被短柔毛。

产地：？。陕西有栽培。

杂交品种：

2.1 科伦 281 杨（陕西杨树） 杂交品种

Populu× petrowskiana(Regel)Schneid. (Populus deltioides Marsh. × Populus laurifolia Ledeb.)牛春山主编. 陕西杨树：34. 1980

小枝被短柔毛。短枝叶卵圆形，或心形，先端长渐尖，基部圆形，或心形；叶柄被短柔毛。

产地：？。陕西有栽培。

3. **中黑防 1 号杨**（辽宁杨树） 杂交种

Populus deltoides Bartr. × P. cathayana Rehd. cv.'Zhongheifang -1'，王胜东，杨志岩主编. 辽宁杨树：34~35. 2006。落叶乔木。树干通直圆满；树皮灰绿色，光滑，被白粉；皮孔线形横向不规则排裂。雄株！

产地：不详。其系美洲黑杨与青杨、黑小杨人工杂种。

杂交品种：

3.1 中黑防 2 号杨（辽宁杨树） 杂交品种

Populus deltoides Bartr. × P. cathayana Rehd. cv.'Zhongheifang -2'，王胜东，杨志岩主编. 辽宁杨树：34~35. 2006。

落叶乔木。树干通直圆满；树皮灰绿色，光滑，被白粉；皮孔线形横向不规则排列。雄株！

产地：不详。其系美洲黑杨与青杨、黑小杨人工杂种。

3.2　中绥 4 号杨(辽宁杨树)　杂交品种

Populus deltoides Bartr. × P. cathayana Rehd. cv. 'Zhongheifang −4', 王胜东, 杨志岩主编. 辽宁杨树:35. 2006。

落叶乔木。树冠卵球状;侧枝轮生。树干通直;树皮灰绿色,光滑,基部纵裂。雌株!

产地:不详。

3.3　中绥 12 号杨(辽宁杨树)　杂交品种

Populus deltoides Bartr. × P. cathayana Rehd. cv. 'Zhongheifang −12', 王胜东, 杨志岩主编. 辽宁杨树:35. 2006。

落叶乔木。树冠长卵球状;侧枝平展。树干略弯;树皮灰绿色,光滑。雄株!

产地:不详。

4. 杰克杨(陕西杨树)　杂交种

Populus × jackii Sarg. (Populus tacamahaca Mill. × Populus deltoides Marsh.), 牛春山主编. 陕西杨树:34. 1980。

小枝光滑。短枝叶宽卵圆形,先端细短尖,基部心形,几光滑,边缘具脱落性缘毛;叶柄四棱柱状。

产地:?。陕西有栽培。

5. 柏林杨(陕西杨树)

Populus berolinensis Dipp. 1965 年, П. Л. БОГДОНОВ. , ТОПОЯ И ИХ КУЛЬТУРА 1965; П. Л. БОГДОНОВ, ТОПОЯ И ИХ КУЛЬТУРА 杨树及其栽培(第二次修订本). 薛崇伯、张廷桢译. 1974; 杰克杨 Populus × jackii Sarg. (Populus tacamahaca Mill. × Populus deltoides Marsh.), 牛春山主编. 陕西杨树:35. 1980。

树高达 25.0 m:树冠宽金字塔形,浓密。小枝梢端具棱,被短柔毛。短枝叶长卵圆形,表面浅绿色,具光泽,具长硬尖,基部圆形,或楔形,边缘具细锯齿;长枝叶边缘波状;叶柄微侧扁,被短柔毛。

产地:德国。陕西有栽培。

6. 初生杨(陕西杨树)

Populus generosa A. Henry, 牛春山主编. 陕西杨树:35. 1980。

树冠开阔;侧枝近平展。短枝叶长 12.5~15.0 cm,宽 8.8~10.0 cm,叶基与叶柄交接处具 1 对侧脉;叶柄粗壮、短,长 3.8~5.0 cm。

产地:?。陕西有栽培。

7. 富勒杨(陕西杨树)

Populus fremontii S. Watson subsp. fremontii; 牛春山主编. 陕西杨树. 36~37. 1980。

幼枝黄色,或灰色,光滑,或密被短柔毛。叶宽三角形,先端短渐尖,或急尖,基部楔形或心形,稀宽楔形。

产地:?。陕西有栽培。

亚种:

7.1　富勒杨 1 号(陕西杨树)

Populus fremontii S. Watson subsp. mesetae J. E. Eckenwalder, 牛春山主编. 陕西杨

树:37. 1980。

幼枝橙色,密被短柔毛。叶长卵圆形,先端长渐尖,基部楔形柄被短柔毛。花梗短,长 4 mm。果实时花盘宽5~9 mm,深杯状。雌株!

产地:?。陕西有栽培。

8. 大叶钻天杨(东北木本植物图志) 图99

Populus monilifera Ait. ;*Populus balsamifera* Linn. Sp. Pl. 1034. 1935;刘慎谔主编. 东北木本植物图志:116. 图版ⅩⅡ:35. 图版ⅩⅣ. 955;丁宝章等主编. 河南植物志.1: 191~192. 图224. 1981。

落叶乔木,树高可达20.0 m。树冠长椭圆体状;侧枝直上斜展。树皮幼时灰褐色,老龄时黑褐色,沟裂。小枝近圆柱状,灰褐色,光滑,无毛。短枝叶三角形,长6.0~12.0 cm,宽4.5~8.0 cm,先端钝尖、短尖,基部截形,或近心形,基部边缘全缘,中部以上边缘具锯齿,表面绿色,有光泽,背面淡绿色,两面被黄色黏质;叶柄侧扁,光滑,长3.0~5.0 cm。长、萌枝叶三角-圆形,长10.0 cm以上,通常宽大于长,先端钝尖、短尖,基部截形,基部边缘全缘,中部以上边缘具锯齿表面绿色,有光泽,背面淡绿色,两面被黄色黏质;叶柄侧扁,光滑,长5.0~7.0 cm。雌花序长7.0~10.0 cm,花序轴浅黄绿色,无毛:子房圆球状,绿色,无毛,柱头2~3裂;花盘漏斗形,边缘全缘,或波状全缘;苞片三角-匙形,或纺锤形,裂片黄棕色。果序长12.0~22.0 cm。蒴果卵球状,黄绿色,长约8 mm,先端短渐尖;果柄长1.0~1.5 cm,成熟后2瓣裂。花期4月中、下旬;果熟期5月中旬。

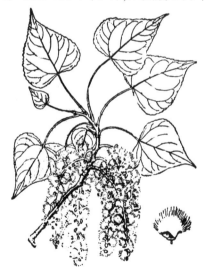

图99 大叶钻天杨 Populus monilifera Ait.[引自《湖北植物志》(第一卷)]

本种分布于中亚。河南郑州有栽培。据调查,在粉沙壤土地上,8年生大叶钻天杨平均树高17.0 m,平均胸径16.3 cm,比加杨生长稍快。

9. 欧洲大叶杨(陕西杨树) 图100

Populus candieans Ait. Hort. Kew. 3:406. 1789;ф. Л. CCCP,5:242. 1936;Man. Cult. Trees & Shrubs,73. 77. 1940;Kom. Fl. RUSS,5:242. 1936;丁宝章等主编. 河南植物志.1:182. 图209. 1981;牛春山主编. 陕西杨树:82. 图33. 1980;中国植物志.20(2):

41. 图版 9:7~8. 1984;新疆植物志.1:151. 1992;山西省林学会杨树委员会. 山西省杨树图谱:122. 1985;*Populus balsamifera* Linn. var. *cadicans*(Ait.)A. Gray,Man. Bat. N. U. S. ed. 12:419. 1856;Gerd Krussmann, Handbuch Laubgeholze,2:230. 1962;*Populus bal-samifera* Linn. var. *subcordata* Hylander,Kriissmann. Laubgehölze 2:230. 1962。

　　落叶乔木。树冠卵球状;侧枝粗壮而开展。树皮灰褐色,纵裂。幼枝灰绿色,被柔毛;小枝紫褐色,光滑;长枝具棱。芽大,被黏质。短枝叶三角-圆形,或心形,长 5.5~13.0 cm,宽 5.0~12.0 cm,先端短渐尖,基部心形,边缘具圆锯齿和显著缘毛,表面深绿色,脉上被疏柔毛,背面灰绿色,或灰白色,两面均被柔毛;叶柄圆柱状,被茸毛;长、萌枝叶圆形,较大,长可达 25.0 cm,宽与长约相等,先端短尖,基部心形,或圆形。雌株! 雌花序长 5.0~7.0 cm;柱头绿色;花盘盘形,边缘全缘,或波状;苞片黄灰白色。果序长 11.0~16.5 cm,果序轴被长柔毛;蒴果卵球状,或近球状 ,长 7~8 mm,先端尖,绿色,表面具纵棱,或皱褶,成熟后 2~3 瓣裂;果梗短,被毛,或无毛。花期 3 月下旬;果熟期 5 月中旬。

图 100　欧洲大叶杨 Populus candieans Ait. (引自《河南植物志》)
1. 枝、叶,2. 雌花,3. 苞片

　　产地:北美洲。本种在中国新疆、山西、陕西、河南等省区有引种栽培。原产北美洲,欧洲、大洋洲均有栽培。

　　注:《陕西杨树》记载,有人认为,该种可能是[P. tacamahaca(*P. balsamifera* Linn.)×米苏里杨 P. deltoides Marsh. subsp. missouriensis Henry]的杂种。为此,作者将该杂种移入黑杨亚属美洲黑杨杂种杨系。

Ⅰ. 欧美杂种杨组　新杂种杨组

Populus Sect. Hybridatum Dode (= Ser. *Ceratarum* Dode)in Etralis dime monographic inedited du genre Populus Autun 77. 1905。

　　本杂交杨组为欧亚黑杨组与美洲黑杨组种间及品种间的杂种。当年生片枝棱线突起明显。叶边缘通常无缘毛。

组模式:欧美杨 Populus × euramericana(Dode)Guinier。

本杂种杨组中国共有 1 种、10 品种。

1. 欧美杨(陕西杨树)　加杨(中国植物志)　加拿大杨(中国高等植物图鉴)　美国大叶白杨(中国树木分类学)　图 101

Populus × euramericana (Dode) Guinier in Act. Bot. Neerland. 6 (1) : 54. 1957; *Populus × canadensis* Möench. Verz. Ausl. Baume Weissent. 81. 1785; Schneid. I11. Handb. Laubh. 1:7. 1904;陈嵘著. 中国树木分类学:121. 1937;刘慎谔主编. 东北木本植物图志:115~116. 图版 XII:34. 图版 XIII:1~3. 1955;中国高等植物图鉴.1:356. 图 712. 1982;秦岭植物志.1(2):17~18. 1974;丁宝章等主编. 河南植物志.1:192. 图 225. 1978;中国植物志.20(2):71~72. 图版 22:3. 1984;牛春山主编. 陕西杨树:48~50. 图 14. 1980;黑龙江树木志:94~96. 图版 19:5. 1978;山西省林学会杨树委员会. 山西省杨树图谱:68~70. 124. 图 31~32. 照片 22. 1985;中国科学院植物研究所主编. 中国高等植物图鉴 补编 第一册:1983,16;内蒙古植物志.1:161. 163. 图版 41. 图 1~3. 1985;赵天锡,陈章水主编. 中国杨树集约栽培:26. 1994;黑龙江树木志:94. 96. 图版 19:5. 1986;中国主要树种造林技术:380~386. 图 52. 1978;四川植物志.3:58. 1985;新疆植物志.1:94. 96. 图版 19:5. 1992;青海木本植物志:74. 图 47. 1987;王胜东,杨志岩主编. 辽宁杨树:29. 2006;孙立元等主编. 河北树木志:73. 图 53. 1997;山西省林业科学研究院编著. 山西树木志:87~88. 图 40. 2001;湖北省植物科学研究所编著. 湖北植物志 第一卷:60. 图 51. 1976;辽宁植物志(上册):201. 图版 76:1~3. 1988;河北植物志 第一卷:234~235. 图 180. 1986;山东植物志 上卷:877. 1990;王胜东,杨志岩主编. 辽宁杨树. 29. 2006;裴鉴主编. 江苏南部种子植物手册:191~192. 图 297. 1959。

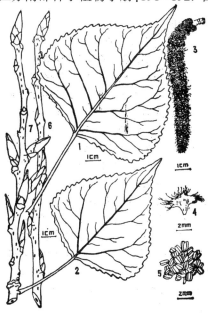

图 101　欧美杨 Populus × euramericana(Dode)Guinier(引自《陕西杨树》)

1. 长枝叶, 2. 短枝叶,3. 雄花序,4. 苞片,5. 雄花,6. 长枝及芽, 7. 花芽枝落叶大乔木,树高可达 30.0 m。树冠卵球状;侧枝开展。树干较直;树皮灰绿色、灰褐色、粗糙,老龄时黑褐色,深沟裂。小枝近圆柱状,微具棱,无毛,稀被柔短毛;长枝棱角明显。花芽大,牛角状,褐绿色,被黏质,先端短尖。短枝叶三角形、三角-卵圆形,长7.0~10.0 cm,先端渐尖,基部截形,或宽截形,边缘具半透明的狭边、圆钝锯齿,无毛,稍具缘毛,表面绿色,有光泽,背面淡绿色,两面被黄色黏质;叶柄侧扁,顶端无腺体,或具1~2 枚腺体;长、萌枝叶长可达 20.0 cm。雄花序长 7.0~15.0 cm,花序轴无毛;雄蕊 15~25(~40)枚,花丝细长,白色;苞片淡绿褐色,边缘具不整齐丝状深裂;花盘淡黄绿色,全缘。雌花序有花 45~50 朵;柱头 4 裂。果序长达 27.0 cm。蒴果卵球状,长约 8 mm,先端锐尖,成熟后 2~3 瓣裂。雄株多,雌株少。花期 4 月,果成熟期 5 月。

产地:原产意大利加拿大河流域。适应性强,在中国多省区广泛栽培(除广东、云南、西藏外)。河南各地"四旁"均有栽培。

本种喜温湿气候,又耐干旱、瘠薄。生长较快。据调查,9 年生平均树高 13.04 m,平均胸径 21.9 cm。木材白色,稍有黄褐色,纹理较直,结构较细,木材物理力学特性质中等,可作箱桶、造纸及胶合板等用。

本种人工杂种很多。我国目前引种很多,现将栽培面积较大、生长较快的品种介绍如下。

品种:

1.1　健杨　品种　图 102

Populus × euramericana(Dode)Guinier cv.'Robusta'(*Populus angulata* Ait. × Populus nigra Linn. var. plantierensis);*Populus × canadensis* Möench. cv.'Robusta',中国植物志 20(2):72~73. 1984;丁宝章等主编. 河南植物志. 1:193~194. 图 228. 1981;牛春山主编. 陕西杨树:50~53. 图 15. 1980;徐纬英主编. 杨树:392~391. 1988;黑龙江树木志:98. 1986;山西省林学会杨树委员会. 山西省杨树图谱:75~77. 图 34. 照片 24. 1985;赵天锡,陈章水主编. 中国杨树集约栽培:27. 图 1-3-22. 1994;中国主要树种造林技术:387~390. 图 53. 1978;新疆植物志. 1:150. 1992;*Populus robusta* Schneid. Ill. Handb. Laubh. 1:11. 1904;陕西杨树:50~53. 图 15. 1980;王胜东,杨志岩主编. 辽宁杨树:30. 2006;山西省林业科学研究院编著. 山西树木志:89. 2001;山东植物志 上卷:880. 1990;王胜东,杨志岩主编. 辽宁杨树:30. 2006。

落叶大乔木,树高可达 30.0 m。树冠窄塔形、圆锥状;侧枝呈 40°~45°角开展,且枝层明显。树干圆满通直;幼树皮光滑,灰白色,或淡灰色,老龄时树干基部纵裂。幼枝具棱,绿色,被短柔毛,后无毛。芽圆锥状,紧贴枝,淡绿褐色,先端尖。短枝叶三角形,或扁三角形,长7.0~12.0 cm,宽 6.0~10.0 cm,先端短渐尖,基部宽楔形,或近圆形,表面绿色,背面淡绿色,两面脉上微被柔毛,边缘内曲锯齿和疏缘毛,具半透明狭边;叶柄扁平,带红色,微被柔毛,顶端常具 1~2 枚腺体。长枝叶与短枝叶同形,先端短渐尖,或突尖,基部截形,或浅心形,叶脉基部粉红色,边缘锯齿内曲。雄株!雄花序长 7.0~12.0 cm,花序轴无毛;雄蕊 20 枚(陕西杨树记载:30~40 枚),花丝细长,白色,超出花盘,花药紫红色;苞片扇形,淡黄绿色,边缘具不整齐条裂,基部渐狭呈柄状;花盘浅盘状,边缘全缘,褐色。花期 3 月下旬。

注:《陕西杨树》记载,本品种是 1895 年起源于法国普兰特接近梅斯的绥芒—鲁伊斯

苗圃。过去,一般认为它的父本是尤金杨(Populus'Eugene'),但是享利氏(Henry)认为可能性不大,因为健杨的嫩枝被细微短柔毛,而尤金杨和卡洛林杨(棱枝杨)(Populus angulata Ait.)则完全光滑;所以他建议健杨的父本为普兰特黑杨(Populus nigra Linn. var. plantierensis),它的母本为卡洛林杨。

图 102 健杨 Populus × euramericana(Dode)Guinier cv.'Robusta'(引自《河南植物志》)
1. 枝、叶,2. 雄花、苞片及花盘

产地:本品种原产德国,是从德国树木园内加杨中分出来的,后广植于德国、英国、罗马尼亚等地,多瑙河沿岸种植最多。中国从 1958 年和 1959 年引种北京,后在东北、华北、关中平原、新疆和银川等地区引种,生长良好。

本品种为阳性树种,喜温湿气候,对土壤要求不严,抗寒、抗旱性较强。在各种土壤上均可生长。在土壤湿润、肥沃地上,12 年生平均树高 25.6 m,平均胸径 25.0 cm,单株材积 0.528 9 m^3。其木材可作民用建筑、胶合板、家具和火柴杆等用,也是优良的纤维原料;为引种区内较好的"四旁"绿化树种,或速生造林树种。

注 1:健杨起源:① C. 鲁依(1895)认为,健杨是从甫兰梯杨 Populus nigra Linn. var. plantaeriensis 和卡洛林杨 Populus deltiodes Bartr. ssp. angulata Ait. 自然杂种选育而来;② H. B. KOTE∧OBA 认为,健杨是从卡洛林杨(棱枝杨)Populus deltiodes Bartr. ssp. angulata Ait. 和甫兰梯杨 P. nigra Linn. var. plantaeriensis 自然杂种选育而来。

1.2 隆荷夫健杨(陕西杨树) 品种 图 103

Populus × euramericana(Dode)Guinier cv.'Robusta-Naunhof',牛春山主编. 陕西杨树:53~55. 图 16. 1980;*Populus × canadensis* Möench. cv.'Robusta-Naunhof',丁宝章等主编. 河南植物志. 1:193~194. 图 228. 1981;山西省林学会杨树委员会. 山西省杨树图谱:68~70. 图 31. 照片 22. 1985;新疆植物志. 1:50. 1992;陕西杨树:53~55. 图 16. 1980。

本品种幼枝具棱,灰绿色,被短柔毛,后无毛。芽圆锥状,紧贴枝,淡绿褐色,先端微反曲,富被黏质。短枝叶三角形,长 5.0~12.5 cm,宽 3.5~10.0 cm,先端短渐尖,基部宽楔形、截形,或近圆形,表面深绿色,微被点状星状毛,背面淡绿色,微被短柔毛,边缘具疏浅锯齿和疏缘毛;叶柄扁平,带红色,微被短柔毛。雄株!雄花序长 6.5~11.4 cm,花密集;

雄蕊 20~30 枚,花药紫红色;苞片扇形,淡褐色、淡黄绿色,边缘具不整齐条裂,基部渐狭呈柄状;花盘浅盘状,边缘全缘,褐色。花期 3 月下旬。

产地:?。陕西有栽培。

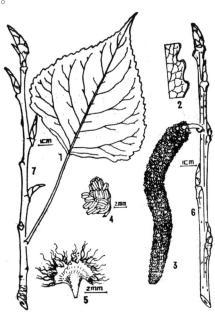

图 103　隆荷夫健杨 Populus × euramericana(Dode)Guinier cv. 'Robusta-Naunhof'(引自《陕西杨树》)

1. 叶,2. 叶缘一部分,3. 雄花序,4. 雄花,5. 苞片,6. 长枝及芽,7. 花芽枝

1.3　施瓦氏健杨(陕西杨树)　施瓦氏杨(山西省杨树图谱)　品种

Populus × euramericana(Dode)Guinier cv. 'Verniubens';*Populus × canadensis* Möench. cv. 'Verniubens',牛春山主编. 陕西杨树:53~55. 图 16. 1980;丁宝章等主编. 河南植物志. 1:193~194. 图 228. 1981;山西省林学会杨树委员会. 山西省杨树图谱:68~70. 图 31. 照片 22. 1985。

本品种树冠长卵球状;侧枝粗大,斜展,枝层明显。树干通直。雄株! 雄花序长 13.0~15.0 cm。

产地:?。陕西有栽培。

本品种是中国于 1958 年和 1959 年引种北京。具有适应性强,对土壤要求不严格,且速生。7 年生平均树高 14.5 m,平均胸径 15.02 cm。

1.4　山海关杨(河北林业科技)　品种　图 104

Populus × euramericana(Dode)Guinier cv. 'Shanhaiguanensis';*Populus × canadensis* Möench. cv. 'Shanhaiguanensis',中国林业科学研究院林业科学研究所育种二室编著. 杨树遗传改良:282~289. 图 1. 1991;山西省林学会杨树委员会. 山西省杨树图谱:39~41. 图 16~17. 照片 10. 1985;赵天锡,陈章水等主编. 中国杨树集约栽培:28. 477~483. 1994;何庆赓等. 山海关杨的优良性状. 河北林业科技, 1:16~18. 1985;李树人. 优良树种—山海关杨. 河北林业科技, 1:9~12. 1983;*Populus × deltoides* Marsh. cv. 'Shan-haiguanensis',张绮纹等. 杨属各派代表树种花粉粒表面微观结构的研究. 林业科学,24

（1）:76~79. 1988。

落叶乔木,树高 28.0 m。树冠长卵球状;侧枝呈 45°~60° 角开展。树皮灰色,基部粗糙,纵裂。1 年生小枝圆柱状,灰褐色;2 年生小枝圆柱状,灰白色。叶芽细长,扁圆锥状,绿紫色,被黏质。短枝叶近三角形、三角-卵圆形,长 6.0~8.0 cm,宽 5.2~8.5 cm,先端渐尖,基部截形,边缘具钝锯齿和极狭半透明黄色狭边,表面暗绿色,背面绿色;叶柄侧扁,长 6.0~8.0 cm,顶端具 2 枚腺体。雄花序长 6.0~10.0 cm,雄蕊 30~80 枚,花药红色;雌花序长 5.0~9.0 cm;子房柱头 2~4 瓣裂。果序长 10.0~20.0 cm;蒴果具短柄,成熟后 2~4 瓣裂。果成熟期 6 月中旬至 8 月中旬。

本品种系河北秦皇岛市海滨林杨何庆赓从美洲黑杨的实生苗中选培而成。

图 104　山海关杨 Populus × euramericana(Dode)Guinier cv. 'Shanhaiguanensis'（引自《杨树遗传改良》）

1. 雌株短枝、叶,2. 雌株长枝、叶,3. 雄株长枝、叶,4. 雄株短枝、叶,5. 雌花苞片,6. 雄花苞片,7. 雌花

本品种喜光,喜冷湿气候,喜生于土壤肥沃、排水良好的沙质壤土上,生长快。还具有适应能力很强,较强的抗寒、抗旱特性。中国北方地区普遍栽培。其材质细密,色白,心材不明显,木材供造纸、纤维、火柴杆和民用建筑等用,是东北、华北及西北平原地区绿化树种。

1.5　Ⅰ-72 杨　圣马丁杨（中国杨树集约栽培）品种

Populus × euramericana(Dode)Guinier cv. 'San Martion'（Ⅰ-72/ 58）,赵天锡,陈章水主编. 中国杨树集约栽培:28. 369~370. 1994;Populus × canadensis Möench. cv. 'Euge-nei',黑龙江树木志:96~97. 1986;山西省林学会杨树委员会. 山西省杨树图谱:127. 1985;Populus canadensis Moench(f.) Eugenei hort. Simon-Louis ex Schelle in Beissner et al. Handb. Laubh-Ben. 16. 1903;Populus canadensis Möench var. Eugeneics (Chelle) Rehd. Man. Cult. Trees & Shrubs,91. 1927;W. B. R. Laidlaw et al. Guide to British Hardwoods, 214. t. 121. 1960;赵天榜等主编. 河南主要树种栽培技术:1994,122~132;Ⅰ-72/58 杨,

高椿翔,高杰主编. 速生杨栽培管理技术:25. 2008;郑世锴主编. 杨树丰产栽培:
35. 2006。

落叶乔木,树高可达 25.0 m。树冠宽卵球状;侧枝开展,枝层明显。树皮灰褐色、灰
白色,上部光滑,基部灰褐色,浅纵裂。1 年生枝黄灰淡绿色,光滑,无毛,具棱和深沟;长
枝灰绿色,光滑,无毛,具特别显著棱,被黄棕色黏质。花芽大,卵圆-锥状,被黄棕色黏
质。短枝叶宽三角-圆形、近圆形,长 7.0~13.0 cm,宽 6.5~12.5 cm,先端急尖、短尖、突
短尖,基部浅心形,或近圆形,两侧偏斜,边缘具内曲细腺锯齿,基部波状,有半透明狭边,
具缘毛,表面绿色,沿脉疏被短柔毛,基部脉尤多,背面淡绿色,沿脉疏被短柔毛;叶柄侧
扁,长 3.0~6.0 cm,被短柔毛,顶端腺体数不定。长枝叶大,圆形、心形,长 15.0~21.0
cm,宽 14.0~20.0 cm,先端短尖,有时偏向一侧,基部心形,两侧偏斜,边缘具不整齐圆腺
锯齿,基部波状,有半透明狭边,具缘毛,表面深绿色,具红色凸起的叶脉;叶柄上部侧扁,
下部近圆柱状,长 10.0~13.0 cm,黄绿色,具红晕,顶端具显著的鳍叶。雌株! 雌花序长
6.2~8.7 cm。蒴果成熟后 2 瓣裂。花期 3 月下旬;果熟期 5 月中旬。

产地:意大利。本品种系从意大利引入我国。长江流域各省栽培最广,是杨树中生长
最快的一种。如江苏泗阳苗圃引种的 I-72 杨,4 年生平均树高 15.3 m,平均胸径 28.8
cm,单株材形积>1.0 m³。

1.6　沙兰杨(杨树)　萨克劳　品种　图 105

Populus × euramericana(Dode)Guinier cv. 'Sacrau 79';赵天锡,陈章水主编. 中国杨
树集约栽培:27. 图 1-3-21. 1994;Populus × canadensis Möench. cv. 'Sacrau 79',河南农
学院园林系编(赵天榜). 杨树:15~16. 图 9. 1974;丁宝章等主编. 河南植物志. 1:192~
193. 图 226. 1981;中国植物志.20(2):73~74. 1984;黑龙江树木志:99. 1986;牛春山主
编. 陕西杨树:120~122. 图 54. 1980;山西省林学会杨树委员会. 山西省杨树图谱:71~
74. 图 33. 照片 23 . 1985;中国主要树种造林技术:391~394. 图 54. 1978;河南农学院科
技通讯,2:66~76. 图 1. 1978;新疆植物志. 1:149. 1992;赵天榜等主编. 河南主要树种栽
培技术:1994,114~121. 图 15;王胜东,杨志岩主编. 辽宁杨树:29. 2006;山西省林业科
学研究院编著. 山西树木志:88~89. 2001;山东植物志 上卷:880. 1990;山西省林学会杨
树委员会. 山西省杨树图谱:71~74. 图 33. 125. 1985;王胜东,杨志岩主编. 辽宁杨树:
29. 2006;高椿翔,高杰主编. 速生杨栽培管理技术:21~22. 2008;郑世锴主编. 杨树丰产
栽培:24~26. 2006。

落叶乔木,树高 25.0 m。树冠卵球状;侧枝稀疏,枝层明显。树干微弯;树皮灰白色,
或灰褐色,基部浅裂,裂纹宽而浅,上部光滑,具明显较大菱形皮孔,散生;长枝或萌枝具棱
线,灰白色,或灰绿色;短枝圆柱状,黄褐色,被黄褐色黏质。芽三角-圆锥体形,先端弯,
被赤褐色点状黏质。短枝叶三角形,或三角-卵形,长 8.0~11.0 cm,宽 6.0~9.0 cm,先端
渐尖,或长渐尖,基部截形,或阔楔形,边缘具密钝锯齿,微内曲,有半透明狭边,表面暗绿
色,有光泽,背面淡绿色,两面被黄色黏质;叶柄侧扁,光滑,淡绿色,常带红色,长 4.0~8.0
cm,顶端常具 1~4 腺体。长、萌枝叶三角形,较大,先端短尖,基部截形。雌株! 雌花序长
5.0~10.0 cm,花序轴淡黄绿色,无毛;子房圆球状,具光泽,无毛,柱头 2 裂;花盘碗形,淡
黄绿色,边缘波状;苞片匙-卵圆形。果序长 20.0~25.0 cm,果序轴无毛。蒴果长卵球状,

长达 1.0 cm,果柄长 0.5~1.0 cm,成熟后 2 瓣裂。花期 4 月上、中旬;果熟期 4~5 月中旬。

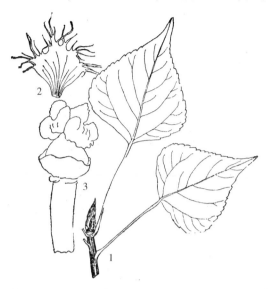

图 105　沙兰杨 Populus × euramericana(Dode)Guinier cv. 'Sacrau 79'(引自《河南植物志》)

1. 枝、叶, 2. 苞片,3. 雌花

产地:欧洲。本品种为美洲黑杨 P. deltoides Bartr. 与黑杨 P. nigra Linn. 杂种,起源于欧洲,世界北温带各国均有引植。1959 年引入中国。先后在东北、华北、西北、江苏、湖北及新疆等省区引入试栽。适宜栽植范围为辽宁南部、西南部,华北平原,黄河中下游及淮河流域一带的广大地区,在河滩淤地、谷地、河流两岸及水肥条件较好的荒山和"四旁",生长良好。

沙兰杨是喜光的强阳性树种,适应性强,生长迅速。对土壤水肥要求较高,在土层深厚、肥沃、湿润的条件下,最能发挥其速生特性。据在河南南召县调查,9 年生沙兰杨单株材形积 0.615 99 m³。其生长进程如表 20 所示。

表 20　沙兰杨生长进程

龄阶(a)		1	2	3	4	5	6	7	8	9	带皮
树高 (m)	总生长量	3.73	5.82	8.24	10.70	13.30	14.90	16.80	18.40	20.10	
	平均生长量	3.73	2.91	1.38	2.75	2.55	2.66	2.48	2.40	2.30	2.23
	连年生长量		2.09	2.42	2.46	2.60	1.60	1.80	1.60	1.80	
胸径 (cm)	总生长量	1.52	3.40	6.58	10.74	15.01	18.69	22.58	26.66	29.62	30.12
	平均生长量	1.52	1.70	2.19	2.68	3.00	3.12	3.23	3.33	3.29	
	连年生长量		1.52	1.70	2.19	2.68	3.00	3.12	3.23	3.29	
材积 (m³)	总生长量	0.00057	0.00313	0.01304	0.04126	0.09575	0.17650	0.27570	0.40759	0.55112	0.61589
	平均生长量	0.00057	0.00157	0.00435	0.01032	0.01915	0.02940	0.3940	0.05095	0.06104	
	连年生长量		0.00256	0.00991	0.02823	0.05449	0.08075	0.09929	0.01318	0.14353	
	形数	0.909	0.607	0.465	0.402	0.389	0.402	0.402	0.389	0.389	0.401
生长 率 (%)	树高	51.16	32.18	26.34	18.48	11.64	12.00	10.22	7.18		
	胸径	76.84	67.14	49.12	34.04	21.42	18.62	16.64	10.44		
	材积	139.12	118.06	105.60	87.00	57.08	47.22	38.54	33.62		

注:摘自《沙兰杨,意大利 I-214 杨引种生长情况的初步调查报告》。

　　沙兰杨木材淡黄白色,纹理直,结构细,油漆及胶合性能良好,易干燥、加工,纤维长,是造纸工业优良原料,是胶合板和人造板工业的重要原料,也是城乡绿化的重要树种之一。

品种:

1.6.1　华龙杨　新组合品种

Populus × euramericana(Dode)Guinier cv. 'Hualong',cv. comb. nov.,*Populus × canadensis* Moench,赵鸿欣,赵杰,理永霞,等. 华龙杨选育及生长规律的研究. 河南林业科技,2:26～28. 1991。

　　该新组合品种为落叶大乔木。幼叶和幼枝深紫色,后为紫色、淡紫色。

　　产地:河南新郑县林站。1990年系赵鸿欣、赵杰、理永霞从沙兰杨枝接芽变品种。

1.6.2　中红杨　中华红叶杨　品种

Populus × euramericana(Dode)Guinier cv. 'Zhonghongye Yang',路夷坦等. 河南省彩叶乔木新资源调查研究:现代农业科技,13:135. 2019。

　　该品种为落叶大乔木。侧枝分布均匀、对称,高大挺拔、树冠丰满、苍劲秀丽;树干通直、挺拔,有极强的景观效果。叶面色彩鲜亮明快,颜色三季四变,观赏价值颇高。一般正常年份,在3月20日前后展叶,叶片呈紫红色,6月下旬至9月为紫绿色,10月为暗绿色,11月为杏黄色,或金黄色。叶柄、叶脉和新梢始终为红色。雌株!

　　产地:河南。选育者:程相军、朱延林。品种权号:20060007。

　　该品种系沙兰杨的嫁接芽变品种。它具有速生,树冠丰满,观赏价值高,繁殖容易,病虫害少,抗旱、抗寒、抗涝等特性。

1.6.3　红脉杨(陕西杨树)

Populus × euramericana(Dode)Guinier cv. 'Vernirubens';*Populus generosa* A. Henry,牛春山主编. 陕西杨树:35. 1980。

　　树冠近塔形;侧枝多呈锐角开展。短枝叶宽卵圆形,长、宽13.8～15.0 cm,叶基与叶柄交接处具2对侧脉;叶柄纤细,长5.0～6.3 cm。雄株! 花药红色。

　　产地:?。陕西有栽培。

1.6.4　全红杨　品种

Populus × euramericana(Dode)Guinier cv. 'Quanhong Yang',路夷坦等. 河南省彩叶乔木新资源调查研究:现代农业科技,13:135～136. 2019。

　　该品种为落大乔木。叶始终为红色,叶柄、叶脉、小枝顶端在整个生长期间始终为红色。叶片稠密,大而肥厚,有光泽。雌株!

　　产地:河南各地市有栽培。选育者:程相军、周春生、朱延林。品种权号:20110002。

　　该品种系沙兰杨的嫁接芽变植株。该品种具有速生,树冠丰满,观赏价值高,繁殖容易,病虫害少,抗旱、抗寒、抗涝等特性。

1.6.5　金红杨　品种

Populus × euramericana(Dode)Guinier cv. 'Jinhong Yang',路夷坦等. 河南省彩叶乔木新资源调查研究:现代农业科技,13:136. 2019。

　　该品种落叶大乔木;干形通直、圆满;树皮纵裂。叶芽卵球状、红色、半贴生。叶三角形,表面光滑,基宽楔形。春季叶鲜红色,夏季叶橘红色、金黄色、黄绿色,秋季叶橘黄色。雄株!

产地:河南。河南各地市有栽培。选育者:程相军。品种权号:2015083。

1.6.6 新密金红杨 1 号 金红杨密杨 1 号 品种

Populus × euramericana(Dode)Guinier cv. 'Hongjia Xinmi Yang-1',

本品种叶三角-卵圆形、近菱形,幼叶紫红色,有橙黄色、水粉色晕。

产地:新密市。选育者:杨金橘。

1.6.7 新密金红杨 2 号 金红杨密杨 2 号 品种

Populus × euramericana(Dode)Guinier cv. 'Hongjia Xinmi Yang-2',

本品种幼枝紫。叶近三角-圆形。幼叶黄色,微有水粉色。

产地:新密市。选育者:杨金橘。

1.6.8 龙爪沙兰杨 新品种

Populus × euramericana(Dode)Guinier cv. 'Longzhao',cv. nov.

该新品种为落叶乔木。干、枝不规则弯曲,呈龙爪状。叶皱折不平。

产地:河南。选育者:赵天榜和陈志秀。

1.6.9 日本白杨(山西省杨树图谱) 品种

Populus × euramericana(Dode)Guinier cv. 'Jacomettii'; *Populus × canadensis* Möench. cv. 'Jacomettii', 山西省林学会杨树委员会. 山西省杨树图谱:78~79. 125. 照片 25. 1985。

落叶乔木,树高可达 15.0 m。树冠长椭圆状;侧枝轮生状,呈 30°~50°角开展,枝层明显。树干通直;树皮上部灰褐色、灰白色,光滑;皮扎扁菱形,多 2~4 个横向连生,基部黑褐色,深纵裂。小枝圆柱状,灰褐色,光滑,无毛,幼时具棱。短枝叶三角形、三角-卵圆形,长 5.0~11.5 cm,宽 4.0~9.2 cm,先端短渐尖,基部楔形,偏斜,边缘具波状粗圆锯齿,基部波状,有半透明狭边,具缘毛,表面绿色,背面绿色,无毛,被黄色片状黏质;叶柄侧扁,长 3.0~7.0 cm。长枝叶大,三角-宽卵圆形,先端长渐尖,基部截形,或宽楔形,边缘具圆锯齿;叶柄侧扁,顶端具 2 个腺体。雌株!雌花序长 5.0~8.0 cm,子房卵球状,无毛,淡黄绿色,柱头 2 裂,具柄;花盘淡黄绿色,边缘波状全缘;苞片宽三角形,先端淡黄褐色,透明。果序长 15.0~20.0 cm,果序轴无毛;蒴果卵球状,绿色,具柄,成熟后 2 瓣裂。花期 3 月下旬至 4 月上旬;果实成熟期 5 月中旬至 7 月上、中旬。

产地:日本。本品种为雌株!河南郑州及山西有栽植。日本白杨与沙兰杨的主要区别:日本白杨果实成熟期 5 月中旬至 7 月上、中旬,而沙兰杨果实成熟期 5 月中旬。

1.6.10 科伦 154 号杨(陕西杨树) 德国 154 杨 图 106

Populu × euramericana(Dode)Guinier cv. 'Graupaer-Selektion Nr. 154',牛春山主编. 陕西杨树:118. 1980。

落叶乔木。树冠卵球状;侧枝呈 40°~45°角斜展。小枝近圆柱状,鲜绿色,微具棱。短枝叶三角形,长 4.8~9.5 cm,宽 4.4~9.5 cm,两面淡绿色,光滑,先端骤渐尖,基部截形,或近宽楔形,边缘具圆锯齿和缘毛;叶柄侧扁,光滑,长 2.5~5.5 cm。雌株!果序长达 10.0 cm,果序轴无毛。蒴果椭圆体状,光滑,密被突起小疣点 5 mm。

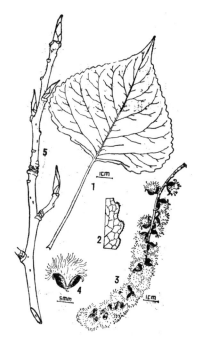

图 106　科伦 154 号杨 Populu × euramericana(Dode)Guinier cv.
'Graupaer-Selektion Nr. 154'(引自《陕西杨树》)
1. 叶形,2. 叶缘,3. 果序,4. 开裂果实,5. 枝条

产地:陕西植物园有栽培。1954 年引自德国。原名为 Populus Graupaer Euramerican
a-Selektionen Nr. 154。

1.6.11　波兰 15 号杨　品种

Populus × euramericana（Dode）Guinier cv.'Polska 15A'; *Populus × canadensis*
Möench. cv.'Polska 15 A',中国植物志.20(2):74. 1984;黑龙江树木志:97. 1986;山西
省杨树图谱:83~84. 图 36. 照片 27. 1985; *Populus serotina* Hartig, Vallst. Naturgesch.
Fovstl. Culturpfl. 437. 1851;赵天锡,陈章水主编. 中国杨树集约栽培.27. 1994;新疆植
物志.1:148. 1992;山西省林学会杨树委员会. 山西省杨树图谱:83~84. 125. 图 36.
1985;山西省林业科学研究院编著. 山西树木志:89. 2001。

落叶乔木,树高可达 20.0 m。树冠侧枝粗大,直立斜展,枝层明显。树干直;树皮灰
绿色,光滑,老时灰褐色,浅纵裂。小枝圆柱状,黄褐色,具光泽;长枝圆柱状,灰褐色,梢部
棕褐色,棱线特别明显,被棕褐色黏质。花芽圆球状,灰绿色,具光泽,被棕褐色黏质。短
枝叶卵圆-三角形、三角形,长 5.0~11.0 cm,宽 4.5~9.0 cm,先端渐尖,基部宽楔形、近截
形,边缘具锯齿,有半透明狭边,初被缘毛,后无缘毛,表面绿色,无毛,具光泽,背面淡绿
色,无毛,被黄棕色黏质;叶柄侧扁,黄绿色,无毛,长 2.5~7.0 cm,顶端具 1~2 枚腺体,或
无腺体。雄株! 雄花序长 8.0~13.0 cm;雄蕊 34~44 枚,花药黄色;花盘黄绿色,边缘全
缘、波状全缘;苞片匙状近圆形,先端黑褐色,裂片开裂较深。花期 3 月下旬至 4 月上旬。

产地:波兰。波兰 15 号杨 1959 年引入中国。先后在东北、华北及西北各省区栽培。
喜光、耐寒,喜生于河漫滩地的土壤肥沃处。适宜在土壤湿润、肥沃处栽植,生长快。河南

郑州等地有本品种栽培。11 年生平均树高 17.1 m,平均胸径 22.2 cm,单株材积 0.419 98 m³。其木材可作民用建筑、胶合板、家具和火柴杆等用,也是优良的纤维原料;为引种区内较好的"四旁"绿化树种,或速生造林树种。

本品种在土壤肥沃湿润条件下,在引进杨树中生长较快,在一般条件下,生长速度仅次于沙兰杨。材质次于加杨,近于沙兰杨,木材可供造纸和家具等用。

1.6.12　晚花杨(迟叶杨)(中国植物志)　品种　意大利 455 杨(黑龙江树木志)晚花杨、迟叶杨(陕西杨树)　品种　图 107

Populus × euramericana (Dode) Guinier cv. 'Serotina';*Populus × canadensis* Möench. cv. 'Serotina',中国植物志. 20(2):75. 1984;丁宝章等主编. 河南植物志.1:195~196. 图 231. 1981;*Populus serotina* Hartig,Vallst. Naturgesch. Fovstl. Culturpfl. 437. 1851;*Populus regenetata* Henry ex Schneid. I11. Handb. Laubh. 1:7. 1904,pro. sn. ;Henry in E1wes et Henry,Trees Gt. Brit. Irel. 7:1824. 1923;丁宝章等主编. 河南植物志.1:193. 图 226. 1981;黑龙江树木志:99~100. 1986;牛春山主编. 陕西杨树:59~61. 图 19. 1980;新疆植物志.1:148~149. 1992;山西省林学会杨树委员会. 山西省杨树图谱:126. 1985。

落叶乔木,树高可达 15.0 m。树冠侧枝粗大,呈 30°~45°角开展。树干直;树皮灰褐色,老龄时深纵裂。小枝圆柱状,淡黄褐色,微具棱。芽椭圆-锥状,淡褐色、赤褐色,紧贴,被黏质。短枝叶变化很大,多卵圆-三角形,长 5.0~15.0 cm,宽大于长,先端短尖、短渐尖,基部宽楔形,边缘具整齐圆锯齿,有半透明狭边,初被缘毛,后无缘毛,表面绿色,无毛,背面淡绿色,无毛,被黏质;叶柄侧扁,淡红色,无毛,长 3.7~6.2 cm,顶端具 1~2 枚腺体,或无腺体。雄株! 雄花序长 7.5~10.0 cm;雄蕊 20~25 枚,花药红色;花柄无毛。花期 4 月上旬。

图 107　晚花杨 Populus × euramericana (Dode) Guinier cv. 'Serotina'(引自《河南植物志》)
1. 短枝叶,2. 叶缘一部分(放大),3. 雄花,4. 苞片

产地:法国。1962 年引入北京植物园。

晚花杨极似加杨,发叶晚 2 周左右。叶基部截形,先端短渐尖,或渐尖,通常宽大于长,两面同为绿色,雄株! 与健杨同为雄株,区别在于干皮较厚(似栎皮),枝层不明显,干不通直。叶宽大于长,基部截形,发叶迟。

注 1:《陕西杨树》记载,本种是由黑杨(P. nigra Linn.)为母本,美洲黑杨(Populus deltoides Marsh.)为父本天然杂交而成,只有 Meunier 认为迟叶杨是二次杂交种,可能是 Populus 'Marilandica' × Populus 'Lloydii' 或 Populus 'Regrnerata'。

注 2:晚花杨起源:一是 Populus deltioides Bartr. ssp. monilifera Henry × Populus nigra Linn 的天然杂种;二是 Populus nigra Linn. var. typica × Populus deltioides Bartr. monilifera Henry 的天然杂种;三是 Populus nigra Linn. var. typica × Populus deltioidea Bartr. ssp. angulata Ait.;四是 Populus 'Marilandica' × Populus 'Lloydii' 或 Populus 'Regrnerata' 的天然杂种。

本品种喜光、耐寒,喜生于河漫滩地的土壤肥沃处。适宜在土壤湿润、肥沃处栽植,生长快。8 年生平均树高 17.0 m,平均胸径 18.2 cm,单株材积 0.471 4 m³。其木材可作民用建筑、胶合板、家具和火柴杆等用,也是优良的纤维原料;为引种区内较好的"四旁"绿化树种,或速生造林树种。

本品种于 1750 年发现于德国,1958 年引入中国北京;东北、华北和西北各地有引种。河南郑州、许昌等地有本品种栽培。

1.6.13　晚花杨 272(原名科伦 272 杨)(山西省杨树图谱)　品种

Populus × euramericana (Dode) Guinier cv. 'Serotina 272'; *Populus × canadensis* Möench. cv. 'Serotina 272',山西省林学会杨树委员会. 山西省杨树图谱:87~89. 126. 图 38. 照片 29. 1985。

落叶乔木,树高可达 40.0 m。树冠长椭圆体状;侧枝呈 40°~60°角开展。树干通直;树皮灰白色,枝痕突起明显;皮孔菱形、扁菱形,2~4 个横向连生,老龄时基部纵裂。1 年生小枝圆柱状,绿褐色;2 年生枝圆柱状,灰白色。芽椭圆-锥状,赤褐色,被黏质。短枝叶宽卵圆形、三角形,长 9.0~12.5 cm,宽 7.9~10.0 cm,先端渐尖,基部宽楔形,边缘具钟锯齿,有半透明狭边,初被缘毛,后无缘毛,表面深绿色,背面淡绿色;叶柄侧扁,绿黄色,长 5.0~6.0 cm,顶端具 1~2 枚黄褐色腺体。雄株! 雄花序长 7.5~10.0 cm;雄蕊 20~25 枚,花药紫红色。花期比当地杨树晚 15 d 左右。

产地:法国。

本品种系 1954 年由北京植物园从东德国引入,1958 年中国北京、东北、华北和西北各地有引种栽培。具有适应性强、耐干旱、耐瘠薄、抗寒、耐涝、速生等特性。6 年生树高 11.0 m,胸径 13.0 cm。

1.6.14　新生杨　品种　图 108

Populus × euramericana(Dode) Guinier cv. 'Regenerata'; *Populus × canadensis* Möench. cv. 'Regenerata',中国植物志. 20(2):75. 1984;丁宝章等主编. 河南植物志. 1:194~195. 图 229. 1981;黑龙江树木志:97~98. 1986;牛春山主编. 陕西杨树:56~59. 图 18. 1980; 中国植物志. 20(2):73. 1984; *Populus regenetata* Henry ex Schneid. I11. Handb. Laubh.

1:7. 1904,pro. sn.;Henry in Elwes et Henry。Trees Gt. Brit. Irel. 7：1824. 1923;新疆植物志.1:149. 1992;山西省林学会杨树委员会. 山西省杨树图谱:125. 1985。

　　落叶乔木,树高可达 25.0 m。树冠椭圆体状;侧枝轮生状,呈 35°~45°角斜上开展。树干直;树皮暗灰色、灰绿色,幼时光滑,老龄时纵裂、沟裂。小枝圆柱状,绿褐色、暗灰色,无毛,微具棱。芽椭圆-锥状,淡绿竭色,富被黏质;花芽卵球状,先端向后弯。短枝叶三角形,或菱-卵圆形,长 5.0~10.0 cm,宽 5.0~9.0 cm,先端短尖、短渐尖,基部截形,或楔形,边缘具不整齐内曲圆锯齿与半透明狭边,无缘毛,幼时被缘毛,表面深绿色,背面淡绿色,无毛,具黏质;叶柄侧扁,无毛。雌株! 雌花序长 6.0~8.0 cm;子房圆球状,无毛,具柄,柱头 2(~3)裂;花盘黄绿色,边缘全缘;苞片宽,上部边缘具不整齐条状裂片;花梗短,长约 1.5 mm。果序长 15.0~21.0 cm,果序轴无毛;蒴果卵球状,黄绿色,具柄,成熟后 2 瓣裂。花期 4 月上旬;果熟期 5 月上旬。

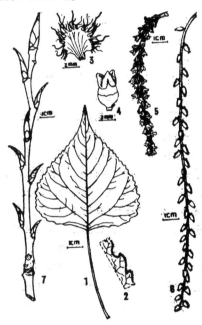

图 108　新生杨 Populus × euramericana(Dode)Guinier cv. ' Regenerata'(引自《陕西杨树》)
1. 叶形,2. 叶缘一部分,3. 苞片,4. 雌花, 5. 雌花序,6. 果序,7. 长枝叶及芽

　　产地:德国。

　　本品种在中国东北、华北及西北各省区均有栽培。喜光、耐寒,喜生于河漫滩地的土壤肥沃处。适宜在土壤湿润、肥沃处栽植,生长快。河南郑州、许昌等地有本品种栽培。8 年生平均树高 17.0 m,平均胸径 18.2 cm。其木材可作民用建筑、胶合板、家具和火柴杆等用,也是优良的纤维原料;为引种区内较好的"四旁"绿化树种,或速生造林树种。

　　注:新生杨起源:①Д. В. ЛАРИНЕНКО 等认为,是 Populus nigra Linn. var. tipica Schneid × Populus serotina Hartig 的天然杂种;② Pohrtet 认为,是 Populus marilandica Bosc. ex Poiet × Populus serotina Hartig 的天然杂种;③国际杨树委员会认为,是 Populus nigra Linn. × Populus serotina Hartig 的天然杂种。

1:148. 1992。

落叶乔木,树高可达20.0 m。树冠近帚状、椭圆体状;侧枝平展。树干稍弯;树皮白色、灰暗色,光滑,老时基部块状纵裂为显著特征。小枝圆柱状,浅灰色,无毛,具棱。芽椭圆-锥状,小,直主,红褐色,富具黏质;顶芽大,圆锥状,黑褐色、绿褐色。短枝叶三角形,或三角-圆形,长4.5~7.5 cm,宽4.0~6.5 cm,先端短渐尖、渐尖,基部截形,稀宽楔形,边缘具圆钝锯齿和缘毛,基部波状,具半透明狭边,表面鲜绿色,背面淡绿色,无毛,具黏质;叶柄侧扁,长2.0~7.5 cm。雄花苞片宽菱形,上部边缘具不整齐条裂。花期4月上旬。

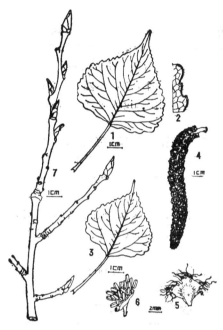

图110　格尔里杨 Populus × euramericana(Dode)Guinier cv. 'Gelrica'(引自《陕西杨树》)
1. 长枝叶,2. 叶缘一部分,3. 短枝叶,4. 雄花序,5. 苞片,6. 雄花,7. 小枝及芽

产地:波兰。

注:本品种系1959年由北京植物园从波兰高立克树木园引入中国。格尔里杨起源于荷兰的格利卡(格鲁德),是 P. marilandica Bosc. ex Poiet × P. serotina Hartig 的天然杂种。

本品种在中国东北、华北及西北各省区均有栽培。喜光、耐寒,喜生于河漫滩地的土壤肥沃处。适宜在土壤湿润、肥沃处栽植,生长快。其木材可作民用建筑、胶合板、家具和火柴杆等用,也是优良的纤维原料;为引种区内较好的"四旁"绿化树种,或速生造林树种。河南郑州有栽培。

1.6.17　莱比锡杨(里普杨)　品种　图111

Populus × euramericana(Dode)Guinier cv. 'Leipzig';*Populus × canadensis* Möench. cv. 'Leipzig';中国植物志 20(2):75. 1984;牛春山主编. 陕西杨树:114~115. 图50. 1980;山西省林学会杨树委员会. 山西省杨树图谱:85~86. 图37. 照片28. 1985;新疆植物志. 1:149~150. 1992。

落叶乔木,树高可达15.0 m。树冠近卵球状;侧枝呈40°~45°角开展。树干稍弯;树皮上部灰绿色,光滑,基部灰褐色,深纵裂。小枝圆柱状,淡绿褐色,光滑,无毛,萌枝幼时具棱。芽椭圆-锥状,淡绿褐色,几无黏质;顶芽大,圆锥状,黑褐色,无黏质;花芽椭圆-锥状,绿褐色。短枝叶三角形,长5.0~12.0 cm,宽4.8~11.0 cm,先端渐尖,基部截形,稀狭圆形,边缘具圆钝内曲锯齿,基部波状,有半透明狭边,具缘毛,表面绿色、深绿色,背面淡绿色,无毛;叶柄侧扁,长3.0~6.0 cm,顶端具疏柔毛和2枚腺体。雌花序长7.0~8.0 cm,花序轴无毛;子房卵球状,无毛,具柄,柱头3裂;花盘淡黄绿色,边缘波状全缘;苞片宽三角形,先端常2裂,褐色,基部透明,上部具不整齐条状裂片,裂片褐色;花梗长约2mm。果序长10.0~16.0 cm,果序轴无毛;蒴果卵球状,黄绿色,具柄,成熟后2瓣裂。花期3月下旬;果熟期5月上旬。

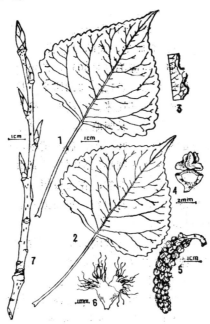

图 111　来比锡杨 Populus × euramericana(Dode)Guinier cv. 'Leipzig'(引自《陕西杨树》)
1~2. 叶,3. 叶缘一部分,4. 雌花,5. 雌花序,6. 苞片,7. 花芽枝

产地:德国。本品种系1962年由北京植物园从德国引入。

本品种与格尔里杨 Populus × euramericana(Dode)Guinier cv. 'Gelrica' 区别:树皮色较淡。叶柄顶端具疏柔毛。只有雌株。与沙兰杨 Populus × euramericana(Dode)Guinier cv. 'Sacrau 79' 区别:腋芽不紧贴。干皮不为浅裂,灰白色。

来比锡杨在中国东北、华北及西北各省区均有栽培。喜光、耐寒,喜生于河漫滩地的土壤肥沃处。适宜在土壤湿润、肥沃处栽植,生长快。其木材可作民用建筑、胶合板、家具和火柴杆等用,也是优良的纤维原料;为引种区内较好的"四旁"绿化树种,或速生造林树种。河南郑州有栽培。

1.6.18　马里兰杨　马里兰德杨　五月杨(陕西杨树)　品种　图 112

Populus × euramericana(Dode)Guinier cv. 'Marilandica';*Populus × canadensis* Möench. cv. 'Marilandica',丁宝章等主编. 河南植物志.1:195. 图230. 1981;中国植物志.20(2):

75. 76. 1984;黑龙江树木志:96~97. 1986;牛春山主编. 陕西杨树:55~56. 图 17. 1980;
Populus marilandica Bosc. ex Poiret,Encycl. Meth. Bot. Suppl. 4:378. 1816;新疆植物志.
1:147~148. 1992;陕西杨树:55~56. 图 17. 1980;山西省林学会杨树委员会. 山西省杨
树图谱:图 127. 1985。

　　落叶乔木,树高达 40.0 m。树冠开展;侧枝稀疏,呈 45°~80°角开展。树干上部多弯
曲;树皮上部灰色,基部灰褐色,皱状深纵裂。小枝圆柱状,灰白色、灰绿褐色,光滑;萌枝
幼时具棱。芽椭圆-锥状,褐色。短枝叶菱-卵圆形,长 7.5~15.0 cm,宽 6.0~11.0 cm,先
端长渐尖,基部楔形、狭楔形,边缘具圆钝内曲锯齿,基部全缘,初具缘毛,表面亮绿色,背
面淡黄绿色;叶柄侧扁,淡绿色,长 3.7~7.5 cm,顶端具 1~2 枚腺体,或无腺体。雌株!
雌花序长 10.0~16.0 cm;子房柱头 2~3 裂,稀 4 裂。

　　本品种干皮极似晚花杨。雌株! 树冠圆球状,树干上部多弯曲,侧枝稀疏,且为不规
则斜上。短枝叶展叶早,菱-卵圆形,先端长渐尖,基部楔形,或狭楔形,边缘具内曲圆锯
齿,嫩时具短而稀缘毛;叶柄绿色。柱头 2~4 裂。

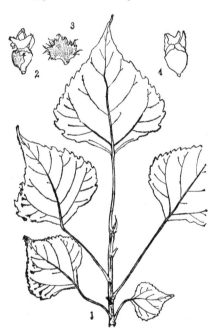

图 112　马里兰杨 Populus × euramericana(Dode) Guinier cv. ' Marilandica' (引自《河南植物志》)
1. 枝叶,2. 雌花,3. 苞片,4. 去苞片后的雌花

　　产地:波兰。本品种系 1959 年由北京植物园从波兰引入中国。

　　注 1:马里兰杨起源:黑杨 Populus nigra Linn. × 晚花杨 Populus × euramerilana(Dode)
Guinier 'Serotina'的天然杂种。

　　1.6.19　意大利Ⅰ-214 杨(Ⅰ-214 杨)　品种　图 113

　　Populus × euramericana(Dode) Guinier cv. 'Ⅰ-214'; *Populus × canadensis* Möench.
cv. 'Ⅰ-214',河南农学院园林系编. 杨树:15~16. 图 10. 1974;丁宝章等主编. 河南植
物志.1:193. 图 227. 1978;中国植物志.20(2):76. 1984;黑龙江树木志:96~97. 1986;

山西省林学会杨树委员会. 山西省杨树图谱:80~82. 图35. 照26. 1985;赵天锡,陈章水主编. 中国杨树集约栽培:27. 1994;中国主要树种造林技术:395. 1978;河南农学院科技通讯,2:66~76. 图2. 1978;新疆植物志.1:149. 1992;王胜东,杨志岩主编. 辽宁杨树:29. 2006;山东植物志 上卷:880. 1990;郑世锴主编. 杨树丰产栽培:24. 2006。

　　落叶乔木,树高可达15.0 m。树冠近卵球状;侧枝轮生状,呈40°~45°角开展,枝层明显。树干稍弯;树皮上部灰褐色,光滑,基部黑褐色,深纵裂。小枝圆柱状,淡绿色,光滑,无毛,幼时具棱;长枝具黑褐色条斑,具棱线特别明显,尤其是中间棱线更突出。短枝叶三角形、三角-卵圆形,长6.5~17.0 cm,宽5.3~12.8 cm,先端渐尖,基部截形,偏斜,边缘具波状粗圆锯齿,基部波状,有半透明狭边,具缘毛,表面绿色,背面绿色,无毛,被黄色片状黏质;叶柄侧扁,长3.0~9.0 cm。长枝叶大,三角形,先端尖,基部截形,边缘具圆锯齿;叶柄侧扁,顶端具1~6枚腺体。幼叶带红色。雌株!雌花序长5.0~8.0 cm,花序轴无毛;子房卵球状,无毛,淡黄绿色,柱头2裂,具柄;花盘淡黄绿色,边缘波状全缘;苞片宽三角形,先端淡黄褐色,基部长而狭,透明。果序长18.0~25.0 cm,果序轴无毛;蒴果卵球状,绿色,具柄,成熟后2瓣裂。花期3月下旬至4月上旬;果熟期5月中旬。

图113　意大利Ⅰ-214杨 Populus × euramericana(Dode)Guinier cv. 'Ⅰ-214'(引自《河南植物志》)
1. 枝、叶,2. 苞片,3. 雌花

　　意大利Ⅰ-214杨与晚花杨 P. × euramericana(Dode)Guinier cv. 'Serotina',区别:只有雌株!

　　产地:意大利。

　　本品种在中国东北、华北及西北各省区均有栽培。喜光、耐寒,喜生于河漫滩地的土壤肥沃处。适宜在土壤湿润、肥沃处栽植,生长快。9年生树高20.45 m,胸径28.0 cm,单株材积0.528 04 m³,如表21所示。其木材物理力学性质中等,可作民用建筑、胶合板、家具和火柴杆等用;木纤维平均长1 277.0 μm,平均宽19.0 μm,长宽比68.0,是优良的纤维用材原料;也是引种区内较好的"四旁"绿化树种,或速生造林树种。本种生长较迅速,抗病性较强,抗寒性差,插条易生根。

表21　意大利Ⅰ-214杨生长进程

龄阶(a)		1	2	3	4	5	6	7	8	9	带皮
树高(m)	总生长量	3.13	6.80	9.43	12.62	14.94	16.30	18.13	19.62	20.45	
	平均生长量	3.13	3.37	3.14	3.16	2.99	2.71	2.59	2.44	2.27	
	连年生长量		3.67	2.63	3.20	2.34	1.33	1.83	1.49	0.85	
胸径(cm)	总生长量	2.87	3.80	7.03	11.17	15.00	18.33	22.00	25.20	28.40	28.80
	平均生长量	2.87	1.60	2.34	2.79	3.00	3.06	3.14	3.15	3.16	
	连年生长量		0.37	3.83	4.14	3.87	3.33	3.67	3.20	3.20	
材积(m³)	总生长量	0.00078	0.00351	0.01620	0.04684	0.10403	0.17865	0.28839	0.40928	0.52604	0.52804
	平均生长量	0.00078	0.00176	0.00810	0.01171	0.02081	0.02978	0.04120	0.05123	0.05845	
	连年生长量		0.00273	0.01269	0.03064	0.05719	0.07462	0.10874	0.11143	0.11622	
形数		0.924	0.561	0.417	0.388	0.391	0.418	0.425	0.420	0.421	0.411
生长率(%)	树高	64.83	42.50	29.90	17.50	8.50	9.17	9.20	7.45		
	胸径	56.67	73.50	41.87	30.70	19.77	15.90	13.60	12.80		
	材积	128.80	130.90	98.67	76.20	53.63	46.27	34.97	31.43		

注:摘自《沙兰杨,意大利Ⅰ-214杨引种生长情况的初步调查报告》。

1.6.20　意大利Ⅰ-455杨　品种

Populus × euramericana (Dode) Guinier cv. 'Ⅰ-455';*Populus × canadensis* Möench. cv. 'Ⅰ-455',黑龙江树木志:96. 1986.

落叶大乔木。侧枝发达、密集。树干通直;树皮幼时光滑,后沟裂。幼叶红色。雌株! 产地:意大利。我国东北、华北均有栽培。

1.6.21　尤金杨(欧根杨、尖叶加杨)　欧根杨(山西省杨树图谱)　品种　图114

Populus × euramericana (Dode) Guinier cv. 'Eugenei',山西省林学会杨树委员会. 山西省杨树图谱:124. 1985;*Populus × canadensis* Möench. cv. 'Eugenei',中国植物志. 20(2):74~75. 1984;黑龙江树木志:96~97. 1986;牛春山主编. 陕西杨树:61~63. 图20. 1980;山西省林学会杨树委员会. 山西省杨树图谱:125. 1985;*Populus canadensis* Möench (f.) Eugenei hort. Simon-Louis ex Schelle in Beissner et al. Handb. Laubh-Ben. 16. 1903; *Populus canadensis* Möench var. *Eugenei* (Schelle) Rehd. Man. Cult. Trees & Shrubs, 91. 1927;新疆植物志. 1:148. 1992;。

落叶乔木,树高可达15.0 m。树冠圆柱状;侧枝轮生状,呈40°~60°角开展,枝层明显。树皮上部灰白色,光滑,基部浅纵裂。小枝圆柱状,淡绿色,光滑,无毛,幼时微具棱。短枝叶宽三角形,长5.0~7.5 cm,先端长渐尖,基部宽楔形,或近截形,边缘具粗内曲腺锯齿,基部波状,有半透明狭边,具缘毛,表面鲜绿色,背面淡绿色,无毛;叶柄侧扁,长0.5~2.0 cm,顶端县1~2枚腺体。雄株! 雄花序长6.2~8.7 cm;花盘淡黄绿色,边缘全缘、波状全缘;苞片长宽约7 mm,三角形,先端淡黄褐色,基部渐狭,透明。雄花序长5.0~7.0 cm;雄蕊15~20枚,花药紫红色,花丝细长,几与花盘等长,或稍长。花期3月下旬。

　　本品种与马里兰德杨 Populus × canadensis Möench. cv.'Marilandica'区别:树冠圆柱状。只有雄株！而与健杨 Populus × euramericana(Dode)Guinier cv.'Robusta'区别:小枝、叶、叶柄初无毛。叶基部宽楔形。

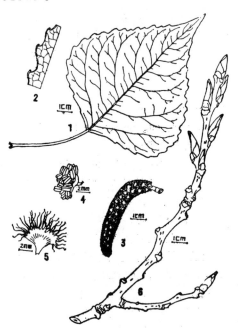

图 114　尤金杨 Populus × euramericana(Dode)Guinier cv.'Eugenei'(引自《陕西杨树》)

1. 叶形,2. 叶缘一部分,3. 雄花序, 4. 雄花,5. 苞片,6. 花芽枝

　　产地:法国。本品种系 1959 年由北京植物园从波兰引入中国。

　　注:尤金杨 1832 年起源于法国。其亲本:W. B. R. Laildaw et al. 认为,一是 Populus marilandica Bosc. ex Poiet × Populus nigra Linn. var. italica Möench 的天然杂种;二是 Populus rogenerata × Populus nigra Linn. var. italica Möench 的天然杂种。Bugala(1967)认为,是箭杆杨(Populus'Afghanica'× Populus nigra Linn.)的天然杂种。

　　1.6.22　中荷 47 号杨　47 号杨　'阿盖特'杨(中国杨树集约栽培)　品种

　　Populus × euramericana(Dode)Guinier cv.'Agathe F',赵天锡等主编. 中国杨树集约栽培:28. 516. 1994。

　　落叶乔木。树冠宽卵球状。树干微弯。树皮棕褐色,下部灰棕色,纵裂。小枝圆柱状,具棱,无沟。短枝叶三角形,长 8.7 cm,先端尖细、窄渐尖,基部楔形,有 2 枚淡红色腺体,主脉绿色,主脉与第二脉夹角约 55°;叶柄绿色,上部红色。幼叶赤褐色。雄株！

　　产地:荷兰。

　　本品种原产美国,由美国育种学家斯伦耐尔 Schreiner 用人工杂交培育而成。杂交亲本不知。本品种系 1983 年从荷兰引入,其原编号为"N2136"。9 年生平均胸径 32.0 cm,单株材积 0.818 1 m³,并具有抗寒、速生、抗病等优点。

1.6.23 中荷 64 号杨(中国杨树集约栽培) N3016 杨(阔叶树优良无性系图谱) 荷兰 3016 杨(辽宁杨树) 品种

Populus × euramericana(Dode)Guinier cl.'N3016',阔叶树优良无性系图谱:33~35. 172. 图 17. 1991;杨树遗传改良:174~175. 186. 1991;赵天锡,陈章水主编. 中国杨树集约栽培:28. 516~526. 1994;王胜东、杨志岩主编. 辽宁杨树:30. 2006。

落叶乔木。树冠长卵球状。树干通直。幼龄树皮灰褐色,基部浅纵裂。小枝圆柱状,无棱。短枝叶微心形,先端长窄渐尖,基部截形,主脉绿色,主脉与第二脉夹角约 48°;叶柄顶端具腺体 2 枚。雌株!

产地:荷兰。本品种系 1982 年从荷兰引入。其起源系荷兰育种学家由杂交组合 N2056 × N1844 中选出。其亲本用美洲黑杨 *Populus deltiodes* Möench. cv.'S621-219'与欧洲黑杨 *Populus nigra* Linn. cv.'Verecken'人工杂交培育而成。

1.6.24 荷兰 3930 杨(辽宁杨树) 品种

Populus × euramericana(Dode)Guinier cv.'N3930';*Populus × canadensis* Möench. cv. 'N3930',王胜东、杨志岩主编. 辽宁杨树:30. 2006。

树冠开阔,侧枝角度 60°~80°。树干通直;树皮灰褐色。叶宽三角形,深绿色,先端渐尖,基部浅心形,边缘具粗锯齿;叶柄扁宽。雄珠!

产地:荷兰。该品种适应性强、生长快,6 年生胸径 20.1 cm。

1.6.25 107 杨(辽宁杨树) 欧美杨 107(速生杨栽培管理技术) 品种

Populus × euramericana(Dode)Guinier cv.'Neva';*Populus × canadensis* Möench. cv. 'Neva',王胜东、杨志岩主编. 辽宁杨树:31. 2006;高椿翔,高杰主编. 速生杨栽培管理技术:18~19. 2008;*Populus × euramericana*(Dode)Guinier cv.'74/76'或'Neva',郑世锴主编. 杨树丰产栽培:27. 2006.

树冠较窄,侧枝密,开展角度 45°。树干通直;树皮灰褐色、较粗、纵裂。小枝棱明显,被灰白色细茸毛。叶宽三角形,质厚,深绿色,先端渐尖,基部浅心形,边缘具波状粗锯齿;叶柄扁宽。雄珠!

产地:意大利。该品种系美洲黑杨与黑杨的杂种,是意大利杨树研究所 1974 年登记注册的。1984 年由中国林业科学研究院引入我国。

1.6.26 108 杨(辽宁杨树) 欧美杨 108(速生杨栽培管理技术) 品种

Populus × euramericana(Dode)Guinier cv.'Guariento';*Populus × canadensis* Möench. cv.'Guariento',王胜东、杨志岩主编. 辽宁杨树:31. 2006;高椿翔,高杰主编. 速生杨栽培管理技术:19~20. 2008;*Populus × euramericana*(Dode)Guinier cv.'Guariento',郑世锴主编. 杨树丰产栽培:27. 2006.

树冠较窄,侧枝角度 45°。树干通直,顶端优势强;树皮深褐色,粗糙;皮孔菱形。雌株!

产地:意大利。该品种系意大利罗马农林研究中心选育的欧美杨天然杂种所。1984 年由中国林业科学研究院引入我国。

1.6.27 四号杨 品种

Populus × euramericana(Dode)Guinier cl.'4';*Populus × canadensis* Möench. cv.'4'.

落叶乔木。树冠卵球状；侧枝轮生，枝层明显。树皮浅灰褐色，浅纵裂。短枝圆柱状，灰褐色、黄褐色；长枝灰褐色，棱明显。叶芽圆锥状，长 1.5~1.7 cm，先端长渐尖，被黏质；花芽长卵球状，先端钝尖，被黏质。短枝叶三角形，长 8.5~17.5 cm，宽 3.7~9.5 cm，先端短尖，基部截形，边缘具锯齿，近基部全缘，具极狭半透明边，表面绿色，背面淡绿色，两面被黄棕色黏质；叶柄侧扁，黄绿色，长 3.5~6.5 cm，无毛。长枝叶三角形，长 12.5~17.5 cm，宽 11.3~15.8 cm，先端短尖，基部近截形，边缘具圆锯齿，近基部全缘，具极狭半透明边，两面绿色，被黄棕色黏质；叶柄侧扁，黄绿色，长 3.5~7.5 cm，无毛，顶端具 2 个腺体，有时 1 个腺体，或无。雄株！雄花序长 8.0~15.0 cm，雄蕊 32~45 枚，花药初浅粉红色，后变黄白色；花盘碗状，黄白色，边缘波状；苞片三角形，灰白色、浅黄灰棕色，先端裂片大而深。花期 4 月上旬。

产地：中国。

本品种喜光，喜温暖、湿润气候，喜生于土壤肥沃、排水良好的沙质壤土上，生长快。适应能力很强，具有较强的抗寒、抗旱特性。中国北方地区普遍栽培。本种是 1964 年从南京林产工业学院引入河南鄢城县，山东大沙河林场、山西太原等地也有引种，生长良好。其材质细密，色白，心材不明显，木材供造纸、纤维飞火柴杆和民用建筑等用，是华北平原地区绿化、造林树种。

1.6.28　德国 154 号杨　科伦 154 号杨（陕西杨树）　品种　图 106

Populus × euramericana（Dode）Guinier cv. 'Ⅰ-154'山西省杨树图谱：127. 1985；*Populus × euramericana*（Dode）Guinier cl. 'Graupaer-selektion Nr. 154'，牛春山主编. 陕西杨树：118. 图 52. 1980；*Populus × canadensis* Möench. cv. 'Graupaer-selektion Nr. 154'。

落叶乔木。树冠卵球状；侧枝呈 40°~45°角开展。小枝圆柱状，鲜绿色，微具棱线。短枝叶近圆形，长 4.0~9.5 cm，宽 4.4~9.5 cm，先端短渐尖，基部截形、宽楔形，边缘具内曲斜锯齿，近基部全缘，具极狭半透明边和缘毛，表面绿色，背面淡绿色，两面被黄棕色黏质；叶柄侧扁，黄绿色，无毛，长 2.5~5.5 cm，顶端具 1~2 个腺体，有时无腺体。雌株！果序长 10.0 cm；蒴果椭圆体状，长 5 mm，绿色，密被疣状突起，具柄，成熟 2 瓣裂。花期 4 月上旬；果熟期 5 月上、中旬。

产地：德国。

本品种是 1954 年中国科学院植物研究所北京植物园从德国引入我国。河南鄢城县等地有引种，生长良好。本种喜光，喜温暖、湿润气候，喜生于土壤肥沃、排水良好的沙质壤土上，生长快。适应能力强，具有较强的抗寒、抗旱特性，是华北平原地区绿化、造林树种。其材质细密，白色，纹理细致，易于加工，油漆性能与加工性能良好，木材可作造纸、胶合板、火柴杆和民用建筑等用。

1.6.28.1　德国 158 号杨　科伦 158 号杨（陕西杨树）　品种　图 115

Populus × euramericana（Dode）Guinier cv. 'Nr. 158'，牛春山主编. 陕西杨树：118~120. 图 52. 1980；*Populus × canadensis* Möench. cv. 'Sektionen Nr. 158'，*Populus × strathglass poplar* ——Selektionen nr 185，山西省林学会杨树委员会. 山西省杨树图谱：127. 1985。

落叶乔木。树冠卵球状；侧枝轮生，枝层明显，呈 45°~80°角开展。树干直，或微弯，中央主干明显;树皮灰白色、灰褐色,光滑,被蜡质层;皮孔明显,菱形,中间凹入,其边缘紫褐色特别显著,老龄时浅纵裂。小枝圆柱状,绿褐色、黄褐色、灰褐色,棱线明显。短枝上仅具1弯曲顶芽,被黏质。叶芽圆锥状,先端长渐尖,内曲呈弓形;花芽卵球状,长1.5~1.7 cm,先端向外弯呈弓形,被黏质。短枝叶三角–菱形、宽菱形、三角形、卵圆–三角形,长4.0~6.0~10.0 cm,宽3.4~8.5 cm,先端短尖、长渐尖,基部宽楔形,边缘具细密内曲圆钟锯齿,近基部全缘,有半透明狭边,具缘毛,表面深绿色,背面淡绿色,两面被黄棕色黏质;叶柄侧扁,黄绿色,无毛,长3.5~6.5 cm,顶端具2个腺体,或无腺体。雌株! 雌花序长3.0~4.0 cm;子房卵球状,黄绿色,柱头2~3裂;花盘漏斗状,淡黄绿色,边缘波状全缘,或缺刻;苞片匙–三角形,先端及条裂片深褐色、基部楔形,透明。果序长9.0~11.0 cm;蒴果卵球状,长3~4 mm,成熟2瓣裂。花期4月上旬;果成熟期5月上旬。

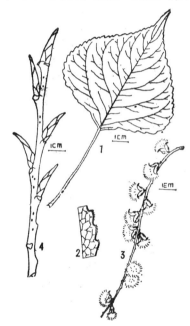

图 115 德国 158 号杨 Populus × euramericana(Dode)Guinier cv. 'Nr. 158'(引自《陕西杨树》)
1. 叶,2. 叶缘,3. 果枝、叶,4. 长枝及芽

产地:德国。

德国 158 号杨系 1954 年由中国科学院北京植物园从德国引入。河南、山东、江苏等有引种。本种喜光,喜温暖、湿润气候,喜生于土壤肥沃、排水良好的沙质壤土上,生长快。适应能力强,具有较强的抗寒、抗旱特性。生长快,11 年生平均树高 17.0 m,平均胸径 23.0 cm,单株材积 0.321 01 m³。其材质细密,白色,油漆及加工性能良好,可作造纸、胶合板、火柴杆和民用建筑等用材,是东北、华北及西北平原地区绿化树种。

1.6.28.2 德国 284 号杨 品种

Populus × euramericana(Dode)Guinier cv. 'Nr. 284';*Populus × canadensis* Möench. cv. 'Sektionen Nr. 284';*Populus × strathglass poplar* 'Nr. 284',山西省林学会杨树委员会. 山西省杨树图谱:127. 1985。

落叶乔木。树冠卵球状;侧枝开展,枝层明显。树干直,或微弯,中央主干明显;树皮灰褐色,上部灰白色,较光滑,基部浅纵裂。小枝圆柱状,黄褐色、浅黄棕色,棱线明显,似加杨。叶芽圆锥状,先端长渐尖,青褐色,被黏质。短枝叶三角-卵圆形、卵圆-近圆形,长7.0~9.0 cm,宽4.0~8.0 cm,先端长尖,基部截形、宽截形,边缘具锯齿,近基部全缘,具极狭半透明边,表面绿色,背面淡绿色,两面被黄棕色黏质;叶柄侧扁,黄绿色,无毛。长枝叶三角-圆形、近圆形,先端短尖,肩部宽,基部心形,边缘具锯齿,近基部全缘,具极狭半透明边,表面深绿色,背面淡绿色,两面被黄棕色黏质;叶柄侧扁,无毛,顶端具2枚腺体,有时无腺体。幼叶紫色,具光泽,被米黄色黏液。雄株!雄花序长8.0~12.0 cm;雄蕊32枚以上,花药黄色;花盘浅杯形,黄白色,边缘波状;苞片匙-卵圆状,棕色、棕褐色,先端裂片大而深。花期4月上旬。

产地:德国。

本品种是1954年中国科学院植物研究所北京植物园从德国引入我国的。河南鄢城县、南京等地有引种,生长良好。本种喜光,喜温暖、湿润气候,喜生于土壤肥沃、排水良好的沙质壤土上,生长快于德国158号杨。适应能力强,具有较强的抗寒、抗旱特性,是华北平原地区绿化、造林树种。其材质细密,白色,纹理细致,易于加工,油漆性能与加工性能良好,木材可作造纸、胶合板、火柴杆和民用建筑等用。

1.6.29　露伊莎杨　品种

Populus × euramericana (Dode) Guinier cl. ' Luisa Avanzo '; *Populus* × *canadensis* Möench. cv. 'Luisa Avanzo'.

落叶乔木;树冠卵球状;侧枝较细,开展。树干通直;幼树皮光滑;皮孔圆点形,密,明显。短枝叶三角形,长大于宽,基部截形、微心形,边缘具锯齿,近基部全缘,具极狭半透明边,表面绿色,背面淡绿色,两面被黄棕色黏质;叶柄侧扁,微弯。雌株!

产地:意大利。

本品种是1979年中国林业科学研究院从意大利引入我国的。河南许昌等地有引种,生长良好。

1.6.30　西玛杨　品种

Populus × euramericana (Dode) Guinier cl. ' Cima '; *Populus* × *canadensis* Möench. cv. 'Cima'.

落叶乔木;树冠卵球状;侧枝较细,开展。树干通直;幼树皮光滑;皮孔圆点形,密,明显。短枝叶三角形,长大于宽,基部截形、微心形,边缘具锯齿,近基部全缘,具极狭半透明边,表面绿色,背面淡绿色,两面被黄棕色黏质;叶柄侧扁,微弯。雌株!

产地:意大利。

本品种系1979年中国林业科学研究院从意大利引入我国。河南许昌等地有引种,生长良好。河南省杨树良种选育协作组1987年"河南省露伊莎杨西玛杨引种试验报告"表明:① 露伊莎杨、西玛杨2品种在形态特征、生长特性很难加以区别;② 露伊莎杨、西玛杨2品种均有生长迅速、适应性等特性,如在河南许昌等14个试验区、多种土壤条件下,4年生树高13.48~16.63 m,胸径19.54~22.16 cm,单株材积0.1703~0.2263 m³,比对照沙兰杨单株材积达145.0%~255.0%。

1.6.31 'Sacerouge 4'杨　品种

Populus × euramerocana(Dode)Guinier cv.'Sacerouge 4'

落叶乔木。树冠卵球状;侧枝轮生,枝层明显。树干直,或微弯;树皮浅灰褐色,浅纵裂。小枝圆柱状,黄褐色、灰褐色;长枝棱线明显,呈钝圆形。叶芽圆锥状,长 1.5～1.7 cm;花芽卵球状,长 1.5～1.7 cm,先端钝尖,被黏质。短枝叶三角形,长 8.5～17.5 cm,宽 3.7～9.5 cm,先端渐尖,基部截形,边缘锯齿细,基部波状,有半透明狭边,表面深绿色,背面淡绿色,两面被黄色黏质;叶柄侧扁,长 3.5～6.5 cm。长枝叶扁三角形,长 12.5～17.5 cm,宽 11.3～15.8 cm,先端短尖,基部近截形,边缘具圆锯齿较密,基部波状,有半透明狭边,表面深绿色,背面淡绿色,无毛,两面被黄色黏质;叶柄,长 3.5～7.5 cm。雄株! 雄花序长 8.0～15.0 cm;雄蕊 32～45 枚,花药初浅粉红色,后变黄色;花盘碗状,淡黄绿色,边缘波状全缘;苞片匙–三角形,先端及条裂片灰白色、淡黄灰棕色,裂片大而深,基部渐狭,透明。花期 4 月上旬。

产地:意大利。

本品种系 1964 年从南京林产工业学院引入河南鄢城县。生长快,15 年生平均树高 18.7 m,平均胸径 42.0 cm,单株材积 1.026 11 m³。

1.6.32 比利尼杨(阔叶树优良无性系图谱)　品种

Populus × euramericana(Dode) Guinier cl.'Bellini',阔叶树优良无性系图谱:30～32. 171. 图 16. 1991;杨树遗传改良:174～175. 185. 1991;赵天锡,陈章水主编. 中国杨树集约栽培:28. 1994;Populus × euramericana(Dode)Guinier cv.'Bellini',郑世锴主编. 杨树丰产栽培:29. 2006。

落叶乔木。树冠窄,分枝角度小,狭卵球状;侧枝角度小。树干通直;树皮灰褐色,特浅纵裂;皮孔菱形。小枝圆柱状,具棱,无沟。短枝叶三角形,先端宽圆,具短尖,基部微心形,主脉与第二脉夹角 70°～79°,基部无腺点。雄株!

产地:意大利。

本品种系 1981 年从意大利引入,称 Be 杨。

1.6.33 74 号杨(原 107 号杨)(阔叶树优良无性系图谱)　品种

Populus × euramericana(Dode)Guinier cl.'74/76',阔叶树优良无性系图谱:36～38. 173. 图 18. 1991;杨树遗传改良:174～175. 1991。

落叶乔木。树冠较窄;侧枝细,分枝角度小。树干通直。幼龄树皮绿褐色,特浅纵裂。小枝圆柱状,棱线明显,无沟。短枝叶三角形,先端钝尖,基部心形,边部波状,主脉肉色至粉红色,主脉与第二脉夹角 50°～59°。幼叶淡黄绿色至淡红色。雌株!

产地:意大利。

本品种系 1984 年从意大利引入。其起源:美洲黑杨 × 黑杨 P. nigra Linn.。

1.6.34 NE222 号杨(原 15 号杨)(阔叶树优良无性系图谱)　品种

Populus × euramericana(Dode)Guinier cl.'NE222',阔叶树优良无性系图谱:41～43. 176. 图 21. 1991;杨树遗传改良:174～175. 1991;郑世锴主编. 杨树丰产栽培:29. 2006。

落叶乔木。树冠窄,分枝角度小。树干通直;树皮褐色,纵裂。小枝圆柱状,棱线明显,无沟。短枝叶三角–菱形,先端渐尖,基部楔形,边部波状起伏,主脉黄绿色,主脉与第二脉夹角 40°;叶柄顶端无腺体。雌株!

产地:意大利。

本品种系中国林业科学研究院 1980 年从意大利引入。其起源:Populus deltoides Bartr. cl. '8/67' × 黑杨 Populus nigra Linn. var. candina。

1.6.35　'DN128'杨　中加 30 号杨　30 号杨(中国杨树集约栽培)　品种

Populus × euramericana(Dode) Guinier cv. 'DN128',赵天锡等主编. 中国杨树集约栽培:516~517. 1994。

落叶乔木。树冠长卵球状。树干通直,饱满。树皮灰褐色,上部青灰褐色,基部灰褐色,纵裂纹宽而深。小枝圆柱状,具棱,无沟,无毛。短枝叶三角形,先端细窄渐尖,基部圆楔形,主脉淡粉红色,主脉与第二脉夹角约 65°;叶柄绿色,无毛,顶端具 1~2 枚腺体。幼叶淡黄绿色。雄株!

产地:荷兰。

本品种系 1983 年从荷兰引入。3 年生树高 13.76 m,胸径 18.86 cm。

1.6.36　中荷 48 号杨　48 号杨(中国杨树集约栽培)　品种

Populus × euramericana(Dode) Guinier cv. 'DN48',赵天锡等主编. 中国杨树集约栽培:516~517. 1994。

落叶乔木。树冠窄卵球状。树干通直,饱满较 64 号杨稍差。树皮灰棕褐色,上部青灰褐色,基部灰褐色,纵裂纹宽而深。小枝圆柱状,具棱,无沟,无毛。短枝叶三角形,先端细窄渐尖,基部截形;叶柄绿色,无毛,顶端具不定数腺体。雌株!

产地:荷兰。

本品种系 1983 年从荷兰引入。3 年生树高 13.76 m,胸径 18.86 cm。

1.6.37　NL-80205 杨(阔叶树优良无性系图谱)　品种

Populus × euramericana(Dode)Guinier cl. 'NL 80205',阔叶树优良无性系图谱:54~56. 179. 图 24. 1991;郑世锴主编. 杨树丰产栽培:32. 2006。

落叶乔木。树冠卵球状;侧枝约呈 45°角开展;树皮褐色,深粗纵裂。短枝叶三角形、菱形,先端突尖,基部截形、楔形,边缘具缘毛;叶柄侧扁,无毛,绿色,长 2.5~5.0 cm,顶端具 2 个腺体。雌株! 雌花序长 6.2~11.0 cm。

产地:意大利。

本品种系 1980 年从意大利引入。其起源:美洲黑杨 Populus deltiodes Bartr. × 黑杨 P. nigra Linn.。

1.6.37.1　NL-80213 杨(阔叶树优良无性系图谱)　品种

Populus × euramericana(Dode)Guinier cl. 'NL-80213',阔叶树优良无性系图谱:60~62. 181. 图 26. 1991;郑世锴主编. 杨树丰产栽培:32. 2006。

落叶乔木。树冠卵球状;侧枝呈 50°~55°角开展;树皮褐色,纵裂。短枝叶三角形、菱形,先端突尖,基部楔形、宽楔形,边缘具缘毛;叶柄侧扁,无毛,长 3.0~5.0 cm。雌株!

产地:意大利。

本品种系 1980 年从意大利引入。其起源:I-69 杨 × 黑杨 Populus nigra Linn.。

1.6.38　中林 23 杨(阔叶树优良无性系图谱) 品种

Populus × euramericana (Dode) Guinier cl. 'Zhonglin 23',阔叶树优良无性系图谱:16.
163. 图 8. 1991;杨树遗传改良:14~19. 1991;中林 23,郑世锴主编. 杨树丰产栽培:
26. 2006。

落叶乔木。树冠长卵球状;侧枝密而细,枝层不明显,上部呈 50°~70°角开展,下部侧
枝平展,或下垂。幼壮枝具多棱,被乳白色黏液。短枝叶三角形,基部截形、宽楔形;叶柄
顶端多具 2 枚疣状腺体。雌株!

本品种系。其起源:Ⅰ-63 杨 × 黑杨杂交选育而成。其特性如下:① 速生。11 年生
树高 20.7 m,胸径 32.2 cm,单株材积 0.620 4 m³。② 材优。容重 0.329 g/cm³;优于沙兰
杨;木纤维平均长 1 195.0 μm,平均宽 26.2 μm,长宽比45.6。③ 适宜于长江中下流域平
原地区栽培。

1.6.39　中林 28 杨(阔叶树优良无性系图谱) 品种

Populus × euramericana(Dode)Guinier cl. 'Zhonglin 28',阔叶树优良无性系图谱:10~
11. 159. 图 4. 1991;杨树遗传改良:14~19. 1991;中林 28,郑世锴主编. 杨树丰产栽培:
26. 2006。

落叶乔木。树冠长卵球状;侧枝细,上部呈 40°~50°角开展,下部小于 90°角开展,枝
层不明显。树干通直;幼龄树皮深灰色,纵裂。小枝圆柱状,棱线明显,幼时枝顶被白色黏
液。短枝叶心形,先端急尖,基部截形、宽截形,表面绿色,无毛;叶柄侧扁,无毛,长 3.0~
5.0 cm,顶端具 2 枚疣状腺体。雌株!果序长 11.0~15.0cm。蒴果卵球-椭圆体状,具柄,
成熟后 2~3 瓣裂。花期 4 月;果期熟 5 月上旬。

本品种系其起源:Ⅰ-69 杨 × 黑杨杂交选育而成。其特性如下:① 速生。11 年生树
高 24.0 m,胸径 38.2 cm,单株材积 0.996 m³,比沙兰杨单株材积大 160.0%。② 材优。容
重 0.348 g/cm³,优于沙兰杨、中林 46 杨;木纤维平均长 1 036.0 μm,平均宽 21.08 μm,长
宽比 49.1,优于沙兰杨、中林 46 杨、黑杨、钻天杨。③ 适宜于长江中下流域平原地区
栽培。

1.6.40　中林 46 杨(阔叶树优良无性系图谱) 品种

Populus × euramericana(Dode)Guinier cl. 'Zhonglin 46',阔叶树优良无性系图谱:1~
3. 156. 图 1. 1991;杨树遗传改良:14~19. 1991;高椿翔,高杰主编. 速生杨栽培管理技
术:22~23. 2008;中林 46,郑世锴主编. 杨树丰产栽培:26. 2006。

落叶乔木。树冠长卵球状;侧枝较细,上部枝角45°~60°,下部枝平展,枝层明显。树
干通直,中央主干明显;幼龄树皮有粗皮、光皮、细皮类型;树皮颜色有青色、青灰色、灰褐
色,纵裂。芽细长,褐色,贴生。幼嫩部分被米黄色黏液。长枝棱线明显。短枝叶三角形,
先端短尖、细长渐尖,基部截形、浅心形、宽楔形,表面绿色,无毛,背面淡绿色,无毛;叶柄
侧扁,无毛,绿色,长 3.0~5.0 cm,顶端具 2 枚疣状腺体。长枝叶叶柄顶端具 2 枚腺体,叶
脉淡粉红色。雌株!雌花序长 6.2~19.5 cm。蒴果具柄,成熟后 2~3 瓣裂。花期 4 月;果
期熟 6 月中旬。

本品种起源可能是:Ⅰ-63 杨 ×[父本可能是钻天杨 Populus nigra Linn. var. italica
(Möench.) Koehne、(钻天杨 × 黑杨)或俄罗斯杨(P. × russkii Jabl.)(美杨 × 黑杨)杂交

选育而成。其特性如下:① 速生。11 年生树高 23.8 m,胸径 35.6 cm,单株材积 0.860 7
m³。② 材优。容重 0.326 g/cm³,优于沙兰杨;木纤维平均长 1 112.0 μm,平均宽 23.71
μm,长宽比 46.9。③ 适宜于长江中下流域平原地区栽培。

1.6.41　中林 95 杨(阔叶树优良无性系图谱)　品种

Populus × euramericana(Dode) Guinier cl. 'Zhonglin 95',阔叶树优良无性系图谱:18.
165. 图 10. 1991。

落叶乔木。树冠卵球状;侧枝细,枝角小。树干通直;树皮浅纵裂。雄株!

本品种起源:Ⅰ-69 杨 ×[钻天杨 +(钻天杨 × 黑杨)+ 俄罗斯杨(P. × russkii Jabl.)]
杂交选育而成。其特性如下:①速生。10 年生树高 22.7 m,胸径 34.4 cm,单株材积
0.785 9 m³。②材优。容重 0.319 g/cm³,优于沙兰杨;木纤维平均长 1 195.0 μm,平均宽
26.2 μm,长宽比 445.6。③适宜于长江中下流域平原地区栽培。

1.6.42　中林 299 杨(阔叶树优良无性系图谱)　品种

Populus × euramericana(Dode) Guinier cl. 'Zhonglin 299',阔叶树优良无性系图谱:
18. 165. 图 10. 1991。

树干通直;树皮浅纵裂。雄株!

本品种起源:Ⅰ-69 杨 ×[(钻天杨 +(钻天杨 × 黑杨)+ 俄罗斯杨(P. × russkii
Jabl.)]杂交选育而成。其特性如下:① 速生。10 年生树高 22.0 m,胸径 55.6 cm,单株材
积 0.837 6 m³。②材优。容重 0.319 g/cm³,优于沙兰杨;木纤维平均长 1 195.0 μm,平均
宽 26.2 μm,长宽比 445.6。③适宜于长江中、下流域平原地区栽培。

1.6.43　中林 2025 杨　中荷一号杨(速生杨栽培管理技术)　品种

Populus × euramericana(Dode) Guinier cv. 'Ⅰ- 69/55',高椿翔,高杰主编. 速生杨栽
培管理技术;26~27. 2008。

树冠较大。树干通直;树皮上部灰褐色,具棱线,下部褐色、纵裂。长枝色,具棱线;皮
孔长圆形、圆形,白色,散生。芽红色,具黄色黏液。叶先端钝尖,基部微心形或截形。

产地:北京。本品种系中国林业科学研究院黄东森用'Ⅰ-69/55'杨与美洲黑杨杂
交而成。

1.6.44　新生杨　再生杨(陕西杨树)　品种

Populus × euramericana(Dode) Guinier cv. 'Regenerata',牛春山主编. 陕西杨树:56~
59. 图 18. 1980。

落叶乔木。树冠帚状,或椭圆体状;轮生,35°~45°角开展。树皮灰色、纵裂呈网状,
裂片凹状。小枝圆柱状,绿褐色;长枝微具棱。短枝叶三角形,长 5.0~10.0 cm,宽 5.0~
9.0 cm,先端短尖、短渐尖,基部截形,稀圆形、微楔形,边缘半透明,具不整齐内曲圆钝锯
齿,基部具不明显 1~2 腺体;叶柄上扁,下部圆柱状,长 3.5~7.0 cm。雌株! 雌花序长
7.0~8.0 cm;子房球状,柱头 2 裂,稀 3 裂;花盘边缘截形。果序长 15.0~21.0 cm;蒴果成
熟后 2 瓣裂。花期 3 月下旬至 4 月上旬;果成熟期 5 月上旬 。

产地:波兰。西安植物园 1960 年引自波兰高力克树木园。

1.6.45　L35 杨(速生杨栽培管理技术)　品种

Populus × euramericana(Dode) Guinier cv. 'L35',高椿翔,高杰主编. 速生杨栽培管理

技术:21. 2008。

落叶乔木,树冠小;侧枝较细,分布密且均匀。树干通直,尖削度小。雌株!

产地:北京。L35 杨系中国林业科学研究院选育的欧美杨新杂交品种。

1.6.46 欧美杨 113 'DN 113 杨'(杨树丰产栽培) 品种

Populus × euramericana(Dode)Guinier cv.'DN 113',郑世锴主编. 杨树丰产栽培:28~29. 2006。

落叶乔木。树冠较窄,圆锥状;侧枝呈 30°~40°角开展。树干通直,下部树皮浅黑色,纵裂,上部树皮灰绿色,不开裂。雌株!

产地:加拿大。本品种于 1981 年由中国林业科学研究院张绮纹从加拿大曼尼托巴省引入我国。

1.6.47 廊坊一号杨(速生杨栽培管理技术) 品种

Populus × euramericana(Dode)Guinier cv.'Shanhaiguanensis'× Ⅰ-63,高椿翔,高杰主编. 速生杨栽培管理技术:23. 32. 2008。

树冠长椭圆体状;冠内侧枝呈 80°~90°夹角;上部侧枝呈 40°~60°夹角。树干通直;树皮上部灰绿色,较光滑,下部灰褐色,粗糙,浅纵裂。小枝具 3 条明显棱与槽。短枝叶三角-卵圆形,先端圆渐尖,基部截形,两面光滑,边缘具波状锯齿;叶柄绿色,无毛。雌株!

1.6.48 廊坊二号杨(速生杨栽培管理技术) 品种

Populus × euramericana(Dode)Guinier cv. Ⅰ-69/55 ×'Shanhaiguanensis',高椿翔,高杰主编. 速生杨栽培管理技术:23. 32. 2008。

廊坊二号杨与廊坊一号杨主要区别:树冠较窄;侧枝较细,下部近 80°夹角;上部侧枝呈 30°~50°夹角。

2. 辽宁杨(辽宁杨树)

Populus × liaoningensis Z. Wang et H. Z. Chen,王胜东,杨志岩主编. 辽宁杨树:31. 2006;郑世锴主编. 杨树丰产栽培:38. 2006。

树冠尖塔形;侧枝角度大。树干通直;树皮灰褐色,粗糙,顺向深纵裂。小枝具 5~6 条明显棱。短枝叶三角形,先端宽圆渐尖,或微凸尖。雌株!

产地:辽宁。该杂交种于 1982 年由辽宁省杨树研究所陈鸿雕等选出。其杂交亲本为:鲁克斯杨 × 山海关杨。

3. 辽河杨(辽宁杨树)

Populus × liaohenica Z. Wang et H. Z. Chen,王胜东,杨志岩主编. 辽宁杨树:31. 2006;郑世锴主编. 杨树丰产栽培:38. 2006。

树冠尖塔形;侧枝少,呈层性,侧枝呈 45°~60°角伸展。树干通直,上部树皮浅绿色,有明显倒山形棱线,下部树皮粗糙。小枝具 5 条明显棱。短枝叶大而稀。

产地:辽宁。该品种于 1982 年由辽宁省杨树研究所陈鸿雕等选出。其杂交亲本为:鲁克斯杨 × 哈佛杨。

4. 盖杨(辽宁杨树)

Populus × gaixianensis Z. Wang et H. Z. Chen,王胜东,杨志岩主编. 辽宁杨树:31~32. 2006;郑世锴主编. 杨树丰产栽培:38. 2006。

树干通直;树皮灰褐色,有不规则形眼形叶痕。

产地:辽宁。该杂交种于 1982 年由辽宁省杨树研究所陈鸿雕等选出。其杂交亲本为:圣马丁诺杨 × 山海关杨。该杂种生长快,5 年生胸径为 24.2 cm,且抗病虫害能力强。

5. 辽育 1 号杨(辽宁杨树) 品种

Populus × 'Liao-1' Y. S. Li et Y. Dong,王胜东,杨志岩主编. 辽宁杨树:32. 2006。

树冠尖塔状;侧枝密而细,枝层明显,下部枝角 45°~60°角;树干通直;树皮暗灰色,纵裂。叶心形,基部深心形,两边缘下垂;叶柄先端多具 2 枚腺点。雄株!

产地:辽宁。该品种于 1992 年由辽宁省杨树研究所董雁等选出。其杂交亲本不详。

品种:

5.1 辽育 2 号杨(辽宁杨树) 新品种

Populus × 'Liao-2' Y. S. Li et Y. Dong,王胜东,杨志岩主编. 辽宁杨树:32. 2006。

树冠尖塔状,侧枝密而细,枝层明显,下部枝角 45°~50°角;树干通直圆满;树皮暗灰色,纵裂。叶三角形,基部深心形;叶柄先端具 2 枚腺点。

产地:辽宁。该新品种于 1992 年由辽宁省杨树研究所由董雁等选出。其杂交亲本不详。

5.2 辽育 3 号杨(辽宁杨树) 新品种

Populus × 'Liao-3' Y. S. Li et Y. Dong,王胜东,杨志岩主编. 辽宁杨树:32~33. 2006。

形态特征不详。雌株!

产地:辽宁。该新品种于 1993 年由辽宁省杨树研究所董雁等选出。其杂交亲本为:美洲黑杨 D189 × 不详。

6. 富林杨(中选抗虫 1 号)(阔叶树优良无性系图谱) 品种

Populus × berolinensis Dipp. cv. 'Filin', *Populus* ×'filin',阔叶树优良无性系图谱:24~26. 169. 图 14. 1991。

落叶乔木。树冠宽卵球状。树皮浅灰色,光滑,或基部暗灰色,浅纵裂。短枝叶菱-卵圆形、卵圆形,先端细长,渐尖、短尖,基部楔形、宽楔形。雌株!

产地:中国。

本品种是高瑞桐、杨自湘从中东杨实生苗中选出的抗虫、抗寒、抗腐烂病的优良品种。

7. 文县杨(西北植物学报)

Populus wenxianica Z. C. Feng et J. L. Gou,西北植物学报,10(2):132~134. 图 1990。

落叶乔木,树高 30.0 m。树干通直;树皮光滑,灰绿色、灰白色,老龄树干基部浅纵裂。长枝、萌枝具棱。长枝叶三角-卵圆形,或宽卵圆形,长 11.0~18.0 cm,宽 7.0~12.0 cm,先端短渐尖,或渐尖,基部近心形、圆形,或宽楔形,边缘具钝腺锯齿,表面深绿色,背面淡绿色。短枝叶卵圆形,或菱-卵圆形,长 6.0~10.0 cm,宽 2.5~8.0 cm,先端渐尖,基部圆形,或宽楔形,边缘具腺锯齿,表面深绿色,背面淡绿色;叶柄圆柱状,上部侧扁,黄绿色,长 3.0~5.0 cm。雄花序细长,长 4.0~8.0 cm;雄蕊 20~35 枚,花丝长于花药的 2 倍。雌花序长 4.0~5.0 cm,花序轴无毛;子房无毛,柱头膨大,3 裂;苞片扇形,长 2~2.5 mm,

边缘具条状纵裂。果序长 8.0~12.0 cm。蒴果长卵球状,长 4~7 mm,径 3~5mm,具长 1 mm 柄,成熟后 3 瓣裂,稀 2 瓣裂。花期 4 月;果成熟期 5 月。

产地:甘肃。

本种分布于甘肃。喜光,喜冷湿气候,喜生于土壤肥沃、排水良好的沙质壤土上。模式标本,采自甘肃文县。

十三、美黑辽杂种杨亚属　新杂种杨亚属

Populus Sungen. × Deltoidi-maximowiczii T. B. Zhao et Z. X. Chen, Subgen. hybrid. nov.

Subgen. × nov. characteristicis formis et characteristicis formis Populus deltoides Marsh. × P. maximoweczii Henry.

Subgen. × nov. typus:Populus deltoides Marsh. × P. maximoweczii Henry.

Distribution:Beijing et al..

1. 美黑辽杂种杨

Populus × deltoidi-maximowiczii T. B. Zhao et Z. X. Chen,sp. hybrid. nov.

形态特征:

品种:

1.1　伊尔打诺杨　cv. 'Eridano'

十四、箭河北小杨杂种杨亚属　新杂种杨亚属

Populus Subgen. × Italici-hopeiensi-simondiia T. B. Zhao et Z. X. Chen,subgen. hybr. nov.

Subgen. × nov. characteristicis formis et characteristicis formis Populus thevestina(Dode) Bean × P. hopeiensis Hu et Chow + P. simonii Carr. aequabilis.

Subgen. × nov. typus:Populus thevestina(Dode)Bean × P. hopeiensis Hu et Chow + P. simonii Carr..

Distribution:Beijing.

1. 箭河小杨(杨树)　箭杆杨 × 河北杨 + 小叶杨(陕西杨树)　杂交种　图116

Populus thevestina(Dode)Bean × P. hopeiensis Hu et Chow + P. simonii Carr.,牛春山主编. 陕西杨树:109~110. 图47. 1980;*Populus* 'Jianhexiao'［P. nigra Linn. var. thevestena(Dode)Bean ×(Populus hopeiensis Hu et Chaow + Populus simonii Carr.),山西省林学会杨树委员会. 杨树图谱山西省杨树图谱:117~118. 图50. 照片40. 1985;

落叶乔木。树冠狭卵球状;侧枝呈45°~90°角开展。树干通直;树皮灰绿色、绿白色,光滑;皮孔菱形、扁菱形,散生,或2个横向连生,具马蹄形叶痕,基部多纵裂,有时呈横椭圆形开裂。1年生小枝基部多纵裂,有时呈横椭圆形开裂;2年生小枝光滑,灰白色。叶芽圆锥体状,紫棕色。短枝叶卵圆形、菱-卵圆形、三角-卵圆形,或菱形,长 3.5~6.8 cm,宽

2.5~6.3 cm,先端短渐尖、短尖,稀长渐尖,基部宽楔形,或圆形,边缘具细钝锯齿(长枝叶缘具紫色腺点),无缘, 稀具个别缘毛,而雄株上叶边缘缘毛较显著,基部边缘波状,表面绿色,脉上和基部微被短柔毛,背面淡绿色、苍白色;叶柄侧扁,绿黄色,长 2.0~4.3 cm,幼时微红色,顶端微被短柔毛。雄花序长约 7.0 cm;苞片褐色,边缘呈 2~3 回不整齐条裂。雌花序长约 3.5 cm;花盘斜杯状,边缘全缘;苞片褐色较宽短,边缘条裂;花盘边缘截形,或微波状;子房宽卵球状,无花柱,柱头 2 裂。果序长 8.0~11.0 cm;蒴果成熟后 2 瓣裂。花期 4 月;果实成熟期 5 月上旬。

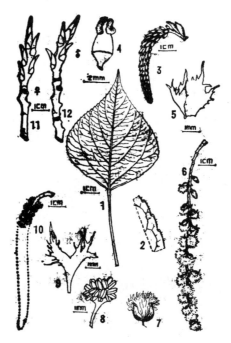

图 116 箭河小杨 Populus 'Thevestina' × Populus simonii Carr. (引自《陕西杨树》)

1. 叶,2. 叶缘,3. 雌花序,4. 雌花,5. 雌花苞片, 6. 果序,7. 果实,
8. 雄花,9. 雄花苞片,10. 雄花序,11~12. 短枝及芽

产地:北京。

本杂交种系从箭杆杨 ×(河北杨、小叶杨混合花粉)杂种苗中选出超级苗培育而成。

本杂交种具有速生、适应性强、耐干旱、速生等特性。6 年生树高 9.20 m,胸径 12.10 cm,而同龄钻天杨树高 7.30 m,胸径 8.30 cm,是"四旁"造林、农田防护林、速生用材林的优良树种。

十五、昭林杨亚属　新杂种杨亚属

Populus Subgen. × Zhaolin T. B. Zhao et Z. X. Chen,subgen. hybr. nov.

Subgen. × nov. characteristicis formis et characteristicis formis Populus ×'Zhaolin 6' aequabilis.

Subgen. × nov. typus:Populus × 'Zhaolin 6'.

Distribution：Neimenggu.

形态特征与昭林 6 号杨相似。

新杂种杨亚属模式种：昭林 6 号杨。

产地：内蒙古。

1. 昭林 6 号杨（第十八届国际杨树会议论文集）　品种

Populus × 'Zhaolin 6'，徐纬英主编. 杨树：390～391. 1988；第十八届国际杨树会议论文集：52～59. 1992；王胜东，杨志岩主编. 辽宁杨树：34. 2006；赵天锡，陈章水主编. 中国杨树集约栽培：457～458. 1994；王胜东，杨志岩主编. 辽宁杨树：34. 2006。

落叶乔木。树冠圆锥状；侧枝较细，呈 60°～70°角开展。树干通直；树皮灰绿色，光滑；皮孔菱形，明显，大树树干基部微纵裂。小枝圆柱状，微具棱，黄绿色。叶芽纺锤体状，棕色。长、萌枝叶变化大，三角-圆形、菱-圆形，长 10.0～20.0 cm，宽 8.0～11.0 cm，最宽处在中部，先端渐尖、短渐尖，扭曲，基部截形、宽楔形，边缘具波状圆锯齿。短枝叶菱形、卵圆形，长 6.0～10.0 cm，宽 3.0～7.0 cm，先端渐尖，扭曲，基部截形、宽楔形，边缘具波状圆锯齿，或腺锯齿，背面淡绿色；叶柄圆柱状，或微扁平，淡绿色，或微具淡红色，长 4.0～6.0 cm。雄株！雄花序长 5.0～7.0 cm；雄蕊 17～27 枚；苞片匙-近菱形；花盘盘状，淡绿色。

产地：内蒙古自治区赤峰市。本品种系内蒙古自治区赤峰市（原昭乌达盟）林业科学研究所鹿学程等用［赤峰杨-17 ×（欧美杨、钻天杨、青杨的混合花粉）］杂交培育而成。

本品种且具有速生、适应性强、耐干旱、耐寒等特性。在土层深厚、土壤肥沃的立地条件下，生长快。16 年生树高 24.5 m，胸径 44.0 cm，单株材积 1.714 4 m³。在年平均气温 6.5 ℃、绝对最低气温-31.4 ℃，均无冻害。在年平均降水量 400 mm、年平均蒸发量 2 100 mm 条件下，生长良好。树冠小，美观，是"四旁"造林、农田防护林、速生用材林的优良树种。且木材白色，纹理直，油漆、加工性能好，宜作民用材、造纸等原料。

2. 7501 杨（第十八届国际杨树会议论文集）　杂交种

Populus × 7501 杨，第十八届国际杨树会议论文集：75. 1992。

落叶乔木。树冠宽卵球状；侧枝呈 30°～60°角开展。树皮灰绿色。壮枝圆柱状，具棱。短枝叶近三角形，先端渐尖，基部截形，或微楔形，表面深绿色，无毛；叶柄扁平，淡绿色，或微具紫色晕。

产地：河北。

本杂交种系河北省廊坊地区农业科学研究所凌朝文等用山海关杨 × 小美旱杨杂交培育而成。

本杂交种具有速生、适应性强、耐干旱、耐盐碱等特性。在土壤含盐率 0.106%～0.212%条件下，7.5 年生树高 10.03 m，胸径 16.68 cm，单株材积 0.117 0 m³，比加杨单株材积大 242.24%。是"四旁"造林、农田防护林、速生用材林的优良树种。

十六、箭小毛杨杂种杨亚属　新杂种杨亚属

Populus Subgen. × Thevesteni-simoni-tomentosa T. B. Zhao et Z. X. Chen，subgen.

hybr. nov.

Subgen. × nov. characteristicis formis et characteristicis formis Populus ×'Jianhexiao-mao' aequabilis.

Subgen. × nov. typus：Populus ×'Jianhexiaomao'.

Distribution：Hebei.

形态特征与箭小毛杨相似。

产地：河北。

1. **箭小毛杨**(杨树)　箭杆杨 × 小叶杨 + 毛白杨(陕西杨树)　品种　图 117

Populus ×'Jianhexiaomao'［Populus nigra Linn. var. thevestena(Dode)Bean ×(Populus hopeiensis Hu et Chaow + Populus simonii Carr.)，山西省杨树图谱：117~118. 图50. 照片40. 1985；Populus thevestina（Dode）Bean × Populus simonii Carr. + Populus tomentosa Carr.，牛春山主编. 陕西杨树：111~112. 图48. 1980。

落叶乔木。树冠狭卵球状；侧枝呈 45°~50°角开展。树干通直；树皮灰绿色，上部光滑，下部浅纵裂。1 年生小枝灰色、褐色，或紫褐色。芽紫褐色。短枝叶卵圆形、菱-长卵圆形，长 4.0~6.0 cm，宽 3.0~5.0 cm，先端短渐尖，基部宽楔形，或圆形，边缘具细小圆钝紫色腺锯齿和脱落性缘毛，基部边缘波状，表面绿色，背面淡绿色；叶柄微侧扁，长 2.0~3.5 cm。雄株！雄花序长约 4.0 cm；苞片褐色，边缘呈 2~3 回不整齐条裂。雌花序长约 3.5 cm；花盘斜杯状，边缘全缘；苞片深褐色，边缘具几整齐条裂；花盘短杯状，边缘截形，或微波状；雄蕊花丝超出花盘。花期 4 月。

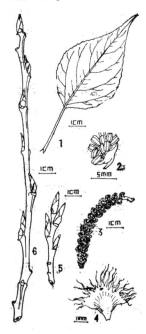

图 117　箭小毛杨 Populus 'Thevestina' × Populus simonii
Carr. + Populus tomemtosa Carr. (引自《陕西杨树》)
1. 叶,2. 雄花,3. 雄花序,4. 苞片,5. 短枝及花芽,6. 长枝及芽

产地:河北。

本杂交品种系用箭杆杨×(小叶杨、毛白杨混合花粉)杂种苗中选出超级苗培育而成。

十七、箭胡毛杂种杨亚属　新杂种亚属

Populus Subgen. × Thevesteni-euphratici-tomentosa T. B. Zhao et Z. X. Chen, subgen. hybr. nov.

Subgen. × nov. characteristicis formis et characteristicis formis Populus × jianhumao R. Liu aequabilis.

Subgen. × nov. typus: Populus × jianhumao R. Liu.

Distribution: Gansu.

形态特征与箭胡毛杨相似。

本亚属模式种:箭胡毛杨。

产地:甘肃。

1. 箭胡毛杨(杨树)　杂交种

Populus × jianhumao R. Liu,赵天锡,陈章水主编. 中国杨树集约栽培:710. 1994。

Populus ×'jianhumao'[*Populus thevestena*(Dode)Bean × (Populus euphralica Oliv. + Populus tomentosa Carr. cv. 'Jianhumao')],徐纬英主编. 杨树:399. (照片 11 ~ 25). 1988。

落叶乔木。树冠卵球状;侧枝呈 30°角开展。树干通直;树皮灰绿色,光滑;皮孔明显而少,基部浅纵裂。萌枝红褐色,具棱;芽短圆球状,黄褐色,紧贴小枝。小枝光滑,黄绿色;长枝红褐色,具棱。叶芽圆锥体形,紧贴,黄褐色,先端纯尖。短枝叶卵圆形、菱-卵圆形,先端长尖,边缘具整齐细钝锯齿;叶柄扁柱状,黄色带微红色晕,长 2.5~3.0 cm。

产地:甘肃。本杂交种系刘榕等从箭杆杨 × [胡杨、毛白杨混合花粉(毛白杨花粉用辐射量 5 000 r)]杂种苗中选出超级苗培育而成。

十八、胡杨亚属(新疆植物志)

Populus Subgen. Balsamiflua(Griff.)K. Browicz, in 1966 年, K. Browicz 在"Populus ilicifolia(Engler)Ruleau and its Taxonomic Position"《Acta Soc. Bot. Pol., X X X V/2, 325. 1966; Sous-genre *Turanga*(Subgen. Turanga Bunge); Subgen. Turanga Bunge: 1965; (苏)П. Л. БОГДОНОВ., ТОПОЯ И ИХ КУЛЬТУРА 1965; П. Л. БОГДОНОВ, ТОПОЯ И ИХ КУЛЬТУРА 杨树及其栽培(第二次修订本). (苏)П. Л. 波格丹诺夫著. 12. 薛崇伯、张廷桢译. 1974。

1965 年, П. Л. 洛格丹诺夫提出杨属一个分类系统,即杨属 Populus 分 3 亚属:胡杨亚属 Turanga、白杨亚属和秀杨亚属。胡杨亚属分:胡杨系 Populus Ser. Euphraticae Kom.,包括异叶胡杨 Populus diversifolia Schrenk、阿里杨 Populus ariana Dode、里特维诺夫杨

Populus litwinowiana Oliv. 、胡杨 Populus euphratica Kom. ;粉叶胡杨系 Populus Ser. Pruino-
sae,包括粉叶胡杨 Populus pruinosa。

合轴分枝。芽无毛,无黏质。叶形多变,两面同色,背面具气孔;叶柄扁圆柱状。花序
具梗,梗上常具叶。花盘宿存;雄蕊 15~35 枚,花药长椭圆体状,先端具细尖;子房长卵球
状,3 心皮组成,稀 2 或 4 心皮,柱头极大,3~4 裂,具胚珠 35~45 枚。蒴果长卵球状,成
熟后3(2,4)瓣裂。每果具种子 110~160 粒。

本亚属模式:胡杨 Populus euphraticae Oliv.。

(1) 胡杨群 Groupe Euphratica(Series Euphratica Dode)。

(2) 粉叶胡杨群 Groupe Pruinosa(Series Pruinosa Dode)。

(一) 胡杨组

Populus Sect. Turanga Bunge in Men. Sav. Etr. Acad. Petersb. 7:498. 1851;Dode in
Bull. Soc. Hst. Nat. Autun,18. 171[Exter. Mongo. Populus 13. 1905 "subgen"];中国植
物志.20(2):76. 1984;徐纬英主编. 杨树:78. 80. 图 2-2-22:1~2. 1988;赵天锡,陈章水
主编. 中国杨树集约栽培:24. 1994;牛春山主编. 陕西杨树:12. 1980。

树皮厚,深纵裂。小枝无顶芽。芽无黏质,被毛。叶形多变,如卵圆形、菱形、肾形、披
针形等,两面均为灰蓝色,背面有气孔;两面网脉显著隆起,边缘全缘,或边缘具粗齿牙;叶
柄圆柱状。长、萌枝叶披针形、线-披针形。雄花序粗大,红色;雄蕊 13~35 枚,花药长,先
端细尖;苞片匙状,膜质,近白色,先端淡紫色;花盘膜质,边缘全缘、浅裂、深裂,具尖齿,早
落;子房长卵球状,柱头柱状,极大,3~4 裂。蒴果长卵球状,成熟后3(~2)瓣裂。

本组模式:胡杨 Populus euphraticae Oliv.。

(1) 胡杨群 Groupe Euphratica(Series Euphratica Dode)。

(2) 粉叶胡杨群 Groupe Pruinosa(Series Pruinosa Dode)。

本组有 6 种:胡杨、异叶胡杨、维里特诺夫胡杨、阿里胡杨、粉叶胡杨、特萨沃胡杨。中
国 2 种,主要产于新疆。

I. 胡杨系

Populus Ser. Euphraticae Kom. ,杨树及其栽培. (苏)П. Л. 波格丹诺夫著. 薛崇伯、
张廷桢译. 杨树及其栽培(第二次修订本):12. 1974。

树皮浅灰色,呈片状剥落。短枝叶有卵圆形、肾形,边缘粗锯齿;长枝叶窄披针形。

该系有 4 种:胡杨、异叶杨胡杨、阿里胡杨、里特维诺夫杨。

1. **胡杨**(中国树木分类学)　图 118

Populus eupharatica Oliv. Voy. Emp. Othoman. 3:449. f. 45~46. 1807;Repert. Sp.
nov. Règ. Vég. 36:20. 1934;Contr. Inst. Bot. Nat. Acad. Peip. 3:239. 1935;Gerd Kruss-
mann, HANDBUCH Laubgecholze Band 2:234. 1962;中国植物志. 20(2):76. 78. 图版
23:1~2. 1984;徐纬英主编. 杨树:151~155. 图版 94~102. 1959;徐纬英主编. 杨树:78.
80. 图版 2-2-22(1~2). 1988;Hao in Contr. Inst. Bot. Nat. Acad. Peiping,3:239. 1935;
Kom. Fl. URSS,5:222. t. 10:42-d. 1936;陈嵘著. 中国树木分类学:120. 1937;France in

Fl. Europ. 1:65. 1964;A. Neum. in Rech, Fl. Iran. 65:4. 1969;Consp. Fl. As. Med. 3:8. 1972;*P. diversifolia* Schrenk in Bull. Acad. Sci. St. Petersb. 10:253. 1842;ф. л. СССР,5:221. 1936;ф. л. Каза. 3:50. 1960;Kom. 1. c. 5:221. 1936;Poljak. in Fl. Kazakhst. 3:50. 1960;中国高等植物图鉴. 1:357. 图 713. 1982;内蒙古植物志. 1:161. 163. 图版 39:1~3. 1985;*P. arina* Dode in Bull. Soc. Hist. Nat. Autun,18:174. t. 11:A(Extr. Monogr. Populus,16). 1905;*P. litwinowiana* Dode,1. c. 18:175. t. 11. E. 1905;Pojak. in. 1. c. 3:52. t. 3:2. 1960;Turaga euphratica(Oliv.)Kimura in Sci. Rep. Biol. Tohoku Imp. Univ. 13:386. 1938;*Balsamiflua euphratica*(Oliv.)Kimura in 1. c. 14:191. 1939;赵天锡,陈章水主编. 中国杨树集约栽培:24. 图 1-3-19. 1994;黑龙江树木志:102. 104. 图版 20:1~5. 1986;中国主要树种造林技术:414~419. 图 59. 1978;新疆植物志. 1:125. 图版 32. 1992;牛春山主编. 陕西杨树:12. 1980;山西省林业科学研究院编著. 山西树木志:89~91. 图 41. 2001.

落叶乔木,树高 10.0~15.0 m,稀灌木状。树皮淡灰褐色,基部条裂。长枝细,圆柱状,光滑,或微被茸毛。叶芽椭圆体状,光滑,褐色,长约 7 mm。长枝叶披针形、线－披针形,边缘全缘,或具不规则的疏波状齿牙缘。小枝泥黄色,被短茸毛,或无毛,枝内富含盐量。短枝叶多变,卵圆形、三角－卵圆形、披针形、肾形,先端具粗齿牙,基部楔形、宽楔形、圆形、截形,两面同色;叶柄微扁。约与叶片等长,先端具 2 个腺体。长枝叶柄极短,被短茸毛,或无毛。雄花序细,长 2.0~3.0 cm,花序轴被短茸毛;雄蕊 15~25 枚,花药紫红色;花盘膜质,边缘具不规则齿牙;苞片匙－菱形,上部边缘具疏齿牙。雌花序长 2.5 cm,花序轴被短茸毛,或无毛;子房长卵球状,被短茸毛,或无毛,子房柄与子房等长,柱头 2~3 裂,鲜红色,或淡黄绿色。果序长 9.0 cm。蒴果长卵球状,长 10~12 mm,成熟后 2~3 瓣裂。花期 5 月;果实成熟期 7~8 月。

图 118　胡杨 Populus eupharatica Oliv.（引自《中国主要树种造林技术》）

1. 大树短枝、叶,2. 幼树枝、叶,3~5. 叶形变异,6. 果枝、叶,7~8. 雄花及苞片,9~10. 雌花及苞片,11. 蒴果产地:中国内蒙古西部、甘肃、青海、新疆。新疆北纬 37°~47°的广大地区,常有大面积胡杨林分布。蒙古、俄罗斯(中亚部分及高加索)、埃及、叙利亚、印度、伊朗、阿富汗及巴基斯坦等也有分布。模式标本,采于美索不达米亚。且具有喜光、耐热、抗大气干旱、抗风沙、耐盐碱等特性。在土壤肥力、水分较好条件下,生长良好,寿命长达百年左右。且木材纹理直,油漆、加工性能好,宜作民用材、造纸等原料。根萌蘖能力强,一株大树可形成片林,是绿化我国西北及内蒙古干旱盐碱地区的优良造林树种。

吕文等在进行胡杨种源试验研究中,选出 4 个抗叶锈病的胡杨优株。

品种:

1.1 '红-Ⅰ型'胡杨 品种

Populus eupharatica Oliv. cv. 'Hong-Ⅰ'

本品种树冠卵球状,或伞形;侧枝呈 50°~70°角开展。小枝红色。叶片略宽于'黄-Ⅰ型'胡杨。自然发病率 57.9%,病情指数 22.4。

1.2 '红-Ⅱ型'胡杨 品种

Populus eupharatica Oliv. cv. 'Hong-Ⅱ'

本品种树冠尖塔形;侧枝呈 25°~0°角开展。小枝红色。叶片窄,细长。自然发病率 16.7%,病情指数 4.2。

1.3 '黄-Ⅰ型'胡杨 品种

Populus eupharatica Oliv. cv. 'Huang-Ⅰ'

本品种树冠卵球状;侧枝呈 65°~85°角开展。小枝红色。叶片短,宽。自然发病率 75.0%,病情指数 43.8。

1.4 '黄-Ⅱ型'胡杨 品种

Populus eupharatica Oliv. cv. 'Huang-Ⅱ'

本品种树冠尖塔形;侧枝呈 30°~40°角开展。小枝黄色。自然条件下不发病。人工接种 15 d 后,不出现锈斑。枝条扦插成活率 89.0%。

1.5 塔形胡杨 品种

Populus eupharatica Oliv. cv. 'Pyramidalis',赵天锡,陈章水主编. 中国杨树集约栽培:24~25. 1994。

树冠塔形;侧枝成层性明显。短枝叶长条形,稍弯曲。

本品种系周林等选出,并具有速生特性,10 年生平均树高 12.0 m,平均胸径 29.3 cm,单株材积比胡杨大 23.7%。

1.6 柱冠胡杨 品种

Populus eupharatica Oliv. cv. 'Teres',赵天锡,陈章水主编. 中国杨树集约栽培:21~22. 图 1-3-14. 1994。

树冠圆柱状;侧枝疏散轮生。树干通直。花芽圆柱状。短枝叶小,先端两侧缺刻深,其部窄楔形。

本品种系周林等选出,并具有树形美观、速生特性,是优良的观赏、农田林网和"四旁"绿化良种。

产地:内蒙古西部、甘肃、青海、新疆。蒙古、俄罗斯、埃及、印度等也有分布。

注:阿里胡杨、里特维诺胡杨、异叶胡杨中国无分布,也无引种栽培。

2. **小叶胡杨**(第十八届国际杨树会议论文集)

Populus ariana Dode in Bull. Soc. Hist. Nat. Autun,18:174. t. 11:A(Extr. Monogr. Populus,16). 1905;第十八届国际杨树会议论文集(中国部分):134~139. 1992。

落叶乔木。小枝纤细,圆柱状,光滑,泥黄色,被茸毛,或无毛。短枝叶扁扇形、肾形,长 1.0~2.5 cm,宽 2.5~4.0 cm,先端近平截形、具锯齿,基部宽楔形、截形,两面同色,初被短茸毛,后无毛;叶柄纤细,微扁,长 1.0~2.2 cm。果序长 2.0、4.0 cm;果序轴一无毛。蒴果长卵球状,长 4~7 mm,成熟后 2~3 瓣裂。花期 5 月;果实成熟期 6 月。模式标本,采于美索不达米亚。

Ⅱ. 粉叶胡杨系

Populus Ser. Pruinosae Kom. ,杨树及其栽培. (苏)П. Л. 波格丹诺夫著. 薛崇伯、张廷桢译. 杨树及其栽培(第二次修订本):12~13. 1974。

本系树干树皮深灰色,具长纵裂缝。叶肾形,具蓝灰色蜡质,被短柔毛。边缘全缘。

产地:新疆。俄罗斯、伊朗等也有分布。

1. **灰胡杨**(杨树)　灰叶胡杨(新疆植物志)　　图 119

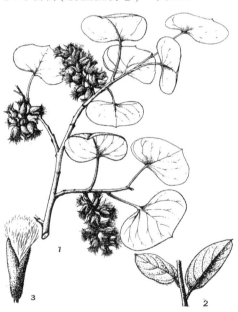

图 119　灰胡杨 Populus pruinosa Schrenk(引自《新疆植物志》)
1. 果枝、叶,2. 萌发枝,3. 果

Populus pruinosa Schrenk in Bull. Phys. − Math. Acad. Sci. St. Petersb. 13:210. 1845;Schneid. in Sarg. Pl. Wils. Ⅲ:30. 1916;Hao in Contr. Inst. Bot. Nat. Acad. Peiping, 3:239. 1935;ф. л. CCCP,5:223. 1936;ф. л. Каза. 3:52. 1960;Kom. 1. c. 5: 221. 1936;Kom. in Fl. URSS,5:223. t. 10:5. 1936;Pojak. in Fl. Kazakhst. 3:52. t. 3: 5. 1960;中国植物志. 20(2):78. 图版 23:3~4. 1984;徐纬英主编. 杨树:151~155. 图版

94~102. 1959;徐纬英主编. 杨树:80. 图版2-2-23(3~4). 1988;中国科学院植物研究所主编. 中国高等植物图鉴 补编 第一册: 18 ~ 19. 图 8376. 1982; *Turanga pruinosa* (Schrenk) Kimura in Sci. Rep. Biol. Tohoku Imp. Univ. 13:388. 1938; *Balsamiflua pruinosa* (Schrenk) Kimura in 1. c. 14:193. 1939;新疆植物志. 1:127. 图版33. 1992。

落叶乔木,树高 10.0~20.0 m。树冠开展。树皮淡灰黄色。长枝密被灰色短茸毛;小枝被灰色短茸毛。长枝叶椭圆形,两面被灰色短茸毛。短枝叶肾形,长 2.0~4.0 cm,宽 3.0~6.0 cm,边缘全缘,或先端具 2~3 个疏齿牙,两面基灰蓝色,密被短茸毛;叶柄微侧扁,长 3.0~6.0 cm。果序细长,长 5.0~6.0 cm;果序轴、果柄及蒴果密被短茸毛。蒴果长卵球状,长 5~10 mm,成熟后 2~3 瓣裂。花期 5 月;果实成熟期 7~8 月。

产地:新疆。新疆准噶尔盆地至塔里木盆地,常有大面积与胡杨混交林分布。模式标本,采于伊犁河岸。俄罗斯(中亚部分)、伊朗等也有分布。具有喜光、耐热、抗大气干旱、抗风沙、耐盐碱等特性。且木材纹理直,油漆、加工性能好,宜作民用材、造纸等原料。根萌蘖能力强,是绿化我国西北干旱盐碱地区的优良树种。

2. 萨特沃胡杨组

Populus Sect. Tsovo(Jarm.)Browicz

特萨沃胡杨 P. ilicifolia Jarm.。

最后,特别值得提出的是,在王胜东,杨志岩主编. 辽宁杨树:53. 2006 中介绍辽宁省杨树研究所婉丽于 1978~1979 年成功培养出银白杨与白榆科间杂种苗,并长成大树的,这是我国树木育种学家在杨树远缘杂交育种中的一个伟大创举。

廊坊三号(速生杨栽培管理技术)

Populus × euramericana(Dode)Guinier cv. 'Shanhaiguanensis 3' × 小美 12 + 白榆的混合花粉,高椿翔,高杰主编. 速生杨栽培管理技术:23. 32. 2008。

廊坊四号(速生杨栽培管理技术)

Populus × euramericana(Dode)Guinier cv. 'Shanhaiguanensis 4' × 小美 23 + 白榆的混合花粉,高椿翔,高杰主编. 速生杨栽培管理技术:23~24. 32. 2008。

廊坊三号杨与廊坊四号杨主要特征:雄株! 树冠椭圆体状,或圆柱状;侧枝较少而细,中部夹角 55°~60°;中上部侧枝呈 30°~40°夹角。树皮灰绿色,下部黑褐色,粗糙纵裂。长枝具三角状木栓棱线,绿色,或浅褐色。短枝叶三角状,长宽近相等,先端细窄渐尖,基部圆楔形,边缘波状锯齿。

索引　杨属中文名称、俗名与学名、异学名

208

十一画

十二画

十五画

参 考 文 献

1. 丁宝章,王遂义,高增义主编.河南植物志 第一册.郑州:河南科学技术出版社,1981:512~514.

2. 丁宝章,王遂义,赵天榜.河南新植物.河南农学院学报,1980:1~10.

3. 山西省林学会杨树委员会.山西省杨树图谱.太原:山西人民出版社:1985.

4. 王遂义主编.河南树木志.郑州:河南科学技术出版社,1994:52~56.

5. 王战,董世林.杨属植物新分类群(一).东北林学院植物研究室汇刊,1979,4:19~20.图版 Ⅰ~Ⅳ.

6. 王胜东,杨志岩主编.辽宁杨树.北京:中国林业出版社,2006.

7. 王永孝.抱头毛白杨 *Popilus tomentosa* Carr. var. fastigiata Y. H. Wang. 植物研究,1982,2(4):159.

8. 牛春山主编.陕西杨树.西安:陕西科学技术出版社,1980.

9. 中国科学院植物研究所主编.中国高等植物图鉴 第一册.北京:科学出版社,1972:351~357.图版 701~713.

10. 中国科学院植物研究所主编.中国高等植物图鉴 补编 第一册.北京:科学出版社,1972:14~28.图版 8376~8390.

11. 中国科学院植物研究所编纂.中国植物照片集.Ⅰ:32~33.1959

12. 中国科学院中国植物志编辑委员会.中国植物志 第二十卷 第二分册.北京:科学出版社,1984:2~22.

13. 中国科学院西北植物研究所编著.秦岭植物志 第一卷 第二册.北京:科学出版社,1974:16~25.

14. 中国科学院林业土壤研究所.中国科学院林业土壤研究所集刊 第二集.1965.

15. 中国林业科学研究院林业研究所遗传育种研究室编.杨树.1959.

16. 中国林业科学研究院树木改造室编.杨树选种学.1960.

17. 中国林业科学研究院编.林业科学技术快报,9:537:5~7.1958.

18. 中国林业科学研究院林业研究所育种二室编著.杨树遗传改良.北京:北京农业大学出版社,1991:291~293.

19. 《中国森林》编缉委员会编著.中国森林 第三卷.2000.

20. 中国树木志编辑委员会主编.中国主要树种造林技术.北京:农业出版社,1978:314~419.图版 41~59.

21. 中国树木志编辑委员会主编.中国树木志 第二卷.北京:中国林业出版社,1985:1955~2007.图版 41~59.

22. 中国林学会主编.第十八届国际杨树会议论文集.北京:中国林业出版社,1992.

23. 辽宁省营口市杨树试验站.杨树良种(照片).

24. 辽宁省林业土壤研究所.辽宁省欧美杨树无性系引良种概况.

25. 辽宁省营口市杨树科学研究所.杨树引种试验总结.

26. 北京林学院.树木学.

27. 《四川植物志》编辑委员会.四川植物志 第三卷.成都:四川科技出版社,1985:38~58.

28. 叶培忠. 中国之杨树与白杨育种. 新科学,2(3).

29. 冯滔,赵天榜,王治全. Ⅰ-72杨等良种密植造林试研究. 河南科技,1991,增刊:66~68.

30. 吉林林业快报,1972(1~2).

31. 任国兰,郑兰长,赵天榜. 毛白杨对叶锈病的抗病性研究. 河南林业科技,1991(2):26~27,46.

32. 吕天奇,李遂保,赵杰. 沙兰杨速生丰产林造林技术研究. 河南科技,1991(增刊):61~63.

33. 吴中伦,黄东森. 关于中国的杨树. 北京:中国林业出版社,1956.

34. 匡可仁译. 国际植物命名法规.

35. 国际栽培植物命名委员会编. 向其柏,臧德奎等译. 国际栽培植物命名法规. 北京:中国林业出版社,2014.

36. 刘慎谔主编. 东北木本植物图志. 北京:科学出版社,1955:110~128.

37. 朱之悌,林惠斌,康向阳. 毛白杨异源三倍体B301等无性系选育的研究. 林业科学,1995,31(6):499~505.

38. 朱之悌,康向阳,张志毅. 毛白杨天然三倍体选种研究. 林业科学,1998,34(4):22~31.

39. 朱之悌. 毛白杨良种选育战略的若干考虑及其八年研究结果总结. 见:林业部科技司主编. 阔叶树遗传改良. 北京:科学技术文献出版社,1991:59~82.

40. 朱之悌著. 毛白杨遗传改良. 北京:中国林业出版社,2006.

41. 佐滕润平. 满蒙树木图说.

42. 李淑玲,戴丰瑞主编. 林木良种繁育学. 郑州:河南科学技术出版社,1996:120~132. 272~287.

43. 李法曾主编. 山东植物精要. 北京:科学出版社,2004:89~95.

44. 李书心主编. 辽宁植物志(上册). 沈阳:辽宁科学技术出版社,1988:185~203.

45. 李兆镕,赵天榜,程大厚,等. 淮滨县大面积营造Ⅰ-72杨、Ⅰ-69杨丰产林经验初报. 河南科技,1991(增刊):64~66.

46. 张杰,洪涛,赵天榜,等. 杨属白杨组新分类辟. 林业科学研究,1988,1(1):66~79. 图版Ⅰ-Ⅴ.

47. 张天锡,张国富. 沙兰杨生长规律的初步观察. 沙兰杨学术会议论文集,1981.

48. 张绮纹,苏晓华等著. 杨树定向遗传政良及高新技术育种. 北京:中国林业出版社,1999.

49. 陈嵘著. 中国树木分类学. 南京:商务印书馆,1937:112~115.

50. 陈汉斌主编. 山东树木志. 济南:青岛出版社,1990:89~95.

51. (苏)П.Л.波格丹诺夫著. 薛崇伯,张廷桢译. 杨树及其栽培. 1974.

52. 河南农学院园林试验站编(赵天榜). 大官杨及其栽培技术. 北京:农业出版社,1973.

53. 河南农学院园林系杨树研究组(赵天榜). 毛白杨类型的研究. 中国林业科学研究,1978(1):14~20.

54. 河南农学院园林系编. 杨树(赵天榜). 郑州:河南人民出版社,1974.

55. 河南农学院园林系杨树研究组(赵天榜). 毛白杨起源与分类的初步研究. 河南农学院科技通讯,1978(2):1~24. 图1~14.

56. 河南农学院园林系杨树研究组(赵天榜). 沙兰杨、意大利Ⅰ-214杨引种生长情况的初步调查报告. 河南农学院科技通讯,1978(2):66~76. 图1~2.

57. 河南农学院实验农场园林站(赵天榜). 毛白杨扦插育苗试验总结. 河南农学院学报,1960(1):29~33.

58. 河南农学院实验农场园林站(赵天榜). 细种条培育毛白杨壮苗经验. 河南省林业资料,1965(1):29~33.

59. 河南农学院实验农场园林站(赵天榜). 毛白杨插根、移栽和小苗培育. 河南省林业资料, 1965 (1):29~33,39.

60. 河南农学院实验农场园林站(赵天榜). 毛白杨插根育苗经验总结. 河南农学院科技通讯(园林专辑), 1973(1):29~33.

61. 河南农学院实验农场园林站(赵天榜). 毛白杨点状埋苗育苗试验初步总结. 毛白杨繁殖方法资料汇编, 1975(1):29~33.

62. 河南农学院园林系杨树研究组(赵天榜). 毛白杨类型的研究. 中国林业科学研究, 1978(1): 14~20.

63. 河南农学院园林系造林教研组(赵天榜). 应用放射性磷(^{32}P)鉴定豫农杨生活力的初步试验. 河南农学院科技通讯, 1978(2):85~87.

64. 河南农学院园林系造林教研组(赵天榜). 应用放射性磷(^{32}P)鉴定豫农杨等生活力的测定.

65. 河北植物志编辑委员会. 河北植物志 第一卷. 石家庄:河北科学技术出版社, 1986:226~236.

66. 赵天榜,全振武. 河南杨属新种和新变种. 河南农学院科技通讯, 1978(2):96~103.

67. 赵天榜,陈志秀,刘建伟,等. 毛白杨的四个新类型. 植物研究, 1991,11(1):59~60.

68. 赵天榜,郑同忠,等主编. 河南主要树种栽培技术. 郑州:河南科学技术出版社, 1994:96~132.

69. 赵天榜,李荣幸,李惠道. 王海勋细种条培育毛白杨壮苗经洽总结. 河南农学院学报, 1966, (1):17~23.

70. 赵天榜,李兆镕,陈志秀,等. 毛白杨优良无性系. 河南科技, 1990(8):24~25.

71. 赵天榜,李瑞符,陈志秀,等. 毛白杨系统分类的研究. 南阳教育学院学报, 1990(5):1~7.

72. 赵天榜,陈志秀,刘建伟,等. 毛白杨的四个新类型. 植物研究, 1991, 11(1):59~60.

73. 赵天榜,陈志秀,宋留高,等. 毛白杨系统分类的研究. 河南科技, 1991(增刊):1~4.

74. 赵天榜,陈志秀,宋留高,等. 毛白杨优良无性系的研究. 河南科技, 1991(增刊):5~9.

75. 赵天榜,陈志秀,宋留高,等. 毛白杨优良无性系推广经验总结. 河南科技, 1991(增刊): 10~13.

76. 赵天榜,陈志秀,顾万春,等. 毛白杨优良类型的研究. 河南科技, 1991(增刊):14~15.

77. 赵天榜,陈志秀,顾万春,等. 毛白杨优良类型的研究(摘要). 中国林学会编. 第十八届国际杨会议论文集. 163. 北京:中国林业出版社, 1992.

78. 赵天榜. 河南沙兰杨速生单株的调查研究. 河南农学院学报, 1980(3):62~73.

79. 赵天榜. 沙兰杨年生长规律的初步观察. 沙兰杨学术会议论文集, 1981.

80. 赵天榜,李兆镕,尚月楼,等. 沙兰杨速生丰产林试验总结. 河南科技, 1991(增刊):58~60.

81. 赵天榜,傅大立,陈志秀,等. I-69杨一龄苗木生物量及其纤维变化的研究. 河南科技, 1991, 增刊:68~72.

82. 赵天榜,陈志秀,李振卿,等. 河南杨属黑杨派杨树良种一龄苗冬态的初步观察. 河南科技, 1991, 增刊:72~79.

83. 赵天榜,陈志秀,宋留高,等. 中林-46杨、I-69杨一龄苗生物量及其制浆性能的研究. 河南农业大学学报, 1993,27(增刊):114~119.

84. 赵天饧,陈章水主编. 中国杨树集约栽培. 北京:中国科学技术出版社, 1993

85. 赵翠花,赵天榜,陈志秀,等. 毛白杨过氧化物同工酶的研究. 河南科技, 1991(增刊):16~20. 图 1~4.

86. 赵鸿欣,赵杰,理永霞,等. 华龙杨选育及生长规律的研究. 河南林业科技, 1991(2):26~

87. 周汉藩. 河北习见树木图说. 静生物调查所, 1934:26~38. 图.

88. 周惠茹,高炳振,郭保生,等. 中林-46杨一龄苗木纤维形态的研究. 河南林业科技, 2003,23

(3):1~3,5.

89. 林业部科技司主编. 阔叶树优良无性系图谱. 北京:中国科学技术出版社,1991:1~80,156~187. 图1~32.

90. 郑世锴主编. 杨树丰产栽培. 北京:金盾出版社,2006.

91. 姜惠明,黄金祥. 毛白杨的一个新类型——易县毛白杨. 植物研究,1989,9(3):75~76.

92. 昭乌达盟林业科学研究所. 昭乌杨树良种介绍.

93. 贺士元,邢其华,尹祖堂,等. 北京植物志(上册). 北京:北京出版社,1984:74~80.

94. 徐纬英主编. 杨树. 哈尔滨:黑龙江人民出版社,1988.

95. 高椿翔,高杰主编. 速生杨栽培管理技术. 北京:中国林业出版社,2008.

96. 翁海波. 河南杨属资源分类与开发利用研究(硕士毕业论文). 郑州:河南农业大学,2001年6月.

97. 海博特 龚特(韩仁宇摘译). 杨树栽培.

98. 梁书宾,李兴文. 山东杨属一新种. 植物研究,1986,6(2):135~137.

99. 符毓秦,王忠信. 毛白杨一新变种——截叶毛白杨. 植物分类学报,1975,13(3):95~97.

100. 崔友文编著. 华北经济植物志要.

101. 黄东森,等. 欧美杨等杂交育种及新品种研究.

102. 康向阳,朱之悌,张志毅. 毛白杨异源三倍体形态和减数分裂观察. 北京林业大学学报,1999,21(1):1~5

103. 韩一凡,等. 中国杨树资源及其利用的研究. 林业科技通讯,1990(1).

104. 新疆植物志编辑委员会. 新疆植物志 第一卷. 乌鲁木齐:新疆科技卫生出版社,1992:121~158.

105. H. B. 斯塔罗娃著(马常耕译). 杨柳科的育种. 北京:科学技术文献出版社,1984:1~27.

106. 联合国粮食及农业组织. 杨树与柳树. 意大利印刷,1979:13~54.

107. 裴鉴等. 江苏南部种子植物手册. 1959.

108. 毛白杨良种简介. 河南农林科技,1980.

109. 毛白杨起源的研究(摘要). 杨树,1986,3(1):25~26.

110. 35个白杨派树种过氧化物同工酶数量分类研究. 河北林学院学报,1996,

111. Bennion,G. C.,R. K. Vickery & W. P. Cottam 1960-1961. Hybridization of Populus fremontii and Populus angustifolia in Perry Canyon. Box Elder County,Utah. Proc. Utah Acad. Sci. 38:31~35.

112. Linne. Species Plantarum 1034. 1753.

113. Gall DC. Populus Linn. Sect. Leuce Duby in DC. Gall. Ed. 2,1:427. 1826.

114. Bull. Acad. Sei. St. Petersb. 27:540. 1882.

115. Carriere. Peuplir Eugene et Peuplier Regenere. Rev. Hort. 1865:58. 1865.

116. Forbes & Hemsley. Index Florae Sinensis XXVI:535 ~538. 1899.

117. Bot. Jahrb. XXIX. 1900.

118. Fedde,Rep. Nov. Sp. 1906/7.

119. Gardeners. Chronicle III. 53:198. 1931;V. 56:1~4. 46~47. 66~68. 257~259. 1914;87:24. 1929.

120. Schueider. Populus L. Plantae Wilsonianae III:16~39. 1916.

121. Stout,A. B. The Clone in Olant Life. Journ. N. Y. Bot. Gard. 30:25~37. 1929.

122. Troup,R. S. Exotic Forest Trees in The British Empire. 1932.

123. Stout & Schreiner, E. J. Results of a Project in Hybridizing Populus. Journ. Hered. 24:217~229. 1993.

124. Sargent. Manual of The Trees of North Americs 119~138. 1933.

125. Journ. Arn. Arb. III:225. 1922;XII:59. 1931;XVII:65. 1936;XXII:443~453. 1941.

126. Fan. Mem. Inst. Bio. 5:305. 1934.

127. Hu & Chow. Fam. Trees of Hopei. 57. 1934.

128. Hao, K. S. Synopsis of Chinese populus. Contr. Inst. Bot. Nat. Acad. Peiping III:5. 1935.

129. Bailey, L. H. The Standard Cyclopedia of horticulture III:2753~2765. 1935.

130. Rehder, A. Bibligraphy of Cultivsted Trees & Shrubs. 65~72. 1949.

131. Pauley, Scott S. Forest-Tree Genetics Research:Populus L. Economic Botany III:299~330. 1949.

132. Rehder, A. Manual of Cultivated Trees & Shrubs 71~82. 1951.

133. Bean, W. J. Trees & Shrubs Hardy in The British Isles, II:512~526. 1951.

134. Peace, T, R. Poplars 1952.

135. Feaflet, F. C. Poplar Planing. Forestry Commisson Leaflet No. 27. 1952.

136. Allgemeine Forstzeitschrift Nr. 14/15, Seite 189~191. 1957.

137. Act. Bot. Neerl VI:54~59. 1957.

138. Beitrage Zur Pappel-foreschung Ne I. 18~22. 1956;II. 38. 1957;III. 1959;IV. 1960;VI:1961.

139. Schreiner, E. J. Production of Poplar Timberin Europe and Its significance and Application in The United States. 1959.

140. Holz. Foreschung 11. Band-Heft 5/6:138~317. 1958.

141. Laidlaw, W. B. R. Guide to British Hardwoods 189~219. 1960.

142. Arboretum Kórnickie, Rocznik 1955~1971(Excluded 1970).

143. Streets, R. J. Exotic Forest Treew in The British Commonwealth. 1962.

144. Rohmeder, E. Schónbach. H. Genetik and Zúhtung Der Waldbaune. 1959.

145. Krussmann, G. Handburch Der Laubgeholze II:226~239. 1962.

146. Wright, J. W. Genetics of Forest Tree Improvement, 1962.

147. Jobling, J. Poplar Cultivation. 1963. Forestry Commission leaflet No. 27, Revised 1963.

148. Schreiner, E. J. Improvement of disease resistance in Poplars. World Consultation of Forest Gentics and Tree Improvement, Stockholm, 23~30. August 1963.

149. Richens, R. H. Forest Tree Breeding and Genetics. 1964.

150. Beekman, W. B. Elsevier Worterbuch Der Holzwitschafrt I. 371~373. 1964.

151. Preston, R. J. North American Trees 120~129. 1966.

152. Larsen, C. M. Recent Advances in Poplar Breeding. International Review of Forestry Reseach Vol. 111. 1970.

153. Eckenwalder, J. E. North American Cottonwoods(Populus, Salicaceae)of Sections Abaso and Aigeiros. Journ. Arn. Arb. 58(3):193~208. 1977.

154. Journ. Bot. U. R. S. S. XIX:509~511. 1934.

155. H. F. Chow, THE FAMILIAR TREES OF HOPEI. 56~58. Published by the Peking Natural History Bulletin, 1934.

156. L. Dode, species novae ex "Extraits d' une monographie inedited du Genre Populus" a. L. — A. Dode descriptae. I. II. III. IV. V, Repertorium novarum spipecierum regni vegetabilis, Fasciculus III (1906/7), BERLIN—WILMERSDORF.

157. W. L. Komarow, Flora of the URSS. Vol. V : 171~180. 1936.

158. Li Shuling (李椒玲), Chen Zhixiu, Dai Fengrui, Zhao Tianbang. SELECTION OF EXCELLENT CLONES FOR PUPULUS TOMENTOS INHENAN.

159. Chao Tein-bang, Chen Zhi-xiu. Study on the Excellent Forms of Populus Tomentosa. INTERNATIONAL POPLAR COMMISSION EIGHTEERTH SESSION. Beijing, CHINA, 5~8 September 1988, 01~03.

160. Zhao Tianbang, Chen Zhixiu, SungLiugao et al., Study on Systematic classification of Populus tomentosa. 河南科技, 1991 (增刊) : 93~100.

161. Zhao Tianbang, Chen Zhixui, SungLiugao et al., Study the on Excellent clonesof Populus tomentosa Carr. 河南科技, 1991 (增刊) : 101~108.

162. Zhao Tianbang, Chen Zhixiu, SungLiugao et al., Summa of Experience of Popularizing Populus Tomentosa Carr. Excellent Clons. 河南科技, 1991 (增刊) : 108~114.

163. Zhao Tian-bang, Chen Zhi-xiu, Gu Wan-chun et al., Study the on Excellent Forms of Populus Tomentosa. 河南科技, 1991 (增刊) : 114~118.

164. Bean W. J. John Murray, Trees & Shrubs Hardy in the British Isles, Eighth Edition Revised. 1976, Vol. Ⅲ. 293~328. N-Rh. London.

165. Bugala W., Taxonomy of the Euroasiatic Ppoplars related to Populus nigra L. Arboretum kornickie Roznik. 1967, Ⅻ : 208~213.

166. J. E. Eckenwalder. North American cottonwoods (Populus Salicaceae) of Sections Abuso and Aigeiros. Journal of the Arnold Arboretum. 1977. Vol. 58. Num. 3 : 198~208.

167. Ascherson, P. E., Graebner. Pupulus synopsis der Mitteleuropaischen Flora. 1908, Vol. Ⅵ. Leipzig.

168. C. K. Schneider, Salicaceae. C. S. Sargent Plantas Wilssonianae. 1917, Vol. Ⅲ. Cambridge.

169. Sargent, C. S., Plantas Wilssonianae. Publications of the Arnold ARB. 1913, Vol. Ⅲ : 22~39.

170. Alfred Rehder, Manua of Cultivated Trees & Shrubs. Macnillan Company, New York. Pp. 1954, 71~75.

171. Hao, K. S. Synopsis of Chinese Populus in Contr. Inst. Bot. Nat. Acad. Peiping, 1935, 3 (5) : 1935.

172. Carolus Linnaeus. Sp. Pl. 1034.

173. Spoch, E., , 1841, Revision Pupulorum. Ann. Sci. Nat. T. 1841, XV. 2. paris.

174. Dode L., Species norae ex "Extrats d'une monographie inedited du Genre Populus" a L. A. Dode descriptae. 1907, Ⅰ. Ⅱ. Ⅲ. Ⅳ Ⅴ, Repertorium novarum specierum regni vegetalilis, Fasciculus Ⅲ (1906/7), BERLIN-WILUERSDORF.

175. Marov, W. L., 1936 Flora of the URSS. Vol. V : 171~180.

176. W. B. R. Laidlaw, B. Sc., D. Sc. Gaide to British Hardwoods

177. J. B. Eckenwalder, North American cottonwoods (Populus, Salicaceae) of Sections ABASO AND Aigeiros. Journ. Of the Arn. Arb. 1977 (3) : 193~208.

178. Fisher, M. J., The morphology and anatomy of the flowers of the Salicaceae. American Journ. Bot. 1926, 15 : 307~394.

179. Hu, H. H., bulletin of the Fan Memorial Institude of Biology (Fan Memorial Institude of Biology). 1934, 5 (6) : 305.

180. Komarow W. L., flora of the URSS. 1936, Vol. V. 1936 : 171~180.

181. Linnaeus,Sp. Pl. 1753,1034.

182. Maximowicz,C. J. ,Ad Florae Asiae Orientalis. Bulletin De la Societe Imperiale,Tome LIV. 1879, No. 1: 50 (Populus adenopoda Maxim.) Moscon Nakai, T. flora Sylvatica Koreana. 1930, 18: 189~193.

183. Barnes B. V. ,Natural Variation and delineation of Clones of Populus tremuloides and Populus grandidentata in Northern lower Michigan(Received for publicationm March 18:130~142. 1968).

184. Crawford D. J. C,A MORPHOLOGICAL AND CHEMICAL STUDY OF POPULUS ACUMINATA RYDBERG. BRITTONIA 74~89. January-March. 1974,26.